Mathematik Primarstufe und Sekundarstufe I + II

Reihe herausgegeben von

Friedhelm Padberg, Universität Bielefeld, Bielefeld, Deutschland

Andreas Büchter, Universität Duisburg-Essen, Essen, Deutschland

Die Reihe „Mathematik Primarstufe und Sekundarstufe I + II" (MPS I+II), herausgegeben von Prof. Dr. Friedhelm Padberg und Prof. Dr. Andreas Büchter, ist die führende Reihe im Bereich „Mathematik und Didaktik der Mathematik". Sie ist schon lange auf dem Markt und mit aktuell rund 60 bislang erschienenen oder in konkreter Planung befindlichen Bänden breit aufgestellt. Zielgruppen sind Lehrende und Studierende an Universitäten und Pädagogischen Hochschulen sowie Lehrkräfte, die nach neuen Ideen für ihren täglichen Unterricht suchen.

Die Reihe MPS I+II enthält eine größere Anzahl weit verbreiteter und bekannter Klassiker sowohl bei den speziell für die Lehrerausbildung konzipierten Mathematikwerken für Studierende aller Schulstufen als auch bei den Werken zur Didaktik der Mathematik für die Primarstufe (einschließlich der frühen mathematischen Bildung), der Sekundarstufe I und der Sekundarstufe II.

Die schon langjährige Position als Marktführer wird durch in regelmäßigen Abständen erscheinende, gründlich überarbeitete Neuauflagen ständig neu erarbeitet und ausgebaut. Ferner wird durch die Einbindung jüngerer Koautorinnen und Koautoren bei schon lange laufenden Titeln gleichermaßen für Kontinuität und Aktualität der Reihe gesorgt. Die Reihe wächst seit Jahren dynamisch und behält dabei die sich ständig verändernden Anforderungen an den Mathematikunterricht und die Lehrerausbildung im Auge.

Konkrete Hinweise auf weitere Bände dieser Reihe finden Sie am Ende dieses Buches und unter https://link.springer.com/bookseries/8296

Weitere Bände in der Reihe https://link.springer.com/bookseries/8296

Hans-Georg Weigand ·
Alexander Schüler-Meyer · Guido Pinkernell

Didaktik der Algebra

nach der Vorlage von Hans-Joachim Vollrath

4., vollständig überarbeitete Auflage

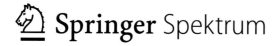 Springer Spektrum

Hans-Georg Weigand
Institut für Mathematik, Universität Würzburg
Würzburg, Bayern, Deutschland

Alexander Schüler-Meyer
Eindhoven School of Education
Technische Universität Eindhoven
Eindhoven, Niederlande

Guido Pinkernell
Institut für Mathematik und Informatik
Pädagogische Hochschule Heidelberg
Heidelberg, Baden-Württemberg, Deutschland

mathbuch 1, Schulbuch, © Schulverlag plus AG, Bern, und Klett und Balmer AG, Baar, 2013
mathbuch 2, Schulbuch, © Schulverlag plus AG, Bern, und Klett und Balmer AG, Baar, 2014
mathbuch 8, Lernumgebungen, © Schulverlag plus AG, Bern, und Klett und Balmer AG, Zug, 2003

ISSN 2628-7412   ISSN 2628-7439   (electronic)
Mathematik Primarstufe und Sekundarstufe I + II
ISBN 978-3-662-64659-5   ISBN 978-3-662-64660-1   (eBook)
https://doi.org/10.1007/978-3-662-64660-1

Die Deutsche Nationalbibliothek verzeichnet diese Publikation in der Deutschen Nationalbibliografie;
detaillierte bibliografische Daten sind im Internet über http://dnb.d-nb.de abrufbar.

Planung/Lektorat: Annika Denkert
Springer Spektrum ist ein Imprint der eingetragenen Gesellschaft Springer-Verlag GmbH, DE und ist ein Teil
von Springer Nature.
Die Anschrift der Gesellschaft ist: Heidelberger Platz 3, 14197 Berlin, Germany

Vorwort zur 4. Auflage

1974 erschien die 1. Auflage der *Didaktik der Algebra* von Hans-Joachim Vollrath. Dieses Buch war in vielerlei Hinsicht bahnbrechend für die deutsche Mathematikdidaktik. Zum einen identifizierte es den Funktionsbegriff als Leitbegriff, beschrieb die Fusion von Algebra und Geometrie und betonte die besondere Bedeutung von Anwendungen der Algebra. Damit griff es die durch die Meraner Reform von 1905 ausgelösten Neukonzeptionen des Mathematikunterrichts auf. Zum anderen spiegelte das Buch die Veränderungen des Mathematikunterrichts wider, die durch die Betonung der Strukturmathematik bzw. „Mengenlehre" oder der „New Math" in den 1960er- und 1970er-Jahren angestoßen wurden. Darüber hinaus war das Buch geprägt von der aufstrebenden Wissenschaft der Didaktik der Mathematik, indem es die damaligen noch jungen theoretischen und empirischen Erkenntnisse aus dieser Wissenschaft konstruktiv aufgriff. Über Jahrzehnte hinweg war es das zentrale Lehrbuch in der Mathematiklehrerausbildung für entsprechende Veranstaltungen an den Pädagogischen Hochschulen und Universitäten.

Im Jahr 2003 erschien die 2. Auflage dieses Buches mit dem Titel *Algebra in der Sekundarstufe,* in der sich deutlich die Weiterentwicklungen in der Mathematikdidaktik seit dem Erscheinen der Erstauflage ablesen ließen. Neben einem Einstiegskapitel *Algebra in der Schule* wurde der Themenbereich *Zahlen* neu aufgenommen. Die weiteren Themenstränge waren dann *Terme, Funktionen* und *Gleichungen.* Das abschließende Kapitel der 1. Auflage über algebraische Strukturen wurde durch *Erkenntnis im Algebraunterricht* ersetzt.

Bereits 2007 erschien die 3. Auflage des Buches, jetzt von den beiden Autoren Hans-Joachim Vollrath und Hans-Georg Weigand. Aufbau und Gliederung waren analog der 2. Auflage. Die wachsende Verbreitung von (Taschen-)Computern und grafischen Taschenrechnern beim Lehren und Lernen von Mathematik aufgreifend, wurden digitale Technologien bezüglich ihrer Bedeutung für eine Neugestaltung des Algebraunterrichts integriert und diskutiert. Am Ende der jeweiligen Kapitel fanden sich nun Aufgaben für eine intensivere Auseinandersetzung mit den didaktischen Problemen der einzelnen Themenbereiche.

Die vorliegende 4. Auflage geht wieder zu dem Titel der 1. Auflage zurück und heißt nun *Didaktik der Algebra*. Hans-Joachim Vollrath wollte aus eigenem Wunsch nicht mehr als Autor an der Neuauflage mitwirken, er hat aber die Entstehung des Buches weiterhin kritisch begleitet. Zum Koautor der 3. Auflage, Hans-Georg Weigand, sind nun Alexander Schüler-Meyer und Guido Pinkernell als Autoren hinzugekommen. Dieses Autorenteam hat die Algebra in der Sekundarstufe völlig neu konzipiert. Insbesondere wurde der Übergang von der Arithmetik zur Algebra bzw. der Übergang von der Primar- zur Sekundarstufe stärker betont. Dies zeigt sich in einem eigenen Kapitel *Variablen*. Die Themenstränge *Terme, Funktionen* und *Gleichungen* wurden aufgrund didaktischer Neu-entwicklungen grundlegend überarbeitet. Es erfolgt jetzt eine stärkere Orientierung an den zentralen Ideen der KMK-Standards bzw. der allgemeinen Kompetenzen und Leit-ideen (KMK, 2004 bzw. 2022). Aspekte und Grundvorstellungen werden im Hinblick auf die Begriffsentwicklung betont und die Bedeutung digitaler Technologien wird im Hinblick auf aktuelle Entwicklungen des Mathematikunterrichts kritisch reflektiert.

Die Autoren hoffen, mit diesem Buch Studierenden für das Lehramt Mathematik, Referendarinnen und Referendaren sowie aktiven Lehrkräften sowohl einen Überblick über den Stand der Entwicklungen in der Didaktik der Algebra als auch konstruktive Hinweise für die Gestaltung von Lehr- und Lernprozessen geben zu können.

Juli 2022   Hans-Georg Weigand
                                                                      Alexander Schüler-Meyer
                                                                      Guido Pinkernell

Einleitung

Seit Jahrtausenden haben Menschen bei der Landvermessung, der Seefahrt, beim Warenaustausch und im Bauwesen mit Zahlen, Formeln und Gleichungen gerechnet. *4000 Jahre Algebra* heißt ein Buch von einer Historikergruppe (Alten et al., 2003), das die lange Geschichte dieser Berechnungen erzählt. Der Anfang der Algebra wird dabei in den ersten Bemühungen der Ägypter und Babylonier um das Lösen von Gleichungen gesehen. Auch die weitere Entwicklung der Algebra bleibt bis zur Neuzeit eng mit dieser Problemstellung verbunden. Erst zu Beginn des 20. Jahrhunderts wird die Beschäftigung mit Strukturen wie Gruppen, Körpern und Ringen zum zentralen Thema der Algebra.

Mit der Entwicklung der Algebra ging auch stets das Lehren und Lernen von Algebra einher. So ist das 3500 Jahre alte *Papyrus Rhind* [1] ein Rechenbuch zum Erlernen der altägyptischen Mathematik, der *Menon-Dialog*[2] des Sokrates (469–399 v. Chr.) bzw. Platon (427–347 v. Chr.) um 400 v. Chr. ist die erste überlieferte Mathematikstunde der griechischen Mathematik. Das um 800 n. Chr. entstandene Buch *al-gabr* erklärt das Lösen von Gleichungen mit Zahlen, die mit „arabischen Ziffern" geschrieben wurden. Vom Titel dieses Buches leitet sich der Name *Algebra* ab, auf den Namen des arabischen Verfassers Al-Kwarizmi (780?–850?) geht der Name *Algorithmus* zurück. Zu Beginn der Neuzeit konnte im 16. Jahrhundert mit den Rechenbüchern von Adam Ries (1492–1559) Algebra erstmals in deutscher Sprache gelehrt und gelernt werden. Leonhard Euler (1707–1783) gibt im 18. Jahrhundert eine *Vollständigen Anleitung zur Algebra*, ein Buch, das den Algebraunterricht am Gymnasium in der Folgezeit nachhaltig prägte. Schließlich wurde 1930 die *Moderne Algebra* von Bartel Leendert van der Waerden (1903–1996) zum Standardlehrbuch der Algebra für Generationen von Studierenden.

---

[1] https://de.wikipedia.org/wiki/Papyrus_Rhind.

[2] http://www.zeno.org/Philosophie/M/Platon/Menon (letzter Aufruf 14.06.2022).

Die *Didaktik der Algebra* beschäftigt sich mit dem Lernen und Lehren von Algebra. In diesem Buch geht es um die *Schulalgebra,* die ein zentrales Gebiet des Mathematikunterrichts in der Sekundarstufe I ist. Hier sollen Lernende

- die Formelsprache der Algebra kennenlernen und sich darin sicher schriftlich und mündlich ausdrücken können;
- zentrale Begriffe der Algebra wie Variable, Term, Funktion und Gleichung in vielfältigen inner- und außermathematischen Situationen und in Wechselbeziehung zueinander kennenlernen;
- einen Einblick in die Entstehung und Entwicklung sowohl algebraischer Begriffe als auch der Formelsprache und damit in das Denken erhalten, das über die in der Umwelt gewonnenen Erfahrungen hinausgeht und eine Präzisierung der Sprache erfordert;
- Algebra und insbesondere die Formelsprache als eine Möglichkeit erkennen, Umweltsituationen in der Welt der Mathematik darzustellen und damit einhergehende Probleme zu lösen;
- digitale Werkzeuge als Hilfsmittel kennenlernen, um einerseits algebraische Problemstellungen effizient zu lösen, andererseits aber auch Begriffe und Verfahren der Algebra aus einer dynamischen und multiplen Darstellungsperspektive zu verstehen.

Diese Ziele der Schulalgebra sind in Wechselbeziehung zu den *Standards* oder den *allgemeinen Kompetenzen* der Kultusministerkonferenz von 2003, 2022 (KMK, 2004, 2022) zu sehen, wie etwa Problemlösen, Modellieren, Argumentieren und Kommunizieren (vgl. Abschn. 1.2.1).

Dieses Buch zur Didaktik *der Algebra* wendet sich an Studierende für das Lehramt Mathematik, an Referendarinnen und Referendare sowie an praktizierende Lehrkräfte an allen Schulformen der Sekundarstufe I. Es verfolgt insbesondere die Ziele,

- fachliche und didaktische Grundlagen der Entwicklung zentraler algebraischer Begriffe bei Lernenden aufzuzeigen,
- die von Lernenden zu erwerbenden Kompetenzen, also das zentrale Wissen, die Fähigkeiten und Fertigkeiten im Bereich der Algebra kritisch zu reflektieren, und
- Lehr- und Lernprozesse sowie das Entwickeln von Konzepten und Lernumgebungen zu Inhalten der Algebra aufzuzeigen, zu analysieren und zu bewerten.

Das Buch baut auf aktuellen Erkenntnissen über das Lehren und Lernen von Algebra auf und diskutiert sowohl traditionelle als auch neuere Konzepte und Vorschläge im Hinblick auf die Umsetzung im Algebraunterricht. Die Autoren dieses Buches fühlen sich dabei dem Grundprinzip eines *verständnisorientierten Algebraunterrichts* verpflichtet.

Inhalte der einzelnen Kapitel

Im *1. Kapitel* wird die Frage „Was ist Algebra?" zunächst aus drei verschiedenen Perspektiven beantwortet: Algebra wird als *Formelsprache,* als *Werkzeug für das Lösen inner- und außermathematischer Probleme* sowie als *Denkweise* gekennzeichnet und an Beispielen erläutert. Dann werden Ziele und Kompetenzen herausgestellt, die es im Algebraunterricht für Lernende zu erwerben gilt. Schließlich wird auf das zentrale Ziel des Algebraunterrichts eingegangen, *Verständnis* grundlegender Begriffe und Verfahren der Algebra aufzubauen.

Die dann folgenden Kapitel zu den Grundbegriffen der Algebra, zu Variablen, Termen, Funktionen und Gleichungen, sind in jeweils vier gleich lautende Abschnitte untergliedert. Jedes Kapitel beginnt mit einer *fachlichen Analyse* des jeweiligen Begriffs, in den auch historische Entwicklungslinien einbezogen sind. Im 2. Abschnitt geht es dann um das *Verständnis des Begriffs,* insbesondere um das Entwickeln von Grundvorstellungen. Der 3. Abschnitt wendet sich *zentralen didaktischen Handlungsfeldern* zu, denen im Mathematikunterricht eine besondere Aufmerksamkeit gewidmet werden muss. Im 4. Abschnitt werden schließlich Möglichkeiten aufgezeigt, wie entsprechende *Begriffsvorstellungen im Unterricht* angebahnt oder entwickelt werden können.

Auch wenn es eine enge Wechselbeziehung zwischen den *Zahlbereichen* und dem Lösen von Gleichungen gibt, so haben die Autoren dieses Buches entschieden, den Grundbegriff *Zahlen* nicht mehr – wie in den vorangehenden Auflagen – als algebraischen Grundbegriff in dieses Buch aufzunehmen. Die Gründe hierfür liegen zum einen in den doch erheblichen didaktischen Entwicklungen, die es in den letzten Jahren und Jahrzehnten sowohl in der Algebra also auch in der Arithmetik bzw. im Zusammenhang mit dem Zahlbegriff gab. Das Eingehen auf beide Bereiche wäre erheblich über den geplanten Umfang dieses Buches hinausgegangen. Zum anderen gibt es mittlerweile fundierte Bücher zur Arithmetik (Padberg & Benz, 2021), die vor allem auch algebraische Überlegungen in der Grundschule aufgreifen (Steinweg, 2013), Bücher zu den Zahlbereichen (Padberg et al., 2010) und insbesondere zum Bruchrechnen (Padberg & Wartha, 2017). Das Einbeziehen der Zahlbereiche hätte somit nur ein Auszug aus den Überlegungen dieser Bücher sein können.

Dem *2. Kapitel* zur Entwicklung des *Variablenbegriffs* im Algebra- bzw. Mathematikunterricht kommt eine Schlüsselrolle beim Übergang von der Arithmetik zur Algebra, von der Grundschule zur Sekundarstufe I zu. Auch wenn heute bereits in der Primarstufe im Rahmen der Arithmetik frühzeitig algebraische Denkweisen angebahnt werden, so ist die Verwendung des Variablensymbols doch ein wichtiger Schritt zum Erlernen der Formelsprache. Indem verschiedene Grundvorstellungen des Variablenbegriffs in Beziehung zu Handlungsaspekten im Unterricht herausgestellt werden, wird auch eine Strategie deutlich, wie der Zugang zur Algebra konstruktiv in der Sekundarstufe I gestaltet werden kann.

Das *3. Kapitel* ist der Entwicklung des *Termbegriffs* gewidmet. Terme bilden zusammen mit Variablen die Grundlage der Formelsprache. Es geht dabei zunächst um semantische und syntaktische Gesichtspunkte, um Grundvorstellungen von Termen und um Ziele, die mit dem Erlernen der Formelsprache verbunden sind. Im Mittelpunkt der didaktischen Handlungsfelder stehen dann die Entwicklung des Struktursehens, der konstruktive Umgang mit Fehlern und produktive Übungsaufgaben. Für den Zugang zum Termbegriff und zu Termumformungen im Unterricht bieten sich verschiedene Möglichkeiten an, etwa die Fortsetzung von Musterfolgen, Berechnungsformeln zu geometrischen Figuren, das Hinterfragen von Zahlentricks oder der Vergleich verschiedener Zählverfahren. Schließlich stellt sich im Zusammenhang mit Termumformungen auch die Frage, inwieweit digitale Werkzeuge gewinnbringend im Unterricht eingesetzt werden können.

Das *4. Kapitel* behandelt den *Funktionsbegriff*. Es wird zunächst die Vielfalt der Funktionen im Mathematikunterricht an Beispielen erläutert und es werden die (fachlichen) Aspekte des Funktionsbegriffs herausgestellt. Für das Verstehen des Funktionsbegriffs ist wiederum die Entwicklung von Grundvorstellungen zentral und wichtig, die dann die Basis des funktionalen Denkens darstellen. Im Rahmen der didaktischen Handlungsfelder werden zunächst Zugänge zum Funktionsbegriff durch das Arbeiten mit unterschiedlichen Darstellungen herausgestellt, dann wird auf das Modellieren, Entdecken neuer Funktionstypen und das Operieren mit Funktionen eingegangen. Die Überlegungen zum Unterrichten von Funktionen gliedern sich entlang der Funktionstypen proportionale und antiproportionale Funktion, lineare Funktion, quadratische Funktion, Potenz-, Exponential- und trigonometrische Funktion. Schließlich wird auf die Bedeutung von Folgen vor allem im Rahmen von Wachstumsprozessen eingegangen.

Das *5. Kapitel* beschäftigt sich mit Gleichungen und Ungleichungen. Hier gilt es zunächst die Begriffe Gleichung, Gleichheitszeichen, Definitions-, Lösungsmenge und Äquivalenzumformungen zu klären, bevor auf verschiedene Möglichkeiten des Gleichungslösens eingegangen wird. Das Verstehen von Gleichungen führt dann wieder auf entsprechende Grundvorstellungen, die die Grundlage für das Verstehen des Gleichungslösens sind. Bei den zentralen didaktischen Handlungsfeldern geht es um die veränderte Sichtweise des Gleichheitszeichens beim Übergang von der Grundschule zur Sekundarstufe I, es geht um unterschiedliche Methoden zum Verständnis von Äquivalenzumformungen und die Bedeutung digitaler Werkzeuge, vor allem Computeralgebrasysteme, beim Gleichungslösen. Unter *Verstehen im Kalkül* wird dabei die Entwicklung einer strategischen Flexibilität und der Fähigkeit verstanden, das Gleichungslösen situationsangemessen und effizient vornehmen zu können. Beim Unterrichten von Gleichungen spielt neben den Grundvorstellungen und dem Verstehen im Kalkül die Entwicklung von Lösungsalgorithmen für lineare und quadratische Gleichungen, Gleichungssysteme und Ungleichungen eine wichtige Rolle. Für das Lösen algebraischer Gleichungen höheren Grades sowie exponentieller und trigonometrischer Gleichungen können dann wieder digitale Werkzeuge als Hilfsmittel herangezogen werden.

Ausblick und Dank

Wir bedanken uns sehr herzlich bei unserem Kollegen *Hans-Joachim Vollrath* von der Universität Würzburg zum einen für die nur in Jahrzehnten zu bemessende Vorarbeit in den vorangegangenen Auflagen dieses Werkes, ohne die dieses Buch nicht hätte entstehen können. Zum anderen und vor allem bedanken wir uns aber auch bei Herrn Vollrath für das Interesse an der Neuauflage dieses Buches, die kritische Durchsicht des Manuskripts und die wertvollen Anregungen und Hinweise. Bedanken möchten wir uns auch bei unserem Kollegen *Reinhard Oldenburg* von der Universität Augsburg für die Durchsicht des Manuskripts, die fundiert kritischen Anmerkungen und stets anregenden Diskussionen. Ferner möchten wir uns bei dem Mathematikstudierenden an der Universität Würzburg, Alexander Krisch, bedanken, der uns bei der Erstellung der Grafiken unterstützt hat. Zu dem Buch gibt es eine eigene *Internetseite* www.schulalgebra.de, auf der weitere Materialien zu finden sind.

Weiterhin bedanken wir uns bei Herrn Friedhelm Padberg für die Aufnahme in diese Reihe des Springer Spektrum Verlages sowie viele konstruktive Anregungen zum Gesamtmanuskript.

April 2022   Die Autoren

Hinweis der Herausgeber

Dieser von H.-G. Weigand, A. Schüler-Meyer und G. Pinkernell geschriebene Band ist eine gründlich überarbeitete und aktualisierte Neuauflage des von H.-J. Vollrath und H.-G. Weigand geschriebenen und bislang in drei Auflagen erschienenen Standardwerks „Algebra in der Sekundarstufe". Der Band erscheint wiederum in der Reihe „Mathematik Primarstufe und Sekundarstufe I + II". Insbesondere die folgenden Bände dieser Reihe könnten Sie unter mathematikdidaktischen oder mathematischen Gesichtspunkten interessieren:

- R. Danckwerts, D. Vogel: Analysis verständlich unterrichten
- C. Geldermann, F. Padberg, U. Sprekelmeyer: Unterrichtsentwürfe Mathematik Sekundarstufe II
- G. Greefrath: Anwendungen und Modellieren im Mathematikunterricht der Sekundarstufe
- G. Greefrath/R. Oldenburg/H.-S. Siller/V. Ulm/H.-G. Weigand: Didaktik der Analysis für die Sekundarstufe II
- K. Heckmann/F. Padberg: Unterrichtsentwürfe Mathematik Sekundarstufe I
- W. Henn/A. Filler: Didaktik der Analytischen Geometrie und Linearen Algebra
- K. Krüger/H.-D. Sill/C. Sikora: Didaktik der Stochastik in der Sekundarstufe
- F. Padberg/S. Wartha: Didaktik der Bruchrechnung
- V. Ulm/M. Zehnder: Mathematische Begabung in der Sekundarstufe
- H.-J. Vollrath/J. Roth: Grundlagen des Mathematikunterrichts in der Sekundarstufe
- H.-G. Weigand et al.: Didaktik der Geometrie für die Sekundarstufe I
- H. Albrecht: Elementare Koordinatengeometrie
- A. Büchter/H.-W. Henn: Elementare Analysis
- A. Büchter/F. Padberg: Einführung in die Arithmetik
- A. Büchter/F. Padberg: Arithmetik und Zahlentheorie
- A. Filler: Elementare Lineare Algebra

- T. Leuders: Erlebnis Algebra
- F. Padberg/A. Büchter: Elementare Zahlentheorie
- F. Padberg/R. Danckwerts/M. Stein: Zahlbereiche

Bielefeld   Hans-Georg Weigand
Essen   Alexander Schüler-Meyer
Dezember 2021   Guido Pinkernell
                                                            Friedhelm Padberg
                                                             Andreas Büchter

Inhaltsverzeichnis

Algebra in der Schule

1

> „Übrigens gehört die Entstehung der symbolischen Algebra
> zu den Voraussetzungen für die Herausbildung der modernen
> Mathematik." (Alten et al., 2003, S. 266)

Unter *Algebra* wird traditionell die Lehre von arithmetischen Rechenoperationen und dem Lösen von Gleichungen verstanden. In der modernen Algebra und damit in der heutigen Universitätsmathematik wird dies zur Beschäftigung mit algebraischen Strukturen wie Gruppen, Ringen und Körpern verallgemeinert. Den Kern der Algebra in der Schule bilden die Themenstränge *Variablen, Terme, Gleichungen* und *Funktionen*. Diese Themenbereiche sind wechselseitig untereinander und mit anderen Themen verbunden, wie dem Aufbau des Zahlsystems, analytischen Betrachtungen in der Geometrie, Flächen- und Rauminhaltsberechnungen, Modellierungen oder Kurvendiskussionen in der Analysis.

Im Folgenden wird zunächst die Frage „Was ist Algebra in der Schule?" aus drei unterschiedlichen Perspektiven beantwortet. Dann werden Argumente dafür angeführt, warum Algebra heute in der allgemeinbildenden Schule unterrichtet wird, welche Inhalte und Themenstränge den Algebraunterricht charakterisieren und auf welchen zentralen Prinzipien er aufbauen sollte.

1.1 Was ist Algebra in der Schule?

Die Frage, was Algebra in der Schule ist, lässt sich einerseits durch die Inhalte beantworten, die im Algebraunterricht in der Schule behandelt werden (vgl. Abschn. 1.3). Andererseits geht es bei dieser Frage aber auch darum, in welcher Art und Weise mit diesen Inhalten umgegangen wird, d. h., es geht um typische Darstellungs-, Denk- und Arbeitsweisen im Algebraunterricht. Wohlwissend, dass sich weder die Inhalte der

© Springer-Verlag GmbH Deutschland, ein Teil von Springer Nature 2022
H.-G. Weigand et al., *Didaktik der Algebra,* Mathematik Primarstufe und Sekundarstufe
I + II, https://doi.org/10.1007/978-3-662-64660-1_1

Algebra trennscharf eingrenzen noch die damit verbundenen mathematischen Denkweisen in ihrer Vielfalt erfassen lassen, wird die Frage „Was ist Algebra in der Schule?" im Folgenden aus drei verschiedenen Perspektiven beantwortet. Algebra wird als *Formelsprache* charakterisiert, es wird auf den *Werkzeugcharakter* der Algebra beim Lösen inner- und außermathematischer Probleme eingegangen, und es wird schließlich die Bedeutung des *algebraischen Denkens* herausgestellt. Damit sind drei – nicht unabhängig voneinander, sondern in Wechselbeziehung zueinander stehende – zentrale Elemente der Algebra in der Schule angesprochen.

1.1.1 Algebra als Formelsprache

Die *algebraische Formelsprache* ist das zentrale Darstellungsmittel der Mathematik. Sie ist ein Zeichensystem, „in dem wir vorhandenes Wissen über Zahlen und funktionale Zusammenhänge von Größen allgemein erfassen und codieren, mit den dargestellten Beziehungen gedanklich operieren und damit neues Wissen erzeugen können" (Hefendehl-Hebeker & Rezat, 2015, S. 124). Nun gibt es eine große Variationsbreite an mathematischen Objekten, deren Zusammenhänge und Beziehungen untereinander sowie zu inner- und außermathematischen Situationen sich in der Formelsprache darstellen lassen. Beispiele hierfür sind:

- Die binomische Formel $(a + b)^2 = a^2 + 2ab + b^2$ stellt den Zusammenhang bzgl. des Flächeninhalts eines Quadrats bei verschiedenen Aufteilungen dar.
- Die Formel $A = \frac{a+c}{2}h$ erlaubt die Berechnung des Flächeninhalts eines Trapezes mit den Grundseiten a und c sowie der Höhe h.
- Die Formel $h = \frac{g}{2}t^2$ mit der Erdbeschleunigung g und der Zeit t erlaubt die Berechnung der Fallhöhe h eines Gegenstandes in der Zeit t (ohne Berücksichtigung der Reibung).
- Die Funktionsgleichung $f(x) = 2^x \cdot \sin(x)$ ermöglicht – bei entsprechendem Wissen – das Vorstellen von Eigenschaften der Funktion f sowie das gedankliche Operieren mit der Funktion als Ganzes.

Beispiel: Zahlenrätsel

Denke dir eine beliebige Zahl.
Verdreifache sie und addiere anschließend 12.
Dividiere dann durch 3 und ziehe die gedachte Zahl ab.
Ich kann dir das Ergebnis sagen!

Dieses Zahlenrätsel wird in die Formelsprache übersetzt, wobei die „beliebige Zahl" mit dem Buchstaben x bezeichnet wird. Mit dieser *Variable x* lassen sich die Schritte im Text in die Formelsprache übersetzen. Die Lösung der Aufgabe erhält man dann wie in Tab. 1.1 dargestellt. ◀

Tab. 1.1 Handlungsweisen und Formelsprache beim Lösen der Aufgabe „Denke dir …"

Aufgabenstellung	Erläuterung der Handlungsweisen	Formelsprache
Denke dir eine beliebige Zahl!	Die gedachte „beliebige Zahl" wird durch eine Variable repräsentiert.	x
Verdreifache sie und addiere anschließend 12! Dividiere dann durch 3 und ziehe die gedachte Zahl ab!	Der Text wird in die Formelsprache übersetzt.	$3x + 12$ $(3x + 12) : 3 - x$
Ich kann dir das Ergebnis sagen: Es kommt immer 4 heraus.	Der Term wird umgeformt bzw. berechnet. Das Ergebnis wird bestätigt und interpretiert: Der Termwert ist unabhängig von x. Die Formelsprache wird in die Textsprache zurückübersetzt: Das Ergebnis 4 ist unabhängig von der gedachten „beliebigen Zahl".	$= 4$

Was hier an einem einfachen Beispiel ersichtlich wird, gilt für viele mathematische Sachverhalte. Mithilfe von Variablen, Termen und Gleichungen kann ein Sachverhalt in der Formelsprache dargestellt werden. Terme und Gleichungen reduzieren einen Kontext auf die wesentlichen Größen und Zusammenhänge zwischen diesen Größen. Termumformungen erlauben dann Rückschlüsse, Erklärungen und Interpretationen einer vorliegenden Situation bzw. die Lösung des Problems. Das folgende Beispiel der regulären Parkettierungen der Ebene illustriert diese besondere Kraft der Formelsprache eindrücklich.

Beispiel

Mit welchen regelmäßigen Vielecken lässt sich die Ebene lückenlos überdecken, wenn jeweils nur ein Typ verwendet wird?

Lösung der Aufgabe für *reguläre Parkettierungen*, bei denen jede Kante eines Polygons auch Kante des Nachbarpolygons ist:

1. Voraussetzung: Wissen, dass ein n-Eck ($n \in \mathbb{N}, n \geq 3$) die Innenwinkelsumme $(n - 2)180°$ hat.
2. Folgerung 1: Ein Innenwinkel eines regelmäßigen n-Ecks hat die Größe $\frac{n-2}{n}180°$.
3. Folgerung 2: Wenn in einer Ecke k ($k \in \mathbb{N}, k \geq 3$) n-Ecke so zusammenstoßen, dass sie dort (lokal) die Ebene überdecken, dann gilt $k\frac{n-2}{n}180° = 360°$.
4. Folgerung 3: Es gilt $k\frac{n-2}{n} = 2$ bzw. $\frac{2}{k} + \frac{2}{n} = 1$. (*)
5. Lösen von (*): Die Gleichung wird durch die Wertepaare $(k, n) = (3, 6), (4, 4)$ und $(6, 3)$ erfüllt. Für $k \geq 5$ und gleichzeitig $n \geq 5$ kann es keine weiteren Lösungen geben, da dann die Summe $\frac{2}{k} + \frac{2}{n}$ kleiner als 1 ist.

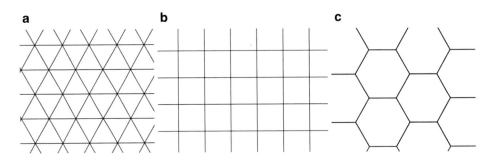

Abb. 1.1 Reguläre Parkettierungen (Überdeckungen) der Ebene mit regelmäßigen Dreiecken, Vierecken und Sechsecken

6. Interpretation der Lösung von (*): Eine lückenlose reguläre Überdeckung der Ebene kann es nur mit regelmäßigen Drei-, Vier- und Sechsecken geben.
7. Lösung der Aufgabe: Abb. 1.1 zeigt die drei regulären Überdeckungsmöglichkeiten. Weitere gibt es nicht. ◄

Die im Beispiel ebenfalls zum Ausdruck kommende Wechselbeziehung zwischen der Formelsprache und der Sprache, in der inner- und außermathematische Problemstellungen ausgedrückt werden, durchzieht den gesamten Algebraunterricht. Ein Problem wird in die Formelsprache übersetzt, die Lösung erhält man auf der symbolischen Ebene, und diese wird dann in die Sprache der Ausgangsproblemstellung zurückübersetzt. Die Formelsprache wird so zu einem zentralen Darstellungsmittel der jeweiligen Problemstellung und -lösung.

1.1.2   Algebra als Werkzeug

Durch die gesamte Geschichte der Mathematik hinweg war die Algebra ein Werkzeug, um inner- und außermathematische Probleme zu lösen. Auch in der heutigen Schulmathematik wird Algebra in diesem Sinn verwendet. Algebraische Denk-, Arbeits- und Darstellungsweisen sind essenziell für alle Teilbereiche der (Schul-)Mathematik, bei der Mathematisierung von Problemsituationen aus dem gesellschaftlichen, technischen oder wirtschaftlichen Bereich, und sie sind über den Mathematikunterricht hinaus auch für andere Schulfächer wichtig, vor allem für Physik und Informatik. Im Folgenden wird diese Bedeutung von Algebra als Werkzeug exemplarisch an einigen Beispielen aufgezeigt.

1.1.2.1 Geometrische Problemstellungen analytisch darstellen
Geometrische Sätze beziehen sich im Allgemeinen auf eine Gesamtheit bestimmter geometrischer Objekte. Um diese und die auf sie ausgeübten Handlungen oder Operationen

Abb. 1.2 Kreis mit
Mittelpunkt $M(0; 0)$ und
Radius r

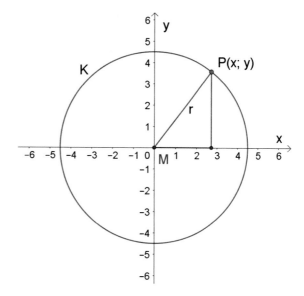

analytisch, d. h. mittels der Formelsprache der Algebra, darzustellen, bedarf es eines Koordinatensystems, auf das sich die geometrischen Objekte beziehen.

Beispiel

Wie lassen sich Eigenschaften von Kreisen analytisch darstellen?

Ein Kreis ist die Menge aller Punkte P, die von einem gegebenem Punkt M, dem Mittelpunkt, denselben Abstand $r \in \mathbb{R}^+$ haben (Abb. 1.2).

Wenn der Mittelpunkt eines Kreises mit Radius r im Ursprung eines Koordinatensystems liegt, dann genügen alle Punkte $P(x; y)$ des Kreises der Gleichung $x^2 + y^2 = r^2$. ◄

Die analytische Beschreibung tritt somit neben die geometrische Charakterisierung von mathematischen Objekten und stellt ein Werkzeug zum Lösen von Problemen dar. So lässt sich damit etwa die Funktionsgleichung mit dem oberen – bzw. unteren – Halbkreis als Funktionsgraph aufstellen und damit zum Beispiel die Tangentengleichung in einem Punkt $P(x; y)$ des Kreises bestimmen oder es lassen sich die Koordinaten von Schnittpunkten des Kreises mit Sekanten berechnen.

1.1.2.2 Lösen von Alltagsproblemen

Damit Alltagsprobleme mithilfe der Mathematik gelöst werden können, bedarf es der Aufstellung eines (Real-)Modells der Problemsituation und dessen Übertragung in die „Welt der Mathematik" (vgl. Abschn. 1.4). Das Aufstellen eines mathematischen Modells bezeichnet man als *Mathematisierung* der Problemstellung. Das mathematische

Modell lässt sich dabei häufig mithilfe der Formelsprache darstellen und damit das Problem auf der mathematischen Ebene lösen. Ein Beispiel hierfür ist die Berechnung des günstigsten Stromtarifs.

Beispiel: Welcher Stromtarif ist günstiger?

Ein Energiekonzern bietet zwei Stromtarife an: Tarif A mit einer monatlichen Grundgebühr von 30 € und einem kWh-Preis von 24 ct, Tarif B mit monatlich 10 € Grundgebühr und 32 ct für eine kWh. Welcher Tarif ist für welchen Verbrauch[1] günstiger?

Mit x als Anzahl der „verbrauchten" kWh lässt sich für beide Tarife jeweils eine Gleichung für den zu zahlenden Monatsbetrag A(x) bzw. B(x) aufstellen, wobei die Preisangaben – etwa auf € – zu vereinheitlichen sind:

$$\text{Tarif A}: A(x) = 30 + 0{,}24 \cdot x$$
$$\text{Tarif B}: B(x) = 10 + 0{,}32 \cdot x$$

Die Gleichung

$$30 + 0{,}24 \cdot x = 10 + 0{,}32 \cdot x$$

führt auf die Lösung $x = 250$ (kWh). Bei diesem Verbrauch muss bei beiden Tarifen dasselbe bezahlt werden. Für einen geringeren Verbrauch gilt A$(x) >$ B(x), also ist Tarif B besser, für einen höheren Verbrauch gilt A$(x) <$ B(x), hier ist Tarif A günstiger. ◄

1.1.2.3 Physikalische Probleme mathematisch lösen

Bereits Archimedes (287–212 v. Chr.) und Galileo Galilei (1564–1642) haben mathematische Verfahren entwickelt, um physikalische Probleme zu lösen. Mithilfe der Formelsprache lässt sich die physikalische Situation in der Formelsprache darstellen und auf der mathematischen Ebene lösen.

Beispiel

Auf welcher Bahn bewegt sich ein Objekt bei einem waagrechten Wurf?

Bei einem reibungsfrei gedachten waagrechten Wurf wird ein (punktförmiges) Objekt mit einer Geschwindigkeit v_0 [m/s] in einer Höhe h [m] horizontal abgeworfen. Wie lässt sich die Bahnkurve mithilfe der Formelsprache beschreiben?

Die Gesamtbewegung setzt sich zusammen aus der Überlagerung der gleichförmigen Bewegung in x-Richtung mit $x(t) = v_0 \cdot t$, wobei t [s] die Zeit ist, und der gleichmäßig beschleunigten Abwärtsbewegung mit $y(t) = h - \frac{g}{2}t^2$ mit der Erdbeschleunigung $g = 9{,}81 \left[\frac{m}{s^2}\right]$. $x(t)$ und $y(t)$ sind die jeweiligen Ortskoordinaten des

---

[1] Wohlwissend, dass Energie nicht „verbraucht" wird, folgen wir hier der üblichen umgangssprachlichen Sprechweise.

Abb. 1.3 Bahnkurve des waagrechten Wurfes mit Abwurfhöhe h und Anfangsgeschwindigkeit v_0

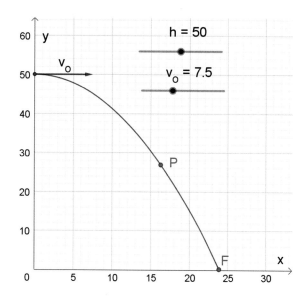

Objekts zur Zeit t. Wird die erste Gleichung nach t aufgelöst und der erhaltene Term in die zweite Gleichung eingesetzt, so lässt sich die Flug- oder Bahnkurve mithilfe der Gleichung in einem entsprechenden Koordinatensystem dynamisch darstellen (Abb. 1.3):

$$y = h - \frac{g}{2v_0^2}x^2.$$

Mit dieser Gleichung lässt sich etwa der Auftreffpunkt F des Wurfobjekts auf dem Boden oder dessen Auftreffwinkel in Abhängigkeit von Anfangsgeschwindigkeit und Abwurfhöhe bestimmen. ◄

In diesen Beispielen ist die Algebra ein Hilfsmittel und Werkzeug, um geometrische, physikalische oder Anwendungsprobleme durch Formelsprache auszudrücken und so zu lösen. Die Problemstellung wird jeweils in die Sprache der Algebra übersetzt, auf der mathematischen Ebene gelöst, und die Lösung wird dann wieder bzgl. der Ausgangsproblemstellung interpretiert. Die Darstellung des Problems in der Formelsprache ist auch eine wesentliche Voraussetzung, um die Problemstellung etwa mithilfe eines Computeralgebrasystems bearbeiten zu können.

1.1.3   Algebra als Denkweise

Die Frage, was Algebra ist, lässt sich auch aus Sicht des Lehrens und Lernens von Algebra beantworten. Algebra ist aus dieser Sicht eine Denkweise, das *algebraische*

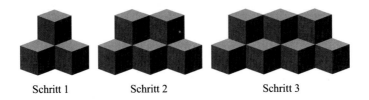

Schritt 1   Schritt 2   Schritt 3

Abb. 1.4 Der Anfang einer Musterfolge mit Würfelmauern

Denken. Diese Perspektive stellt die Entwicklung des Denkens von Lernenden in den Vordergrund. Sie fragt nach typischen Denkweisen beim Umgang und Operieren mit algebraischen Begriffen und Verfahren und möchte Prinzipien für das Design von Lerngelegenheiten im Bereich der Algebra aufzeigen.

Wir versuchen eine erste Annäherung an algebraisches Denken mithilfe des folgenden Beispiels, das für den Einstieg in die Algebra typisch ist.

Beispiel 1: Musterfolgen

Die Würfelmauern aus Abb. 1.4 können schrittweise fortgesetzt werden.

a) Wie viele Würfel benötigt man für Schritt 4, 5 und 6?
b) Erstelle eine tabellarische Übersicht, in der die Anzahl der Würfel für jeden dieser ersten sechs Schritte dargestellt wird. Bestimme die Anzahl der Würfel für das 18., 64. und 911. Muster.
c) Erkläre in Worten, wie die Anzahl der Würfel für jede beliebige Stelle bestimmt werden kann. ◄

Für die Bearbeitung dieser Aufgabe benötigt man keine Variablen. Beim Einstieg in die Algebra steht Lernenden die Formelsprache auch noch nicht zur Verfügung. Dennoch treten in der Aufgabe Denkweisen auf, die zwar zunächst auf eine bestimmte Würfelmauer bezogen sind, sich aber so allgemein in Worten formulieren lassen, dass sie „für jede beliebige Stelle" gelten. Das systematische Fortsetzen von Mustern wird so zu einer Grundlage für ein Denken, das von Einzelbeispielen ausgehend auf allgemeine Fälle verallgemeinert wird, was als Kern des *algebraischen Denkens* angesehen werden kann. Dieses *verallgemeinernde Denken* und die *Formelsprache* entwickeln sich in Wechselbeziehung zueinander (vgl. Kieran, 2007).

Die Reichhaltigkeit der Lerngelegenheit von solchen Musteraufgaben liegt in den folgenden algebraischen Denkaktivitäten begründet:

1. Das Muster kann visuell *strukturiert* werden, was dann das strukturierte „Zählen" erlaubt. Dazu können Lernende „Bausteine" identifizieren, wie in Abb. 1.5 gezeigt, die Lernenden das Erkennen eines Zusammenhangs zwischen der Anzahl der Würfel und der Stelle in der Musterfolge ermöglicht.

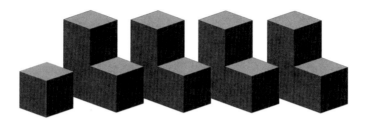

Abb. 1.5 Visuell strukturierter Schritt 4 der Musterfolge aus Abb. 1.4

2. Sobald Lernende „Bausteine" identifiziert und so einen Zusammenhang zwischen dem Würfelmuster und dessen Stelle in der Musterfolge erkannt haben, können sie über beliebige Stellen im Muster nachdenken, auch wenn diese nicht mehr als reale Objekte oder in zeichnerischer Form vorliegen. Lernende können *allgemein* über das Muster nachdenken, indem sie die visuell und tabellarisch gefundenen *Strukturen verallgemeinern.*

Diese Aktivitäten an Musterfolgen konstituieren Denkweisen, die in der Algebra immer wieder auftreten, etwa beim Arbeiten mit Funktionen.

Beispiel

Abb. 1.6 zeigt eine Tabellendarstellung der quadratischen Funktion $f: x \rightarrow y$ mit $y = x^2, x \in \mathbb{R}$.

Mit der Zuordnung $x \rightarrow x^2$ ist zunächst bei den natürlichen Zahlen die Denkweise verbunden: Verdoppeln der x-Werte bedeutet eine Vervierfachung der y-Werte, Verdreifachung der x-Werte ergibt eine Verneunfachung der y-Werte usw. Diese Eigenschaft lässt sich zunächst für alle natürlichen Vielfachen weiterdenken, sie lässt sich dann auf alle positiven reellen Vielfachen und schließlich auch auf alle reellen x-Werte im Rahmen der Zuordnungsvorschrift übertragen. Auf diese Weise entwickeln sich sukzessive verallgemeinernde Denkweisen im Zusammenhang mit der Zuordnung $x \rightarrow x^2$. ◄

Schließlich zeigt sich das algebraische Denken im Verlauf der Sekundarstufe im immer geläufigeren Gebrauch der Formelsprache, insbesondere beim Umformen von Termen und Lösen von Gleichungen. So liegen dem regelgeleiteten, kalkülhaften Operieren mit der Formelsprache typisch algebraische Denkweisen zugrunde, wie etwa bei Äquivalenzumformungen von Gleichungen, bei der quadratischen Ergänzung oder beim Wurzelziehen.

Abb. 1.6 Tabellendarstellung
der Funktion mit $y = x^2$

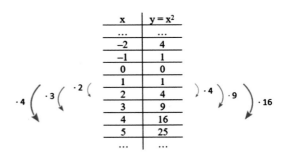

Die Lösungsformel für quadratische Gleichungen.

Bei den folgenden Umformungen wird formal bzw. auf der symbolischen Ebene mit algebraischen Objekten operiert. Sie erfordern dabei Denkhandlungen, die mit dem regelgeleiteten, kalkülhaften Operieren mit Formelsprache einhergehen.

$$x^2 + px + q = 0, \ p, \ q \in \mathbb{R} \quad \Big| \ -q$$

$$\Leftrightarrow \qquad x^2 + px = -q \qquad \Big| \ +\frac{p^2}{4}$$

$$\Leftrightarrow \quad x^2 + px + \frac{p^2}{4} = \frac{p^2}{4} - q \qquad \Big| \ \text{binomische Formel}$$

$$\Leftrightarrow \qquad \left(x + \frac{p}{2}\right)^2 = \frac{p^2}{4} - q$$

Für $\frac{p^2}{4} - q > 0$ gilt dann:

$$x = -\frac{p}{2} + \sqrt{\frac{p^2}{4} - q} \ \text{ oder } \ x = -\frac{p}{2} - \sqrt{\frac{p^2}{4} - q}$$

Für $\frac{p^2}{4} - q = 0$ gibt es genau eine Lösung: $x = -\frac{p}{2}$

Für $\frac{p^2}{4} - q < 0$ gibt es keine Lösung. ◀

Algebraisches Denken zeigt sich also wie in den vorhergehenden Beispielen in den Denk- und Arbeitsweisen, die typisch für die Algebra sind, nämlich bei Aktivitäten an Musterfolgen, dem Beschreiben von Eigenschaften funktionaler Zusammenhänge oder dem Operieren mit der Formelsprache (Fischer et al., 2010; Radford, 2010). Die damit verbundenen Denkweisen zeichnen sich insbesondere durch zwei Handlungen oder Aktivitäten aus (vgl. Hefendehl-Hebeker & Rezat, 2015, S. 130):

- *Verallgemeinern:* Zahlen und Größen werden zu unbestimmten, also nicht mehr in konkreten Zahlen oder Größen auszudrückenden Denkobjekten verallgemeinert;

- *Operieren auf analytische Weise:* Es wird mit unbestimmten Größen operiert, die nicht mehr numerisch bekannt sind, sondern „nur" noch in Beziehung zueinander und zu bekannten Größen stehen.

Algebraisches Denken zeigt sich somit im Umgang mit Denkobjekten beim Übergang von konkreten zu unbestimmten Objekten und beim Operieren auf der symbolischen Ebene.

Zusammengefasst lässt sich die Frage „Was ist Algebra?" aus Sicht des Lehrens und Lernens von Algebra so beantworten: Algebra findet statt, wenn algebraisch gedacht wird, also die für Algebra typischen Denkweisen, -handlungen oder -operationen auftreten. Die Frage, wie Algebra gelernt wird, lässt sich damit umformulieren zu der Frage, wie Lernende algebraisch denken lernen. Dieser neue Fokus auf algebraische Denkprozesse und Denkhandlungen erlaubt so neue didaktische Einsichten, etwa beim Design von Aufgaben oder der Diagnose von Lernständen. Entsprechend hat algebraisches Denken einen zentralen Stellenwert für die Didaktik der Algebra in der Sekundarstufe.

1.2   Warum Algebra in der Schule?

Auch wenn Algebra im Schulunterricht allgegenwärtig scheint, so lohnt es sich doch, die Frage zu stellen, *warum* Algebra an allgemeinbildenden Schulen unterrichtet wird. Die Antworten, die wir auf diese Frage geben, sind keine einmal gefundenen und dann unumstößlich geltenden Erkenntnisse, sondern werden in einem Diskussionsprozess unterschiedlicher gesellschaftlicher Gruppen ausgebildet und müssen in einer sich ständig verändernden Welt im Hinblick auf ihre Aktualität stets neu diskutiert und überprüft werden.

Die Ziele, die wir für den Algebraunterricht finden, haben zum einen die Lernenden mit der Frage im Blick, welche Kompetenzen im Einzelnen ausgebildet werden sollen. Zum anderen beziehen sich die Ziele auf die *Inhalte* mit der Frage, welche Inhalte in welcher Schulart unterrichtet werden sollen.

1.2.1   Lernziele, Kompetenzen und Leitideen

Aufbauend auf den im Jahr 1989 herausgegebenen US-amerikanischen Bildungsstandards „*NCTM Curriculum and Evaluation Standards for School Mathematics*"[2]

---

[2] NCTM = National Council of Teachers of Mathematics. Im Jahr 2000 folgten dann die *NCTM Principles and Standards for School Mathematics.* Siehe: http://standards.nctm.org/ (zuletzt aufgerufen 20.03.2022).

(NCTM, 2000) stellen die 2003 von der Kultusministerkonferenz (KMK, 2004) verabschiedeten und 2022 fortgeschriebenen (KMK, 2022) „Bildungsstandards im Fach Mathematik für den Mittleren Schulabschluss" bzw. für den „Ersten Schulabschluss und den Mittleren Schulabschluss" *allgemeine bzw. prozessbezogene und inhaltsbezogene mathematische Kompetenzen* heraus, die Lernende in aktiver Auseinandersetzung mit vielfältigen mathematischen Ideen im Mathematikunterricht erwerben sollen. Zu den prozessbezogenen *Kompetenzen* zählen:

Mathematisch argumentieren
- Mathematisch kommunizieren
- Probleme mathematisch lösen
- Mathematisch modellieren
- Mathematisch darstellen
- Mit mathematischen Objekten umgehen
- Mit Medien mathematisch arbeiten

Diese Kompetenzen können von Lernenden nur in der Auseinandersetzung mit mathematischen Inhalten erworben werden. Diese gliedern sich nach fünf *inhaltsbezogenen Kompetenzen* oder mathematischen Leitideen:[3]

- Leitidee Zahl und Operation
- Leitidee Größen und Messen
- Leitidee Strukturen und funktionaler Zusammenhang
- Leitidee Raum und Form
- Leitidee Daten und Zufall

Diese Leitideen durchziehen „spiralförmig" den gesamten mathematischen Lehrgang und sollen Beziehungen zwischen verschiedenen mathematischen Sachgebieten herstellen, also einer isolierten Sichtweise mathematischer Fachgebiete entgegenwirken.

Die sieben allgemeinen Kompetenzen und fünf Leitideen sind wechselseitig miteinander verknüpft, indem sich jeder Kompetenz alle Leitideen und umgekehrt zuordnen lassen. Dies führt zu einer Kompetenzmatrix mit 35 Zellen, wobei jeder Zelle wiederum drei *Anforderungsbereiche* zugeordnet werden können, die unterschiedliche *kognitive Anforderungen der kompetenzbezogenen* mathematischen *Aktivitäten* festlegen. Daraus resultiert ein dreidimensionales Kompetenzmodell (nach KMK, 2022, S. 8) (Abb. 1.7).

Mit dieser „Kompetenzorientierung" hat ein Umdenken bezüglich der Sicht auf Unterricht und der Gestaltung von Lehrplänen eingesetzt. Gegenüber einer minutiösen Planung und vorausgedachten Kleinschrittigkeit von Unterrichtsprozessen seitens der

---

[3] Eine ausführliche Erläuterung findet sich in KMK (2004, 2022), ergänzende Beispiele in Blum et al. (2006).

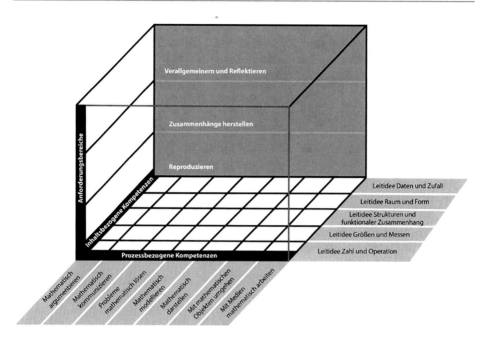

Abb. 1.7 Ein dreidimensionales Kompetenzmodell (KMK, 2022)

Lehrkraft – wie sie vor allem im Rahmen der „Curriculum-Reform" der 1970er und -80er Jahre diskutiert wurden – werden nun stärker die Ergebnisse oder Produkte von Lernprozessen in den Vordergrund gestellt, die zu einer bestimmten Zeit vorliegen sollen, etwa am Ende der Sekundarstufe I. Die Lernziele sollen so formuliert werden, dass sie überprüfbar sind, also in einer *operationalisierten* Form vorliegen. Dies drückt sich insbesondere in der Verwendung des Begriffs „Kompetenz" aus, mit dem der Blick auf das Können des/der einzelnen Lernenden gelenkt werden soll. Es tritt die Frage in den Vordergrund, welche anzustrebenden Kenntnisse, Fähigkeiten und Fertigkeiten sowie motivationalen und sozialen Bereitschaften und Fertigkeiten tatsächlich ausgebildet sein sollen (vgl. hierzu Weinert, 2001, S. 27 f.).

Wir gehen in diesem Buch mit dem Begriff „Kompetenz" vorsichtig um, da er in der fachdidaktischen Literatur häufig derart vergröbernd verwendet wird, dass die spezifische Ausbildung der zu entwickelnden Kenntnisse, Fähigkeiten und Fertigkeiten nicht mehr deutlich wird.

Es fällt auf, dass es in den KMK-Standards keine Leitidee „Algebra" gibt. Diese Leitidee war in den NCTM-Standards enthalten und wurde in deren Weiterentwicklung, den „Common Core Standards"[4] von 2010, in Form von „Operations and Algebraic Thinking" fortgeführt. Dabei ging es vor allem um das (vgl. NCTM, 2000, S. 37)

---

[4] http://www.corestandards.org/

- Verständnis von Mustern, Relationen und Funktionen;
- Darstellen und Analysieren mathematischer Gegebenheiten mithilfe algebraischer Symbole;
- Verwenden mathematischer Modelle;
- Analysieren von Veränderungen in unterschiedlichen Zusammenhängen.

Anders als bei den NCTM-Standards liegt den KMK-Standards die Prämisse zugrunde, dass algebraische Begriffe und Zusammenhänge so fundamental und zentral sind, dass sie in *allen* allgemeinen und inhaltsbezogenen Kompetenzen eine Rolle spielen. Explizit angesprochen werden algebraische Begriffe bei der Kompetenz „Mit mathematischen Objekten umgehen" (2022, S. 13):

- Diese Kompetenz beinhaltet das verständige Umgehen mit mathematischen Objekten wie Zahlen, Größen, Symbolen, Variablen, Termen, Formeln, Gleichungen und Funktionen ... .

Weiter heißt es u.a.: Die Schülerinnen und Schüler

- verwenden Routineverfahren (z. B. Lösen einer linearen Gleichung);
- beschreiben die innere Struktur mathematischer Objekte (z. B. von Termen) und gehen flexibel und sicher mit ihnen um;
- bewerten Lösungs- und Kontrollverfahren hinsichtlich ihrer Effizienz.

Auch bei den inhaltlichen Leitideen treten Bezüge zur Algebra explizit auf (S. 13ff):

Leitidee „Zahl und Operation": Die Schülerinnen und Schüler

- nutzen Rechengesetze (z. B. Kommutativ-, Assoziativ-, Distributivgesetz), auch zum vorteilhaften Rechnen;
- erläutern an Beispielen den Zusammenhang zwischen Rechenoperationen und deren Umkehrungen und nutzen diese Zusammenhänge;
- wählen, beschreiben und bewerten Vorgehensweisen und Verfahren, denen Algorithmen bzw. Kalküle zu Grunde liegen und führen diese aus (z. B. schriftliche Rechenoperationen sowie bei Wurzeln und Potenzen).

Leitidee „Größen und Messen": Die Schülerinnen und Schüler

- berechnen Flächeninhalt und Umfang von Rechteck, Dreieck und Kreis sowie daraus zusammengesetzten Figuren, auch mit Hilfe digitaler Mathematikwerkzeuge;

- berechnen Volumen und Oberflächeninhalt von Prisma, Pyramide, Zylinder, Kegel und Kugel sowie daraus zusammengesetzten Körpern, auch mit Hilfe digitaler Mathematikwerkzeuge.

„Strukturen und funktionaler Zusammenhang": Die Schülerinnen und Schüler

- erkennen und verwenden funktionale Zusammenhänge und stellen diese in verschiedenen Repräsentationen dar (sprachlich, tabellarisch, grafisch, algebraisch) und können zwischen diesen Darstellungsformen wechseln, auch mit Hilfe digitaler Mathematikwerkzeuge;
- analysieren, interpretieren und vergleichen unterschiedliche funktionale Zusammenhänge (lineare, proportionale und antiproportionale sowie quadratische Funktionen), auch mit Hilfe digitaler Mathematikwerkzeuge;
- lösen lineare und quadratische Gleichungen sowie lineare Gleichungssysteme numerisch (systematisches Probieren), algebraisch (Umformen) und grafisch (mit Hilfe von Funktionsgraphen), auch unter Einsatz digitaler Mathematikwerkzeuge, und vergleichen die Effektivität verschiedener Lösungsverfahren im Hinblick auf die jeweilige Fragestellung oder das Problem;
- untersuchen Fragen der Lösbarkeit und der Lösungsvielfalt von linearen und quadratischen Gleichungen sowie linearen Gleichungssystemen und formulieren diesbezüglich Aussagen.

1.2.2 Allgemeine Ziele des Algebraunterrichts

Die allgemeinen *Lernziele und Standard*s oder *Kompetenzen* beschreiben zu entwickelnde *Fähigkeiten* und *Fertigkeiten* sowie anzustrebende *Kenntnisse,* die über den Algebra- und Mathematikunterricht hinausweisen. Im Jahr 1996 hat Hans-Werner Heymann eine stärkere Herausstellung des allgemeinbildenden Charakters der Schulmathematik gefordert (Heymann, 1996). Im selben Jahr hat Heinrich Winter die im Mathematikunterricht anzustrebenden Ziele in drei Grunderfahrungen formuliert, die auch heute noch die Basis für einen *allgemeinbildenden* Mathematikunterricht darstellen. Danach trägt der Mathematikunterricht zur allgemeinen Bildung der Lernenden bei, indem er die folgenden Grunderfahrungen ermöglicht (Winter, 1995, S. 38):

- „G1: Erscheinungen der Welt um uns, die uns alle angehen oder angehen sollten, aus Natur, Gesellschaft und Kultur mit Hilfe der Mathematik und ihrer Anwendungsbereiche in einer spezifischen Art wahrzunehmen und zu verstehen;

- G2: Mathematische Gegenstände und Sachverhalte, repräsentiert in Sprache, Symbolen, Bildern und Formeln, als geistige Schöpfungen, als eine deduktive Welt eigener Art kennen zu lernen und zu begreifen;
- G3: In der Auseinandersetzung mit Aufgaben Problemlösefähigkeiten, die über die Mathematik hinausgehen, (heuristische Fähigkeiten) zu erwerben."

Die Grunderfahrung G1 *zeigt* die Mathematik als eine *beziehungshaltige und anwendungsorientierte Wissenschaft* mit einer langen, mehrtausendjährigen kulturellen Grundlage. Die Grunderfahrung G2 hat die Mathematik als ein *eigenständiges System* im Blick, das es erlaubt, typisch mathematische Denk- und Arbeitsweisen zu erfahren. Die Grunderfahrung G3 zeigt die Mathematik als eine *heuristische Wissenschaft* und betont die Bedeutung des Problemlösens für das Lernen von Mathematik in inner- und außermathematischen Situationen. Im Folgenden werden diese drei Grunderfahrungen an Beispielen aus dem Algebraunterricht erläutert.[5]

1.2.2.1 Algebra als beziehungshaltige und anwendungsorientierte Wissenschaft

Algebra ist eine zentrale Errungenschaft der Menschheit mit einer (mindestens) 4000-jährigen Entstehungsgeschichte (siehe Alten et al., 2003). Algebra war im Altertum Hilfsmittel und Werkzeug beim Bau von Tempeln und Pyramiden oder bei der Navigation der Seefahrt. Von den Griechen wurde sie dann als Denkschule weiterentwickelt. Seit Beginn der Neuzeit war und ist Algebra eine zentrale Grundlage des naturwissenschaftlichen und industriellen Fortschritts. Sie wurde im 20. Jahrhundert zur Theorie der Gruppen, Körper und Ringe und hat in jüngster Zeit in Form der Computeralgebra und Algorithmik ihre Bedeutung vor allem für digitale Anwendungen erheblich erweitert.

Kultureller Gesichtspunkt

Mathematik, und damit insbesondere auch Algebra, ist Bestandteil der menschlichen Kultur. Ein Einblick in die historische Entwicklung kann – im Sinne des historisch-genetischen Prinzips (siehe Heitzer & Weigand, 2020) – Orientierung für heutige und zukünftige Lernprozesse geben.

Beispiele

- Der Variablenbegriff entwickelte sich über die Wortvariablen bei Euklid – „Sind zwei Zahlen …" – über die Einführung von Buchstaben bei François Viète (1540–1603) bis zur Verwendung von bedeutungsvollen Namen in modernen Computersprachen (vgl. Kap. 2 und 3).

---

[5] Die in Greefrath et al. (2016) verwendeten Gesichtspunkte der Bildungsziele der Analysis werden hier auf die Algebra übertragen.

- Beginnend mit den von Babyloniern verwendeten Tabellen für Quadrat- und Kubikzahlen oder Zeit-Ort-Zusammenhängen des Mondes über die grafische Darstellung von Bewegungen zu Beginn der Neuzeit hat sich der heutige Funktionsbegriff im Laufe des 19. Jahrhunderts entwickelt (vgl. Kap. 4).
- Die Problematik des Lösens von Gleichungen durchzieht die gesamte Entwicklungsgeschichte der Mathematik: vom Lösen linearer und einfacher quadratischer Gleichungen in der ägyptischen, babylonischen und griechischen Mathematik, über Lösungsverfahren für quadratische Gleichungen durch Muhammed al-Khwarizmi (780–850) bis zu Lösungsformeln für Polynomgleichungen und neuere computergestützte numerische Lösungsalgorithmen (vgl. Scholz, 1990; Alten et al., 2003, hier Kap. 5). ◄

Pragmatischer Gesichtspunkt
Im Algebraunterricht erwerben Lernende Kenntnisse über grundlegende Begriffe und Verfahren der Algebra sowie Fähigkeiten im Umgang mit und im Hinblick auf deren Anwendung in den verschiedensten Berufen, Studienfächern und gesellschaftlichen Bereichen. Dabei ist Algebra in steter Wechselbeziehung zu sehen mit anderen Bereichen des Mathematikunterrichts, insbesondere Geometrie und Stochastik, sowie mit anderen Schulfächern, insbesondere Physik.

Beispiel

- In allen naturwissenschaftlich-technischen Studienfächern und Berufsfeldern werden Größen durch Variablen sowie Zusammenhänge mithilfe der Formelsprache ausgedrückt und Ergebnisse mithilfe von algebraischen Umformungen erzielt.
- In der Geometrie werden funktionale Zusammenhänge etwa bei Flächen- und Volumenberechnungen mithilfe der algebraischen Formelsprache dargestellt.
- In der Physik werden Zeit-Weg- und Zeit-Geschwindigkeit-Zusammenhänge durch Funktionen beschrieben. ◄

1.2.2.2 Algebra als System zur Erkenntnisgewinnung

Algebra hilft uns, die Welt um uns zu ordnen, Erkenntnisse zu gewinnen und mithilfe der Sprache zu erfassen. Dabei lassen sich zwei Gesichtspunkte unterscheiden.

Erkenntnistheoretischer Gesichtspunkt
Zwischen Lebenswelt und Mathematik bildet sich eine Wechselbeziehung aus. Die Lebenswelt hilft uns einerseits, anschauliche Vorstellungen über mathematische Begriffe und Verfahren auszubilden, andererseits wird die Lebenswelt mithilfe mathematischer Begriffe analysiert, beurteilt und interpretiert.

Beispiele

- Handytarife können grafisch dargestellt oder mithilfe der Formelsprache ausgedrückt werden (vgl. Abschn. 4.3.3). Die grafische Darstellung erlaubt das
  Ablesen etwa von Download-Mengen und Gebühren, mit der Formelsprache lassen
  sich funktionale Zusammenhänge komprimiert symbolisch darstellen.
- Bienenwaben haben die Form regelmäßiger Sechsecke. Mithilfe der Winkel-
  summen in regelmäßigen Vielecken lässt sich die Sechseck-Form begründen (vgl.
  Abschn. 1.1).
- Physikalische Gesetze werden in der Formelsprache formuliert und verdeutlichen
  dadurch Zusammenhänge quantitativ, etwa die exponentielle Abnahme beim radioaktiven Zerfall. ◄

Sprachlich-kommunikativer Gesichtspunkt

Sprache ist ein zentraler Zugang zur Formelsprache der Algebra, etwa wenn Variablen
mithilfe von Wortvariablen gelernt werden (Kap. 2). Darüber hinaus schult der Algebraunterricht das Erlernen einer formalen mathematischen Sprache, beispielsweise durch
das Definieren und Verwenden von Begriffen wie Term, Funktion und Gleichung,
durch den Umgang mit Gesetzmäßigkeiten wie dem Assoziativ- oder Distributivgesetz
oder durch das Anwenden von Verfahren wie dem Lösen quadratischer Gleichungen.
Viele Begriffsentwicklungen sind dabei sowohl inhaltlich und formal als auch sprachlich prototypisch für das Arbeiten in der Mathematik. Dabei führt der Einsatz digitaler
Technologien zu einer Akzentverschiebung beim Arbeiten mit Darstellungen. Das
wechselseitige interaktive – insbesondere auch dynamische – Arbeiten mit verschiedenen
Darstellungsformen rückt stärker in den Mittelpunkt (vgl. Bauer, 2015).

Beispiele

- Das Definieren von Begriffen wie Funktion und Gleichung sowie das Beschreiben
  von Verfahren wie etwa das Lösen von Gleichungen erfordern eine sprachliche
  Präzisierung der auftretenden Begriffe, etwa von Zuordnung, Term, Definitionsmenge oder Äquivalenzumformung.
- Grafische Darstellungen funktionaler Zusammenhänge erlangen eine größere
  Bedeutung beim Arbeiten mit digitalen Werkzeugen. Die Möglichkeit des
  Erzeugens von Darstellungen „auf Knopfdruck" mittels digitaler Werkzeuge
  erfordert erweiterte Fähigkeiten des Lesens, Beschreibens und Interpretierens der
  häufig auch dynamischen und interaktiven Grafiken. ◄

1.2.2.3 Algebra als heuristisches Hilfsmittel

Das Lernen des Problemlösens in inner- und außermathematischen Situationen ist ein
zentrales Ziel im Mathematikunterricht und stellt eine wichtige Grundlage für eine
eigenständige und verständige Erschließung unserer Welt dar.

Schöpferisch-kreativer Gesichtspunkt
Algebra schult das Problemlösen mithilfe spezieller Methoden und Verfahren. Dies gilt sowohl für inner- als auch für außermathematische Problemstellungen. So gilt es einerseits ein (inner-)mathematisches oder algebraisches Begriffsnetz aufzubauen, andererseits sind Alltagssituationen zu mathematisieren, also in die Formelsprache zu übersetzen und damit Probleme zu lösen.

Beispiele

- Streckenlängen geometrischer Objekte lassen sich in allgemeiner Weise mit der algebraischen Formelsprache ausdrücken, etwa die Höhe eines gleichseitigen Dreiecks der Seitenlänge a als $\frac{a}{2}\sqrt{3}$, die Länge der Diagonale eines Würfels der Kantenlänge a als $a\sqrt{3}$ oder die Seitenlänge eines Würfels (Kantenlänge a) einbeschriebenen Oktaeders als $\frac{a}{2}\sqrt{2}$. Das Finden dieser Formeln setzt insbesondere Wissen – hier bzgl. des Satzes des Pythagoras – und Raumvorstellungsvermögen voraus.

- Das Mathematisieren von Alltagssituationen führt häufig auf Gleichungen und erfordert das Lösen von Gleichungen, etwa beim Vergleich zweier Stromtarife, bei der Berechnung des Treffpunkts verschiedener Fahrzeuge auf einer gemeinsam befahrenen Strecke oder zur Bestimmung von Wachstumsraten bei Bakterienkulturen. Das Aufstellen, das adäquate – numerische, algebraische oder grafische – Lösen dieser Gleichungen sowie das Interpretieren der Lösungen sind Tätigkeiten, die sich einer einfachen kalkülhaften Abarbeitung entziehen.

- Viele Alltagssituation führen auf Extremwertprobleme, etwa die minimale Oberfläche einer Verpackung bei vorgegebenem Volumen, der schnellste Weg oder die beste Gewichtsverteilung auf einer Fläche. Es gilt dabei aber stets Nebenbedingungen zu beachten bzw. so festzulegen, dass die Aufgabe zum einen entsprechend dem Wissens- und Kenntnisstand der Lernenden, zum anderen zwar vereinfachend, aber nicht verfälschend behandelt werden kann. ◄

Algorithmischer Gesichtspunkt
Es ist ein Ziel der Algebra, explizite Verfahren sowie (iterative) Näherungsverfahren für das Lösen von Gleichungen und Gleichungssystemen zu entwickeln. Diese lassen sich dann auf Rechnern darstellen und können automatisch ablaufen. In der Schule ist es das Ziel, Lösungsverfahren zu verstehen und sie adäquat auf Problemstellungen anwenden zu können. Dabei sollten zum einen „einfachere" Algorithmen, wie etwa Lösungsverfahren für lineare und quadratische Gleichungen, per Hand oder mit Papier und Bleistift, zum anderen aber auch komplexere Lösungsverfahren, etwa die numerische Berechnung von Lösungen bei Polynomgleichung der Ordnung größer als 2, mithilfe digitaler Technologien ausgeführt werden können.

Beispiele

- Lineare und quadratische Gleichungen lassen sich mithilfe von Äquivalenzumformungen lösen. Dabei können die Lösungsverfahren auf der symbolischen Ebene mit entsprechenden grafischen Verfahren in Beziehung gesetzt werden.
- Polynomgleichungen der Ordnung größer als 2, trigonometrische oder Exponentialgleichungen lassen sich mit einem Computeralgebrasystem vielfach numerisch „auf Knopfdruck" lösen. Der Rechner übernimmt dabei die Durchführung des Lösungsalgorithmus, bei den Lernenden verbleibt die Interpretation der Lösung im Hinblick auf die Ausgangsgleichung und evtl. die zugrunde liegende Problemsituation.
- Bei iterativen Lösungsverfahren, etwa dem Intervallhalbierungsverfahren oder dem Heron-Algorithmus, gilt es zunächst die prinzipielle Methode der sukzessiven Annäherungen – auch durch den Bezug zu grafischen Darstellungen – zu verstehen. Dann gilt es, diese Verfahren mit einem Computeralgebrasystem oder einem Tabellenkalkulationsprogramm durchzuführen und Konvergenzgeschwindigkeiten zumindest auf der intuitiven Ebene erkennen und vergleichen zu können. ◄

1.3   Inhalte der Schulalgebra

Bis zu den 1970er-Jahren waren Schulbücher für den Mathematikunterricht noch in Bücher für Algebra und Geometrie unterteilt. Diese Unterteilung wurde längst aufgegeben, da sich zum einen viele Themen nicht nach diesen beiden Bereichen klassifizieren lassen, etwa Flächeninhaltsformeln für Drei- oder Vierecke, die binomischen Formeln oder die Trigonometrie. Zum anderen soll aber vor allem deutlich werden, dass es fortwährende Wechselbeziehungen zwischen den Themen der Algebra und Geometrie gibt.

So gilt etwa für das Quadrieren und Wurzelziehen, dass sie

- beim Umstellen geometrischer Formeln (etwa bei Flächeninhaltsformeln oder im Zusammenhang mit dem Satz des Pythagoras) wichtig sind,
- sich durch geometrische Figuren veranschaulichen lassen (Quadrate und deren Diagonalen),
- zur Bildung neuer Arten von Termen führen, die geometrisch interpretiert werden können,
- Beispiele für quadratische Funktionen und Wurzelfunktionen liefern (etwa im Zusammenhang mit Flächeninhaltsformeln),
- vor allem bei Flächeninhaltsberechnungen auf quadratische Gleichungen und Wurzelgleichungen führen.

Ein weiteres Beispiel für diese thematischen Wechselbeziehungen sind Graphen quadratischer Funktionen. Sie lassen sich

- durch algebraische Terme beschreiben,
- geometrisch als Parabeln charakterisieren und definieren,
- mithilfe geometrischer Abbildungen wie Verschiebung, Stauchung und Streckung verändern,
- mit geometrischen Zeicheninstrumenten erzeugen,
- in der Analysis auf Steigungs- und Krümmungsverhalten untersuchen.

Die zentralen Themenstränge der Schulalgebra sind *Variablen und Terme, Funktionen* und *Gleichungen*. Diese lassen sich in Teilbereiche untergliedern, die einzelnen Jahrgangsstufen und damit auch den jeweiligen Zahlbereichen zugeordnet werden können. So lassen sich etwa Funktionen in proportionale und antiproportionale Funktionen, lineare Funktionen, quadratische und Wurzelfunktionen, Potenzfunktionen, Exponentialfunktionen und Logarithmusfunktionen sowie trigonometrische Funktionen unterteilen. Diese Teilbereiche stehen in Wechselbeziehung mit entsprechenden Themen bei Termen und Gleichungen.

Eine Übersicht über den Aufbau der Inhalte der Schulalgebra gibt Tab. 1.2. Die Jahrgangszahlen können und werden in einzelnen Ländern und Schulformen – allerdings nur in engen Grenzen – variieren.

Diese Themenstränge sind mit entsprechenden Themensträngen der Geometrie abzustimmen. Man denke etwa an Flächen- und Rauminhaltsberechnungen (Herleitung von Formeln, Umformungen, Berechnungen mithilfe von Formeln), analytische Betrachtungen (Koordinatensystem, Geradengleichungen, Parabelgleichungen) und an die Trigonometrie (trigonometrische Funktionen und Formeln). Darüber hinaus gilt es aber auch andere Fächer im Blick haben. Dies betrifft vor allem die Physik mit ihren Anforderungen an das Funktionsverständnis und das Verstehen von Formeln.

Die genannten Themenstränge haben sich in dieser Form im letzten Jahrhundert historisch entwickelt, ihnen liegen psychologische und didaktische Entscheidungen zugrunde. Sie folgen dem *Spiralprinzip* (vgl. Büchter, 2014; Bruner, 1960), welches besagt, dass gleiche Themen nach bestimmten Zeitabschnitten (etwa im nächsten Schuljahr) erneut aufgegriffen und auf einer höheren Komplexitäts- oder Verstehensebene behandelt werden sollten.

1.4 Algebra unterrichten

Das zentrale Ziel des Algebraunterrichts ist es, das *Verständnis* grundlegender Begriffe und Verfahren der Algebra aufzubauen. Das *Verständnis eines Begriffs* umfasst dabei weit mehr als die Kenntnis einer Definition und das *Verständnis eines Verfahrens* mehr als die Fertigkeit, dieses durchführen zu können.

Tab. 1.2 Zuordnung der algebraischen Stränge *Variablen und Terme, Funktionen* und *Gleichungen* zu Jahrgangsstufen und Zahlbereichen

Jg.	Zahlen	Variablen und Terme	Funktionen	Gleichungen
5	$\mathbb{N}$ und evtl. $\mathbb{Z}$ Natürliche und ganze Zahlen	Einfache Terme Tabellen	Tabellen mit Variablen Operatoren	Lösen einfacher Gleichungen durch Probieren Gegenoperatoren
6	$\mathbb{B} = \mathbb{Q}^+$ Bruchzahlen als gewöhnliche Brüche und Dezimalbrüche	Einfache Terme mit Brüchen	Tabellen mit Variablen Bruchoperatoren	Lösen einfacher Gleichungen durch Gegenoperatoren
7	$\mathbb{Q}$ Rationale Zahlen	Einfache Terme mit rationalen Zahlen	Proportionale und antiproportionale Funktionen Empirische Funktionen	Lösen einfacher Gleichungen durch Gegenoperatoren
8	$\mathbb{Q}$ Potenzen mit natürlichen und ganzen Exponenten	Bruchterme	Potenzfunktionen und ihre Eigenschaften	Lösen von Gleichungen durch Äquivalenzumformungen Bruchgleichungen Gleichungssysteme Grafische Lösungen
9	$\mathbb{R}$ Quadrieren und Wurzelziehen Irrationalität	Terme mit Quadraten und Wurzeln	Quadratische Funktionen Wurzelfunktionen Eigenschaften quadratischer Funktionen Umkehrfunktionen	Quadratische Gleichungen Grafische Lösungen Näherungslösungen Wurzelgleichungen
10	$\mathbb{R}$ Potenzen mit rationalen Exponenten	Terme mit Potenzen	Polynomfunktionen und gebrochen rationale Funktionen Exponentialfunktionen und Logarithmusfunktionen	Potenzgleichungen Exponentialgleichungen

1.4.1 Begriffsverständnis

Zum *Begriffsverständnis* gehört insbesondere, dass Lernende

- Vorstellungen über Merkmale oder Eigenschaften eines Begriffs und deren Beziehungen entwickeln, also Vorstellungen über den *Begriffsinhalt* aufbauen,
- einen Überblick über die Gesamtheit aller Objekte erhalten, die unter einem Begriff zusammengefasst werden, also Vorstellungen über den *Begriffsumfang* entwickeln, und
- Beziehungen des Begriffs zu anderen Begriffen kennen und herstellen können, also Vorstellungen über das *Begriffsnetz* ausbilden.

Zum *Verständnis algebraischer Verfahren,* wie etwa Termumformungen oder Lösen von Gleichungen, gehört insbesondere, dass Lernende

- Voraussetzungen, Ziele und Grenzen des jeweiligen Verfahrens kennen,
- Verfahren hinsichtlich inner- und außermathematischer Situationen und Problemstellungen beurteilen können,
- die Struktur auftretender Terme und Gleichungen erfassen (*Struktursinn,* Kap. 3 und 5) und im Hinblick auf zielgerichtete Umformungen interpretieren können,
- unterschiedliche Strategien (falls möglich) des Arbeitens mit einem Verfahren kennen und reflektiert anwenden können (*Flexibilität,* Kap. 5).

Es ist die Aufgabe der Lehrenden, die Entwicklung entsprechender Lernprozesse zu planen, durchzuführen und zu steuern. Für die Planung von Lernprozessen kann es keine allgemeingültigen oder -verbindlichen Regeln geben, denn sie ist abhängig von den lokalen Gegebenheiten, dem Vorwissen der Lernenden, schulspezifischen Prioritäten hinsichtlich spezifischer Lernziele und vielen anderen Faktoren. Entsprechend gibt es bei den konkreten strategischen Entscheidungen der Lehrenden eine Variationsbreite und Vielfalt, da diese Entscheidungen stets in Abhängigkeit von den jeweiligen Inhalten, der Unterrichtssituation, den Lernenden sowie persönlichen Präferenzen getroffen werden (vgl. Hattie et al., 2017; Hattie, 2013; Blömeke et al., 2010; Helmke, 2010).

Dennoch hat die Mathematikdidaktik allgemeine Regeln oder Prinzipien identifiziert, denen das Ziel zugrundeliegt, dass Lernende Algebra verstehensorientiert lernen. Solche allgemeinen Regeln und Prinzipien geben Lehrenden Orientierung bei der Unterrichtsgestaltung. Sie werden unter dem Begriff *Unterrichts-* oder *didaktische Prinzipien* zusammengefasst. *Didaktische Prinzipien* sind Regeln für das Planen, die Gestaltung und Beurteilung von Unterricht, die einerseits auf normativen Überlegungen, andererseits auf praktischen Unterrichtserfahrungen und empirischen Erkenntnissen aufbauen.

Didaktische Prinzipien sind Grundsätze, Leitlinien oder Maximen des Planens und Handelns, die Orientierung bei der lokalen und globalen Unterrichtsentwicklung geben. Es gibt eine große Vielfalt an didaktischen Prinzipien für den Mathematikunterricht, wie das genetische Prinzip, das operative Prinzip, das Spiralprinzip, das Prinzip der Selbstständigkeit oder das Prinzip der Verstehensorientierung (Heitzer & Weigand, 2020; Scherer & Weigand, 2017). Die Anwendbarkeit dieser Prinzipien im Unterricht ist dabei stets in Wechselbeziehung zu Zielen und Inhalten, Wissen und Können der Lernenden sowie zur jeweiligen Unterrichtssituation zu sehen und zu beurteilen.

Wir werden in den einzelnen Kapiteln immer wieder auf didaktische Prinzipien eingehen, möchten an dieser Stelle aber doch einige allgemeine Prinzipien herausstellen, die wir für den Algebraunterricht als besonders wichtig ansehen und auf die wir uns in den folgenden Kapiteln wiederholt beziehen werden.

1.4.2 Prinzip der Vielfalt und Vernetzung der Darstellungsformen (insbesondere das „E-I-S-Prinzip")

Die drei zentralen Darstellungen oder Repräsentationsmodi des Wissens und Könnens – **e**naktiv (durch Handlungen), **i**konisch (bildlich) und **s**ymbolisch (durch Sprache und Zeichen) – sind bei der Verständnisentwicklung aufeinander bezogen (E-I-S Prinzip, vgl. Bruner, 1966) und sollten deshalb, wo immer möglich und sinnvoll, verwendet werden (Lotz, 2020; Lambert, 2012). Dem Prinzip der Darstellungsvernetzung (Lesh et al., 1987) kommt insofern eine besondere Bedeutung zu, als Mathematik kein realweltlicher Gegenstand ist, sondern erst durch Darstellungen vergegenwärtigt werden muss. Unterschiedliche Darstellungen erlauben es Lernenden deshalb, mathematische Begriffe aus unterschiedlichen Perspektiven zu betrachten.

Durch die gesamte Algebra hinweg ist die Wechselbeziehung zwischen algebraischen (Variablen, Terme, Gleichungen), numerischen (Zahlen, Tabellen) und geometrischen (Funktionsgraphen, Kurven) Darstellungen ein wichtiges Element der Verständnisentwicklung. Verständnis zeigt sich auch darin, dass Lernende eine Repräsentation durch eine andere erklären können (Duval, 2006). Folglich muss Mathematikunterricht für Lerngelegenheiten sorgen, bei denen Lernende explizit aufgefordert sind, einen dargestellten Sachverhalt durch eine andere Darstellung oder Perspektive zu betrachten und zu analysieren.

1.4.3 Prinzip der Orientierung an Grundvorstellungen

Es ist ein Ziel des Mathematikunterrichts, dass Lernende *tragfähige Vorstellungen* von Begriffen aufbauen, also fachlichen Begriffen *inhaltliche Bedeutungen* geben, sodass sie mit den Begriffen verständnisvoll umgehen können. In den letzten Jahren haben sich vor allem in der deutschsprachigen Mathematikdidaktik *Grundvorstellungen* als ein zentrales und grundlegendes Konstrukt zur Deutung von Begriffen herausgestellt (vgl. Greefrath et al., 2016; vom Hofe & Blum, 2016; vom Hofe, 1996). *Grundvorstellungen* bestimmen den Sinn mathematischer Begriffe, indem sie diese entweder mit Alltagssituationen (primäre Grundvorstellungen) oder innermathematischen Konzepten in Form unterschiedlicher Repräsentationen (sekundäre Grundvorstellungen) in Beziehung setzen.

> „Eine *Grundvorstellung* zu einem mathematischen Begriff ist eine inhaltliche Deutung des Begriffs, die diesem Sinn gibt." (Greefrath et al., 2016, S. 17)

Da es im Allgemeinen stets verschiedene Sichtweisen auf einen Begriff gibt, gibt es auch verschiedene Grundvorstellungen zu diesem Begriff. Unter *Grundvorstellungen* verstehen wir dabei – in diesem Buch – „universelle Grundvorstellungen". Das sind jene Vorstellungen, die auf theoretischen oder normativen fachlichen und didaktischen Überlegungen beruhen und Lernende idealerweise, d. h. aus präskriptiver Sicht, ausbilden sollen. *Individuelle Vorstellungen* sind dagegen diejenigen Vorstellungen, die bei Lernenden tatsächlich vorhanden sind und auch Fehlvorstellungen enthalten können. Wenn Lernende also eine *Grundvorstellung* ausbilden sollen, dann sollen sie die zu dieser Grundvorstellung passenden adäquaten *individuellen Vorstellungen* ausbilden.

Grundvorstellungen stehen in Beziehung zu *fachlichen Aspekten:*

> „Ein Aspekt eines mathematischen Begriffs ist ein Teilbereich des Begriffs, mit dem dieser fachlich charakterisiert werden kann." (Greefrath et al., 2016, S. 17)

Aspekte sind der fachliche Kern eines Begriffs, der sich durch mathematische Analysen bestimmen lässt und einen Begriff charakterisiert. Sie bilden als mathematische Sätze oder Definitionen den formalen Hintergrund für darauf aufbauende anschauliche Vorstellungen. Die Aspekte eines Begriffs bilden die mathematische Basis oder den fachlichen Ausgangspunkt für die Entwicklung von Grundvorstellungen zu diesem Begriff.

Grundvorstellungen sind in engem Zusammenhang mit einem verständigen Lernen zu sehen. Ohne tragfähige Grundvorstellungen zu mathematischen Begriffen besteht die Gefahr, dass Begriffswissen auf die formale Ebene beschränkt bleibt und für heuristische, problemlösende Prozesse nicht adäquat genutzt werden kann. Im Rahmen der Planung von Lehr-Lern-Prozessen geben Grundvorstellungen Lehrkräften eine Orientierung, in welche Richtung das Begriffsverständnis auszubilden ist (vgl. vom Hofe, 1995, 1996).

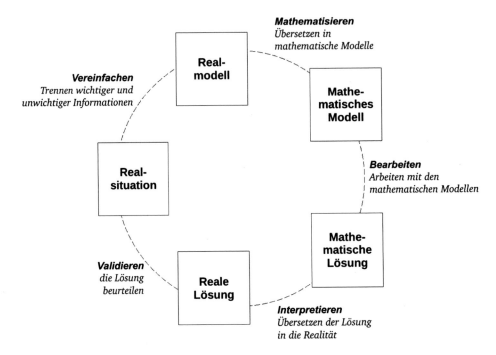

Abb. 1.8 Modellierungskreislauf nach Greefrath (2010) und Blum und Leiß (2005)

1.4.4 Prinzip der Anwendungsorientierung

Lerninhalte sollten auch in überfachlichem Kontext und verbunden mit ihrem diesbezüglichen Nutzen angeeignet, geübt und weiterentwickelt werden. Anwendungen können sich dabei auf inner- oder außermathematische Kontexte beziehen. Außermathematische Bezüge haben im Algebra- bzw. Mathematikunterricht eine Doppelfunktion. Zum einen dienen sie dem besseren Verständnis der Lebenswelt, zum anderen bilden Beispiele aus der Lebenswelt eine Basis für die Entwicklung von (Grund-)Vorstellungen über algebraische bzw. mathematische Begriffe.

Im Zusammenhang mit der Anwendung von Mathematik in außermathematischen Kontexten hat sich das Schema eines „Modellierungskreislaufs" etabliert (Abb. 1.8), der die Beziehung zwischen der außer- und innermathematischen Welt darstellt. Eine ausführliche Darstellung mit einer Beschreibung der entsprechenden Teilkompetenzen findet sich in Greefrath (2010, S. 14 ff.).

1.4.5 Prinzip des adäquaten Einsatzes digitaler Technologien

Digitale Technologien lassen sich bzgl. des Algebraunterrichts – nicht ganz trennscharf – in drei Kategorien einteilen.

- Zum Ersten gibt es die mittlerweile als klassisch anzusehenden *digitalen Werkzeuge GeoGebra,*[6] *TI-Nspire*[7] oder *Casio ClassPad*[8], die neben einem Computeralgebrasystem (CAS) auch ein Tabellenkalkulationsprogramm (TKP), eine Dynamische Geometriesoftware (DGS) und eine Möglichkeit zur grafischen Darstellung von Funktionen bieten.
- Zum Zweiten sind es *Lehr-Lern-* oder *Übungsprogramme,* die etwa Umformungen schrittweise vornehmen, die Schritte einzeln anzeigen und dabei Umformungshinweise geben. Beispiele hierfür sind Programme wie *Photomath*[9], *Chegg Math Solver*[10] (der Nachfolger von *Math42*), *Cymath*[11], *Mathway*[12] und *Microsoft Math Solver*[13].
- Schließlich und zum Dritten gibt es *Erklär- und Kommunikationsmedien* wie Erklär- und Animationsvideos[14] oder Lehr-Lern-Plattformen, wie etwa *Moodle*, mit denen Lerneinheiten erstellt und durchgeführt werden können.

Alle drei Kategorien digitaler Technologien können in verschiedener Hinsicht Lehr-Lern-Prozesse im Algebraunterricht unterstützen.

- Lernprozesse können durch *vielfältige Darstellungsmöglichkeiten* vor allem auf der grafischen und numerischen Ebene unterstützt werden und dadurch das Verständnis mathematischer Zusammenhänge fördern. Die Interaktivität und die Möglichkeit des Transfers zwischen Darstellungen ermöglichen dabei insbesondere individuelle Lernprozesse.

---

[6] www.geogebra.com.

[7] https://de.wikipedia.org/wiki/TI-Nspire.

[8] www.casio-europe.com.

[9] https://photomath.app.

[10] https://www.chegg.com/math-solver.

[11] www.cymath.com.

[12] www.mathway.com.

[13] https://math.microsoft.com/en (alle zuletzt aufgerufen 22.06.2021).

[14] Eine kritische Auseinandersetzung mit Erklärvideos findet sich in: Gesellschaft für Didaktik der Mathematik (2020). Mitteilungen der GDM 109 (Juli). https://ojs.didaktik-der-mathematik.de/index.php?journal=mgdm&page=issue&op=view&path%5B%5D=43&path%5B%5D=showToc (zuletzt aufgerufen 22.06.2021).

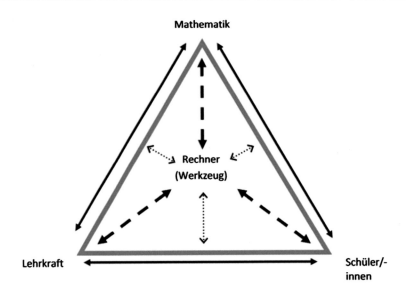

Abb. 1.9 Das didaktische Dreieck beim Rechnereinsatz nach Bichler (2010, S. 34)

- Das *Auslagern numerischer und symbolischer Berechnungen* an digitale Werkzeuge eröffnet die Möglichkeit, algorithmisch und kalkülorientierte Lerninhalte dem Werkzeug zu überlassen und Verstehensprozesse in den Vordergrund zu stellen.[15]
- Digitale Technologien können ein leistungsfähiges Werkzeug zur Unterstützung von *Modellbildungen und Simulationen* sowie *heuristisch-experimentellen Arbeitens* beim Problemlösen durch interaktive Erkundungen sein.

Neben dem Erkennen und Nutzen der Chancen und Möglichkeiten digitaler Technologien müssen auch deren Probleme, Schwierigkeiten und Grenzen sowohl in technischer Hinsicht als auch im Hinblick auf das Verständnis mathematischer Inhalte reflektiert werden. Ein moderner Algebraunterricht wird stets die Beziehungen zwischen mentalen Repräsentationen, Arbeiten mit Papier und Bleistift sowie dem Einsatz digitaler Technologien gegeneinander abwägen. Weiterhin gilt es, digitale Technologien in Wechselbeziehung zu Lernenden, Lehrkräften und den Lerninhalten zu sehen. Dies lässt sich gut mithilfe des „didaktischen Dreiecks" veranschaulichen, das diese fortwährende Wechselbeziehung zwischen den Lernenden, der Lehrkraft und den fachlichen Inhalten ausdrückt (Abb. 1.9; vgl. Bichler, 2010, S. 33 ff.).

---

[15] Auf Vor- und Nachteile dieses Auslagerungsprozesses wird noch eigens bei den entsprechenden Inhalten eingegangen.

1.5   Zusammenfassung

Algebra in der Schule lässt sich zum einen durch die Inhalte charakterisieren, die im Algebraunterricht behandelt werden. Zum anderen lässt sie sich aber auch durch die Art und Weise beschreiben, wie mit diesen Inhalten umgegangen wird. Eine besondere Bedeutung kommt dabei der *Formelsprache der Algebra* zu, die sich Lernende aneignen müssen. Der *Werkzeugcharakter* der Algebra gibt an, wie sich inner- und außermathematische Probleme mithilfe der Algebra lösen lassen. Schließlich ist die *Entwicklung des algebraischen Denkens* eine zentrale Aufgabe im Algebraunterricht. Dabei geht es um Denk- und Arbeitsweisen, die typisch für die Algebra sind. Diese zeichnen sich vor allem durch zwei Denkhandlungen oder -operationen aus: das *Verallgemeinern*, also der Übergang von konkreten zu unbestimmten Objekten, sowie das *analytische Denken,* das sich im Operieren mit der Formelsprache durch das Herstellen relationaler Zusammenhänge zeigt.

Algebra in der Schule leistet einen Beitrag zum Erreichen der in den KMK-Bildungs-standards angeführten Kompetenzen und trägt insbesondere zur allgemeinen Bildung der Lernenden bei, indem die drei „Winterschen Grunderfahrungen" (Winter, 1995) unterstützt werden: Algebra (bzw. Mathematik) ist eine *beziehungshaltige und anwendungs-orientierte Wissenschaft,* ein *eigenständiges System* mit typisch mathematischen Denk- und Arbeitsweisen sowie eine *heuristische Wissenschaft.*

Die Inhalte der Algebra lassen sich entlang der Themenstränge *Variablen und Terme, Funktionen* und *Gleichungen* entwickeln. Sie stellen eine oder gar die Basis für alle anderen mathematischen Bereiche dar. Deshalb gibt es auch im Mathematikunterricht eine enge Beziehung der Algebra zur Geometrie und zur Stochastik. Ferner ist Algebra die Grundlage für die Analysis und Analytische Geometrie in der Oberstufe sowie für die naturwissenschaftlichen Fächer und die Informatik.

Ein zentrales Ziel bzgl. der Planung und Umsetzung von Lehr-Lern-Gelegenheiten ist ein *verständnisorientierter Unterricht:* „Verstehen des Verstehbaren ist ein Menschen-recht" forderte Martin Wagenschein bereits 1970 (S. 419). Da sich allerdings weder dieses Ziel noch die zu diesem Ziel führende Methodik unabhängig von Inhalt, Unter-richtssituation, Lernenden sowie der (Persönlichkeit der) Lehrkraft genauer bestimmen und eingrenzen lassen, sind methodische Entscheidungen im Unterricht stets situations-abhängig neu zu treffen. *Didaktische Prinzipien* als Maximen des Planens und Handelns können dabei eine wichtige Orientierung geben.

1.6   Aufgaben

1. Erläutern Sie an drei Beispielen, was Ihnen aus Ihrem Algebraunterricht in besonderer Erinnerung geblieben ist. Bewerten Sie diese Beispiele aus Ihrer heutigen Perspektive.

2. Geben Sie aus Ihrer eigenen (Schul-)Erfahrung drei Beispiele für Schwierigkeiten beim Lernen der Formelsprache an. Stellen Sie Vermutungen über die Ursachen dieser Schwierigkeiten an.

3. Wie können Sie einem bzw. einer interessierten Nichtmathematiker*in erklären, was unter *algebraischem Denken* verstanden wird?

4. In welchen Schulfächern werden Kenntnisse und Fähigkeiten aus der Algebra benötigt? Geben Sie Beispiele dafür an.

5. In den KMK-Standards sind sechs allgemeine Kompetenzen aufgeführt. Erläutern Sie an jeweils einem Beispiel, wie diese Kompetenzen im Algebraunterricht angestrebt werden können.

6. In den KMK-Standards gibt es die Leitidee „Raum und Form". Erläutern Sie mögliche Querverbindungen zu den Themensträngen der Schulalgebra.

7. Erläutern Sie die allgemeine oder prozessbezogene Kompetenz „Mathematisch modellieren".

8. Im dreidimensionalen Kompetenzmodell der KMK sind allgemeine Kompetenzen, Leitideen und Anforderungsbereiche aufgeführt. Geben Sie ein Beispiel für eine Algebraaufgabe aus dem Bereich „Probleme mathematisch lösen" an und entwickeln Sie diese in drei Versionen entsprechend den drei Ausprägungen der Anforderungsbereiche.

9. Bearbeiten Sie Aufgabe 8 für ein Beispiel aus dem Bereich „Algorithmus und Zahl".

10. Geben Sie jeweils ein Beispiel für die Leitideen „Zahl und Operation", „Größen und Messen" und „Strukturen und funktionaler Zusammenhang", bei dem ein Bezug zur Algebra vorhanden ist. Beschreiben Sie diese jeweiligen Bezüge.

11. Beschreiben Sie anhand von Beispielen, wie die drei Grunderfahrungen nach Heinrich Winter im Algebraunterricht angestrebt werden können.

12. Geben Sie Inhalte des Algebraunterrichts an, bei denen Sie sich vorstellen könnten, kulturelle Gesichtspunkte der Algebra anzusprechen.

13. Ein Architekt benötigt algebraische Kenntnisse. Geben Sie einige Beispiele des Algebraunterrichts der Sekundarstufe I an, bei denen diese Kenntnisse deutlich werden können.

14. Algebra hilft uns, die Welt besser zu verstehen. Nehmen Sie eine Stromrechnung und erläutern Sie, wie algebraische Kenntnisse dazu beitragen, die Rechnung besser zu verstehen und damit vorausschauender planen zu können.

15. Zum Begriffsverständnis gehören Vorstellungen über Begriffsinhalt, Begriffsumfang und Begriffsnetz. Erläutern Sie, was man demnach unter dem Verständnis des Begriffs „irrationale Zahl" versteht.

16. Erläutern Sie, was man unter dem *Verständnis* des Lösungsverfahrens für quadratische Gleichungen versteht oder verstehen könnte.

17. Das *Spiralprinzip* besagt, dass das Curriculum so aufgebaut werden sollte, dass die zentralen Gegenstände auf verschiedenen kognitiven und sprachlichen Niveaus immer wieder aufgriffen, vertieft und ausgebaut werden. Erläutern Sie dieses Prinzip am Beispiel des Begriffs „lineare Gleichung".

18. Erläutern Sie das Prinzip der Vielfalt und Vernetzung der Darstellungsformen am Beispiel der Addition von Bruchzahlen.

19. Informieren Sie sich über didaktische Prinzipien, etwa in dem Heft *mathematik lehren, Nr. 223, Mathematikdidaktische Prinzipien.*

20. Verpackungen – etwa Milchverpackungen – sollen ansprechend aussehen, aber auch möglichst günstig im Hinblick auf den Materialverbrauch sein. Zeigen Sie am Beispiel der Berechnung des benötigten Materials für ein Tetrapak von 1 Liter, wie der Modellierungskreislauf bei der Beantwortung dieser Frage durchlaufen werden könnte.

21. Welche Möglichkeiten und Chancen erwarten – oder erhoffen – Sie sich vom Einsatz digitaler Technologien im Mathematikunterricht? Geben Sie drei Beispiele an.

22. Welche Probleme und Schwierigkeiten befürchten Sie beim Einsatz digitaler Technologien im Mathematikunterricht? Erläutern Sie diese anhand von Beispielen.

23. Suchen Sie – etwa auf YouTube – ein „Erklärvideo" zu einem Begriff der Algebra. Stellen Sie dar, was Sie an dem Video gut und was Sie schlecht finden.

24. Lehr- und Übungsprogramme helfen beim Lernen von Algorithmen im Mathematikunterricht, etwa beim Termumformen oder Gleichungslösen. Nehmen Sie kritisch zum Einsatz derartiger Programme Stellung.

Variablen

„Der Hauptzweck der Algebra sowie aller Theile der Mathematik besteht darin, den Werth solcher Größen zu bestimmen, die bisher unbekannt gewesen, was aus genauer Erwägung der Bedingungen geschieht. Daher wird die Algebra auch als die Wissenschaft definirt, welche zeigt, wie man aus bekannten Größen unbekannte findet." (Leonhard Euler, 1770, S. 217)

Das Finden unbekannter Größen aus bekannten Größen ist eine zentrale Arbeitsweise der Algebra. In der historischen Entwicklung der Mathematik entsteht diese Arbeitsweise aus Verfahren, durch welche unbekannte Größen mithilfe geometrischer, arithmetischer oder verbal beschriebener Verfahren ermittelt wurden (Alten et al., 2003, S. 45 ff.). Mit dieser Arbeitsweise erfolgt der Schritt von der Arithmetik zur Algebra, wobei die Grenzen zwischen beiden mathematischen Gebieten als fließend anzusehen sind. Folgende Beispiele verdeutlichen diesen Sachverhalt:

1. Ein gegebener algebraischer Ausdruck enthält häufig Zeichen und Symbole, die aus der Arithmetik bereits bekannt sind, etwa für die grundlegenden Rechenoperationen. Die Arithmetik ist somit ein Fundament der Algebra.
2. Lernende erkennen schon in der Grundschule, dass es bei Rechenoperationen wie der Addition oder Multiplikation nicht auf die Reihenfolge der Summanden bzw. Faktoren ankommt. Dieses Erkennen von Kommutativität ist ein zentraler Schritt in Richtung Algebra, da Lernende über verallgemeinerbare arithmetische Strukturen auf einer intuitiven Ebene nachdenken.
3. Unbekannte Größen können auch sprachlich repräsentiert werden: „Ein Stück Land soll so auf zwei Erben aufgeteilt werden, dass der eine viermal so viel erhält wie der andere." Dies ist eine Aufgabe, die auf die ägyptische Mathematik des Altertums (ab ca. 3000 v. Chr.) zurückgeht. Wenn das Land beispielsweise 15 Einheiten groß ist,

H.-G. Weigand et al., *Didaktik der Algebra,* Mathematik Primarstufe und Sekundarstufe I + II, https://doi.org/10.1007/978-3-662-64660-1_2

drückte man dies damals durch eine sprachliche „Gleichung" folgendermaßen aus: „Eine Größe und ihr Viertel ergeben zusammen 15" (Alten et al., 2003, S. 13 ff.), oder in heutiger Schreibweise: $x + \frac{x}{4} = 15$. Hier sind „eine Größe" und „ihr Viertel" Wortvariablen, die genutzt werden, um die Unbekannte zu repräsentieren. Wortvariablen sind für Lernende auch heute noch ein wichtiges Mittel, um zu Beginn der Sekundarstufe mit unbekannten Größen umzugehen.

Zu Beginn der Sekundarstufe ist es die Aufgabe des Mathematikunterrichts, sinnstiftende Brücken von der Arithmetik zur Algebra zu schlagen. Im Folgenden wird der Variablenbegriff zunächst fachlich analysiert. Dann werden Grundvorstellungen von Variablen entwickelt, die die Grundlage für die Entwicklung von Variablenvorstellungen von Lernenden darstellen.

2.1   Fachliche Analyse

2.1.1   Der Variablenbegriff in der Algebra zu Beginn der Sekundarstufe

Variablen haben „keine selbständige Bedeutung" (Tarski, 1937, S. 1). Entsprechend können Variablen nicht durch ihre Eigenschaften definiert werden. Eine Variable ist vielmehr ein Grundbegriff der Mathematik in analoger Weise, wie es die Begriffe Punkt, Gerade oder Ebene für die Geometrie sind. Die „Natur der Variablen" ergibt sich aus deren Verwendung (Malle, 1993, S. 46). Derartige typische Verwendungen von Variablen sind etwa:

- als ein *Platzhalter* bzw. eine *Variable* in elementarer Verwendung: Im Ausdruck $2 \cdot x + 1 = 7$ ist x eine Variable. Als Platzhalter *hält* sie im Wortsinn einen *Platz* frei für eine Zahl. Die Definitionsmenge von x kann dabei die Menge der natürlichen, ganzen, rationalen oder reellen Zahlen bzw. eine jeweilige Teilmenge davon sein.
- als eine *Veränderliche:* Variablen werden in Funktionen genutzt, um die eindeutige Zuordnung f der Variablen x zur Variablen y zu beschreiben, also $f\colon x \to y$. Dabei lässt sich mit der Variablen x die Vorstellung einer schrittweisen oder auch kontinuierlichen Veränderung der Werte in einem gegebenen Definitionsbereich $x \in D$ verbinden.
- als bedeutungsfreies *Symbol*, etwa wenn das Polynom $x^2 + 4x + 7$ in ein CAS eingegeben wird.
- als eine *Variable* in Sachzusammenhängen, etwa in der Physik: Die Formel $E = mc^2$ beschreibt die Energie-Masse-Beziehung, wobei E und m variable Größen sind, während c eine Konstante ist und für die Lichtgeschwindigkeit steht.
- als *Wortvariable:* Wie im obigen historischen Beispiel aus dem „alten Ägypten" wurden Variablen bis in die Neuzeit als Wortvariablen genutzt und diese erleben gerade wieder eine Renaissance im Rahmen von Computersprachen.

- als *Variable* im Alltag: Um die Rollen von Personen etwa in geschäftlichen Verträgen zu verdeutlichen, werden zu Beginn Namenszuweisungen definiert. Etwa: „Die Person (Max Mustermann), im folgenden *Käufer* genannt, schließt den folgenden Kaufvertrag über…" Das Wort *Käufer* bezeichnet dann im gesamten Vertragstext diese so definierte Person.

Diese Liste für die Verwendung von Variablen kann sicherlich fortgesetzt werden. Gemeinsam ist allen Beispielen, dass Variablen immer dann verwendet werden, wenn *Einheitlichkeit* und *Standardisierung* erreicht werden sollen. Die Variable ist ein Konstrukt, das immer dann benutzt wird, wenn ein bestimmtes Element (eine Größe, eine juristische Person) über die Vielzahl der Situationen hinweg standardmäßig und einheitlich beschrieben werden soll.

2.1.2 Grundvorstellungen des Variablenbegriffs

In der Schulmathematik gilt es, das Verständnis des Variablenbegriffs zu entwickeln. Die obige Liste zeigt eine Vielfalt an Verwendungsmöglichkeiten für Variablen, die Hinweise auf Vorstellungen enthält, die Lernende aus normativer Sicht erwerben müssen. Im Folgenden werden drei Grundvorstellungen mit dem Variablenbegriff verbunden.

> **Grundvorstellung der Variablen *als Unbestimmte bzw. allgemeine Zahl***
> Die Variable ist eine allgemeine Zahl, deren Wert nicht gegeben ist bzw. zunächst nicht von Interesse ist.

Der Begriff der Unbestimmten verweist im Wortsinn auf eine unbestimmte, also nicht festgelegte Zahl oder Größe. Diese Grundvorstellung der Unbestimmten erlaubt es, etwa das Kommutativgesetz der Multiplikation in seiner allgemeinen Form zu formulieren: $\forall\, a, b \in \mathbb{R} : a \cdot b = b \cdot a$. Variablen als Unbestimmte kommen in allen Gebieten der Mathematik vor, etwa in der Geometrie, um den Flächeninhalt eines Dreiecks allgemein zu beschreiben, $A = \frac{1}{2} \cdot g \cdot h$, oder in der Stochastik, um den Erwartungswert E der diskreten Zufallsvariablen X zu berechnen, die die Werte $(x_i)_{i \in I}$, $I \subset \mathbb{N}$, mit den Wahrscheinlichkeiten $(p_i)_{i \in I}$ annimmt: $E(X) = \sum_{i \in I} x_i p_i$.

> **Grundvorstellung der Variablen als *unbekannte Zahl***
> Die Variable ist ein Platzhalter für eine Zahl, deren Wert nicht bekannt ist, aber prinzipiell bestimmt werden kann, etwa durch regelgeleitete Umformungen.

Das obige Eingangsbeispiel aus dem „alten Ägypten" benutzt eine Wortvariable als eine
unbekannte Zahl. Die Verwendung von „x" als unbekannte Zahl und das Darstellen der
Situation in der Formelsprache erlauben das regelgeleitete Umformen des Ausdrucks
$x + \frac{x}{4} = 15$ zu $x = 12$. Auf diese Weise kann die Unbekannte x bestimmt werden.

> **Grundvorstellung der Variablen als Veränderliche**
> Die Variable ist eine Zahl oder Größe, die verschiedene Werte aus einem fest-
> gelegten Bereich annehmen kann, also veränderlich ist.

Die Veränderliche kann *simultan* gesehen werden, wenn alle Zahlen aus einem Bereich
(quasi) gleichzeitig gedacht werden („Simultanaspekt", Malle, 1993, S. 81) oder *zeitlich veränderlich*, wenn alle Zahlen aus einem Bereich in einer zeitlichen Abfolge
repräsentiert gedacht werden („Veränderlichenaspekt", ebd., S. 81). Der erste Fall
bezieht sich vor allem auf Allaussagen, indem Werte aus einer vorgegebenen Menge
für Variablen beliebig eingesetzt werden. Im zweiten Fall kann weiterhin unterschieden
werden, ob die Veränderung *sukzessive diskret* oder *dynamisch kontinuierlich* gedacht
wird.

Die Grundvorstellung der Variablen als Veränderliche erlaubt es zum Beispiel, sich
bei einer Autofahrt den Kraftstoffverbrauch in Abhängigkeit von den gefahrenen Kilometern oder den Ort in Abhängigkeit von der Zeit vorzustellen. Diese Vorstellung der
Variablen ist zentral und sollte Lernenden vertraut sein bzw. entwickelt werden, um
funktionale Zusammenhänge zu verstehen (Malle, 1993; Barzel & Holzäpfel, 2017).

Der Aufbau dieser drei Grundvorstellungen der Variablen ist für Lernende mit
Schwierigkeiten verbunden, die verschiedene Ursachen haben können. Eine dieser
Ursachen sind Vorerfahrungen mit Buchstabensymbolen aus dem Alltag, die sich vom
Gebrauch von Variablen in der Mathematik unterscheiden. Buchstabensymbole können
dort etwa Aufzählungszeichen (a., b., c.), Zeichen für Einheiten (km, m, h), Elemente
in Rätselheften oder Abkürzungen für Wörter sein. Diese Vorerfahrungen können
eine Hemmschwelle für das Variablenverständnis im Hinblick auf die drei Grundvorstellungen sein (MacGregor & Stacey, 1997). Die Schwierigkeiten von Lernenden
wurden schon oft in Form von systematischen Fehlern untersucht (vgl. Tab. 2.1,
basierend auf MacGregor & Stacey, 1997, S. 7–10; Tietze, 1988; Matz, 1982).

Die drei Grundvorstellungen der Variablen haben sich in der mathematikdidaktischen
Praxis bewährt (z. B. Prediger & Marxer, 2014; Barzel & Holzäpfel, 2017). Im Entwicklungsprozess sind sie nicht als Abfolge zu verstehen. Stattdessen besteht die
Herausforderung im Mathematikunterricht darin, gezielt die jeweilige Grundvorstellung
anzubahnen, dabei aber auch herauszustellen, dass zwischen den Grundvorstellungen je
nach Situation und Bedarf gewechselt werden kann und muss (Zwetzschler & Schüler-
Meyer, 2017). Neuere Forschungen in der sogenannten „Early Algebra" identifizieren

Tab. 2.1 Deutungsversuche von Lernenden für das Variablensymbol

A	Das Variablensymbol wird als Abkürzung eines Wortes verstanden.
A hat den Zahlwert 1, B den Zahlwert 2, …	Das Variablensymbol wird mit seiner numerischen Stelle im Alphabet identifiziert.
g bezeichnet die Größe von Jan. Da Jan 12 Jahre alt ist, ist g also etwa 145.	Die Variable wird durch einen beliebigen Wert ersetzt. Dieser Wert entsteht durch nicht tragfähige Überlegungen oder aus dem Kontext heraus.
Gamze ist fünf Jahre jünger als ihr Bruder, aber doppelt so alt wie ihre kleine Schwester. Ihr Bruder ist 15. $x + 5 = 15$ $z = 2 \cdot y$	Für dieselbe Unbekannte werden unterschiedliche Buchstaben verwendet. Hier werden sowohl x als auch z genutzt, um das Alter von Gamze zu bezeichnen.
Es gibt 10 Bananen mehr als Birnen. $B + 10 = B$	Das Variablensymbol wird als ein Etikett oder als Abkürzung für den Namen eines Objekts verwendet, wie etwa A für Apfel oder B für Banane/Birne.
$A + 10 = 11$	Das Variablensymbol steht für 1, solange keine weiteren Eigenschaften bekannt sind.
h bezeichnet die Körpergröße, also steht h sowohl für Annes Größe als auch für Susannes Größe.	Das Variablensymbol steht für einen allgemeinen Referenten mit verschiedenen Ausprägungen, etwa wie eine Einheit bei verschiedene Größenangaben (z. B. cm in 1 cm, 2 cm oder 5 cm).

zunehmend Wege, wie die obigen drei Grundvorstellungen der Variablen aufgebaut werden können und wie dabei die Vorerfahrungen der Lernenden produktiv zu nutzen sind (Cai & Knuth, 2011; Steinweg, 2013). Auf diese Wege wird in den Abschn. 2.3 und 2.4 eingegangen.

2.1.3 Historisch-genetische Entwicklung der Algebra

Algebra hat sich über einen langen Zeitraum hinweg entwickelt. Wie das obige Beispiel aus dem „alten Ägypten" zeigt, ist die symbolische Darstellung des Problems, ein Stück Land zwischen zwei Erben aufzuteilen, wesentlich kondensierter und effizienter als die sprachliche Darstellung und für den versierten Leser leicht zu deuten. Darüber hinaus kann mit dem symbolischen Ausdruck operiert werden, ohne inhaltliche Bezüge zum ursprünglichen Problem herstellen zu müssen. Dies ist gerade *die* zentrale Errungenschaft, die durch die symbolische Darstellung der Algebra ermöglicht wird (Hefendehl-Hebeker, 2001). Tab. 2.2 zeigt, dass der heutigen algebraischen Formelsprache im Hinblick auf die Verwendung von Variablensymbolen ein über 2000-jähriger Entwicklungsprozess vorausgegangen ist. Selbst in der Neuzeit hat es nochmals 250 Jahre gedauert, um Notationen weitgehend zu vereinheitlichen.

Tab. 2.2 Historische Entwicklung des Gebrauchs des Variablensymbols (Tropfke, 1902)

300 v. Chr.	Euklid	Verwendet Buchstabenzeichen für die Unbestimmte/allgemeine Größen. Es gibt aber keine Anzeichen, dass damit Rechenoperationen vorgenommen werden.
13. Jh.	Nemorarius	Es werden große Buchstabenzeichen für Variablen verwendet, es gibt aber keine konsistente Symbolik für Operationszeichen, sodass diese Schreibweise wenig übersichtlich ist.
15. Jh.	Cossisten (eine Gruppe deutscher Mathematiker)	Gebrauch eines Variablensymbols im Zuge einer Vereinheitlichung der Potenzrechnung
1591	Vieta	Einführung von Großbuchstaben für Variablen in Verbindung mit Operationszeichen, sodass nun Formeln geschrieben werden können (und Klammern, in Vieta 1593). Vokale stehen für variable Größen, Konsonanten für bekannte Größen.
1637	Descartes	Kleine Buchstabenzeichen x, y, z werden für Unbekannte verwendet. Es treten Potenzsymbole, Klammerstrich und Wurzelstrich auf.
1676	Leibniz	Buchstaben mit Indizes werden eingeführt.

Aus didaktischer Sicht liefert die historische Entwicklung ganz im Sinne des historisch-genetischen Prinzips Anhaltspunkte für die Gestaltung von Lernprozessen im heutigen Unterricht. Dies gilt etwa für die in der Entwicklungsgeschichte erfolgte *Standardisierung,* die gleiche Regeln für alle Beteiligten sicherstellen soll. Sie zeigt sich heute darin, dass es allgemein akzeptierte eindeutige Regeln für das Umformen symbolischer Ausdrücke in einer weltweit weitgehend gleichen Schreibweise gibt. Dies gilt auch für die *Verdichtung der Darstellung,* wodurch eine längere sprachliche Darstellung durch einen kurzen symbolischen Ausdruck ersetzt werden kann. Verdichtung wurde insbesondere durch die Erfindung des Variablensymbols möglich (Caspi & Sfard, 2012), was deutlich wird, wenn man die historische Darstellung eines Problems mit dessen moderner Darstellung vergleicht: „Eine Größe und ihr Viertel ergeben zusammen 15" bzw. „$x + \frac{x}{4} = 15$" (vgl. Abschn. 2.1.1).

Die heutige Algebra mit ihrer Formelsprache ist das Ergebnis solcher Entwicklungen, sodass Standardisierung und Verdichtung auch Elemente des *Lerngegenstands* Algebra sind oder sein müssen. Dies wirft unmittelbar Fragen des Lehrens und Lernens von Algebra zu Beginn der Sekundarstufe auf: Was sind die zugrunde liegenden Entwicklungs- und Lernschritte, nach denen Lernende von der Arithmetik zur Algebra fortschreiten? Durch welche Prinzipien können Lernende in ihren Entwicklungs- und Lernschritten unterstützt werden?

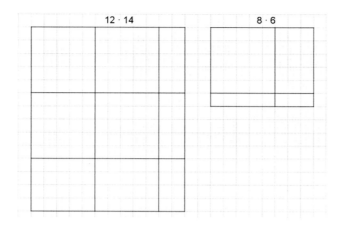

Abb. 2.1 Visualisierung der Aufgabe $12 \cdot 14 + 8 \cdot 6$

2.1.4 Was kennzeichnet den Übergang von der Arithmetik zur Algebra?

Wie bereits eingangs erläutert, ist die Grenze zwischen Arithmetik und Algebra fließend. Aus der Perspektive des Lehrens und Lernens von Algebra beginnt die Auseinandersetzung mit Algebra dort, wo Lernende allgemeine arithmetische Strukturen erkennen oder erkunden (z. B. Banerjee & Subramaniam, 2012).

Beispiel

Welche der folgenden Ausdrücke führen zum gleichen Ergebnis wie der Ausdruck $12 \cdot 14 + 8 \cdot 6$? Erkläre am Bild (Abb. 2.1).

Ausdruck 1: $14 \cdot 12 + 6 \cdot 8$
Ausdruck 2: $14 + 12 \cdot 6 + 8$
Ausdruck 3: $6 \cdot 28 + 6 \cdot 8$
Ausdruck 4: $28 + 6 + 8 \cdot 6$ ◀

In der Beispielaufgabe sollen Lernende arithmetische Ausdrücke im Hinblick auf Äquivalenz vergleichen. Dabei müssen sie die Unterschiede in Reihenfolge und Hierarchie der Operationen erkennen, wobei die Kommutativität der Addition und der Multiplikation zumindest intuitiv verwendet werden und die Multiplikation eventuell in eine mehrfache Addition übersetzt werden muss. Lernende sollten nicht auf die einzelnen Zahlen blicken, sondern zugrunde liegende Strukturen erkennen. Damit beginnt eine Auseinandersetzung mit Algebra, ohne dass unbestimmte Größen oder Variablensymbole verwendet werden.

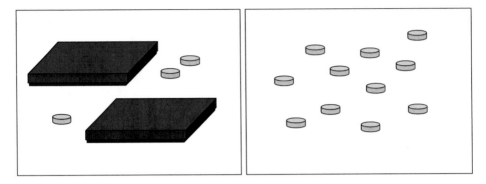

Abb. 2.2 Aufgabe „Knack die Box" (vgl. Lenz, 2015)

Ein weiteres Beispiel an der Grenze zwischen Arithmetik und Algebra ist die Aufgabe „Knack die Box", welche den Umgang mit unbekannten Größen anbahnt (Abb. 2.2). In der Arithmetik sind Zahlen die Objekte des Handelns. In der Aufgabe „Knack die Box" verändert sich der Fokus vom Handeln mit Zahlen zum Handeln mit unbekannten Größen. Dabei können Lernende die bekannten Regeln des Operierens mit Zahlen auf die neuartige Situation übertragen, in der Zahlen unbekannt sind. Diese unbekannten Zahlen werden durch Boxen repräsentiert (vgl. Melzig, 2013). Diese Aufgabe knüpft somit an vorhandene Vorstellungen an: zum einen an die Vorstellung einer Zahl als Anzahl (Kardinalvorstellung) und zum anderen an die intuitive Metapher der *Box als Container* für Plättchen (Lakoff & Núñez, 2000). Mithilfe der Container-Metapher bereitet die Aufgabe die Grundvorstellung der Variablen als Unbekannte vor.

Beispiel: „Knack die Box"

Die beiden Boxen, die in Abb. 2.2 gezeigt sind, enthalten eine unbekannte Anzahl an Plättchen. Die Anzahl der Plättchen ist auf der linken und rechten Seite jeweils gleich. Lernende erhalten die Aufgabe, die Anzahl der Plättchen in einer Box zu ermitteln: Wie viele Plättchen müssen in einer Box sein, damit auf beiden Seiten gleich viele Plättchen liegen? ◄

Lernende können in der Aufgabe „Knack die Box" konkrete bzw. gedankliche Handlungen am Material vollziehen, in diesem Fall etwa Plättchen auf beiden Seiten wegnehmen, um die beiden Boxen „freizustellen". Den Lernenden ist aus der Grundschule bereits bekannt, dass dieses Wegnehmen als eine Subtraktion zu verstehen ist. Mit einer ähnlichen Überlegung können sie dann erkennen, dass zwei Boxen zusammen 8 Plättchen enthalten müssen, also eine Box 4 Plättchen enthält, was als eine Division durch 2 verstanden werden kann. In diesen Denkschritten nutzen Lernende die Rechenregeln der Arithmetik, indem sie Vorstellungen bzgl. der Operationen Addition und Division auf die neue Situation übertragen. In der Aufgabe hat die „Box" somit die Funktion eines Platz-halters für eine unbekannte Größe – es handelt sich also um die Grundvorstellung der Variablen als Unbekannte. Lernende können die unbekannte Größe sprachlich als Wort-variable erfassen und über die unbekannte Größe im Sinne von „Box" oder „die Plätt-chen in der Box" oder gar „die Anzahl der Plättchen in der Box" sprechen, was ein wichtiger Schritt auf dem Weg zum Variablenverständnis ist (vgl. Akinwumni, 2015).

Wie diese beiden Beispiele zeigen, kann der Übergang von der Arithmetik zur Algebra als eine Verallgemeinerung der Arithmetik verstanden werden. Das erste Bei-spiel verdeutlicht dabei die Generalisierung von arithmetischen Strukturen, wie etwa bei der Kommutativität der Addition und Multiplikation, welche später bei Äqui-valenzumformungen wichtig wird. Das zweite Beispiel verdeutlicht den Aspekt der Verallgemeinerung beim Umgehen mit bekannten Größen, woraus die Vorstellung der Unbekannten entwickelt wird. Auch wenn Lernende noch nicht direkt mit der unbekannten Zahl operieren, nehmen sie sehr wohl wichtige qualitative Betrachtungen von Strukturen und Beziehungen vor, die ihnen das Ermitteln der unbekannten Größe erlaubt.

Zusammengefasst erfolgt der Übergang von der Arithmetik zur Algebra somit dann, wenn Lernende beginnen, arithmetische Strukturen auszudrücken und zu untersuchen (Malle, 1993; Sfard, 2008). Dazu nutzen Lernende eine sogenannte Metasprache, wenn sie, wie im ersten Beispiel, etwa Kommutativität in arithmetischen Termen erkennen: „$12 \cdot 14$ muss gleich $14 \cdot 12$ sein, weil …". Metasprache wird auch benutzt, wenn Lernende im zweiten Beispiel „Knack die Box" diskutieren, ob es erlaubt ist, auf beiden Seiten Plättchen wegzunehmen, ohne die Lösung zu verändern. Diese Metasprache bildet die Basis für die Formelsprache, mit der dann gefundene Strukturen und Zusammen-hänge standardisiert und verdichtet dargestellt werden können. Entsprechend beginnt Algebra in der Sekundarstufe mit der systematischen Anbahnung der Formelsprache und insbesondere mit der Einführung der Variablensymbole. Wie diese Metasprache und das Variablensymbol entwickelt werden können, wird im Folgenden dargestellt.

2.2   Variablen verstehen

Variablen zu verstehen bedeutet, ihre typisch mathematischen Verwendungen sicher und sachgerecht zu beherrschen (Abschn. 2.1.1). Ein solches sachgerechtes Beherrschen heißt insbesondere, dass Lernende Vorstellungen über Variablen aufgebaut haben, die den aus normativer Sicht formulierten Grundvorstellungen – die Variable als Unbestimmte, Unbekannte und Veränderliche (vgl. Abschn. 2.1.2) – entsprechen. Diese gilt es situationsangemessen zu nutzen und zwischen verschiedenen Grundvorstellungen flexibel wechseln zu können.

Tab. 2.3 Begriffsinhalt des Grundbegriffs Variable, aufgeschlüsselt nach typischen Handlungen (horizontal) und Grundvorstellungen (vertikal)

Handlungen Grundvorstellungen	Zahlen einsetzen (Einsetzungsaspekt)	Rechnen (Kalkülaspekt)	Beschreiben (Gegenstands- oder Objektaspekt)
Variable als unbestimmte Zahl	Für die Unbestimmte können Zahlen eingesetzt werden.	Ein Ausdruck mit unbestimmten Zahlen kann umgestellt werden (z. B. eine Formel in der Geometrie).	Ein Sachverhalt wird mithilfe von unbestimmten Zahlen beschrieben (Flächeninhalt in der Geometrie, Kommutativität von Rechenoperationen).
Variable als unbekannte Zahl	Für die unbekannte Zahl werden Zahlen eingesetzt, bis – etwa bei einer Gleichung – eine wahre Aussage entsteht.	Ein Ausdruck mit einer Unbekannten kann regelgeleitet umgeformt werden, um die Unbekannte zu bestimmen.	Ein Sachverhalt wird mithilfe einer Unbekannten beschrieben (Gleichung).
Variable als Veränderliche	Werte können eingesetzt werden, etwa um systematisch Änderungen in den Blick zu nehmen.	Zu einem x-Wert kann der zugehörige y-Wert ermittelt werden und umgekehrt.	Situationen, in denen zwei Größen in Beziehung stehen, können beschrieben werden (Funktionen).

2.2.1 Den Grundbegriff Variable erwerben

Wie in Abschn. 2.1.1 dargestellt, ist die Variable ein mathematischer Grundbegriff. Den *Grundbegriff Variable* erwerben heißt ein umfassendes Begriffsverständnis aufzubauen, also Vorstellungen über Begriffsinhalt, Begriffsumfang, Begriffsnetz und Begriffsanwendungen auszubilden (vgl. Abschn. 1.4.1).

Der *Begriffsinhalt* des Grundbegriffs Variable umfasst die Kenntnis von Merkmalen und Eigenschaften von Variablen sowie die Fähigkeit, Variablen in Form typischer Handlungen zu verwenden. Diese typischen Handlungen, die mit Variablen ausgeführt werden können, werden als *Aspekte* (vgl. Abschn. 1.4.3) bezeichnet, da sich durch sie der Variablenbegriff fachlich charakterisieren lässt. Jeder *Grundvorstellung* der Variablen lassen sich drei *Aspekte* zuordnen. Diese sind in Tab. 2.3 für die jeweilige Grundvorstellung zusammengefasst (basierend auf Barzel & Holzäpfel, 2017; Specht & Plöger, 2011). Sie umfassen den *Einsetzungsaspekt,* den *Kalkülaspekt* und den *Gegenstandsaspekt.*

Über den Begriffsinhalt hinaus muss auch der *Begriffsumfang* entwickelt werden. Im Allgemeinen wird der Begriffsumfang ausgebildet, indem Lernende verschiedene Beispiele kennenlernen, bei denen die Variable in unterschiedlichen Situationen verwendet wird. Solche Beispiele können sowohl Sachsituationen sein, die aus dem Alltag vertraut sind, als auch innermathematische Situationen.

Der Grundbegriff Variable hat Bezüge zu vielen anderen mathematischen Begriffen, wodurch sich das *Begriffsnetz* der Variablen kennzeichnet. Beispielsweise sind Variablen in Beziehung zu Gleichungen, Gleichungssystemen, Funktionen, Vektoren etc. zu sehen. An den entsprechenden Stellen im Lernprozess sollten Lernende diese Vernetzungen kennenlernen bzw. selbst herstellen. In den Kapiteln zu Termen, Gleichungen und Funktionen werden dazu Möglichkeiten aufgezeigt.

2.2.2 Zentrale Entwicklungslinien beim Aufbau eines Variablenverständnisses

Mit dem Ausbilden des *Grundbegriffs Variable* erschließt sich den Lernenden eine neue formale Welt der Mathematik. So können Lernende zunehmend inhaltliche Denkschritte durch formales Operieren mit Symbolen und symbolsprachlichen Ausdrücken ersetzen. Sie werden aber auch zu neuen innermathematischen Überlegungen angeregt, wie das folgende Beispiel zeigt.

Beispiel: Summe von drei aufeinanderfolgenden ganzen Zahlen

Leo behauptet, dass die Summe dreier aufeinanderfolgender ganzer Zahlen immer durch 3 teilbar ist. Hat er recht?

Leos Aussage kann auf verschiedene Weisen dargestellt werden:

- Möglichkeit 1: $(n - 1) + n + (n + 1)$, wobei n für die „mittlere" Zahl steht.
- Möglichkeit 2: $m + (m + 1) + (m + 2)$, wobei m für die kleinste der drei Zahlen steht.
- Möglichkeit 3: grafisch als Punktmuster mit drei nebeneinander angeordneten Türmen.

Die Variablen n oder m werden hier im Sinne der Grundvorstellung der Unbestimmten verwendet. Durch Termumformungen (Kalkülaspekt der Unbestimmten) lässt sich etwa der erste Term in den folgenden äquivalenten Ausdruck überführen:

$$3 \cdot n$$

Der Term $3 \cdot n$ ist für jedes $n \in \mathbb{Z}$ durch 3 teilbar (diese Argumentation lässt sich dem Gegenstandsaspekt zuordnen), also gilt dies auch für den Ausgangsterm. ◄

Um die langfristige Entwicklung des Variablenverständnisses der Lernenden zu beschreiben, ist eine genetische Perspektive sinnvoll. Dabei stellt sich die Frage, in welchen Verständnisstufen sich das Verstehen der Lernenden entwickelt bzw. in welchen Stufen sich der Grundbegriff Variable ausbildet. Grob vereinfacht ausgedrückt entwickelt sich das Verständnis der Lernenden vom Gegenstandsaspekt oder Einsetzungsaspekt hin zum Kalkülaspekt. Allerdings sind diese Aspekte eng aufeinander bezogen.

In der Grundschule werden Vorerfahrungen mit Variablen gesammelt, die auf das Erkennen von Strukturen oder auf den informellen Umgang mit Variablen im Sinne von fehlenden Zahlen, Platzhaltern oder „verdeckten" Zahlen bezogen sind (vgl. Abschn. 2.1.4). Zu Beginn der Sekundarstufe I sind Variablen dann neue eigenständige Objekte, die nun auch symbolisch mit einem eigenen Zeichen dargestellt werden.

Um Vorerfahrungen hierzu aus der Grundschule im Hinblick auf das Verständnis von Variablen aufzugreifen und weiterzuentwickeln, müssen zwei zentrale Kompetenzen erworben werden:

1. Eine Variable muss als ein eigenständiges Objekt verstanden und genutzt werden.
2. Eine Variable muss mit einem eigenen Symbol benannt werden, mit dem dann operiert werden kann.

Die beiden Kompetenzen sind eng miteinander verbunden. Eine Variable als Objekt nutzen zu können bedeutet, sich die Variable als einen Gegenstand mit eigenen Eigenschaften vorstellen zu können. Dazu muss sie aber auch entsprechend bezeichnet werden. Nur so kann auch mit ihr umgegangen und über sie kommuniziert werden. Das Beispiel „Knack die Box" (Abb. 2.1) illustriert, wie eine ikonische Darstellung zu einer reichhaltigen Kommunikation über unbekannte Zahlen und damit zu einer ersten Vorstellung der Variablen als Unbekannte führen kann. Umgekehrt erlaubt ein Variablensymbol bestimmte Handlungen und Operationen an Variablen, die erst dazu führen, dass Lernende bestimmte Aspekte des Grundbegriffs der Variablen ausbilden (Sfard, 2008; Dörfler, 2012).

2.2.2.1 Die Variable als ein eigenständiges Objekt nutzen

Der Schritt vom präformalen hin zum symbolischen Umgehen mit Variablen ist charakteristisch für den Algebraunterricht zu Beginn der Sekundarstufe. Es ist das Ziel, die Formelsprache als Werkzeug des algebraischen Denkens zu etablieren (vgl. Kieran, 2011). Empirische Studien haben gezeigt, dass dies ein langfristiger Prozess ist, wobei der Grundstein dieser Entwicklung bereits in der Grundschule gelegt wird. Ein zentraler Umbruch in dieser Entwicklung ist es, die Variable als ein eigenständiges Objekt zu nutzen und mit ihr direkt zu operieren.

Dies ist für Lernende zu Beginn der Sekundarstufe herausfordernd. Die folgenden Beispiele zeigen, dass das direkte Umgehen mit Variablen oft vermieden werden kann, was das Ausbilden von Variablenvorstellungen behindert:

Beispiel

- Die Unbekannte n in der Gleichung $n + 7 = 108$ kann durch eine Umkehroperation bestimmt werden, indem 7 subtrahiert wird. Dabei wird keine direkte Operation mit oder an der Unbekannten n vorgenommen, d. h., es ist nicht erforderlich, die Variable als ein eigenständiges Objekt nutzen zu können.

- Die Unbekannte n in der Gleichung $7 \cdot n - n = 108$ kann nicht durch eine Umkehroperation bestimmt werden, sondern erfordert das direkte Operieren mit der Variablen. Die Variable ist hier als ein Objekt zu sehen (Herscovics & Linchevski, 1994).
- In der Aufgabe „Knack die Box" (Abschn. 2.1.4) können Lernende mit einer ikonisch dargestellten Variablen umgehen. Lernende nehmen bei der erweiterten Aufgabe in Abb. 2.3 jeweils eine blaue Box und eine rote Box auf beiden Seiten weg, um die Zahl der Steine in der roten Box zu ermitteln. Diese Operationen entsprechen der Subtraktion der *Unbestimmten y* und der Subtraktion der *Unbekannten x* im Ausdruck $2 \cdot x + y = x + y + 2$. Auf diese Weise wird das direkte Operieren mit der Unbekannten und der Unbestimmten vorbereitet. ◄

Eine Variable als ein eigenständiges Objekt nutzen zu können, ist eine wesentliche Entwicklung im Variablenverständnis. Solange Lernende zwar Variablengleichungen umformen können, dafür aber lediglich mit vertrauten Zahlen operieren, z. B. mittels Umkehroperationen oder durch Zahleneinsetzen, nicht aber indem sie mit der Variablen direkt operieren, spricht man von einer „kognitiven Lücke" zum angestrebten Ziel („cognitive gap", Herscovics & Linchevski, 1994).

Neuere Forschungen deuten darauf hin, dass diese kognitive Lücke durch bestimmte Lerngelegenheiten vermieden werden kann (Carraher et al., 2006). Ein Beispiel für eine solche Lerngelegenheit ist die in Abb. 2.3 gezeigte Variation von „Knack die Box": Durch Vernetzung der ikonischen und symbolischen Darstellung können Lernende dazu hingeführt werden, mit Variablen objekthaft umzugehen (vgl. Abschn. 2.3.3; Kieran, 2011). Im Allgemeinen sollten Lernende durch geeignete Darstellungen die Möglichkeit haben, mit Variablen zunächst auf der konkreten Ebene zu handeln, wie etwa in obigem Beispiel. Die weiteren Kapitel des Buches geben Beispiele für

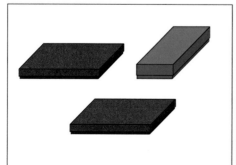 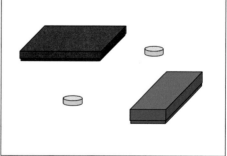

Abb. 2.3 Aufgabe „Knack die Box", bei der mit der Unbestimmten in Form einer blauen Box ikonisch operiert wird

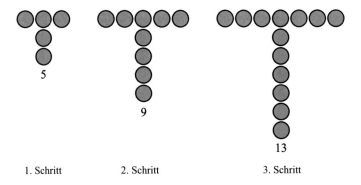

1. Schritt   2. Schritt   3. Schritt

Abb. 2.4 Musterfolge

Darstellungen und Kontexte, in denen Lernende mit der Variablen als Objekt handeln können und in der symbolische und ikonische Darstellungen vernetzt werden.

2.2.2.2 Variable als Mittel zum Ausdrücken von Allgemeinheit

Um Variablen Bedeutung zu geben, sollten Lernende in Aufgaben zu Denkhandlungen des Verallgemeinerns aufgefordert werden. Die Tätigkeit des Verallgemeinerns ist ein wesentliches Element des algebraischen Denkens (vgl. Abschn. 1.1.3). Typische Aufgaben für das Lehren und Lernen des Verallgemeinerns sind die in folgendem Beispiel gezeigten Punktmusterfolgen. In der Beispielaufgabe nutzen Lernende zunächst Sprache und Wortvariablen statt der Formelsprache, um beliebige Muster generisch bzw. allgemein auszudrücken.

Beispiel: Musterfolgen beschreiben[1]

In Abb. 2.4 siehst du eine Musterfolge aus runden Plättchen.

a) Wie sieht das Muster im 4. Schritt in der Musterfolge aus? Wie viele Plättchen benötigst du, um es zu legen?
b) Beschreibe die Musterfolge auf eine Weise, dass ein Mitschüler, der diese Muster nicht sieht, sie nachlegen kann.
c) Dein Mitschüler nennt dir eine bestimmte Stelle in der Musterfolge, zum Beispiel das Muster im 10. Schritt. Schreibe eine Anweisung, wie du mit dieser gegebenen Zahl das zugehörige Muster findest bzw. legen kannst.
d) Wie viele Plättchen benötigst du für das 15., das 37., das 1001. Muster? Wie viele Plättchen werden für ein beliebiges n-tes Muster benötigt? ◄

---

[1] Aufgabe basierend auf Mason et al. (1985, S. 9).

Musterfolgen fördern das Generalisieren von Strukturen und damit die Nutzung von Variablen als Mittel, um Allgemeinheit auszudrücken. Tätigkeiten des Verallgemeinerns können in Musteraufgaben auf zwei Weisen angeregt werden (Küchemann, 2010):

1. *Generisches Arbeiten an einem Element der Musterfolge:* Lernende beschäftigen sich mit einem Element aus der Musterfolge, strukturieren es und setzen es in Beziehung zu der jeweiligen Schrittzahl. Dabei untersuchen sie, wie das Element aufgebaut ist, um herauszufinden, wie die Anzahl der Plättchen in diesem Element bestimmt werden kann. Das Ziel dieser Aktivität ist es, dass Lernende dieses Element als generisches Beispiel für ein beliebiges Element betrachten. Bei diesem generischen Arbeiten wird vor allem die Grundvorstellung der Unbestimmten entwickelt, aber auch schon funktionales Denken im Sinne der Zuordnungsvorstellung (vgl. Abschn. 4.2.2 und 4.2.4).

   Ein solches generisches Arbeiten mit der Unbestimmten kann auch in anderen Kontexten gefördert werden, etwa im oben abgebildeten Beispiel „Summe von drei aufeinanderfolgenden Zahlen".

2. *Verallgemeinern an der Musterfolge:* Lernende untersuchen den Zusammenhang zwischen dem Schritt in der Musterfolge, der Anzahl der Plättchen und der Veränderung dieser Anzahl beim nächsten Schritt. Hierbei arbeiten Lernende iterativ oder rekursiv, d. h., sie untersuchen die Änderung von einem Schritt in der Musterfolge zum nächsten. Lernende werden so befähigt, Änderung allgemein auszudrücken, etwa als „immer zwei dazu". Bezüglich des funktionalen Denkens ist das im Sinne der Änderungsvorstellung (vgl. Abschn. 4.2.2 und 4.2.4).

2.2.2.3 *Stufen der Entwicklung des Variablenverständnisses*

Bezüglich der Entwicklung des formelsprachlichen Variablengebrauchs können vier verschiedene Stufen unterschieden werden. Diese Entwicklungsstufen wurden auch im Zusammenhang mit Aufgaben der Mustererkennung und -beschreibung empirisch nachgewiesen (Radford, 2008, 2012, 2014, 2018). Sie lassen sich gut auf die Entwicklung von Grundvorstellungen von Variablen übertragen.

Faktische Entwicklungsstufe (Grundschule)
Beschreibung: Auf dieser Stufe werden Variablen nicht direkt verwendet, sondern mit einer „Formel-in-Aktion" ausgedrückt, etwa als „immer 1 plus 1, plus die zwei unten" für die Musterfolgen in Abb. 2.4.

(Denk-)Handlungen der Lernenden:

- Lernende nutzen räumliche Merkmale in der grafischen Repräsentation (rechts, links, Bündelungen der Boxen oder von Plättchen), um ihre Darstellung zu strukturieren. Meist ist eine bestimmte Figur Ausgangspunkt der Darstellung.

- Lernende nutzen Gesten, um Merkmale zu erfassen und zu beschreiben. In „Knack die Box" (Abb. 2.2 und 2.3) könnten Lernende mithilfe einer Geste Plättchen oder Boxen abdecken oder Zuordnungen andeuten, um so zu sehen, wie viele Plättchen sich in einer Box befinden.
- Lernende nutzen Wörter, die Regelmäßigkeit oder Allgemeinheit signalisieren („*immer* 1 mehr"; „da sind *immer* drei drin").

Kontextuelle Entwicklungsstufe (Sekundarstufe)

Beschreibung: Auf dieser Stufe wird die Variable deiktisch[2] im Kontext der Aufgabe ausgedrückt. Eine Darstellung für die Punktmusterfolge (in Abb. 2.4) wäre: „In dem oberen Balken kommt links und rechts immer jeweils 1 hinzu, und in der Säule kommen unten immer zwei hinzu."

Auf dieser Stufe werden oft Zwischenergebnisse gebildet, da Lernende im Allgemeinen noch keinen zusammengesetzten Gesamtausdruck bilden können. In „Knack die Box" (Abb. 2.2) würden etwa „?", a und b benutzt, um die folgende kontextuelle Darstellung zu bilden. Dabei werden Variablen unkonventionell genutzt; im Folgenden werden etwa a und b zur Bezeichnung eines Zwischenergebnisses genutzt:

$$2 \cdot ? = a$$
$$a + 3 = b$$
$$b = 11$$

(Denk-)Handlungen der Lernenden:

- Lernende nutzen eine deiktische Sprache, um Variablen zu beschreiben.
- Lernende nutzen ein bestimmtes Bild, z. B. ein bestimmtes Muster in einer Punktmusterfolge, welches dann als Stellvertreter des gesamten Musters/der gesamten Situation beschrieben wird.
- Der konventionalisierte Gebrauch der Variablen ist noch nicht gegeben, wie die obige kontextuelle Darstellung zeigt (Radford, 2018). Dennoch können Variablenzeichen intuitiv gebraucht werden, um ein Zwischenergebnis oder ein Element im Muster zu bezeichnen.

---

[2] Das heißt, sprachliche Äußerungen erfolgen zusammen mit Gesten, indem auf etwas gezeigt oder gedeutet wird.

Ikonisch-formelsprachliche Entwicklungsstufe (Sekundarstufe)
Beschreibung: Auf dieser Stufe werden Variablen zwar mithilfe der Formelsprache ausgedrückt, doch der Variablenterm erzählt quasi eine Geschichte in kondensierter Form (Radford, 2010). Dies bedeutet, dass Elemente eines Terms direkt für Elemente der beschriebenen Situation stehen, wozu etwa Klammern oder größere Abstände geschrieben werden. Für die obige Punktmusterfolge (Abb. 2.4) könnte ein Term, der das Muster als horizontalen und als vertikalen Teil „erzählt", also wie folgt aussehen:

$$(n + 1 + n) + (2 \cdot n)$$

(Denk-)Handlungen der Lernenden:

- Variablen werden nicht länger in einem sprachlichen Ausdruck umschrieben, sondern durch Symbole ausgedrückt. Variablen sind zu Objekten geworden (vgl. Abschn. 2.2.1). Im Vergleich zur kontextuellen Stufe werden keine Zwischenergebnisse mehr gebildet.
- Das analytische Denken, das zur Strukturierung von Variablentermen führt, fußt auf der geometrischen und räumlichen Anordnung der Figur bzw. auf der zu beschreibenden Situation (Radford, 2010).

Formelsprachliche Entwicklungsstufe (Sekundarstufe)
Beschreibung: Auf der formelsprachlichen Entwicklungsstufe werden Variablen mithilfe von Variablensymbolen ausgedrückt. Die Variablenterme sind nicht länger durch geometrische Anordnungen oder durch Situationen beeinflusst, sondern durch die syntaktischen Regeln der Formelsprache.

(Denk-)Handlungen der Lernenden:

- Die Variable wird als ein Objekt aufgefasst, das gemäß den mathematischen Konventionen durch ein Variablensymbol repräsentiert wird.
- Variablenterme werden unter Nutzung der syntaktischen Regeln der Formelsprache strukturiert.
- Lernende können anhand der Struktur eines Variablenterms Schlussfolgerungen ziehen, etwa über Situationen oder beschriebene geometrische Figuren.

Das Fortschreiten auf diesen Entwicklungsstufen steht in enger Wechselbeziehung zur Entwicklung des algebraischen Denkens. Ein wichtiges Element dieses Denkens ist das analytische Zergliedern einer Figur bzw. Situation in ihre Elemente, um diese formelsprachlich darzustellen (Abschn. 1.1.3). Um entsprechende Prozesse zu unterstützen, bieten sich das *Prinzip der Darstellungsvernetzung* sowie das *Prinzip der fort-schreitenden Schematisierung* an (vgl. Abschn. 2.3 und 3.3).

2.2.3 Zusammenfassung

In diesem Kapitel wurde dargestellt, was es heißt, *Variablen zu verstehen*. Vereinfacht gesagt verstehen Lernende Variablen, wenn sie Wissen und Vorstellungen über *Begriffs-inhalt, Begriffsumfang* und *Begriffsnetz* des Grundbegriffs Variable entwickelt haben. Der *Begriffsinhalt* wird dabei einerseits durch die *Grundvorstellungen* charakterisiert, näm-lich die Variable als Unbestimmte, Unbekannte und Veränderliche. Zum anderen zeigt er sich in den typischen Denkhandlungen, die in Beziehung zu den Grundvorstellungen gesehen werden können und als *Aspekte* bezeichnet werden: dem *Einsetzungs-, Kalkül-* und *Gegenstandsaspekt* (Tab. 2.3). Dabei kommt vor allem dem Übergang von einer kontextbezogenen, situativen Verwendung hin zu einer verallgemeinerten, formalen Ver-wendung der Variablen eine entscheidende Bedeutung zu.

Beim Zugang zum Grundbegriff Variable sind zunächst Aktivitäten des *Ver-allgemeinerns* zentral und wichtig. Dabei geht es etwa um Punktmusterfolgen oder „Boxen", die eine unbekannte Zahl von Plättchen enthalten. Die symbolische Darstellung der Variablen wird dann systematisch aus grafischen und ikonischen Darstellungen ent-wickelt. Das Variablensymbol steht für die Anzahl von Punkten oder Plättchen. In den Vorstellungen der Lernenden ist die Variable dann noch kein eigenständiges Objekt, das verändert oder manipuliert werden kann. Eine solche *Objektvorstellung* der Variablen ent-steht erst, indem sich präformale, inhaltliche Denkweisen mit der Variablen zu formel-sprachlichen, kalkülhaften Denkweisen, also Grundzügen des algebraischen Denkens, weiterentwickeln.

Wie können Lernende durch systematische Lernprozesse darin unterstützt werden, ein derartiges Variablenverständnis zu entwickeln? Dieses zentrale didaktische Handlungs-feld wird im nächsten Abschnitt behandelt.

2.3 Zentrale didaktische Handlungsfelder

Da sich der *Grundbegriff Variable* sehr facettenreich darstellt (Abschn. 2.2), ist die Begriffsentwicklung eine langfristige Aufgabe. Zentrale didaktische Handlungsfelder sind dabei zunächst der Aufbau inhaltlicher Vorstellungen und die Entwicklung von Handlungsaspekten. Didaktische Prinzipien können eine Orientierung geben, wie diese Ziele zu erreichen sind. In den folgenden Abschnitten bilden „Umbrüche" den jeweiligen Ausgangspunkt, um zentrale didaktische Handlungsfelder zu identifizieren, die dann durch Aufgabenbeispiele konkretisiert werden.

Mit Variablen müssen, wie mit jedem mathematischen Begriff, inhaltliche Vor-stellungen verbunden werden, d. h., der Begriffsinhalt muss entwickelt werden.

Mathematische Vorstellungen können dabei aus *realistischen Situationen* entstehen (Freudenthal, 1983). Eine Situation ist *realistisch,* wenn sie Lernenden ermöglicht, sich diese Situation vorzustellen.[3] In solchen realistischen Situationen entstehen dann mathematische Objekte und Verfahren, indem Lernende diese aus den Erfordernissen der Situation heraus nacherfinden. Diese mit inhaltlichen Vorstellungen verbundenen Objekte bzw. Verfahren werden dann später schrittweise formalisiert (van den Heuvel-Panhuizen & Drijvers, 2014).

Zu Beginn der Sekundarstufe sollen sowohl inhaltliche Vorstellungen über Variablen als auch mit Variablen einhergehende Operationen systematisch aufgebaut werden. Es sind einerseits die *Grundvorstellungen* – Variable als Unbestimmte, Unbekannte und Veränderliche – und andererseits die *Aspekte* der Variablen – Einsetzungs-, Kalkül- und Gegenstandsaspekt – zu entwickeln (Tab. 2.3). *Didaktische Prinzipien* können im Rahmen dieses Lernprozesses eine Orientierung für didaktische und methodische Entscheidungen geben. In den folgenden Unterkapiteln beziehen wir uns hierfür insbesondere auf

- das *genetische Prinzip* und das *Prinzip des inhaltlichen Denkens vor Kalkül,*
- die *Darstellungsvernetzung* und das *E-I-S Prinzip,*
- die Formalisierung nach dem *Prinzip der fortschreitenden Schematisierung.*

2.3.1   Aufbau von Variablenvorstellungen nach dem genetischen Prinzip bzw. dem Prinzip des inhaltlichen Denkens vor Kalkül

Eine Möglichkeit, Vorstellungen von einem Begriff aufzubauen, ist es, den Begriff als ein Mittel zur Bewältigung eines relevanten (Alltags-)Problems zu erleben. Auf diese Weise werden gemäß dem genetischen Prinzip erste inhaltliche Vorstellungen eines Begriffs gebildet, die sich dann im folgenden Lernprozess hin zu den intendierten Grundvorstellungen entwickeln.

Die Aufgabe „In der Schokoladenfabrik" aus der Mathewerkstatt 8 (Abb. 2.5) stellt ein solches relevantes Alltagsproblem dar. In dieser Aufgabe „versteckt" sich in den roten Tüten eine unbekannte Menge an Schokoladenostereiern. Da die Waagen von Till und Pia das gleiche Gewicht von 350 g anzeigen, müssen Till und Pia die gleiche Menge an Eiern auf die Waage gelegt haben. Mit diesen Angaben kann Merve nun die Menge an Eiern in einer Tüte bestimmen, indem sie auf beiden Seiten Tüten bzw. lose Eier wegnimmt. Dies lässt sich auf der formalen Ebene folgendermaßen darstellen:

---

[3] Das Wort „realistisch" geht hier auf das niederländische Verb „zich realiseren" zurück, welches auf Deutsch „sich etwas bewusst werden" bedeutet. Eine realistische Situation kann also auch eine innermathematische Situation sein, in der sich Lernende den mathematischen Sachverhalt bewusst machen können.

4 In der Schokoladenfabrik

Ole macht sein Praktikum in einer Schokoladenfabrik.
Dabei arbeitet er auch im Werksverkauf, wo die Produkte der Firma günstig verkauft werden.
Merve, Till und Pia besuchen Ole und kaufen übrig gebliebene Osterartikel.

Pia nimmt 3 Tüten und wählt noch 5 einzelne Eier gezielt aus. Till nimmt nur 2 Tüten und wählt dafür noch 12 einzelne Eier aus. An der Kasse wird gewogen. Die Waren haben genau das gleiche Gewicht.

a) Fertige zu Merves Idee eine Skizze an und erkläre anhand der Skizze, was sie meint.
Überprüfe, ob Merves Behauptung „Es sind 7 Eier in jeder Tüte" richtig ist.
Erkläre dabei auch, was Ole mit seiner Bemerkung meint.

b) Denkt euch weitere Aufgaben wie im Kasten rechts aus, stellt sie euch gegenseitig und löst sie.

> Pia hat 2 Tüten und 5 Eier;
> Till hat eine Tüte und 10 Eier.
> Wie viele Eier sind in einer Tüte?

Abb. 2.5 Aufgabe „In der Schokoladenfabrik" aus Mathewerkstatt 8 (Hußmann et al., 2015, S. 201)

$$3 \cdot x + 5 = 2 \cdot x + 12,$$

wobei x die Anzahl der Eier in einer Tüte bezeichnet.

In der Aufgabe „In der Schokoladenfabrik" werden also Vorstellungen der Variablen als Unbekannte entwickelt, und zwar als inhaltliche Vorstellung von der gesuchten Zahl an Schokoladenostereiern. Dabei steht zunächst der Gegenstandsaspekt im Vordergrund, da mit der Variablen „gegenständlich" gehandelt wird. Mithilfe des Einsetzungsaspekts kann dann Merves Vermutung „Es sind 7 Eier in jeder Tüte" geprüft werden. Die inhaltlichen Vorstellungen zu den Äquivalenzumformungen zur Bestimmung der Unbekannten x entstehen in späteren Aufgaben mithilfe des Waagemodells, wobei dann der Kalkülaspekt im Vordergrund steht.

Ein weiteres typisches Beispiel für einen genetischen Zugang zum Variablenbegriff sind Aufgaben, bei denen Muster beschrieben bzw. fortgesetzt werden sollen. Eine Aufgabe könnte etwa sein, ob eine gegebene Anzahl an Plättchen ausreicht, um das nächste Muster in einer Musterfolge zu legen (vgl. Abb. 2.6). Dieses Problem kann dahingehend erweitert werden, dass Lernende dieses Muster sprachlich und dann auch symbolisch beschreiben sollen. In Musteraufgaben entwickeln Lernende die Grundvorstellung der Variablen als Veränderliche.

Haben Lernende noch kein Variablensymbol zur Verfügung, nutzen sie ihre Alltagssprache auf kreative Weise, um die Variable zu bezeichnen (vgl. die kontextuelle Entwicklungsstufe in Abschn. 2.2.2.3). Eine mögliche sprachliche Darstellung der Musterfolge in Abb. 2.6 könnte etwa lauten:

> „Ein Muster an Stelle 2 hat als Basis zwei Plättchen, bei der Stelle 3 als Basis drei Plättchen und so weiter. Jedes Muster ist dreieckig. Also hat das Muster an Stelle 2 noch ein Plättchen in die Höhe, also $2 + 1 = 3$ Plättchen. Genauso hat das Muster an Stelle 3 eine Höhe von 3 und besteht also aus $3 + 2 + 1 = 6$ Plättchen. Und so weiter."

Diese fiktive sprachliche Darstellung verdeutlicht, dass in einem genetischen Zugang zur Algebra Zahlen als Stellvertreter für eine Variable dienen können. Hier haben 2 und 3 nicht die Rolle konkreter Zahlen, sondern sind Stellvertreter für eine beliebige Zahl (als Unbestimmte, vgl. Fischer, 2009). Durch die Aufzählung mehrerer Beispiele kann Allgemeinheit ausgedrückt werden. Akinwumni (2012, 2015) identifiziert verschiedene Stufen, wie sich die Nutzung des Variablensymbols x aus sprachlichen Vorläufern ent-

Abb. 2.6   Ein Zugang zum Variablenbegriff durch Musterfortsetzung

wickelt. Wortvariablen, die Lernende typischerweise nutzen, sind „irgendwas" (Meyer & Fischer, 2013), „eine Zahl" (Caspi & Sfard, 2012; Akinwumni, 2015), „x-beliebig (viele)" (Krägeloh & Prediger, 2015), „die Länge der Seite" in geometrischen Kontexten sowie deiktische Wörter und Gesten („das plus das").

Im weiteren Verlauf ihres Lernprozesses beginnen Lernende, Wortvariablen durch Variablensymbole zu ersetzen. Dafür braucht es Lerngelegenheiten, in denen Lernende Variablensymbole gebrauchen und über diesen Gebrauch kommunizieren können. Die Aufgabe „In der Schokoladenfabrik" könnte für diesen Zweck leicht abgewandelt werden, um sich auf den konventionellen Gebrauch des Variablensymbols zu verständigen (vgl. den folgenden Abschn. 2.3.1).

Die hier dargestellte Vorgehensweise orientiert sich am *Prinzip des inhaltlichen Denkens vor Kalkül*, welches besagt, dass im Mathematikunterricht zuerst inhaltliche Vorstellungen aufgebaut werden sollten, aus denen dann ein mathematisches Kalkül entwickelt und motiviert wird (Prediger, 2009). So wird beispielsweise in der Aufgabe „In der Schokoladenfabrik" zunächst das Waagemodell durch inhaltliches Denken angebahnt, mit dem dann später die formalen Äquivalenzumformungen zur Bestimmung der Unbekannten x entwickelt werden können. Das *Prinzip des inhaltlichen Denkens vor Kalkül* findet sich an vielen Stellen des vorliegenden Buches. Auch die oben dargestellten *Entwicklungsstufen des Variablenverständnisses* (Abschn. 2.2.2.3) basieren darauf, dass Lernende zunächst inhaltlich über Punktmuster oder Situationen nachdenken, aus denen dann ein Kalkül entwickelt wird. Die folgenden beiden Prinzipien helfen ebenfalls, *inhaltliches Denken vor Kalkül* im Unterricht umzusetzen.

2.3.2 Darstellungsvernetzung und -verkürzung nach dem E-I-S-Prinzip

Das *E-I-S-Prinzip* von Jerome Bruner (1966) besagt, dass in Lernprozessen – wo immer möglich und sinnvoll – mehrere Darstellungsmodi verwendet werden sollten, die es systematisch miteinander zu vernetzen gilt. Eine Darstellung auf der *enaktiven Ebene* erlaubt es, sich Inhalte durch konkrete Handlungen zu erschließen. Auf der *ikonischen Ebene* werden durch bildhafte Darstellungen wesentliche Merkmale abgebildet, Unwesentliches wird weggelassen. Auf der *symbolischen Ebene* wird eine Situation in formaler Weise dargestellt. Gemäß Bruner (1966) bewegen sich Lernende im Lernprozess im Allgemeinen von der enaktiven über die ikonische hin zur symbolischen Darstellungsebene, wobei allerdings stets Wechselbeziehungen zwischen den Darstellungen hergestellt werden sollen (vgl. auch Lambert, 2012; Lotz, 2020).

Die „Waage"-Aufgabe (Abb. 2.7) ist ein Beispiel für die Anwendung des *E-I-S-Prinzips*. Sie greift die enaktiv vorstellbare Waagedarstellung aus der Aufgabe „In der Schokoladenfabrik" (Abb. 2.5) in einer ikonischen Darstellung auf. Dabei sollen

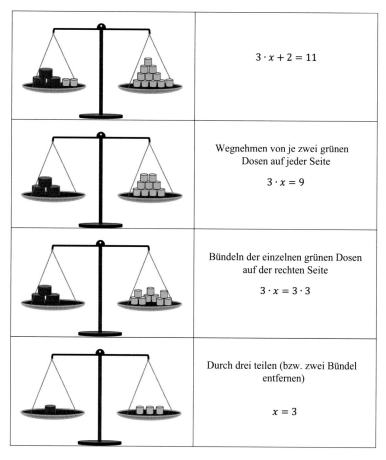

Abb. 2.7 Ikonische und symbolische Darstellungsebenen für die Aufgabe „In der Schokoladenfabrik"[4]

sich Lernende das konkrete Handeln bzw. Wegnehmen von Schokoladenostereiern und Tüten vorstellen. Die ikonische Darstellung behält die zentralen Prinzipien der Waageidee aus der „Schokoladenfabrik"-Aufgabe bei, die für das inhaltliche Operieren mit der Unbekannten wichtig sind, reduziert sie aber auf das Wesentliche.

[4] Angelehnt an Hußmann et al. (2015, S. 202).

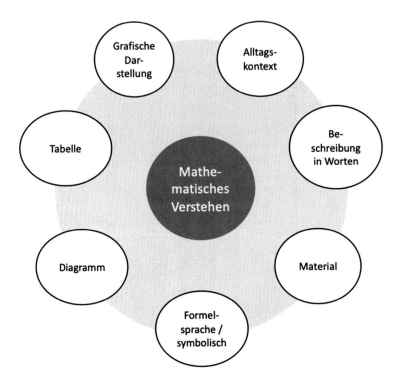

Abb. 2.8 Verstehen beinhaltet das Vernetzen verschiedener Darstellungen

---

Indem die ikonische Waagedarstellung einer vorgegebenen symbolischen Darstellung gegenübergestellt wird, können Lernende systematisch die beiden Darstellungsebenen miteinander vernetzen. Auf diese Weise wird der symbolische Umgang mit der Unbekannten durch den Bezug zu inhaltlichen Vorstellungen angebahnt. Im Sinne der in Abschn. 2.2.2.3 dargestellten Entwicklungsstufen werden Lernende in dieser Aufgabe also unterstützt, von der kontextuellen Stufe zur ikonisch-formelsprachlichen Stufe überzugehen. Der Übergang zur formelsprachlichen Stufe erfolgt dann durch den systematischen Vergleich unterschiedlicher Terme für dieselbe Situation. Diese Lernaktivität wird im Terme-Kapitel erneut aufgegriffen (Kap. 3). ◄

Das *Prinzip der Darstellungsvernetzung* besagt über das *E-I-S-Prinzip* hinaus, dass das Vernetzen von zwei oder mehr Darstellungen zentral für das Mathematiklernen ist (Lesh et al., 1987). Da mathematische Objekte in der realen Welt nicht zugänglich sind, müssen ihre Eigenschaften aus Darstellungen abgeleitet werden. Eine Darstellung gibt aber stets nur *eine* Sichtweise des Objekts wieder. Erst das Zusammenspiel mehrerer Darstellungen liefert ein umfassendes Bild eines Objekts (Abb. 2.8; vgl. Duval, 2006).

Allerdings muss dabei auch berücksichtigt werden, dass mit jeder zusätzlichen Darstellung eine höhere kognitive Anforderung an Lernende verbunden ist und die Gefahr einer Überforderung durch die Vielfalt der Perspektiven besteht.

2.3.3 Formalisierung nach dem Prinzip der fortschreitenden Schematisierung

Das *Prinzip der fortschreitenden Schematisierung* (Treffers, 1983, 1987; Glade & Prediger, 2017) beschreibt, wie Lernende mithilfe geeigneter und sorgfältig konzipierter Aufgaben von inhaltsbezogenen Vorstellungen zu formalen Operationen mit Variablen übergehen können. Die symbolische Darstellung der Variablen wird aus inhaltlichen Vorstellungen entwickelt und dadurch das symbolische Operieren, also der *Kalkülaspekt* von Variablen, angebahnt. In gleicher Weise wird dieses Prinzip bei der Entwicklung des Termbegriffs wieder aufgegriffen (vgl. Kap. 3).

Die „Waage"-Aufgabe (Abb. 2.7) ist nicht nur nach dem *Prinzip der Darstellungsvernetzung* konzipiert, sondern auch gemäß dem *Prinzip der fortschreitenden Schematisierung*. Das Gegenüberstellen der Waagedarstellung und der symbolischen Darstellung erlaubt es Lernenden, inhaltliche Denkschritte mit formalen Umformungsregeln zu verbinden. Der zentrale Lernfortschritt liegt im direkten Operieren mit der Unbekannten. Dieses Operieren mit der Unbekannten entsteht aus dem (vorgestellten) Handeln mit den roten Boxen im Waagemodell. Die fortschreitende Schematisierung unterstützt somit das Fortschreiten von der kontextuellen Stufe des Variablenbegriffs hin zur ikonisch-formelsprachlichen Stufe (vgl. Abschn. 2.2.2.3). Die nächste Stufe ist dann das Operieren mit der Unbekannten auf der symbolischen Ebene (vgl. auch Abschn. 2.2.2.3 und Kap. 3).

Bei der *fortschreitenden Schematisierung* ist die Identifikation von Strukturen zentral, um sich das formelsprachliche Operieren mit der Unbekannten zu erschließen. Mit anderen Worten: Lernende operieren auf analytische Weise. Dies ist ein wichtiger Schritt zur Entwickelung des *algebraischen Denkens* (vgl. Abschn. 1.1.3). Dieser Prozess benötigt allerdings regulierende und strukturierte Hilfen von den Lehrenden. Eine solche Hilfe ist etwa die vorstrukturierte „Waage"-Aufgabe in Abb. 2.7 mit den Handlungsbeschreibungen und algebraisch-symbolischen Termen.

2.3.4 Zusammenfassung

Lernende sollten ihr Variablenverständnis aus inhaltlichen Vorstellungen entwickeln und dabei formalen Operationen Sinn und Bedeutung geben. Dazu bedarf es Vorerfahrungen aus der Arithmetik, die es erlauben, durch reichhaltige Aufgaben den Begriff der Variablen nachzuerfinden.

In diesem Kapitel wurden wesentliche didaktische Prinzipien vorgestellt, mit deren Hilfe Lernende in ihrer Vorstellungsentwicklung unterstützt werden können:

- Das *Prinzip des inhaltlichen Denkens vor Kalkül* gibt Leitlinien vor, wie der Grundbegriff Variable und dessen drei Grundvorstellungen aus reichhaltigen außermathematischen und innermathematischen Situationen entwickelt werden können.
- Das *Prinzip der Darstellungsvernetzung* gibt Leitlinien an die Hand, wie die Vorstellungsentwicklung von Variablen durch die Wahl geeigneter Darstellungen unterstützt werden kann.
- Das *Prinzip der fortschreitenden Schematisierung* gibt Leitlinien vor, wie das formale Kalkül, d. h. der Kalkülaspekt von Variablen, aus inhaltlichen Variablenvorstellungen entwickelt werden kann.

2.4 Variablenvorstellungen im Unterricht anbahnen

Im Unterricht müssen Lernende Vorstellungen entlang der drei *Grundvorstellungen* der Variablen – die Variable als Unbestimmte bzw. allgemeine Zahl, als Unbekannte und als Veränderliche – aufbauen. Entsprechend gliedert sich dieses Kapitel in drei Teile. In jedem der Teile wird gezeigt, mit welchen Lerngelegenheiten Lernende zu Beginn der Sekundarstufe unterstützt werden können, Variablenvorstellungen entlang der drei Grundvorstellungen aufzubauen. Dabei konzentriert sich dieses Kapitel stärker auf *Erstbegegnungen* mit Algebra, während die übrigen Kapitel des Buches dann entsprechend im Mathematikcurriculum fortschreiten. Die hier angeführten Aufgabenbeispiele könnten auch in anderen Kapiteln dieses Buches Platz finden – hier werden sie jedoch unter der Perspektive der Entwicklung des Variablenverständnisses analysiert.

2.4.1 Die Variable als Unbestimmte verstehen

Die Variable als Unbestimmte zu verstehen bedeutet, sie als eine nicht näher bestimmte Größe zu verstehen. Die Unbestimmte wird genutzt, um allgemeine Regelhaftigkeiten und Muster auszudrücken, wie etwa das Kommutativgesetz oder den Umfang eines Rechtecks in Abhängigkeit von den Seitenlängen.

Lernende entwickeln bereits im Umgang mit arithmetischen Ausdrücken Grundvorstellungen von der Variablen als Unbestimmte. Es wurde bereits in Abschn. 2.1.4 ausgeführt, dass Algebra dort beginnt, wo Strukturen in der Arithmetik untersucht und sprachlich dargestellt werden, etwa bei: „Die Zahl ist doppelt so groß wie die andere Zahl." Ein typisches Beispiel hierfür ist die Kommutativität, die in der Arithmetik bekannt ist, aber noch nicht als allgemeine Gesetzmäßigkeit von Operationen mit Variablen ausgedrückt wird.

6   Zwei Ansätze, vier Terme

In dem Haus, in dem Ole wohnt, gibt es 11 Erwachsene und 4 Kinder.
Einmal im Jahr feiern die Bewohner des Hauses ein großes Gartenfest.

a) Die Hausbewohner fragen sich, wie viel jeder für die gemeinsamen Einkäufe
   bezahlen soll. Sie haben sich dazu zwei unterschiedliche Ansätze überlegt.

| Ansatz 1: Kinder und Erwachsene bezahlen jeweils 7 € | Ansatz 2: Kinder 4 € Erwachsene 11 € | Welchen der beiden Ansätze findest du gerechter? Begründe deine Antwort. |

b) Nun wollen die Hausbewohner berechnen, wie viel Geld sie für den Einkauf
   zusammenbekommen.
   Jeder stellt dafür zu seinem Ansatz einen Term auf:

Dina Völler:	Herr Pflüger:	Herr Borkenfeld:	Lena Berger:
$4 \cdot 11 + 4 \cdot 4 + 7 \cdot 11$	$4 \cdot 7 + 11 \cdot 7$	$(11 + 4) \cdot 7$	$(4 + 7) \cdot 11 + 4 \cdot 4$

Erkläre mit Hilfe der beiden Ansätze aus a).
▪ Wer hat welchen Ansatz verwendet?
▪ Wer hat wie gezählt?

Abb. 2.9 Arithmetische Strukturen untersuchen in der Aufgabe „Zwei Ansätze, vier Terme"
[Anm.: Im zweiten Ansatz zahlen die Erwachsenen 7 € mehr als die Kinder, was die Terme von
Dina Völler und Lena Berger erklärt.] (Mathewerkstatt 6, Prediger et al., 2013, S. 107)

Um die Grundvorstellung der Unbestimmten anzubahnen, sind gemäß dem *Prinzip
des inhaltlichen Denkens vor Kalkül* Aufgaben zentral, bei denen eine bestimmte Zahl
zunächst als Stellvertreter für eine allgemeine Zahl stehen kann. Auf diese Weise können
Lernende die Unbestimmte in eine bestimmte Zahl „hineinsehen".

2.4.1.1   Die Unbestimmte aus bestimmten Zahlen entwickeln
Die Aufgabe „Zwei Ansätze, vier Terme" (Abb. 2.9) orientiert sich an dem *Prinzip
des inhaltlichen Denkens vor Kalkül* und bahnt die Unbestimmte durch die Untersuchung von arithmetischen Strukturen an. Im Aufgabenteil a) werden zunächst zwei

verschiedene Ansätze gezeigt, um die Kosten für ein Gartenfest zu ermitteln. In Aufgabenteil b) werden dann vier arithmetische Terme angegeben, um diese Kosten zu berechnen. Lernende sollen untersuchen, welcher Term zu welchem Ansatz gehört, aber auch wie die Terme die Situation beschreiben.

In der Aufgabe sollen arithmetische Terme anhand ihrer Strukturen und der Sachsituation inhaltlich gedeutet werden. Hierbei wird das *Prinzip der Darstellungsvernetzung* genutzt, da Sachsituation (sprachlich) und Formelsprache aufeinander bezogen sind.

Die Sachsituation verdeutlicht den Lernenden, dass unterschiedlich aussehende Terme die gleiche Situation beschreiben können, also gleichwertig sein müssen (z. B. Herr Pflüger und Herr Borkenfeld). Um zu untersuchen, wie diese Gleichwertigkeit zustande kommt, müssen Lernende die Strukturen der vier Terme analysieren. Beispielsweise könnten die Terme von Herrn Pflüger und Herrn Borkenfeld genauer betrachtet werden: $4 \cdot 7 + 11 \cdot 7$ sowie $(11 + 4) \cdot 7$. Hier könnten Lernende das Distributivgesetz als eine arithmetische Struktur auf der intuitiven Verständnisebene erkennen, etwa $(11 + 4)$ als die „kombinierte" Anzahl der Kinder und Erwachsenen deuten. Alternativ kann auf eine geometrische Darstellung zurückgegriffen werden, um die beiden Terme nochmals anders – etwa als Punktmuster – darzustellen. Durch diese inhaltlichen Denkhandlungen kann ein erster Schritt zur Unbestimmten erfolgen: Es ist nicht relevant, dass 7 € bezahlt werden oder genau 11 Erwachsene bzw. 4 Kinder teilnehmen.

Die Variablenvorstellung der Unbestimmten ist hier inhaltlich verankert. Mit der Unbestimmten ist eine Art „Baustein-Vorstellung" (Fischer, 2009) der bestimmten Zahlen verbunden. Um diese weiterzuentwickeln, können die arithmetischen Strukturen weiter formalisiert werden. Dazu eignen sich Denkhandlungen, die über den Einsetzungsaspekt hin zum Kalkülaspekt führen, indem etwa die Aufgabe „Zwei Ansätze, vier Terme" wie in folgendem Beispiel verändert wird und zur Verwendung eines Tabellenkalkulationsprogramms (TKP) führt.

Beispiel

1. Da die Preise seit dem letzten Sommerfest gestiegen sind, einigt man sich auf einen höheren Beitrag von 8 €. Wie müssen die Terme geändert werden?
2. Wie ändern sich die Terme, wenn im Haus 5 Kinder wohnen? Wie ist es bei 6, 7 oder 100 Kindern?
3. Pia will die Aufgabe mit einem Tabellenkalkulationsprogramm lösen, um die Kosten für das Fest schnell berechnen zu können, je nach Anzahl der Kinder, die zum Fest kommen wollen. Wie sollte ihre Formel aussehen? ◄

In allen Aufgabenteilen des Beispiels steht der Einsetzungsaspekt der Unbestimmten im Vordergrund. Durch das Erarbeiten einer Formel mit einem TKP und dem Operieren mit Zellnamen und Zellbezügen wird ein Schritt zum Gegenstandsaspekt und Einsetzungsaspekt der Unbestimmten vollzogen.

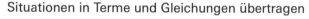

Situationen in Terme und Gleichungen übertragen

Anzahl Personen in verschiedenen Häusern vergleichen

8   Beispiel:

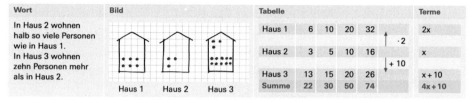

Gehe wie im Beispiel vor. Gib an, wie viele Personen jeweils
in den verschiedenen Häusern der Situationen A bis E wohnen könnten.

A   In Haus 2 wohnen zwei Personen weniger als in Haus 1.

B   In Haus 2 wohnen doppelt so viele Personen wie in Haus 1.

C   In Haus 2 wohnen halb so viele Personen wie in Haus 3.
     In Haus 1 wohnen zwei Personen weniger als in Haus 3.

D   In Haus 3 wohnen doppelt so viele Personen wie in Haus 1.
     In Haus 1 wohnen zwei Personen weniger als in Haus 2.

E   In Haus 1 wohnen zwei Personen mehr als in Haus 2.
     In Haus 3 wohnen zwei Personen mehr als in Haus 1.

F   Vergleicht eure Ergebnisse.

Abb. 2.10 Aufgabe „Anzahl Personen in verschiedenen Häusern vergleichen", mit der die Vorstellung der Unbestimmten angebahnt werden kann (Mathbuch 2, Affolter et al., 2017, S. 28)

2.4.1.2 Die Unbestimmte durch operatives Durcharbeiten und Darstellungsvernetzung entwickeln

Die Beispiele zur Aufgabe „Zwei Ansätze, vier Terme" gehen davon aus, dass die Vorstellung der Unbestimmten gefördert werden kann, indem eine bestimmte Größe im arithmetischen Kontext systematisch variiert wird. Dieser Ansatz wird auch in der Aufgabe „Anzahl Personen in verschiedenen Häusern vergleichen" (Nydegger, 2011) verfolgt (Abb. 2.10). In dieser Aufgabe starten Lernende mit einer konkreten Darstellung mit Plättchen, um dann mithilfe einer tabellarischen Darstellung zu einer symbolischen Darstellung überzugehen. Dabei wird die Vorstellung der Variablen als Unbestimmte angebahnt. Diese Aufgabe orientiert sich am *Prinzip der Darstellungsvernetzung* (vgl. Abschn. 2.3.1), indem sie systematisch die verschiedenen Darstellungsebenen miteinander in Verbindung bringt. Auch setzt sie Elemente des *Prinzips der fortschreitenden Schematisierung* (vgl. Abschn. 2.3.2) um, indem das Arbeiten im Situationskontext schrittweise durch das Operieren mit symbolischen Ausdrücken ersetzt wird.

Die Aufgabe „Anzahl Personen in verschiedenen Häusern vergleichen" fördert also Aktivitäten des Übersetzens von ikonischen in formale Darstellungen gemäß dem *Prinzip der fortschreitenden Schematisierung*. Durch diese Übersetzungen können Lernende erkennen, dass es bei den arithmetischen Ausdrücken nicht auf die Zahlenwerte ankommt, sondern auf die Strukturen. Diese Strukturen werden hier durch Pfeile und Zerlegung gegebener Zahlen in Zahlenterme verdeutlicht. Durch die Verlagerung des Fokus von bestimmten Zahlen auf allgemeine Strukturen bekommen die Zahlen eine neue Bedeutung als unbestimmte Größen. Mit anderen Worten: Die Zahlen repräsentieren nicht mehr eine bestimmte Zahl, sondern stehen stellvertretend für beliebige Zahlen. Diese Perspektive wird noch dadurch unterstützt, dass in der Tabelle systematisch die Ausgangszahl (die Anzahl der Bewohner des Dachgeschosses) verändert wird. Die Aufgabe fokussiert also zunächst auf inhaltliche Denkhandlungen am Haus mit bestimmten Zahlen, dann auf konkrete Zahlen, die systematisch variiert werden (Einsetzungsaspekt), um dann zur symbolischen Darstellung der Unbestimmten fortzuschreiten (Gegenstandsaspekt).

▶ **Exkurs: Langfristiger Lernprozess** Im Hinblick auf die Verständnisentwicklung der Lernenden hin zum formelsprachlichen Variablenverständnis (vgl. Abschn. 2.2.2.3) können durch fortschreitende Schematisierung zentrale Fortschritte erzielt werden. Die fortschreitende Schematisierung kann Lernende auf die Stufe der ikonisch-formelsprachlichen Entwicklungsstufe bringen, auf der die Unbestimmte durch ein Variablensymbol beschrieben werden kann. Die folgenden Denkhandlungen sind bei dieser fortschreitenden Schematisierung zentral:

- Lernende übersetzen die vorgegebene sprachliche Darstellung in eine ikonische Darstellung, indem sie ein bestimmtes, selbst gewähltes Beispiel durch Häuser und Punkte (d. h. Bewohner) skizzieren.
- Lernende übersetzen die ikonische Darstellung in eine Tabelle, wobei sie verschiedene Beziehungen zwischen den Bewohnern verschiedener Häuser herstellen. Dabei wird der Einsetzungsaspekt, d. h. das Handeln mit Zahlbeispielen betont. Diese Übersetzung erlaubt es den Lernenden zu ermitteln, wie die Anzahl von Bewohnern in einem Haus mit der Anzahl der Bewohner in den anderen zwei Häusern zusammenhängt.
- Lernende verallgemeinern die tabellarische Darstellung in einem algebraischen Term, wobei sie den im vorigen Schritt erkannten allgemeinen Zusammenhang darstellen. Dies ist ein Schritt zum Gegenstandsaspekt der Unbestimmten.

Bei Schwierigkeiten können Lernende jederzeit zu einer vorhergehenden Darstellung zurückgehen, um das inhaltliche Denken wieder stärker zu betonen.

2.4.1.3 Die Unbestimmte aus geometrischen Kontexten entwickeln

In geometrischen Kontexten wird die Unbestimmte genutzt, um etwa Seitenlängen allgemein zu bezeichnen und entsprechend Flächeninhalt oder Umfang von geometrischen Figuren durch Formeln und sprachlich zu beschreiben.

Variablen sind in diesen Kontexten zunächst Symbole, um die Länge einer Seite zu bezeichnen und damit den Flächeninhalt durch die Formel $A = a \cdot b$ auszudrücken (vgl. Abb. 2.11). Die gegebenen Zahlen stehen stellvertretend für beliebige Zahlen. Bei der expliziten Berechnung des Flächeninhalts eines gegebenen Rechtecks werden Zahlen

Abb. 2.11 Flächeninhalt eines Rechtecks

	A	B	C	D	E	F	G	H
1	a	b	A					
2	2.3	5.7	13.11					
3	3.1	6.4	19.84	←	= A3*B3			
4	4.5	7.3	32.85					
5	6.3	8.2	51.66					
6	7.5	9.7	72.75					
7								

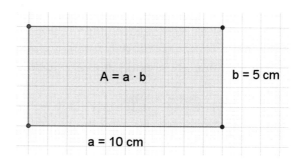

Abb. 2.12 Berechnung des Flächeninhalts eines Rechtecks mit einem TKP

für die Variablen eingesetzt. Diese (Denk-)Handlungen fokussieren also auf den Einsetzungsaspekt der Unbestimmten.

Die Variablen *a* und *b* haben in diesem Zusammenhang eine Doppelfunktion. „*a*" bzw. „*b*" können auch für die Namen der Seiten verwendet werden. Hier ist die Verwendung eines Tabellenkalkulationsprogramms eine gute Möglichkeit, um den Namen der Variablen von den Werten zu unterscheiden, mit denen die Variablen belegt werden können (Abb. 2.12).

Der Abstraktionsschritt hin zum Kalkülaspekt wird dann später im Zusammenhang mit der Entwicklung des Termbegriffs erfolgen (siehe Kap. 3).

2.4.2 Die Variable als Unbekannte verstehen

Die Variable als Unbekannte zu verstehen bedeutet, die Variable als Platzhalter bzw. Repräsentant für eine noch unbekannte, aber potenziell bestimmbare Größe zu verstehen. Es gibt verschiedene in der Mathematikdidaktik etablierte Wege, wie Vorstellungen zur Unbekannten im Mathematikunterricht angebahnt werden können (vgl. Abschn. 2.2.1).

2.4.2.1 Die Unbekannte durch das Boxenmodell anbahnen

Die Aufgabe „Knack die Box" ist ein zentrales Beispiel und wurde deshalb bereits mehrfach betrachtet (Abb. 2.2 und 2.3). „Knack die Box" betont Aktivitäten am Material, indem zwei Mengen von Plättchen systematisch miteinander verglichen werden. Deshalb

1 Erinnerst du dich an die Lernumgebung «Knack die Box» im *mathbu.ch 7?*
x bedeutet die Anzahl Hölzchen in einer Schachtel.
Bei dieser Schachtelanordnung sind in jeder Schachtel gleich viele Hölzchen. Auf beiden
Seiten des Gleichheitszeichens sind insgesamt gleich viele Hölzchen.

A Wie kommst du von der ersten Anordnung zu dieser?
Welche Gleichung passt dazu?

B Wie hängt diese Anordnung mit der vorherigen zusammen?
Welche Gleichung passt dazu?

C Wie hängt diese Anordnung mit der vorherigen zusammen?
Welche Gleichung passt dazu?

D Jetzt weisst du, wie viele Hölzchen in der Schachtel sein müssen.
Überprüfe die Lösung bei allen vier Gleichungen.

Abb. 2.13 Aufgabe „Knack die Box" für die Formalisierung von Umformungsschritten (Affolter et al., 2010, S. 10)

wird die Aufgabe mitunter schon in der Grundschule behandelt, um die Variable als Unbekannte präformal vorzubereiten. Im folgenden Beispiel wird es darum gehen, wie mit „Knack die Box" die formelsprachliche Darstellung angebahnt werden kann.

In der Variation von „Knack die Box" (Abb. 2.13) werden systematisch ikonische, sprachliche und formelsprachliche Darstellung vernetzt, um die Grundvorstellung der Variablen als Unbekannte anzubahnen. Die sprachlichen Formulierungen sind essenziell, um die Box bzw. die in ihr enthaltenen Hölzer als Unbekannte umzudeuten (Melzig, 2013). Dazu sollen die Schritte des Wegnehmens von Boxen (von A nach B) bzw. von Hölzern (von B nach C) und schließlich das „Vergleichen" von Boxen mit Anzahlen von Hölzern (Division, von C nach D) zunächst verbal, aber schließlich auch in Form einer Gleichung dargestellt werden. Es erfolgt eine Orientierung am *Prinzip der fortschreitenden Schematisierung* (vgl. Abschn. 2.3.2), denn Lernende stellen jede inhaltliche Operation auch verbal und als Gleichung dar. Dann wird der Gegenstandsaspekt zur Anbahnung des Kalkülaspekts der Unbekannten genutzt, indem systematisch betrachtet wird, wie sich eine Handlung in der grafischen Darstellung auf die formelsprachliche Darstellung auswirkt. Auf diese Weise können Lernende erkennen, was eine Umformung in der Formelsprache bedeutet.

Die Betrachtung weiterer Beispiele kann die Vorstellungen der Unbekannten konsolidieren. So könnten Lernende aufgefordert werden, eigene Aufgaben gleicher Art zu (er-)finden. Die weitere Vorstellungsentwicklung wird dann schnell auf die Behandlung von Gleichungen bzw. Äquivalenzumformungen führen (vgl. Kap. 5).

▶ **Exkurs: Langfristiger Lernprozess** Im Hinblick auf den Lernprozess wird hier – wie bei der Unbestimmten – die ikonisch-formelsprachliche Entwicklungsstufe erreicht (Abschn. 2.2.2.3). Diese Entwicklungsstufe bedeutet, dass die Unbekannte zwar formelsprachlich dargestellt und durch formelsprachliche Operationen ermittelt werden kann, dass diese aber immer noch mit der ikonischen Darstellung verknüpft ist, etwa in Bezug auf die Strukturierung von Termen oder auf die Art von Umformungen, die getätigt werden können. Das kann und soll im Sinne der Darstellungsvernetzung zunächst durchaus beibehalten werden. Eine Loslösung von diesen Vorstellungen ist aber spätestens dann erforderlich, wenn Umformungen mit negativen Zahlen durchgeführt werden.

2.4.2.2 Die Unbekannte durch das Waagemodell anbahnen

Die Aufgabe „In der Schokoladenfabrik" (Abb. 2.5) ist eine typische Umsetzung des Waagemodells. Die Ausgangssituation der Waage ist dabei an die Lebenswelt der Schüler angepasst, indem statt einer Balkenwaage zwei digitale Waagen gezeigt werden, die das gleiche Gewicht für zwei Mengen von Schokoladeneiern anzeigen. Gegenüber dem Boxenmodell wird der Fokus nun stärker auf die Gleichwertigkeit der beiden Seiten gelegt. Dabei steht die stets ausgeglichene Waage bei allen Handlungen des Wegnehmens oder Hinzufügens von Objekten im Zentrum der Denkhandlungen der Lernenden (vgl. Kap. 5). Dies bereitet dann Äquivalenzumformungen bei Gleichungen vor.

Beispiel

Betrachte die Waagen in Abb. 2.14. Wie viele grüne Dosen entsprechen einer roten Dose? Sind alle Wagen realitätstreu abgebildet, wenn die grünen und roten Dosen bei allen Darstellungen jeweils dasselbe Gewicht haben? Beschreibe möglichst knapp, wie du das herausbekommst. ◀

Ähnlich wie bei „Knack die Box" sollte im Waagemodell von der Sachsituation und der ikonischen Darstellung zur formelsprachlichen Darstellung übergegangen werden. In Abb. 2.14 wird dazu zunächst noch mit der ikonischen Darstellung gearbeitet. Lernende

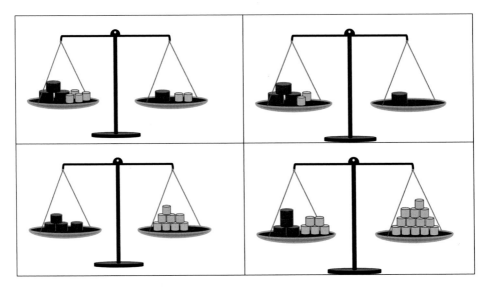

Abb. 2.14 „Waage"-Aufgaben – verbale Beschreibungen.[5] Möglich oder nicht möglich?

sind dann aufgefordert, die Umformungen „möglichst knapp" zu beschreiben. Eine
solche Aktivität der Vernetzung von ikonischer und sprachlicher Darstellung kann die
formelsprachliche Beschreibung vorbereiten (vgl. Abschn. 2.3.2).

Die didaktischen Potenziale des Waagemodells für die Anbahnung der Vorstellung der
Unbekannten sind weitgehend ähnlich zu den Potenzialen von „Knack die Box". Beide
Aufgaben führen zu einem ikonisch-formelsprachlichen Verständnis der Unbekannten.
Beide Aufgaben nutzen gewisse „Spielregeln" in der ikonischen Darstellung, wobei diese
in „Knack die Box" als solche explizit vorgegeben werden (auf beiden Seiten sind gleich
viele Hölzer bzw. Plättchen). Im Waagemodell resultieren sie aus der Sachsituation (die
Waage muss ausgeglichen bleiben). Beide Aufgaben bieten ähnliche Potenziale für fortschreitende Schematisierung, um ausgehend von der ikonischen Darstellung die formelsprachliche Darstellung der Unbekannten anzubahnen. Im Unterricht kann einer der
beiden Aufgabentypen als Transferaufgabe bzgl. des anderen Typs angesehen werden.

Die Grenzen der beiden Modelle liegen darin, dass sie im Wesentlichen auf das Arbeiten
mit natürlichen Zahlen eingeschränkt sind und das Verwenden negativer Zahlen nicht möglich ist. Natürlich bieten „unmögliche" Waagesituationen einen Anlass, den Schritt zur
symbolischen Darstellung zu vollziehen (vgl. etwa Bilder 1 und 2 in Abb. 2.14). Eine
weitere Grenze der Modelle liegt darin, dass bei beiden Modellen die Lösung der Aufgabe
bekannt sein muss, um sie in einer realen Umgebung im Modell dargestellen zu können.

---

[5] Angelehnt an Hußmann et al. (2015, S. 202).

Abb. 2.15 Ermitteln von
Sitzplätzen in Abhängigkeit
von den aufgestellten Tischen

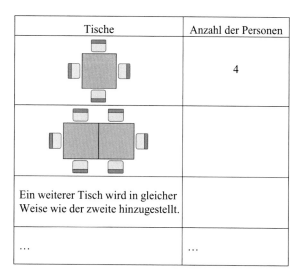

Tische	Anzahl der Personen
	4
Ein weiterer Tisch wird in gleicher Weise wie der zweite hinzugestellt.	
...	...

Beide Modelle sind also als eine Hilfe zur Veranschaulichung von Handlungen und nicht als Verfahren des Gleichungslösens anzusehen (vgl. auch Abschn. 5.2.3).

2.4.3 Die Variable als Veränderliche verstehen

Das Erkennen, Beschreiben und Fortsetzen von Mustern ist ein in der Praxis etablierter Ansatz, um die Grundvorstellung der Variablen als Veränderliche anzubahnen und das Variablensymbol einzuführen (vgl. Abschn. 2.2). Häufig wird damit ein Einstieg in die Algebra verbunden (Mason et al., 1985, 2005; Radford, 2008; Steinweg, 2013; Carraher et al., 2006; Kieran, 2020; u. v. a. m.). Entsprechend gibt es viele Unterrichtsvorschläge, wie Musterfolgen im Unterricht eingesetzt werden können. Zentral und wichtig ist dabei, dass dem inhaltlichen Denken eine grundlegende Bedeutung zukommt (vgl. Abschn. 2.3.1 und 2.3.2).

2.4.3.1 Die Veränderliche-Vorstellung durch analytisches Handeln mit Mustern anbahnen

Die Vorstellung der Variablen als Veränderliche kann durch Aufgaben angebahnt werden, die das systematische Variieren und Beschreiben von Veränderungen in den Vordergrund stellen. Dabei kann der Fokus zunächst auf dem präformalen Arbeiten mit der Veränderlichen liegen, wobei „allgemein gedachte" Zahlen stellvertretend für die Veränderliche stehen. Auf diese Weise wird an Vorerfahrungen aus der Grundschule angeknüpft.

Die „Tische"-Aufgabe bietet einen realitätsnahen Kontext, in dem Lernende Muster erkennen und beschreiben können (Carraher et al., 2008, S. 10, Abb. 2.15).

Beispiel

In einem Restaurant werden quadratische Tische wie folgt gestellt. Wie viele Personen haben an den Tischen Platz? (Vgl. Abb. 2.15) ◄

In der „Tische"-Aufgabe wird die Anzahl der Tische systematisch erhöht, um dann die Anzahl der Personen, die am Tisch sitzen können, zu ermitteln. Das Aufstellen von Tischen und die resultierende Anzahl an Sitzplätzen bieten einen Kontext, den sich Lernende inhaltlich vorstellen können, dem *Prinzip des inhaltlichen Denkens vor Kalkül* folgend (vgl. Abschn. 2.3). Natürlich können Musterfolgen auch rein ikonisch und ohne inhaltlichen Kontext betrachtet werden (z. B. Abb. 2.4).

Die systematische Variation der Tische bahnt die Vorstellung der Variablen als Veränderliche an. Beim systematischen Weiterführen des Aufstellens von weiteren Tischen können Lernende darüber nachdenken, wie sich die Anzahl der Sitzplätze in Abhängigkeit von der Anzahl der Tische verändert.[6] Hierzu wird das Muster (die Tische) in seine Bestandteile zerlegt und es werden Beziehungen zwischen aufeinander-folgenden Schritten in allgemeiner Weise hergestellt (vgl. Abschn. 2.2.2.2). Dies ist der Beginn eines „Operierens auf analytische Weise", was ein wesentliches Element von algebraischem Denken ist (vgl. Abschn. 1.1.3).

Das Identifizieren von Beziehungen bei Mustern bahnt die Vorstellung der Variablen als Veränderliche an. Hierzu gilt es, die *Systematik* der Veränderung von einem Glied in der Musterfolge hin zum nächsten Glied zu erkennen und sprachlich bzw. formelsprach-lich zu beschreiben. Bei komplexeren Musterfolgen kann dies eine Herausforderung darstellen. Zur Unterstützung dieses Schritts im Kontext der Variablen als Veränderliche bieten sich zwei Ansätze besonders an:

1. Lernende vergleichen ihre unterschiedlich aussehenden Strukturierungen eines Musters und diskutieren darüber, ob die Strukturierungen gleichwertig, angemessen und korrekt sind.
2. Lernende untersuchen vorgegebene Strukturierungen eines Musters im Hinblick auf die Frage, ob sie mit einer sprachlichen bzw. symbolischen Beschreibung des Musters übereinstimmen.

---

[6] Die Anzahl der Sitzplätze hängt von der Anzahl der Tische ab. Auf diese funktionale Perspektive wird hier noch nicht explizit eingegangen, das funktionale Denken aber durch derartige Aufgaben auf einer intuitiven Ebene angebahnt (vgl. Abschn. 4.2.4).

4 **Muster erkennen und Regeln finden**

Muster und Regeln zu Bilderfolgen können ganz unterschiedlich aussehen.

a) Ole hat in der folgenden Bilderfolge ein Muster gesehen.
Kannst du auch ein Muster entdecken?

b) Ole hat folgende Regel entdeckt: „Alles wird verdoppelt und einer kommt hinzu".
Er hat einige Punkte farbig umrahmt, um das Muster besser erkennen zu können.

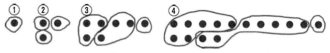

Erkläre, wie Oles Regel „Alles wird verdoppelt und einer kommt hinzu."
mit seiner Markierung in der Bilderfolge zusammenhängt.

Abb. 2.16 Gezieltes Anbahnen des Erkennens von Beziehungen in Punktmustern (Mathewerk-statt 6, Prediger et al., 2006, S. 194)

Beispiel

Die Aufgabe „Muster erkennen und Regeln finden" (Abb. 2.16) verfolgt in Auf-gabenteil b) den zweiten Ansatz. Oles sprachlich formuliertes Muster wird mit einer grafischen Strukturierung des Musters verglichen. Hierbei können Lernende ent-decken, dass die roten Bündel gleiche Anzahlen beschreiben, dass Ole aber ungenau formuliert: Im zweiten und dritten Glied der Musterfolge werden je ein bzw. drei Punkte zu einem Bündel zusammengefasst. Im vierten Glied der Folge werden nun je sieben Punkte gebündelt. Ole könnte also mit „verdoppeln" meinen, dass es zwei Bündel mit gleicher Anzahl von Punkten gibt. Diese Regel besagt aber nicht, wie die Punkte in einem Bündel zu ermitteln sind. Entsprechend werden Lernende veranlasst, Oles Regel zu überarbeiten und zu korrigieren. Um diese Aufgabe zu bearbeiten, müssen Lernende somit Beziehungen zwischen Muster und Musterposition, vor-hergehendem und darauffolgendem Punktmuster sowie Beziehungen zwischen den Bündeln herstellen. Durch ein derartiges „analytisches Denken" wird wiederum das *algebraische Denken* angebahnt und entwickelt (Abschn. 1.1.3). ◄

Mithilfe von Darstellungsvernetzungen können die Vorstellung der Veränderlichen sowie das algebraische Denken gefestigt werden. Beispielsweise können Zahlenfolgen in Punktmustern, Tabellen und symbolisch dargestellt sowie wechselseitig aufeinander bezogen werden (vgl. Abb. 2.17). Da die gegebenen Darstellungen daraufhin analysiert werden sollen, ob sie ein Muster bzw. eine Veränderung in einer Zahlenfolge geeignet

Ordnen B   **Wie kann man geschickt weiterzählen?**

2   **Zahlenfolgen fortsetzen**

Zahlenfolgen lassen sich unterschiedlich fortsetzen.

a) Male zu der Zahlenfolge 10, 14, 18, … eine Bilderfolge.
   Setze die Bilderfolge fort und erkläre das Muster.

b) Till, Ole, Pia und Merve haben sich für die Zahlenfolge aus a) unterschiedliche
   Lösungswege überlegt. Erkläre die Vorteile und die Nachteile der einzelnen Wege.

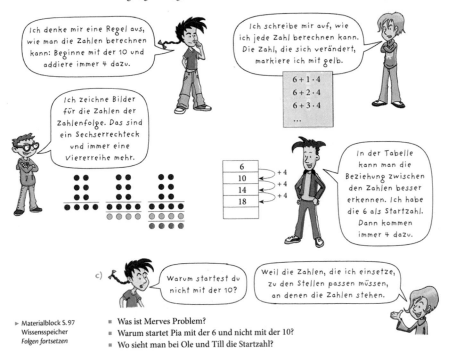

► Materialblock S. 97   ▪ Was ist Merves Problem?
  Wissensspeicher   ▪ Warum startet Pia mit der 6 und nicht mit der 10?
  Folgen fortsetzen   ▪ Wo sieht man bei Ole und Till die Startzahl?

Abb. 2.17 Zahlenfolgen in verschiedenen Darstellungen untersuchen (Mathewerkstatt 6, Prediger
et al., 2013, S. 197)

darstellen (Teilaufgabe b), wird wiederum analytisches Denken in verschiedenen Darstellungen gefordert und gefördert. Gleichzeitig werden die verschiedenen Wege, die
Veränderliche zu beschreiben, systematisiert und geordnet.

2.4.3.2 Die Veränderliche durch das Verallgemeinern von Mustern anbahnen

Nach dem strukturierten Beschreiben von Mustern wird ein Verständnis der Veränderlichen auf der formalen Ebene angestrebt. Das Beschreiben von Mustern ist hierzu
weiterhin ein geeigneter Aufgabenkontext. Jedoch wird der Fokus nun auf der Ver-

allgemeinerung der gefundenen Muster mithilfe von Variablen liegen, d. h. auf der allgemeinen Beschreibung durch einen formelsprachlichen Ausdruck.

Das Variablensymbol wird für Lernende umso bedeutungsvoller, je mehr sein Nutzen für das Ausdrücken allgemeiner Zusammenhänge erlebt wird. Das Beispiel der „Tische"-Aufgabe (Abb. 2.15) illustriert einen zugänglichen, aber zugleich verallgemeinerbaren Sachverhalt, in dem Lernende erste Verallgemeinerungen vornehmen können. Allerdings begrenzt der realweltliche Kontext das Verallgemeinern, da in realen Situationen natürlich nicht beliebig große Anzahlen von Tischen und Gästen auftreten können. Ziel muss es also sein, dass Lernende zunehmend die Notwendigkeit erkennen, Muster auf allgemeine Weise in Abhängigkeit „eines beliebigen n" zu beschreiben. Dazu müssen Lernende über Muster in der Musterfolge nachdenken, die nicht mehr gezeichnet oder durch einen Kontext vorgestellt werden können, d. h. etwa das 37., das 912. oder dann das n-te Muster (vgl. Beispiel in Abschn. 2.2.2 sowie Abschn. 1.1.3).

2.4.3.3 Grenzen von Musterfolgen für die Anbahnung der Variablenvorstellung der Veränderlichen

Das Arbeiten mit Musterfolgen hat zwei Schwierigkeiten, die mit den oben abgebildeten Aufgaben einhergehen:

1. Der Definitionsbereich der Veränderlichen bleibt auf natürliche Zahlen begrenzt. Sowohl in den realweltlichen Kontexten als auch im Kontext von Musterfolgen sind jeweils nur natürliche Zahlen sinnvoll, da die Variable ein n-tes Muster bezeichnet, d. h. ein Glied in einer Musterfolge „zählt". Für viele funktionale Zusammenhänge muss der Definitionsbereich dann erweitert werden.
2. Die Grundvorstellung der Variablen als Veränderliche bleibt oftmals implizit. Die Aufgaben in Abb. 2.16 und 2.17 zeigen, dass die Variable so verwendet wird, als sei sie eine Unbestimmte.[7] Der funktionale Zusammenhang, für den die Vorstellung der Variablen als Veränderliche charakteristisch ist, wird für Lernende nicht direkt deutlich, sondern muss in die Situation bzw. Terme hineininterpretiert werden.

Beide Schwierigkeiten zeigen, dass erst mit der engen Wechselbeziehung zwischen Variablen- und Funktionsbegriff das Verständnis der Variablen als Veränderliche entwickelt werden kann. Hierzu gilt es, Funktionsterme als Beschreibung von fortsetzbaren Mustern zu betrachten und vertraute Darstellungen wie das tabellarische Darstellen dieser Muster unter funktionalen Gesichtspunkten zu sehen.

Die systematische Betrachtung von Änderungen in einer tabellarischen Darstellung ist eine Aktivität, die eine Brücke schlägt zwischen dem Beschreiben von Mustern und der Betrachtung von Funktionen. Die Aufgabe „Wie kann ich Terme aufschreiben, wenn

---

[7] Dies gilt auch für andere Aufgaben, etwa bei „Anzahl Personen in verschiedenen Häusern vergleichen" (Abb. 2.10).

sich die Zahlen immer wieder ändern?" (Abb. 2.18) illustriert einen dazu passenden Sach-
kontext. In der Aufgabe erkunden Lernende den Zusammenhang zwischen gefahrenen
Kilometern und Benzinkosten (Teilaufgabe a). Über Pfeilbilder und farbliche Markierungen
(Teilaufgaben b und c) wird die Vorstellung der Variablen als Veränderliche angebahnt,
wobei Blau die abhängige Größe y symbolisiert und Gelb die unabhängige Größe x. Gemäß
dem Kontext beschreiben y die Benzinkosten und x die gefahrenen Kilometer.

In der abgebildeten Aufgabe werden die Prinzipien *Inhaltliches Denken vor Kalkül*
und *Darstellungsvernetzung* genutzt, um die Veränderliche von einer ikonisch-formelsprachlichen Stufe hin zur formelsprachlichen Entwicklungsstufe (Abschn. 2.2.2.3)
weiterzuentwickeln. Während zuvor grafische Muster im Vordergrund standen, werden
nun Änderungen betrachtet und beschrieben. Hierzu werden tabellarische Darstellungen
und Pfeildarstellungen genutzt. Es werden systematisch Beziehungen zwischen

Erkunden B   **Wie kann ich Terme aufschreiben, wenn sich die Zahlen immer
                         wieder ändern?**

4   **Berechnungen aufschreiben für veränderliche Zahlen**

Die Kilometerzahlen sind in jedem Monat anders, also auch die Benzinkosten.
Die Berechnungen sind aber immer ähnlich.
Die vier Freunde wollen die Berechnung allgemein beschreiben.
Till hat dazu eine Tabelle erstellt.

Und so geht es
immer weiter.

Monat	Kilometerzahl	Benzinverbrauch Term	Benzinkosten Term	Benzinkosten in €
Februar	600	600·0,06	600·0,06·1,90	68,40
Juli (Urlaub)	5800	5800·0,06	5800·0,06·1,90	661,20
Dezember (ohne Besuchen)	1900	1900·0,06	1900·0,06·1,90	216,60
Allgemein				

► Materialblock S. 83
  Arbeitsmaterial
  Berechnungen

a) Fülle in der Tabelle im Materialblock weitere Zeilen.
   Erkläre, wie man die Benzinkosten allgemein berechnet.
   Wie könntest du dazu einen Term aufstellen?

b) Wie passt Merves Pfeilbild zu dem,
   was man rechnen muss?

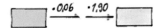

Abb. 2.18 Aufgabe „Wie kann ich Terme aufschreiben, wenn sich die Zahlen immer wieder
ändern?" aus der Mathewerkstatt 7 (Leuders et al., 2014, S. 194)

gefahrenen Kilometern, Benzinverbrauch und Benzinkosten untersucht. Farbliche Markierungen sind hier Platzhalter für das Variablensymbol. Beziehungen werden durch Terme ausgedrückt etwa in der abgebildeten Tabelle (vgl. Kap. 3).

2.4.4 Zusammenfassung

In Abschn. 2.4 wurden unterrichtspraktische Aufgabenbeispiele für den Zugang zum Variablenbegriff aufgezeigt. Ausgangspunkt waren die drei Grundvorstellungen der Variablen als Unbestimmte, als Unbekannte und als Veränderliche (vgl. Abschn. 2.1.2 und 2.2.3). Im Unterricht wird diese Trennung nach Grundvorstellungen sicher nicht in zeitlich sukzessiver Reihenfolge auftreten. Vielmehr werden Musteraufgaben, Aufgaben wie „Knack die Box" oder die „Waage"-Aufgabe durchmischt auftreten, d. h. auch die drei Grundvorstellungen der Variablen werden vermischt auftreten.[8] In jedem Fall sollten im Lernprozess – insbesondere beim Systematisieren und Ordnen – die verschiedenen Vorstellungen der Variablen betont und voneinander abgegrenzt werden.

Den Zugängen zur Anbahnung von Variablenvorstellungen liegt die folgende Kernidee zugrunde: Mithilfe verschiedener Darstellungen sollen Lernende Muster und Gesetzmäßigkeiten erkennen und analysieren, um dann inner- und außermathematische Situationen mit Variablen zu beschreiben. Dabei stehen in den Denkhandlungen der Lernenden zunächst der Gegenstands- und Einsetzungsaspekt im Vordergrund, während das Formalisieren mit dem Kalkülaspekt später erfolgt, etwa mithilfe des *Prinzips der fortschreitenden Schematisierung*.

Mit dieser Vorgehensweise oder Strategie gehen viele weitere Fragen einher: Wie entwickelt sich ausgehend von ersten Variablenvorstellungen und ersten Erfahrungen mit dem Variablensymbol die Formelsprache? Wie gelingt der Übergang zur formelsprachlichen Darstellung und ihren Umformungsregeln? Wie werden die Vorteile der Verwendung der Formelsprache erkannt? Welche didaktischen Prinzipien helfen, das Lernen der Formelsprache zu unterstützen? Auf diese und ähnliche Fragen wird in den folgenden Kapiteln eingegangen.

Aufgaben:

1. Geben Sie je ein Aufgabenbeispiel an für die Grundvorstellungen der Variablen als Unbekannte, als Unbestimmte und als Veränderliche.
2. Mit welchem Fokus werden die drei Grundvorstellungen der Variablen in verschiedenen Schulbüchern eingeführt? Nutzen Sie hierzu auch Tab. 2.3 und die dort aufgeführten Handlungsaspekte.

---

[8] Es ist noch eine offene (Forschungs-)Frage, ob eine strikte Trennung der drei Grundvorstellungen im Lernprozess tatsächlich sinnvoll und überhaupt möglich ist oder nicht.

3. Diskutieren Sie die Frage, ob die drei Grundvorstellungen der Variablen getrennt voneinander oder zusammen eingeführt werden sollten (vgl. Fußnote 8).

4. In diesem Kapitel wurde dargestellt, dass Grundvorstellungen der Variablen zunächst unter Einsetzungs- und Gegenstandsaspekt eingeführt werden, um dann Schritt für Schritt zum Kalkülaspekt überzugehen. Erörtern Sie, ob und wie sich dieses Vorgehen in einer von Ihnen gewählten Schulbuchreihe zeigt.

5. Erklären Sie, wie der Übergang vom Gegenstandsaspekt zum Kalkülaspekt mithilfe des *Prinzips der fortschreitenden Schematisierung* gefördert werden kann.

6. Geben Sie Aufgabenbeispiele für die drei didaktischen Prinzipien an, die in Abschn. 2.1.3 in diesem Kapitel vorgestellt werden.

7. Algebra wird in der Sekundarstufe I in den einzelnen Schulformen unterschiedlich unterrichtet. Zeigen Sie an Beispielen auf, wie man in den verschiedenen Schulformen der Sekundarstufe I Variablen auf unterschiedlichem Niveau behandeln kann.

8. Benutzen Sie das Waagemodell und das "Knack die Box"- Modell, um Aufgaben für die Variable als Unbekannte auf drei verschiedenen Niveaus zu entwerfen.

9. Beschreiben Sie, welche Vorkenntnisse Lernende haben müssen, um das Waage-/„Knack die Box"-Modell zu verstehen.

10. Listen Sie systematisch auf, welche Lernschritte Lernende im Waage-/„Knack die Box"-Modell vollziehen müssen, um (Äquivalenz)umformungen in der Formelsprache verstehen zu können. Entwerfen Sie explizite Aktivitäten, um Lernende in jedem Lernschritt zu unterstützen.

11. Viele Lernende haben sprachliche Schwierigkeiten im Mathematikunterricht. Welche Wörter und Formulierungen könnten für Lernende im Umgang mit Variablen besonders schwierig sein?

12. Geben Sie zwei Aufgabenbeispiele an, die sprachlich besonders hohe Anforderungen stellen. Geben Sie auch zwei Beispiele an, die sprachlich geringe Anforderungen stellen.

13. Erläutern Sie, wie Sie im Anfangsunterricht Algebra das *Prinzip der Darstellungsvernetzung* nutzen können, um Lernende beim Lernen der Sprache der Mathematik zu fördern.

14. Beobachten Sie zwei Lernende, während sie an Aufgaben zum Waage-/„Knack die Box"-Modell arbeiten. Welche Wortvariablen benutzen diese Lernenden, um über ihre Aktivitäten und über Variablen zu sprechen?

15. Lassen Sie zwei Lernende Rücken an Rücken zueinander sitzen. Der eine Lernende löst eine Aufgabe im Waage- bzw. im „Knack die Box"-Modell. Er erklärt seine Handlungen mündlich dem anderen Lernenden, ohne dass dieser die Handlungen sehen kann. Der andere Lernende darf Rückfragen stellen. Das Ziel soll sein, dass der andere Lernende am Ende eine Lösung angeben kann. Was beobachten Sie? Welche sprachlichen Mittel nutzen Ihre Lernenden?

16. Erklären Sie die Unterschiede und Gemeinsamkeiten zwischen Waagemodell und „Knack die Box"-Modell für die Einführung von Variablen.

17. Erklären Sie die Unterschiede und Gemeinsamkeiten zwischen Waagemodell und „Knack die Box"-Modell für die Einführung von Äquivalenzumformungen bei der *fortschreitenden Schematisierung*.

18. Tab. 2.1 zeigt typische nicht tragfähige Vorstellungen von Variablen. Geben Sie mögliche Ursachen für diese Fehler an. Welche Maßnahmen können Sie ergreifen, um diese Fehler zu vermeiden bzw. explizit im Unterricht als Lerngelegenheit zu nutzen?

Terme

> „Abstrakte Symbole, die nicht durch die eigene Aktivität des Kindes mit Sinn gefüllt, sondern ihm von außen aufgeprägt werden, sind tote und nutzlose Symbole. Sie verwandeln den Lehrstoff in Hieroglyphen, die etwas bedeuten könnten, wenn man nur den Schlüssel dazu hätte. Da aber der Schlüssel fehlt, ist der Stoff eine tote Last." John Dewey (1859–1952)

Die Symbole der Algebra sind Teil einer Formelsprache, die das Beschreiben und Erfassen, aber auch das Ordnen, Strukturieren und Klassifizieren von Definitionen, Sätzen und Beweisen ermöglicht. Sie bilden in Form von Zahlennamen, Variablen oder durch Zeichen ausgedrückten Rechenoperationen die Bausteine dieser Formelsprache. Sie werden nach festgelegten Regeln zu *Rechenausdrücken* oder *Termen* zusammengesetzt, etwa

$$3\frac{1}{3} - \frac{5}{4}, \ (a+b)^2, \ 4x^2 - 1 \text{ oder } K_o \cdot \left(1 + \frac{p}{100}\right)^n.$$

Diese Terme sind die Sprachmittel, durch die sich inner- und außermathematische Situationen mit Formeln und Gleichungen beschreiben lassen. Mithilfe von Termen lassen sich Berechnungen durchführen, was beim obigen ersten Term unmittelbar erfolgen kann, während beim zweiten Term zunächst Werte für die Variablen a und b eingesetzt werden müssen. Weiterhin drücken Terme Beziehungen aus, indem etwa beim dritten Term der Variablen x die Variable y mit $y = 4x^2 - 1$ zugeordnet wird. Mithilfe des letzten Terms lässt sich berechnen, wie sich ein Kapital K_0 bei einem Zinssatz von $p \%$ in n Jahren (ohne Zinseszinsen) vermehrt.

Mit *Termen* lassen sich inhaltliche Denkschritte durch formale Operationen ersetzen (Hefendehl-Hebeker, 2001). Terme sind die Grundelemente der Formelsprache. Zu deren Beherrschung gehört es, dass Terme gelesen, aufgeschrieben, umgeformt und interpretiert werden können. Dazu gehört auch, dass man mit den grammatikalischen

Regeln oder der Syntax der Sprache vertraut ist. Das Erlernen der Formelsprache ist ein langfristiger Prozess, der regelmäßiges Üben und fortwährendes eigenständiges Anwenden dieser Sprache durch Lernende erfordert.

3.1   Fachliche Analyse

3.1.1   Die Formelsprache als formale Sprache

Eine Gleichung wie etwa $y = 3 \cdot \sin(x + 2\pi)$ ist zunächst eine *Zeichenreihe*, in der die Variablen x und y, die Zahlzeichen oder Zahlnamen für die Zahlen 2, 3 und π, die Operationszeichen + und $\cdot$, der Funktionsname sin und schließlich die Klammern sowie das Gleichheitszeichen auftreten. Wie in jeder Sprache kann man auch in der Formelsprache *Syntax* (Form) und *Semantik* (Bedeutung) unterscheiden.

Die *Syntax* legt fest, welche Zeichenreihen zulässig sind.

Beispiel

$2 \cdot y + x$ ist ein Term, nicht dagegen $2 \cdot x +$. ◀

Bei der *Syntax* geht es um den formalen Aufbau der Rechenausdrücke nach bestimmten Regeln. Die Syntax gibt die Regeln vor, nach denen diese Rechenausdrücke umgeformt werden dürfen.[1]

Bei der *Semantik* geht es um die Bedeutung eines Terms. Bedeutung entsteht durch den Bezug des Terms zu einem Referenzobjekt, für welches der Term steht. Terme drücken etwa Beziehungen zwischen Zahlen oder Größen in inner- oder außermathematischen Situationen aus, sie können sich aber auch auf numerische oder grafische Darstellungen beziehen. Darüber hinaus können sie Teil eines mathematischen Modells oder einer mathematischen Gesetzmäßigkeit sein und als solche eine entsprechende Bedeutung besitzen (vgl. Abschn. 3.1.2).

Beispiel

Aus mathematischer Sicht kann der Term $5 \cdot t^2$ mit $t \geq 0$ folgende Sachverhalte bezeichnen:

a) Die Tabellendarstellung gibt zu jedem aufgeführten Variablenwert t den entsprechenden s-Wert an. $5 \cdot t^2$ ist ein Funktionsterm auf einer diskreten Definitionsmenge (Abb. 3.1).

---

[1] Für eine genauere Analyse des Termbegriffs vgl. Pickert (1969).

Abb. 3.1 Tabellendarstellung
von $s = 5 \cdot t^2$ mit $t \geq 0$

t	s
0	0
1	5
2	20
3	45
...	...

Abb. 3.2 Graph zu $s = 5 \cdot t^2$
mit $t \geq 0$

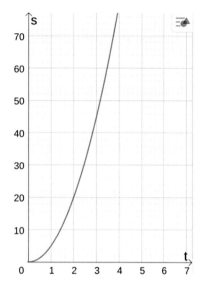

b) Der Graph der Zuordnung $t \rightarrow s$ mit $s = 5 \cdot t^2$ ist ein Ast einer Parabel und gibt für jeden t-Wert im gezeichneten Koordinatensystem den entsprechenden Termwert s an (Abb. 3.2).

c) Die Gleichung $s = 5 \cdot t^2$ mit $t \geq 0$ kann die Beschreibung einer beschleunigten Bewegung in Abhängigkeit von der Zeit oder (näherungsweise) eines freien Falls in Erdnähe sein. ◀

Den Begriff *Term* kann man in einem Kalkül rekursiv definieren (z. B. Hermes, 1969). Dies lässt sich auf das mathematische Gebiet der Logik zurückführen, in dem formale Sprachen mithilfe von *Kalkülen* begründet werden. Die Bezeichnung „Kalkül" erinnert an „calculi", die Steine eines Rechenbretts, mit dem die Römer nach bestimmten Regeln rechneten. Ein solcher Kalkül beginnt z. B. mit den Festsetzungen:

1. Jeder Zahlname ist ein Term.
2. Jede Variable ist ein Term.
3. Sind T_1 und T_2 Terme, so sind auch $(T_1 + T_2)$, $(T_1 - T_2)$, $(T_1 \cdot T_2)$, $(T_1 : T_2)$ Terme.

Durch Belegen aller Variablen eines Terms mit Zahlen erhält man den zugehörigen *Wert eines Terms* oder den Termwert. Terme, die neben Rechenzeichen nur Zahlen enthalten, heißen Zahlterme.

Die *Definitionsmenge* eines Terms ist die Menge aller Zahlen, die für die Variable oder die Variablen des Terms eingesetzt werden können und einen gültigen Rechenausdruck ergeben. Für manche Problemstellungen ist es dabei sinnvoll, die Definitionsmenge eines Terms problemspezifisch einzuschränken, etwa auf natürliche Zahlen oder positive reelle Zahlen.

Beispiele

a) Der Zahlterm $3 + 5$ hat den Termwert 8.

b) Der Term $\frac{a^2+b^2}{a-b}$ hat die Definitionsmenge $\mathbb{D} = \{(a, b)\,|\,a,\,b\,\in\,\mathbb{R}\text{ mit a} \neq \text{b}\}$.

c) Für den Term $\sqrt{x+1}$ gilt: $\mathbb{D} = \{x\,|\,x\,\in\,\mathbb{R}\text{ mit }x\,\geq\,-1\}$.

d) Für $y = 5\,t^2$ ist $t \geq 0$ sinnvoll, wenn eine beschleunigte Bewegung in Abhängigkeit von der Zeit beschrieben werden soll. ◄

Zwei Zahlterme T_1 und T_2 heißen wertgleich, wenn sie denselben Termwert haben. Zwei Terme T_1 und T_2 mit Variablen über einer Menge $\mathbb{D}$ heißen *äquivalent*, wenn sie durch Umformungen aus einer erlaubten Regelmenge ineinander überführt werden können (*Umformungsäquivalenz*) oder wenn sich für alle Belegungen der Variablen mit jeweils denselben Werten aus dem Definitionsbereich auch dieselben Termwerte ergeben, wenn sie also wertgleich sind (*Einsetzungsäquivalenz*). Wir schreiben dafür: $T_1 = T_2$.

Beispiele

a) $T_1(x) = 5$ und $T_2(x) = 2 + 3$ sind gleichwertig, weil sie denselben Zahlenwert als Termwert haben.

b) $T_3(x) = x^2 + x - 1$ und $T_4(x) = x(x + 1) - 1$ sind äquivalent, weil sich bei allen Variablenbelegungen (mit demselben x-Wert) derselbe Termwert ergibt bzw. sie mithilfe des Distributivgesetzes jeweils ineinander umgeformt werden können.

c) $T_5(a,b) = \frac{a^2-b^2}{a+b}$ und $T_6(a,b) = a - b$ sind nicht äquivalent, da ihre Definitionsmengen nicht übereinstimmen. Sie sind aber auf der Menge $\mathbb{D} = \{(a,b)\,|\,a,\,b\,\in\,\mathbb{R}\,\wedge\,a\,\neq\,-b\}$ äquivalent. ◄

Im Zusammenhang mit dem Begriff *Term* treten viele weitere Begriffe auf, mit denen ein Term gebildet oder charakterisiert werden kann, wie etwa *Koeffizient, Klammer, Vorzeichen, Summe, Differenz, Produkt* oder *Potenz*.

3.1.2   Die Relevanz von Termen oder: „Wozu sind Terme da?"

Die Bedeutung von Termen bzw. deren Relevanz für den Mathematikunterricht ist vielfältig, wie die folgenden Beispiele zeigen.

Beispiele

- Terme in Form von Rechenausdrücken beschreiben innermathematische Prozesse, also das Rechnen und Operieren mit Zahlen und zugleich deren Ergebnisse.
  - $37 - 6 \cdot 4$ beschreibt die Rechnung, dass das Produkt aus 6 und 4 von der Zahl 37 abgezogen wird. Der Term ist aber auch eine Darstellung des Zahlwerts 13.
  - $7 \cdot x^2 - 5 \cdot x + 3$ beschreibt die Rechnung, dass eine unbestimmte Zahl x quadriert und mit 7 multipliziert wird. Vom Ergebnis wird das 5-fache der Zahl subtrahiert, dann wird 3 addiert. Um mit diesem Term umzugehen, muss die Rechnung nicht notwendig ausgeführt werden – der ganze Term kann als Repräsentant einer unbestimmten Zahl gelesen werden (Sfard, 1991).
- Terme beschreiben außermathematische Situationen und Vorgänge.
  - Der Preis einer Zeitungsannonce setzt sich aus einer Grundgebühr von 15,60 € und einem Betrag von 4,20 € für jede Zeile zusammen. Hat eine Annonce N Zeilen, so ergibt sich für den Preis P: $P = 4{,}20 \, € \cdot N + 15{,}60 \, €$
  - Für die in einer Zeit t mit einer konstanten Geschwindigkeit v zurückgelegte Wegstrecke s erhält man: $s = v \cdot t$
- Terme geben Einblicke in Situationen.
  - Für den Bremsweg eines Pkw mit der Geschwindigkeit v und der Bremsverzögerung a erhält man als Bremsweg $s_{Brems} = \frac{v^2}{2a}$. Der Bremsweg vervierfacht sich also bei der Verdopplung der Geschwindigkeit v.
  - Für das Volumen einer Kugel mit dem Radius r erhält man als Kugelvolumen $V_{Kugel} = \frac{4}{3} r^3 \cdot \pi$. Bei Verdopplung des Radius verachtfacht sich das Volumen.
- Mit Termen kann man Probleme lösen.
  - Der Nettopreis einer Ware beträgt 37 €. Die Mehrwertsteuer (MwSt.) beträgt 19 %. Der Verkäufer bietet ein Skonto von 3 % an.
    Ist es für den Kunden vorteilhaft, wenn erst die MwSt. auf den Nettopreis und dann das Skonto auf den Gesamtpreis berechnet wird, oder ist es besser, erst das Skonto auf den Nettopreis und darauf dann die MwSt. zu berechnen?
    Im 1. Fall ergibt sich: Kundenpreis $=$ (Nettopreis $\cdot$ 1,19) $\cdot$ 0,97
    Im 2. Fall erhält man: Kundenpreis $=$ (Nettopreis $\cdot$ 0,97) $\cdot$ 1,19
    Aufgrund der Assoziativität und Kommutativität der Multiplikation erkennt man, dass sich – überraschenderweise – für beide Fälle derselbe Kundenpreis ergibt.
  - Ein Buch plus Einband kosten zusammen 11 €. Das Buch kostet 10 € mehr als der Einband. Was kostet das Buch?
    Wird der Preis für den Einband mit x bezeichnet, so ergibt sich:
    $x + (x + 10 \, €) = 11 \, €$
    mit der – evtl. nicht sofort gesehenen – Lösung $x = 0{,}5 \, €$ und dem Buchpreis 10,50 €.
- Mit Termen kann man Beweise führen (vgl. Abschn. 2.2.2).
  - Behauptung: Die Summe dreier aufeinanderfolgender natürlicher Zahlen ist durch 3 teilbar.

Begründung: Die drei natürlichen Zahlen seien x, y und z mit $y = x + 1$ und $z = x + 2$. Dann gilt: $x + y + z = x + (x + 1) + (x + 2) = 3x + 3 = 3 \cdot (x + 1)$. Folglich lässt sich auch die Summe der drei Zahlen durch 3 teilen.

– Behauptung: Das Quadrat einer natürlichen Zahl $n > 1$ ist größer als das Produkt der beiden benachbarten (natürlichen) Zahlen von n.
  Begründung: Es gilt $n^2 > (n - 1)(n + 1) = n^2 - 1$, woraus sich die Behauptung unmittelbar ablesen lässt.

– Behauptung: Wenn vom Quadrat einer ungeraden Zahl 1 subtrahiert wird, dann ist das Ergebnis durch 8 teilbar.
  Begründung: Die gebildete Zahl lässt sich als $(2n + 1)^2 - 1$ darstellen, $n \in \mathbb{N}$. Es gilt weiterhin:

$$(2n + 1)^2 - 1 = 4n(n + 1)$$

Eine der beiden aufeinanderfolgenden natürlichen Zahlen n oder $n + 1$ ist durch 2 teilbar. Folglich ist die gebildete Zahl durch 8 teilbar. ◀

Die Vielfältigkeit der Beispiele zeigt eindrücklich, dass die algebraische Formelsprache ein kraftvolles Werkzeug für die Beschreibung von Situationen und das Lösen von Problemen ist. Die Mathematik war und ist ohne Terme nicht denkbar. Nur wurden Terme früher eben mit einer anderen Syntax formuliert.

3.1.3 Regeln und Regelhierarchien

Terme sind nach bestimmten *Regeln aufgebaut* und werden nach bestimmten *Regeln umgeformt*. Regeln legen dabei den syntaktischen Aufbau eines Terms fest, der etwa durch Klammern und Hierarchien von Rechenoperationen bestimmt ist. Regeln können aber auch durch Terme selbst dargestellt werden, dann in der Form von Gesetzmäßigkeiten. Derartige Regeln oder Gesetzmäßigkeiten (z. B. Kommutativität, Assoziativität) werden in der Hochschulmathematik in Form algebraischer Strukturen betrachtet. Im Physikunterricht werden mit Termen physikalische Gesetze beschrieben. Im Mathematikunterricht sind Gesetzmäßigkeiten zunächst Rechengesetze, die sich auf der sprachlichen und der symbolischen Ebene mithilfe der Formelsprache explizit formulieren lassen.

Beispiel

Soll eine Summe mit einer Zahl multipliziert werden, so kann das Distributivgesetz angewendet werden:

$$a \cdot (b + c) = a \cdot b + a \cdot c, \, a, b, c \in \mathbb{R}.$$

Die sprachliche Formulierung „Bei der Multiplikation einer Summe mit einer Zahl wird jeder Summand mit dieser Zahl multipliziert" ist jedoch allgemeiner. Sie umfasst auch den Fall, dass die Summe aus mehr als zwei Summanden besteht. Formal drückt sich das folgendermaßen aus:

$$a \cdot (b_1 + \ldots + b_n) = a \cdot b_1 + \ldots + a \cdot b_n.$$

◄

Wie alle Formeln der Mathematik oder Physik enthalten auch Rechengesetze oft mehr Informationen, als man ihnen auf den ersten Blick ansieht.

Beispiel

Die Gleichung

$$a \cdot (b + c) = a \cdot b + a \cdot c \quad (*)$$

gilt auch für den Fall, dass die Variablen a, b, c durch Terme substituiert werden. So kann mit dieser Formel die folgende Umformung begründet werden:

$$(x + y) \cdot (2u + 3v) = (x + y) \cdot 2u + (x + y) \cdot 3v$$
$$= x \cdot 2u + y \cdot 2u + x \cdot 3v + y \cdot 3v$$
$$= 2ux + 2uy + 3vx + 3vx.$$

Dabei wurden für die letzte Umformung die Kommutativität der Multiplikation und die Konvention verwendet, dass „$\cdot$" bei Multiplikation von Variablen weggelassen werden kann, wenn dies nicht zu Missverständnissen führt, die ursprüngliche Termstruktur dadurch also nicht geändert wird oder anders interpretiert werden könnte.

Weiterhin gibt die Gleichung (*) von links nach rechts gelesen Auskunft darüber, wie man ein Produkt in eine Summe umformt. Liest man sie von rechts nach links, so erhält man eine Anweisung, wie man eine bestimmte Summe in ein Produkt verwandelt. ◄

Terme besitzen die Besonderheit, dass sie eine Doppelfunktion als Rechenausdruck und als Elemente einer Formel haben können. Im ersten Fall sind sie selbst *Objekte* einer Termumformung, im zweiten Fall geben sie *Regeln* für bestimmte Termumformungen an. Die Identität

$$a \cdot (b + c) = a \cdot b + a \cdot c$$

kann so einerseits als durchgeführte Termumformung, andererseits aber auch als Regel für bestimmte Termumformungen angesehen werden. Eine Möglichkeit, diese Ebenen zu trennen, ist das Verwenden anderer Zeichen auf der Regelebene. Man formuliert etwa das Distributivgesetz mit anderen Buchstaben:

$$A \cdot (B + C) = A \cdot B + A \cdot C.$$

Wie einleitend beschrieben, sind Terme nach bestimmten Regeln aufgebaut, welche hierarchisch aufeinander bezogen sind. Bereits in der Arithmetik, also beim Umgang und Rechnen mit natürlichen Zahlen, müssen solche *Hierarchien von Regeln* beachtet werden. Dies setzt sich dann vor allem beim Umgang mit gewöhnlichen Brüchen fort. Regelhierarchien können explizit und implizit dargestellt werden. Klammern geben explizit an, welcher Ausdruck Vorrang hat. Andererseits wird die Punkt-vor-Strich-Regel nicht direkt symbolisiert, sodass sie implizit bleibt und in einen Ausdruck „hinein-gelesen" werden muss.

Das Umformen von Termen baut auf dem Zahlenrechnen auf. Die Schwierigkeit erhöht sich allerdings dann im Laufe der Schulzeit aufgrund der höheren Abstraktionsstufe insbesondere von Bruchtermen. Bei dem Term

$$\frac{\frac{1}{2} + \frac{2}{5}}{3}$$

hat man die Möglichkeit, das Ergebnis durch vorheriges Abschätzen der Größenordnung zu kontrollieren. Dies ist bei Termen mit Variablen oft nicht mehr möglich.

3.1.4 Anschaulichkeit und Abstraktion bei Termen

Die Formelsprache der Algebra ist abstrakt in dem Sinne, dass sie sich auf der symbolischen Ebene nach syntaktischen Regeln ohne semantischen Bezug formulieren lässt. Es spielt keine Rolle, wofür eine Variable in einem Term steht. Diese Sichtweise hat sich allerdings in der Geschichte der Mathematik erst in der Neuzeit herausgebildet. In der historischen Entwicklung der Algebra wurden häufig Variablen für Größen verwendet. So entwickelte François Viète (1540–1603) oder Franciscus Vieta – wie er sich auf Latein nannte – eine Algebra für Größen (Reich & Gericke, 1973), wobei er in erster Linie an Längen, Flächeninhalte und Rauminhalte dachte.

Mehr Anschaulichkeit durch Kontexte bedeutet aber zugleich eine Beschränkung der mathematischen Kraft der Formelsprache. So vorteilhaft die geometrischen Vorstellungen bei der Herleitung der Rechenregeln waren, muss man doch andererseits auch die dadurch gegebenen Beschränkungen sehen. Indem Viète die Multiplikation zweier Größen an den Flächeninhalt von Rechtecken und die Multiplikation dreier Größen an den Rauminhalt von Quadern band, verankerte er die Algebra in geometrischen Darstellungen. Quadrierte Zahlen und Variablen wurden als Flächeninhalte von Quadraten, Zahlen und Variablen mit dem Exponenten 3 als Rauminhalte von Würfeln gesehen. Den Vorteil der Anschaulichkeit erkaufte er sich mit dem Nachteil, dass Rechenausdrücke wie etwa $x^2 + x$ oder Produkte mit mehr als drei Faktoren nicht mehr interpretiert werden konnten. Dieses Hindernis überwindet der junge René Descartes (1596–1650) in seiner Schrift *Regulae ad directionem ingenii*, indem er Produkte von Längen mithilfe des Strahlensatzes als Längen interpretiert.

Diese mathematikhistorische Entwicklung hat auch eine didaktische Bedeutung. Denn natürlich wird man sich in der Schulalgebra darum bemühen, den Umgang mit Termen anschaulich zu verankern.[2] So können etwa in Lehr-Lern-Situationen, in denen Vorstellungen von Lernenden entwickelt werden sollen, Terme zunächst durch Sachkontexte oder innermathematische Kontexte (Musterfolgen, Geometrie) veranschaulicht werden, um einen inhaltlichen Bezug herstellen zu können. Allerdings müssen dann die oben angesprochenen Grenzen dieser Vorstellungen bedacht werden.

3.1.5   Terme und ihre Entwicklung im historischen Überblick

Eine weitere interessante Entwicklungslinie im Hinblick auf den Termbegriff ist die Entwicklung der heutigen Formelsprache.

1591 erschien in Tours das von François Viète verfasste Buch *In artem analyticem Isagoge* (Einführung in die analytische Kunst). In ihm wurde die Formelsprache entwickelt und systematisch begründet. Als „Buchstabenrechnung" bestimmte sie für etwa 300 Jahre die Vorstellungen von der Algebra. Damit lassen sich allgemeine Aussagen über Zahlen mithilfe von Rechenausdrücken oder Termen darstellen (vgl. auch Hefendehl-Hebeker & Rezat, 2015).

Derartige allgemeine Aussagen über Zahlen finden sich allerdings bereits in den *Elementen* des Euklid ca. 300 v. Chr., etwa:

> „Sind zwei Zahlen gegen irgendeine Zahl prim, so muß auch ihr Produkt gegen dieselbe prim sein." (Thaer, 1991[8], S. 156)

Die Redewendungen „zwei Zahlen" und „irgendeine Zahl" drücken Allgemeinheit aus. Sie können auch als Variablen bezeichnet und mit einem Variablensymbol repräsentiert werden (vgl. Kap. 2). Beim Beweis beginnt Euklid so:

> „Zwei Zahlen a, b seien gegen irgendeine Zahl c prim ..." (Thaer, 1991[8], S. 156)

Hier werden Buchstaben als Variablen benutzt. Das lässt sich immer wieder in der Geschichte der Mathematik nachweisen (Tropfke, 1980). So verwendet sie der ebenfalls griechische Mathematiker Diophant oder Diophantos aus Alexandria (um 250 n. Chr.) zur Bezeichnung von Unbekannten in Gleichungen.

Zu Beginn der Neuzeit wurden dann Buchstaben als Variablen (allgemeine Zahlen) und als Platzhalter für gegebene Größen und gesuchte Größen verwendet, wie etwa bei Christian von Wolff (1679–1754):

---

[2] Dabei kann das genetische Prinzip als Orientierung dienen (vgl. Heitzer & Weigand 2020).

„Die Buchstaben-Rechenkunst wird diejenige genennet, welche anstatt der Zifern allgemeine Zeichen der Größen brauchet, und damit die gewöhnlichen Rechnungsarten verrichtet. [...]

Man benenne die gegebenen Größen jederzeit mit den ersten Buchstaben des Alphabets *a, b, c, d* usw. die Unbekannten aber, welche man suchet, mit den letzten *x, y, z.*" (1797, S. 64–65)

Die „Buchstabenrechnung" wurde im 16. und 17. Jahrhundert als ein allgemein tragfähiges Ausdrucksmittel in der Mathematik erkannt und verwendet. Heute ist die Formelsprache ein Teil der *Fachsprache* der Mathematik (Maier & Schweiger, 1999; Schmidt-Thieme, 2003).

Zeitgleich mit dem Variablensymbol haben sich auch Symbole für Rechenzeichen durchgesetzt. Vor Viète wurden oft Wörter, beliebige Zeichen oder Buchstaben zur Bezeichnung von Rechenoperationen genutzt (vgl. Tab. 3.1). Ab dem 17. Jahrhundert haben Terme dann schon weitgehend das heutige Aussehen.

Das Wort „Term" leitet sich vom lateinischen „terminus" ab und bedeutet „Grenze" oder „Abschluss". In dieser Bedeutung hat es sich bis heute in den Wörtern „Terminal" oder „terminieren" gehalten. In früheren Konzilsakten wird der Begriff für Definitionen verwendet, es wird also ein bestimmter Sachverhalt abgegrenzt.

Insgesamt zeigt sich, dass sich die Formelsprache, wie wir sie heute kennen, langsam entwickelt hat, indem Schritt für Schritt Konventionen vereinheitlicht, Regeln, Regelhierarchien und Gesetzmäßigkeiten etabliert und symbolisch ausgedrückt wurden. Für den Mathematikunterricht bedeutet diese Entwicklung, dass die heute gültigen Konventionen der Formelsprache Lerngegenstand sein müssen, denn sie sind in keiner Weise intuitiv oder naheliegend.

Tab. 3.1 Historische Schreibweisen für Terme (Hogben, 1963, S. 176)

Jahr	Mathematiker	Verwendete Symbole	Moderne Form
1494	Pacioli	"Trouame .1.n°. che giõto al suo q̄drat° facia .12."	$x + x^2 = 12$
1514	Vander Hoecke	4 Se. − 51 Pri. − 30 N. dit is ghelijc 45⅘.	$4x^2 - 51x - 30 = 45\frac{4}{5}$
1521	Ghaligai	1 ☐e 32 c° − 320 numeri	$x^2 + 32x = 320$
1545	Cardan	cub° p: 6 reb° aeq̄lis 20	$x^3 + 6x = 20$
1556	Tartaglia	"Trouame uno numero che azontoli la sua radice cuba uenghi ste, cioe .6."	$x + \sqrt[3]{x} = 6$
1559	Buteo	1 ◊ P6ϱP9 ☐ 1 ◊ P3ϱP24	$x^2 + 6x + 9 = x^2 + 3x + 24$
1577	Gosselin	12LM1QP48 aequalia 144M24LP2Q	$12x - x^2 + 48 = 144 - 24x + 2x^2$
1585	Stevin	3③+ 4 egales à 2① + 4	$3x^2 + 4 = 2x + 4$
1586	Ramus & Schoner	1q−+−8l aequatus sit 65	$x^2 + 8x = 65$
1629	Girard	1 (4)+35 (2)+24= 10 (3)+50 (1) or with the several exponents inclosed in circles	$x^4 + 35x^2 + 24 = 10x^3 + 50x$
1631	Oughtred	½ Z ± √q¼ Zq − AE = A	$\frac{1}{2}Z \pm \sqrt{\frac{1}{4}Z^2 - AE} = A$
1631	Harriot	aaa − 3 · bba ⎯⎯ + 2 · ccc	$x^3 - 3b^2x = 2c^3$
1637	Descartes	yy ∝ cy − $\frac{cx}{b}$ y + ay − ac	$y^2 = cy - \frac{cx}{b}y + ay - ac$
1693	Wallis	$x^4 + bx^3 + cxx + dx + e = 0$	$x^4 + bx^3 + cx^2 + dx + e = 0$

3.1.6 Zusammenfassung

Terme sind zentrale mathematische Objekte und bilden die Grundlage der Formelsprache, die sich über Jahrhunderte hinweg entwickelt hat. Die Formelsprache ermöglicht es, Rechenoperationen und Gesetzmäßigkeiten auszudrücken sowie inner- und außermathematische Zusammenhänge darzustellen. Mithilfe von Termen lässt sich typisch mathematisches Arbeiten, wie etwa das mathematische Beweisen, auf der symbolischen oder formalen Ebene darstellen. In der Fachmathematik bildet die Formelsprache die Grundlage für weitere Abstraktionen, etwa in der Prädikatenlogik.

Im Mathematikunterricht geht es darum, das Verständnis des Termbegriffs aufzubauen und den Anwendungsreichtum dieses Begriffs kennenzulernen. Zentral ist dabei, dass Lerngelegenheiten geschaffen werden, die es Lernenden ermöglichen, die historisch gewachsenen Konventionen der Formelsprache in eigenen Aktivitäten als sinnvoll zu erleben und zu übernehmen.

3.2 Terme verstehen

Im Anfangsunterricht begegnen Lernenden Terme als „Rechenausdrücke" mit natürlichen Zahlen. Diese werden dann durch die Verwendung von Variablen sowie Zahlen aus anderen Zahlbereichen erweitert. Zum Verstehen von Termen gehört es, Terme aufstellen, ihre Struktur erkennen und sie dann umformen zu können. Gleichzeitig gehört zum Verstehen von Termen auch, sie nutzen zu können, um außer- oder innermathematische Sachverhalte darstellen sowie entsprechende Problemstellungen lösen zu können. Dabei werden Terme unter verschiedenen *Grundvorstellungen* betrachtet, die beim Interpretieren und Lösen inner- und außermathematischer Probleme grundlegend und wichtig sind.

3.2.1 Ziele beim Lernen der Formelsprache

In der Formelsprache werden außer- und innermathematische Gegebenheiten, Sachverhalte, Beziehungen oder Aussagen auf der symbolischen Ebene dargestellt. Damit lassen sich dann Probleme kalkülhaft lösen und Einsichten in die Ausgangssituation gewinnen. Die Relevanz der Formelsprache ist vor allem darin zu sehen, dass

- Beziehungen, Zusammenhänge und Abhängigkeiten durch Terme (und Gleichungen) formalisiert,
- Gesetzmäßigkeiten dargestellt sowie
- inner- und außermathematische Probleme in der Formelsprache präzisiert und gelöst werden können.

Beispiel

1. Ein innermathematisches Problem: Zeige, dass die Differenz zweier aufeinander-folgender natürlicher Quadratzahlen ungerade ist.

   Lösung: Sei $n \in \mathbb{N}$. Dann gilt:

   $$(n + 1)^2 - n^2 = n^2 + 2n + 1 - n^2 = 2n + 1.$$

   Damit ist die Differenz $(n + 1)^2 - n^2$ stets eine ungerade Zahl.

2. Ein außermathematisches Problem: Wie verändert sich der Bremsweg eines Autos mit zunehmender Geschwindigkeit?

   Lösung: Für die Länge des Bremsweges s_B (in m) eines mit einer Geschwindig-keit v (in km/h) fahrenden Pkw gilt die „Fahrschulformel", nach der sich s_B folgendermaßen berechnet:

   $$s_B = \left(\frac{v}{10}\right)^2.$$

   Hieraus erkennt man (vgl. auch Abschn. 3.1.2), dass sich der Bremsweg vervier-facht, wenn sich die Geschwindigkeit verdoppelt. ◄

Die Relevanz der Formelsprache als Kommunikationsmittel wird im internationalen Vergleich deutlich. Die Formelsprache ist weltweit weitgehend gleich, sodass Menschen über sprachliche Grenzen hinweg zu mathematischen Fragen miteinander kommunizieren können. Dies wird besonders deutlich, wenn etwa in chinesischen Texten Formeln in gleicher Weise wie in allen anderen Ländern verwendet werden (Abb. 3.3). Man erkennt, dass der mathematische Sachverhalt auch dann verstanden werden kann, wenn man der jeweiligen Landessprache nicht mächtig ist.

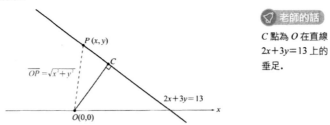

我們用另一種觀點來解釋例題 1. 因為 $x^2+y^2=\sqrt{(x-0)^2+(y-0)^2}\,^2$ 表示點 (x, y) 與 $(0, 0)$ 距離的平方, 而 $2x+3y=13$ 表示點 (x, y) 在直線 $2x+3y=13$ 上, 如下圖所示.

老師的話
C 點為 O 在直線 $2x+3y=13$ 上的垂足.

因此, **例題** 1 相當於是在直線 $2x+3y=13$ 上找一點 P, 使 $\overline{OP}$ 的平方有最小值 (即 $\overline{OC}$ 的平方). 而 $\overline{OC}$ 值可用 O 點到直線 $2x+3y=13$ 的距離公式來計算.

Abb. 3.3 Aus einem chinesischen Schulbuch für die 9. Klasse (Jein-Shan Chen, 2020)

Obwohl die Formelsprache im Mathematikunterricht eine hohe Relevanz besitzt, müssen sicherlich nicht alle Lernenden dasselbe Niveau beim Umgang mit Termen erreichen. Hier kann nach Schulformen und Ausrichtungen innerhalb einer Schulform, aber auch nach persönlichen Interessen der Lernenden differenziert werden. Beim Lehren der Formelsprache bieten sich Differenzierungen in folgenden Bereichen an:

Komplexitätsgrad der Terme
Dieser bezieht sich auf die Länge der Zeichenreihen, die Anzahl der Variablen, die Anzahl der Rechenzeichen und Funktionsnamen sowie die der Klammerebenen.
Grad der Selbsttätigkeit
Dieser bezieht sich auf die Komplexität der Terme, von denen erwartet wird, dass Lernende sie noch selbstständig – also ohne Computer – umformen können.

Wenn man so differenziert, lassen sich bzgl. der Beherrschung der Formelsprache folgende *Ziele* für alle Lernenden rechtfertigen: Lernende sollen

- mathematische Ideen in der Formelsprache ausdrücken,
- Ziele von Umformungen angeben und Umformungen selbst durchführen,
- gefundene Ergebnisse mathematisch interpretieren und
- wissen, wann die Benutzung eines digitalen Werkzeugs zweckmäßig und angemessen ist und dieses dann adäquat einsetzen können.

Der Einsatz von Computeralgebrasystemen (CAS) im Mathematikunterricht, aber insbesondere die potenziell ständige Verfügbarkeit eines CAS in Form von Apps oder Internetplattformen verschiebt heute die Schwerpunkte beim Umgang mit Termen. CAS sind in der Lage, Terme automatisch umzuformen, wodurch das händische Operieren mit Termen eine geringere Bedeutung im Unterricht hat. Stattdessen wird das Aufstellen von Termen und das Interpretieren von vorgegebenen Termen sehr viel wichtiger.

Die oben dargestellte Relevanz von Formelsprache und Termen bleibt also trotz des Aufkommens von CAS bestehen. Sie wird im digitalen Zeitalter von (Computer-) Algorithmen sogar noch wichtiger, da es verstärkt darauf ankommen wird, Algorithmen auch in der Formelsprache verstehen, interpretieren und beurteilen zu können (siehe etwa Ziegenbalg, 2010[3] und 2015).

Beispiel

Der indische Mathematiker Srinivasa Ramanujan (1887–1920), der sich fortgeschrittenes mathematisches Wissen ganz allein durch das Studium nur weniger Bücher aneignete (vgl. Kanigel, 1995), fand Anfang des 20. Jahrhunderts eine sehr schnell konvergierende Formel zur Berechnung der Kreiszahl π:

$$\frac{1}{\pi} = \frac{2\sqrt{2}}{9801} \sum_{k=0}^{\infty} \frac{(4k)!(1103 + 26390k)}{(k!)^4 396^{4k}}$$

Um mithilfe dieser Formel π mit steigender Genauigkeit zu berechnen, bedarf es der Fähigkeit, diese Formel korrekt lesen und etwa in ein CAS regelkonform eingeben zu können. Die Begründung für diese Formel ist allerdings äußerst komplex. Aufgrund theoretischer Überlegungen gelang dies erst in den 1990er-Jahren. ◄

3.2.2 Grundvorstellungen zum Termbegriff

Grundlegend für das *Verständnis* des Termbegriffs sind drei Fähigkeiten:

- erstens das *Erkennen einer Termstruktur,* was sich in der Fähigkeit zeigt, Terme eigenständig aufstellen sowie lesen und interpretieren zu können;
- zweitens die Fähigkeit, *Beziehungen zwischen Termen sowie inner- und außermathematischen Situationen* herstellen zu können;
- drittens die Fähigkeit, *Terme umformen* zu können.

Um diese Fähigkeiten in entsprechenden Situationen auch adäquat nutzen zu können, ist der Erwerb von *Grundvorstellungen* zentral und wichtig, also der Erwerb von Vorstellungen, die mit Termen verbunden werden und dem Aufbau von sowie dem Arbeiten mit Termen Sinn verleihen.

Mit Termen sind zwei *Grundvorstellungen* verbunden, von denen eine die *semantische,* die andere die *syntaktische* Seite von Termen betont.

3.2.2.1 Die Modell-Grundvorstellung

Die *Modell-Grundvorstellung* stellt die Struktur eines Terms durch Bezug zu Realsituationen und mathematischen Darstellungen in den Vordergrund. Sie betont die *semantische Seite* von Termen.

Modell-Grundvorstellung
Ein Term wird als ein Modell für die Strukturierung einer inner- oder außermathematischen Situation angesehen.

1. Beispiel

Bezug zu Umweltsituationen. Eine Stromrechnung setzt sich aus einem zu zahlenden Grundpreis G und dem Stromverbrauch zusammen. Werden etwa x kWh zu einem kWh-Preis von p €/kWh verbraucht, dann errechnet sich der Gesamtpreis GP bei einer Mehrwertsteuer von 19 %:

$$GP = (x \cdot p + G) \cdot 1,19$$

Der Term gibt die Struktur wieder, also die Art und Weise der Berechnung des Gesamtpreises. ◄

2. Beispiel

Bezug zu geometrischen Formeln. Der Flächeninhalt A eines Dreiecks mit der Grundseitenlänge g und der Höhe h lässt sich durch verschiedene Terme darstellen:

$$A = \frac{g \cdot h}{2} \text{ oder } A = g \cdot \frac{h}{2} \text{ oder } A = \frac{g}{2} \cdot h.$$

Mit jedem dieser Terme sind andere Vorstellungen der Berechnung des Flächeninhalts verbunden. In der Struktur des jeweiligen Terms zeigen sich die inhaltlichen Vorstellungen zur Berechnung des Flächeninhalts (Abb. 3.4). ◄

3. Beispiel

Bezug zu Punktmustern. In Abschn. 3.2.1 wurde der Term $(n + 1)^2 - n^2$, mit $n \in \mathbb{N}$, einschließlich seiner Umformung $(n + 1)^2 - n^2 = 2n + 1$ betrachtet.

Die drei Terme $(n + 1)^2$, n^2 und $2n + 1$ lassen sich gut in dem Punktmuster von Abb. 3.5 erkennen. ◄

3.2.2.2 Die Bauplan-Grundvorstellung

Die *Bauplan-Grundvorstellung* stellt den Term als Berechnungsvorschrift, als ein hierarchisch gegliedertes Rechenschema oder als Bauplan für die Termstruktur in den Vordergrund. Sie betont die *syntaktische Seite* von Termen.

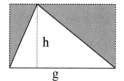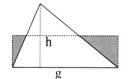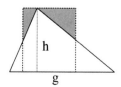

Abb. 3.4 Unterschiedliche Interpretationen der Flächeninhaltsformel eines Dreiecks

Abb. 3.5 Darstellung der
Terme $(n + 1)^2$, n^2 und $2n + 1$
als Punktmuster

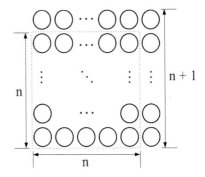

Bauplan-Grundvorstellung
Ein Term wird als Bauplan zur strukturierten Darstellung von Rechenoperationen
oder zur Berechnung von Termwerten angesehen.

Baupläne lassen sich auf unterschiedliche Weise veranschaulichen.

1. Beispiel

Aufbauend auf den Zahltermen $3 + 5$ oder $3 \cdot 6$ werden mit der Verwendung von
Variablen Terme der Form $x + y$ oder $x \cdot y$ gebildet. Terme treten damit etwa als
Summen, Differenzen oder Produkte auf. Dies stellt eine Verbindung zu Gesetzmä-
ßigkeiten und Formeln her. ◄

2. Beispiel

Der Aufbau des Zahlterms $2\frac{1}{3} + 4\left(2 - \frac{2}{5}\right) + 3$ lässt sich durch folgendes Rechenschema bildhaft darstellen (Abb. 3.6): ◄

Abb. 3.6 Bauplan zum Term
$2\frac{1}{3} + 4\left(2 - \frac{2}{5}\right) + 3$

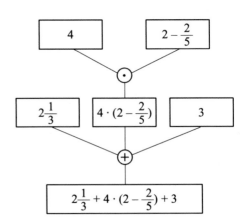

3. Beispiel

Der Term $x + y \cdot (v + w)$ führt auf das bildhafte Schema (Abb. 3.7):

Er lässt sich aber auch mithilfe von Bauklötzchen dreidimensional in Form von Strukturblöcken darstellen (Abb. 3.8).

Eine zweidimensionale strukturierte Darstellung eines „Klammergebirges", die die Reihenfolge der Rechenschritte hervorhebt, findet sich bei Kortenkamp (2005, Abb. 3.9). ◄

Beispiel

Grundvorstellungen geben Lernenden Orientierung sowohl beim Aufstellen, Lesen und Interpretieren als auch beim Umformen von Termen. Modell- und Bauplan-Grundvorstellung sind dabei häufig wechselseitig aufeinander bezogen. Bei Aktivitäten des Problemlösens und Modellierens ist meist die Modell-Grundvorstellung tragend. Für Aktivitäten des Umformens, bei dem das Erkennen der Struktur wichtig ist, ist es eher die Bauplan-Grundvorstellung. ◄

Abb. 3.7 Bauplan zum Term $x + y \cdot (v + w)$

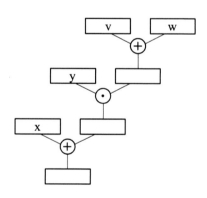

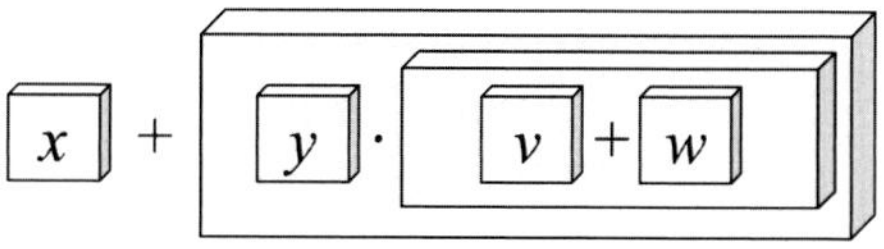

Abb. 3.8 Dreidimensionaler Bauplan zum Term $x + y \cdot (v + w)$

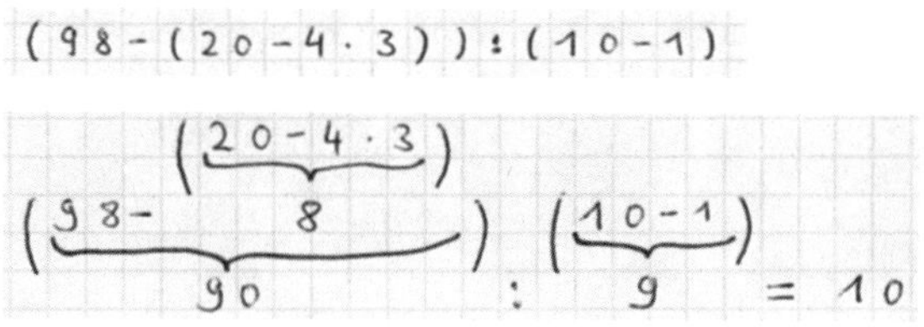

Abb. 3.9 Darstellung eines „Klammergebirges" nach Kortenkamp (2005)

3.2.3 Termumformungen

Das Ziel von Termumformungen ist es, für die jeweilige Problemstellung – etwa beim Darstellen funktionaler Zusammenhänge oder beim Gleichungs- bzw. Ungleichungslösen – übersichtlichere oder „einfachere" Darstellungen zu finden. Aus diesen einfacheren Darstellungen können dann Eigenschaften von Funktionen oder Lösungsmengen von Gleichungen unmittelbar oder zumindest leichter abgelesen werden.

Bei Termumformungen lassen sich verschiedene aufeinanderfolgende, sowohl gedankliche als auch als explizit durchzuführende Schritte unterscheiden:

1. Das *Ziel der Aufgabe* wird bestimmt – etwa Vereinfachen des Terms oder Lösen einer Gleichung.
2. Die *Struktur des Terms* wird im Hinblick auf mögliche Vereinfachungen analysiert.
3. Der *Term wird* nach den Regeln der Termumformung bzw. des Gleichungsumformens *vereinfacht.*
4. Das *Ergebnis wird kontrolliert* bzw. das Erreichen des Ziels der Aufgabe überprüft.

Diese Schritte sind eng mit dem Wechselspiel der beiden Grundvorstellungen verbunden, wie im Folgenden gezeigt wird.

3.2.3.1 Die semantische Sicht bei Termumformungen

Die *Modell-Grundvorstellung* erlaubt zumindest bei einfacheren linearen, quadratischen und evtl. auch kubischen Termen das Überprüfen der Korrektheit der Umformungen durch inhaltliche Überlegungen.

Beispiel

$$2x + 2y = 2(x + y), x, y \in \mathbb{R}.$$

Mithilfe der Modell-Grundvorstellung lässt sich die Äquivalenz oder Gleichwertigkeit der beiden Terme $2x + 2y$ und $2(x + y)$ für alle Belegungen mit denselben Variablen x und y auf verschiedene Weisen inhaltlich begründen. Man erhält dasselbe Ergebnis, wenn man zwei Zahlen verdoppelt und dann addiert oder wenn man erst die Zahlen addiert und dann verdoppelt. Dies lässt sich auch so deuten, dass die Summe zweier gerader Zahlen wieder eine gerade Zahl ist, und umgekehrt, dass man gerade Zahlen (größer als 2) als Summe zweier gerader Zahlen darstellen kann. Die Äquivalenz lässt sich auch geometrisch mithilfe eines Vergleichs von Rechteckflächen begründen.

Mit der Bauplan-Grundvorstellung lässt sich auf der formalen oder syntaktischen Ebene mit dem Distributivgesetz argumentieren, dass die beiden Baupläne zu äquivalenten Termen führen. ◄

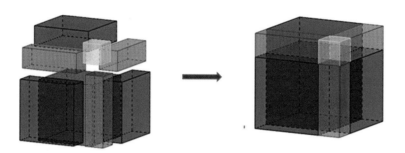

Abb. 3.10 Räumliche Veranschaulichung der Formel $(a + b)^3 = a^3 + 3a^2b + 3ab^2 + b^3$

Beispiel

Die Formel $(a + b)^2 = a^2 + 2ab + b^2$ lässt sich gut für positive a, b durch eine Flächenbetrachtung veranschaulichen. Für die Formel $(a + b)^3 = a^3 + 3a^2b + 3ab^2 + b^3$ wird dafür eine räumliche Darstellung benötigt (Abb. 3.10). ◄

Termumformungen sollten im Unterricht, wann immer möglich, unter syntaktischen und semantischen Gesichtspunkten gesehen werden. Insbesondere sollte die Syntax eines Terms mit Sinn gefüllt werden, wozu auf semantische Überlegungen zurückgegriffen wird. Dadurch kann der Gefahr vorgebeugt werden, dass Termumformungen lediglich schematisch abgearbeitet werden. Dieses schematische Arbeiten ist im Unterricht eine Quelle für Schwierigkeiten und Ursachen von Fehlern (vgl. Abschn. 3.3.2). Inhaltliche Überlegungen können Lernenden helfen, Fehler zu erkennen und zu korrigieren.

Beispiel

Der Kantenwürfel (Abb. 3.11) ist längs jeder Kante aus kleinen Würfeln zusammengesetzt. Aus wie vielen kleinen Würfeln besteht ein Kantenwürfel (nennen wir ihn „n-Würfel")?

Für die Anzahl A der kleinen Würfel lassen sich verschiedene Zählterme aufstellen:

$$A_1(n) = 2(2n + 2(n-2)) + 4(n-2).$$

$$A_2(n) = 4(n-1) + 4(n-1) + 4(n-2).$$

$$A_3(n) = 2n^2 + 2n(n-2) - 4(n-2)^2.$$

Abb. 3.11 Kanten-Würfel
aus 56 kleinen Würfeln

Mit jedem Term ist eine bestimmte Zählstrategie verbunden. Durch Termumformungen lassen sich alle Terme in den Term $12n - 16$ überführen, was die Äquivalenz der Ausgangsterme zeigt.

In analoger Weise lassen sich die folgenden Fragen beantworten:
Wie viele Seitenflächen der kleinen Würfel sind beim n-Würfel sichtbar?
Wie viele Kanten der kleinen Würfel sind beim n-Würfel sichtbar? ◄

3.2.3.2 Die syntaktische Sicht des Termumformens

Eine syntaktische Sicht auf Termumformungen stellt syntaktische Regeln in den Vordergrund. Termumformungen sind häufig auf das Ziel ausgerichtet, „einfachere" Termstrukturen zu identifizieren. Was genau „einfacher" bedeutet, ist allerdings nur im
jeweiligen Kontext zu verstehen. So führt etwa bei dem linken Term

$$2x^2 - 3x + 2 = 2\left(x - \frac{3}{4}\right)^2 + \frac{7}{8}$$

eine quadratische Ergänzung auf den rechten Term. Der sieht zunächst komplexer aus,
im Zusammenhang mit quadratischen Funktionen lassen sich hier aber die Koordinaten
des Scheitelpunkts der zugehörigen Parabel unmittelbar ablesen. In diesem Sinn ist der
rechte Term also „einfacher".

Weiterhin gilt es bei Termumformungen stets auch Änderungen des Definitionsbereichs zu berücksichtigen.

Beispiel

$\frac{a^3-b^3}{a-b} = \frac{(a-b)(a^2+ab+b^2)}{a-b} = a^2 + ab + b^2$ für $a \neq b$. Die Terme zu Beginn und am Ende der Termumformungen sind allerdings nicht äquivalent. ◀

Für das Durchführen von Termumformungen ist das *Struktursehen* (vgl. Abschn. 3.3.1) wichtig. Es beschreibt das Erkennen von Termstrukturen im Hinblick auf eine angestrebte Termumformung und die Auswahl von Umformungsschritten. Dieses Erkennen oder Sehen von Strukturen baut sowohl auf syntaktischen als auch semantischen Betrachtungen auf.

Eine ausschließlich syntaktische Sicht auf Terme ist aus verschiedenen Gründen problematisch (Skemp, 1978). Sie kann bei Lernenden leicht dazu führen, Termumformungen als ein willkürliches Spiel mit unverstandenen Regeln anzusehen. Insbesondere darf sie nicht als mathematisches Verständnis in dem Sinne missverstanden werden, dass Lernende Mathematik verstanden haben, wenn sie Terme nach syntaktischen Regeln erfolgreich umformen können. Ein mathematisches Verständnis von Termumformungen schließt sowohl die syntaktische als auch die semantische Sicht auf Terme ein.

Beispiel

Rechendreiecke (Siebel, 2010) sind so angelegt, dass die Summe der beiden Zahlen, die an einer Seite des gelben Dreiecks liegen, die Zahl ergibt, die sich in dem anliegenden blauen Dreieck befindet. Die Summe der Zahlen in den blauen Dreiecken nennt man Außensumme.

Eine Aufgabenstellung zum Rechendreieck in Abb. 3.12 kann z. B. lauten: „Welche Zahlen gehören in die freien Felder?"

Zur Antwort können die beiden natürlichen Zahlen in den noch leeren Feldern mit x und y bezeichnet werden. Syntaktische Überlegungen am Zahlendreieck führen dann zu

$$9 + (7 + x) + (7 + y) = 23 + x + y = 30,$$

also $x + y = 7$.

Dieses Ergebnis widerspricht aber dem Zusammenhang im „unteren" blauen Dreieck, wonach

$$x + y = 9$$

Abb. 3.12 Rechendreieck

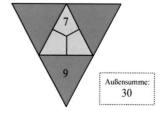

Außensumme:
30

sein müsste. Bei dem alternativen Ansatz mit nur einer Unbekannten x für die Zahl in einem der beiden gelben freien Felder kann die Außensumme des Dreiecks auch wie folgt dargestellt werden:

$$9 + (7 + x) + (7 + (9 - x)) = 16 + 16 + (x - x) = 32.$$

Dies zeigt, dass die Außensumme dieses Rechendreiecks 32 sein muss. Mit den vorliegenden Werten ist dieses Zahlendreieck also nicht zu lösen.

Eine stärker an der semantischen Sicht orientierte Lösung der Aufgabe geht davon aus, dass die gegebene 7 zweimal in der Außensumme enthalten sein muss, da sie in einem gelben Feld steht und so je einmal in das linke, aber auch das rechte blaue Feld eingeht. Genauso geht die 9 je einmal als blaues Feld in die Außensumme ein, aber auch einmal – in einer beliebigen Aufteilung – in die beiden oberen blauen Felder. Die Außensumme müsste also $2 \cdot (7 + 9) = 32$ sein. Folglich ist die Aufgabe mit den gegebenen Werten nicht lösbar. ◄

3.2.4   Termumformungen und digitale Technologien

Bei rechnergestützten Termumformungen lassen sich zwei Programmtypen unterscheiden. Zum einen gibt es die mittlerweile bereits als klassisch anzusehenden Computeralgebrasysteme (CAS) wie etwa GeoGebra, TI-Nspire oder Casio ClassPad, mit denen „auf Knopfdruck" Terme automatisch umgeformt werden können. Zum anderen sind es Lehr-Lern- oder Übungsprogramme, die Umformungen schrittweise vornehmen, anzeigen und dabei Bearbeitungshinweise geben.

3.2.4.1 Termumformungen mit CAS

Der Einsatz eines CAS bei Termumformungen lässt sich in drei Schritten beschreiben.
  1. Schritt: Eingabe des gegebenen Terms in ein „Eingabefenster" des CAS;
  2. Schritt: Auswahl des Befehls oder der Befehle zur Umformung eines Terms;
  3. Schritt: Interpretieren des im „Ausgabefenster" des CAS dargestellten Terms.

Der *1. Schritt* erfordert die Analyse des gegebenen Terms, das Erkennen der Struktur oder des Bauplans und die regelkonforme Eingabe des Terms in das „Eingabefenster". Hierzu bedarf es der Kenntnis der entsprechenden „Rechnersprache", deren Grundlage die Rechner-Nomenklatur ist (Barzel, 2009). Es gibt aber auch Systeme wie etwa *Photomath*[3], die geschriebene Formeln über eine Kamera erkennen, wobei natürlich stets zu prüfen ist, inwieweit der erhaltene Term korrekt dargestellt ist.

Beim *2. Schritt* ist die Kenntnis des Ziels der Umformung nötig, ob etwa ein Bruchterm gekürzt, ein Summenterm faktorisiert oder ein Produkt ausmultipliziert werden

---

[3] photomath.app/de.

1	(3a(a^2-4))/(a^2(a+2)) $\checkmark \quad \dfrac{3\,(a^2-4)\,a}{a^2\,(a+2)}$	Eingabe unter Beibehaltung der Struktur
2	(3a(a^2-4))/(a^2(a+2)) $\rightarrow \quad \dfrac{3\,a-6}{a}$	Eingabe mit „Vereinfachen"
3	(3a(a^2-4))/(a^2(a+2)) Faktorisiere: $\ 3 \cdot \dfrac{a-2}{a}$	Eingabe mit „Vereinfachen - Faktorisieren"
4	(3a(a^2-4))/(a^2(a+2)) Multipliziere: $\ \dfrac{3\,a-6}{a}$	Eingabe mit „Vereinfachen - Multiplizieren"

Abb. 3.13 Verschiedene Umformungen eines Terms mit einem CAS

soll. Auf der technischen Seite bedarf es hier der Kenntnis der Funktionsweise der vorhandenen Befehle.

Der *3. Schritt* erfordert das Interpretieren und Überprüfen der erhaltenen Terme insbesondere auf Äquivalenz von Eingangs- und Ausgangsterm.

Beispiel

Der Term $\frac{3a(a^2-4)}{a^2(a+2)}$, $a \neq 0$, -2, wird mithilfe des CAS GeoGebra und verschiedenen Befehlen („Vereinfache", „Faktorisiere", „Multipliziere") umgeformt bzw. vereinfacht (Abb. 3.13).

Die umgeformten Terme sind nicht äquivalent zum Ausgangsterm. Weiterhin könnte durchaus auch der Term $3 - \frac{6}{a}$ eine gewünschte Lösung sein, wenn etwa bei einem Funktionsterm das Verhalten für „große a" erkannt werden soll. ◄

Bereits dieses Beispiel zeigt, dass beim Einsatz eines CAS zwar die händischen Umformungen vom Programm übernommen werden, das Erkennen der Struktur von Termen und das Interpretieren von Lösungen im Hinblick auf das angestrebte Ziel der Termumformungen aber weiterhin vom Lernenden gefordert werden. Darüber hinaus sollten Lernende den Umformungsalgorithmus (2. Schritt) zumindest im Prinzip oder als „Makro-Schritt" nachvollziehen können. Lernende sollten Termumformungen „in groben Zügen" beschreiben können (Malle, 1993, S. 203 f.; vgl. hierzu auch Schacht, 2015). Bei obigem Beispiel sollten die Möglichkeit des Kürzens mit dem Faktor a und das Auflösen von $a^2 - 4$ mithilfe der 3. binomischen Formel erkannt werden. Auch wenn diese Operationen nicht mehr selbst ausgeführt werden, so ist deren Verbalisierung – mündlich oder schriftlich – eine Möglichkeit, die in der „Black Box" des Programms verborgenen Schritte prinzipiell nachvollziehen zu können.

Die Frage, welche traditionellen händischen Fertigkeiten bei Termumformungen noch notwendig sind, wenn im Unterricht oder im außerschulischen Bereich bzw. – vorausblickend – später einmal im Studium und im beruflichen Leben verstärkt mit einem CAS gearbeitet wird, ist eine wichtige, aber allgemein schwer zu beantwortende Frage. So werden beim eigenständigen schrittweisen händischen Umformen von Termen viele Fähigkeiten benötigt, geschult und entwickelt, wie etwa das Erkennen von Termstrukturen oder das Reflektieren über Umformungsgesetze, welche auch beim Arbeiten mit einem CAS wichtig sind. Bis zu welcher Verständnis- oder Fertigkeitsebene Lernende dabei hinsichtlich der Komplexität der Termumformungen vordringen sollten, hängt von vielen Faktoren ab, etwa von der Schulform, den Zielen des Unterrichts oder von der Leistungsfähigkeit und dem Interesse der (einzelnen) Lernenden.

3.2.4.2 Termumformungen mit Lehr-Lern-Apps

Es gibt verschiedene Lernprogramme bzw. -Apps, die sich gut zum Üben von Termumformungen einsetzen lassen. Bei Programmen wie *Photomath, Chegg Math Solver*[4] (dem Nachfolger von *Math42*), *Cymath*[5] oder *Mathway*[6] werden einzelne Umformungsschritte sukzessive angezeigt und Hinweise gegeben, auf welchen Formeln oder Gesetzmäßigkeiten Umformungen beruhen (vgl. Klinger & Schüler-Meyer, 2019).

Beispiel

Der Term $\frac{3a(a^2-4)}{a^2(a+2)}$, $a \neq 0$, -2, wird mit der App Cymath wie in Abb. 3.14 gezeigt vereinfacht. ◄

Das Programm kann von Lernenden einerseits dazu verwendet werden, um die üblicherweise mit einem CAS erfolgte Einschrittlösung nachvollziehen zu können, die „Black Box" also etwas „aufzuhellen". Andererseits kann das Programm aber auch zur Kontrolle von per Hand gerechneten Umformungen und evtl. zur Fehlerfindung verwendet werden.

Bei dem Programm Photomath (siehe Abschn. 3.2.4.1) können einzelne Umformungsschritte „aufgeklappt" und mit kurzen Erklärungen angezeigt werden. Ob und ggf. inwiefern solche Erklärungen tatsächlich das Verständnis von Lernenden fördern, ist noch eine offene Frage.

---

[4] https://www.chegg.com/math-solver.

[5] http://www.cymath.com.

[6] http://www.mathway.com.

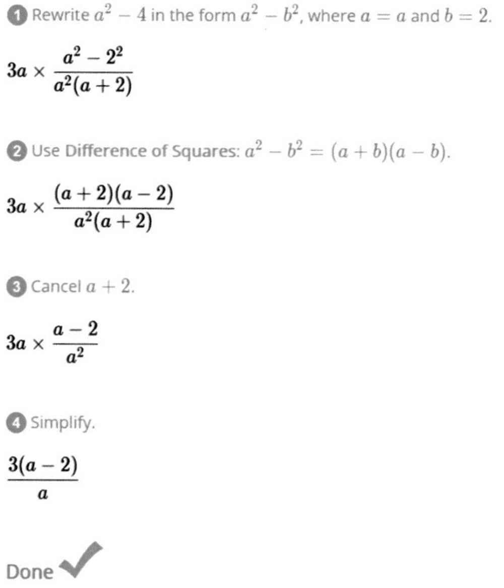

Abb. 3.14 Schrittweise Umformungen eines Terms mit der App Cymath

① Rewrite $a^2 - 4$ in the form $a^2 - b^2$, where $a = a$ and $b = 2$.

$$3a \times \frac{a^2 - 2^2}{a^2(a+2)}$$

② Use Difference of Squares: $a^2 - b^2 = (a+b)(a-b)$.

$$3a \times \frac{(a+2)(a-2)}{a^2(a+2)}$$

③ Cancel $a + 2$.

$$3a \times \frac{a-2}{a^2}$$

④ Simplify.

$$\frac{3(a-2)}{a}$$

Done ✔

Beispiel

Abb. 3.15 zeigt einen Auszug aus der App Photomath und das schrittweise Umformen des Terms $\frac{3a(x^3 - xy^2)}{ab(x+y)}$. ◄

Es stellt sich die Frage, wie im Unterricht auf das Vorhandensein derartiger digitaler Werkzeuge reagiert werden soll. Sowohl der Einsatz von Lehr-Lern-Systemen als auch von CAS erfordert langfristige Strategien der Integration in den Unterricht. So können Lehr-Lern-Systeme bei Kontrollrechnungen und beim Finden von Fehlern bei eigenen Rechnungen hilfreich sein. Der Einsatz von CAS lenkt den Blick weg vom kalkül-haften Rechnen und hin zum verständigen Umgang mit Termen. Selbst dann, wenn ein CAS in der Sekundarstufe I noch nicht eingesetzt wird, ergibt es wenig Sinn, Aufgaben zu trainieren, die später einmal auf Knopfdruck automatisch gelöst werden können. Die Existenz dieser Systeme erfordert deshalb eine verstärkte Berücksichtigung von Übungsaufgaben, die auf Verständnis aufbauen, Strukturerkennung betonen und zum Reflektieren des Ergebnisses anregen (vgl. Klinger, 2019).

Abb. 3.15 Auszug aus der
App Photomath

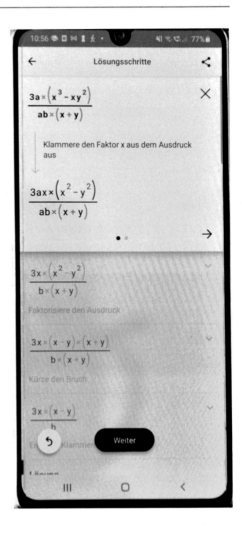

3.3   Zentrale didaktische Handlungsfelder

Lernende aller Schularten müssen die Formelsprache verstehen und anwenden können. Hierfür ist es insbesondere wichtig, die beiden *Grundvorstellungen* zu Termen, d. h. die Modell- und die Bauplan-Grundvorstellung, situationsangemessen nutzen und zwischen diesen Grundvorstellungen flexibel wechseln zu können. Zwischen den Schularten und -formen gibt es natürlich Unterschiede bzgl. des Anforderungs- oder Komplexitätsniveaus, auf dem die Formelsprache beherrscht werden muss. Im Hinblick auf Studium und Beruf ist allerdings die Formelsprache für die meisten Lernenden unverzichtbar.

Die Schwierigkeiten, die Lernende beim Erlernen der Formelsprache haben, sind heute gut dokumentiert und durch viele Untersuchungen immer wieder bestätigt worden (etwa Küchemann, 1980; MacGregor & Stacey, 1997; Hodgen et al., 2009;

Rüede, 2012). Um das Lernen der Sprache zu unterstützen und diesen Schwierigkeiten zu begegnen, ist ein zielgerichteter Lernprozess wichtig und notwendig. Im Folgenden wird auf verschiedene Handlungsfelder eingegangen, die einerseits die Entwicklung der traditionell mit dem Erlernen der Formelsprache verbundenen Kompetenzen herausstellen, andererseits aber auch auf neue Chancen und Möglichkeiten eingehen, die mit digitalen Technologien – und hier vor allem Tabellenkalkulationsprogrammen (TKP), CAS und entsprechenden Apps – verbunden sind.

3.3.1   Konstrukt des Struktursehens

Struktursehen – manchmal auch *Struktursinn* genannt – beschreibt die Fähigkeit, Strukturelemente eines algebraischen Ausdrucks identifizieren und klassifizieren zu können. *Struktursehen* beinhaltet darüber hinaus die Fähigkeit, zwischen den identifizierten Strukturelementen Bezüge herzustellen, um Entscheidungen über mögliche Termumformungen treffen zu können (vgl. Hoch & Dreyfus, 2005, 2010; Rüede, 2012). Struktursehen ist somit einerseits eine wichtige Voraussetzung für die Entwicklung der Formelsprache, andererseits wird das Struktursehen aber auch mit dem Erlernen der Formelsprache weiterentwickelt, was dann auch als *Symbolsinn* oder "*symbol sense*" (Arcavi 1994) bezeichnet wird. In das Konstrukt *Struktursehen* – in das wir *Symbolsinn* integriert sehen – fließen insbesondere beide Grundvorstellungen des Termbegriffs ein, denn Strukturen können sowohl semantisch als auch syntaktisch analysiert werden.

3.3.1.1 Prozessmodell des Struktursehens

Die beim Struktursehen ablaufenden kognitiven Prozesse lassen sich mithilfe verschiedener Kenntnisse, Fähigkeiten und Fertigkeiten beschreiben, die Lernende besitzen müssen, um Terme im Hinblick auf durchzuführende Umformungen beurteilen bzw. diese Umformungen „sehen" zu können. Es geht um "eine bewusstere Wahrnehmung formaler Strukturen" (Barzel & Ebers, 2020, S. 24ff.).

„Von Lernenden kann man sagen, sie verfügen über *Struktursinn* für die Algebra der Mittelstufe, wenn sie

1. eine vertraute Struktur in ihrer einfachsten Form wiedererkennen können,
2. mit einem zusammengesetzten Term als eine Einheit umgehen und durch passende Substitution eine vertraute Struktur in einer komplexeren Form wiedererkennen können,
3. angemessene Umformungsschritte auswählen können, die die Struktur am besten ausnutzen." (Hoch & Dreyfus, 2010, S. 25)

Typische elementare Strukturen, mit denen Lernende vertraut sein sollten, sind etwa:

$$(a - b)^2, \ a^2 - b^2, \ a^2 + 2ab + b^2, \ ax + b = 0, \ ax^2 + bx + c = 0, \ldots$$

Abb. 3.16 Modell des
Termumformens anhand von
erkannten Termstrukturen

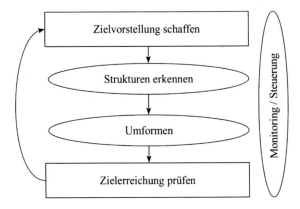

Mithilfe des Struktursehens lässt sich ein Modell des Termumformens angeben, das die Denk- und Handlungsschritte des Termumformens beschreibt.

Der Umformungsprozess wird gerahmt durch den Schritt *Zielvorstellung schaffen*, welcher jeder Umformung vorausgeht, und den Schritt *Zielerreichung prüfen,* welcher am Ende der Umformung steht. Die Fähigkeiten des Struktursehens gehen insbesondere in den Mittelteil des Modells (Abb. 3.16) ein, in welchem eine Dynamik vorhanden ist: Das Umformen von Termen kann neue Strukturen zum Vorschein bringen, was wiederum neue Umformungsalternativen eröffnet.

Der Umformungsprozess wird in seiner Gesamtheit auf einer „Steuerungsebene" überwacht, bei der sowohl Ziele im Blick behalten als auch mögliche Fehler antizipiert werden sollten.

3.3.1.2 Strukturen wiedererkennen

Strukturen (wieder-)erkennen ist eine zentrale Fähigkeit beim Struktursehen. Die bei Termumformungen angewandten Regeln bauen auf den bekannten Rechenregeln für Zahlterme auf. Sobald aber Terme mit Variablen umgeformt werden, findet eine Aufmerksamkeitsverschiebung statt: Bei Variablentermen steht weniger das Ergebnis als vielmehr die Struktur der Rechenregeln im Vordergrund. Eine hilfreiche Möglichkeit zum bewussten Umgehen mit Regeln ist es, elementare Rechenregeln für Zahlen, wie etwa das Kommutativ- oder Distributivgesetz, verbal zu beschreiben und anschaulich zu begründen sowie die Hierarchie der Rechenoperationen und die Grenzen von Rechenoperationen immer wieder herauszustellen. Auf diese Weise rücken die den elementaren Rechenregeln zugrunde liegenden Strukturen in den Vordergrund.

Beispiel

Vereinfache den Term:

$$\frac{(9a^2 - b^2) \cdot a}{3a + b} \text{ für } 3a + b \neq 0.$$

Abb. 3.17 Geometrische Veranschaulichung der Struktur der 1. binomischen Formel: $(a + b)^2 = \ldots$

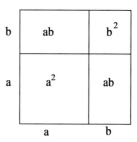

Möglichkeit 1: Direktes Ausmultiplizieren im Zähler, basierend auf der vertrauten Struktur des Distributivgesetzes:

$$\frac{9a^3 - ab^2}{3a + b}.$$

Es ist fraglich, d. h. nur im jeweiligen Kontext zu beantworten, ob diese Darstellung als eine Vereinfachung des Terms angesehen werden kann.

Möglichkeit 2: Anwendung der 3. binomischen Formel beim Term im Zähler:

$$\frac{\left(9a^2 - b^2\right) \cdot a}{3a + b} = \frac{(3a + b)(3a - b) \cdot a}{3a + b}.$$

Diese Umformung erlaubt die Identifizierung eines gemeinsamen Faktors in Zähler und Nenner, was als nächsten Schritt das Kürzen erlaubt:

$$\frac{(3a + b)(3a - b) \cdot a}{3a + b} = (3a - b) \cdot a = 3a^2 - ab, \text{ wobei weiterhin } 3a + b \neq 0.$$

◀

Das Beispiel zeigt das Wiedererkennen von Strukturen durch syntaktische Überlegungen. Um Lernende bei diesem Schritt zu unterstützen, sollte auch *semantisch vorgegangen* werden, was bedeutet, einfache Strukturen durch *inhaltliches Denken* und *Darstellungsvernetzung* anzubahnen (vgl. Kap. 2). Mit Blick auf die elementaren Strukturen kann etwa die 1. binomische Formel $a^2 + 2ab + b^2$ durch die Zerlegung des Flächeninhalts eines Quadrats veranschaulicht werden (Abb. 3.17). Auf ähnliche Weise kann $ab + ac + ad$ als Flächeninhalt eines Rechtecks mit den Seitenlängen a und $b + c + d$ verdeutlicht werden.

3.3.1.3 Angemessene Umformungsschritte wählen und vollziehen

Im dritten Schritt des Struktursehens müssen Lernende passende Umformungsschritte auswählen, die eine wiedererkannte Struktur „optimal" ausnutzen. Das Wählen angemessener Umformungsschritte und das Struktursehen im Allgemeinen erfordern allerdings Wissen über mögliche Umformungsalternativen und die Fähigkeit, diese auch zieladäquat auswählen und anwenden zu können (vgl. Rüede, 2012). Dies wird auch als

Flexibilität beim Umformungsprozess bezeichnet (Heinze et al., 2009; Rittle-Johnson & Star, 2007). Eine Übungsmöglichkeit ist es dann beispielsweise, zwei verschiedene Umformungen eines Terms systematisch miteinander zu vergleichen.

Beispiel

Vergleich von Lösungswegen zur Förderung flexiblen Umformens beim Vereinfachen des Terms $\frac{4x^2-16}{2x-4}, x \in \mathbb{R}\setminus\{2\}$
Vergleiche die beiden Lösungen:

Bertas Lösung:		Erikas Lösung:	
$\frac{4x^2-16}{2x-4}$	Ausklammern	$\frac{4x^2-16}{2x-4}$	3. binomische Formel anwenden
$\frac{4(x^2-4)}{2(x-2)}$	Kürzen	$\frac{(2x+4)(2x-4)}{2x-4}$	Kürzen
$\frac{2(x^2-4)}{x-2}$	3. binomische Formel anwenden	$2x+4$	
$\frac{2(x+2)(x-2)}{x-2}$	Kürzen		
$2(x+2)$	Ausmultiplizieren		
$2x+4$			

a) Berta und Erika haben die Aufgabe unterschiedlich gelöst, erhalten aber dasselbe Ergebnis. Warum?
b) Welchen Weg würdest du wählen? ◄

Struktursehen ist zentral für das Termumformen, denn das Klassifizieren von Elementen eines Terms und das Herstellen von Bezügen bilden den Ausgangspunkt für Umformungen. Struktursehen im Umgang mit der Formelsprache bleibt im gesamten Mathematiklehrgang wichtig, etwa in der Differentialrechnung, wenn bestimmte Strukturen insbesondere im Zusammenhang mit Substitution, etwa bei Produkt-, Quotienten- und Kettenregel, auftreten und erkannt werden müssen.

3.3.2 Fehler und das didaktische Prinzip des Lernens aus Fehlern

Wie das Lernen jeder Sprache, so ist auch das Lernen der Formelsprache mit Schwierigkeiten verbunden. Auftretende Fehler können sehr vielfältig sein und unterschiedliche Ursachen haben.

Die Fehlerkultur im Mathematikunterricht hat einen entscheidenden Einfluss darauf, ob und wie Fehler als eine Lerngelegenheit für die Bearbeitung von Schwierigkeiten genutzt werden. Wenn Lernende für ihre Fehler bloßgestellt oder schlecht benotet werden (selbst außerhalb von Testsituationen), dann werden sie versuchen, ihre Fehler zu verbergen. Wenn Lernende dagegen erfahren, dass Fehler Lerngelegenheiten sein können, dann kann über Fehler diskutiert und ihre Ursachen können transparent werden.

Beim *produktiven Umgang mit Fehlern* geht es darum, Fehler offen zu diskutieren und Fehlerursachen gemeinsam nachzugehen, sodass Lernende ähnliche Fehler später selbst erkennen und vermeiden können. Natürlich wird und muss es das Ziel sein, Fehler zu vermeiden, im Lernprozess wird dies aber nur bedingt möglich sein, da Fehler ein natürlicher Teil von Lernprozessen sind. Genau hier setzt das *didaktische Prinzip des Lernens aus Fehlern* an.

3.3.2.1 Fehler in der Formelsprache

Fehler beim Lernen der Formelsprache lassen sich in zufällige *Flüchtigkeitsfehler,* *häufige Fehler* und *systematische Fehler* – nicht überschneidungsfrei – unterteilen (Oser & Hascher, 1999). *Flüchtigkeitsfehler* wie das Verwechseln von Rechenzeichen, das Vergessen von Termen oder das Übertragen falscher Zahlen sind jedem Lehrenden vertraut. *Häufige Fehler* sind Fehler, die mehrere Lernende auf gleiche Weise machen und die häufig zu beobachten sind. Beispiele sind das falsche Anwenden der binomischen Formeln, falsche Vorzeichen beim Ausmultiplizieren von Klammern bei einem negativen Vorzeichen vor der Klammer oder das Kürzen aus Summen bei Bruchtermen. *systematische Fehler,* die durchaus auch häufige Fehler sein können, sind aus didaktischer Sicht besonders interessant, denn es handelt sich um Fehler, die auf einer fehlerhaften, für Lernende aber plausiblen Begründung beruhen und von verschiedenen Lernenden auf ähnliche Weise gemacht werden. Bezüglich der Beschäftigung mit Fehlern bei Termumformungen gibt es in der Mathematikdidaktik eine lange Tradition, siehe etwa Fettweiss (1929), Krutetzki (1964), Küchemann (1980), Matz (1982), Booth (1984), Andelfinger (1985) oder Tietze (1988). Für das Lernen der Formelsprache und insbesondere bei Termumformungen wurden viele systematische Fehler nachgewiesen (Tab. 3.2).

Tab. 3.2 Systematische Fehler

Fehlertyp	Fehlerbeschreibung
Fehler beim Auflösen von Klammern	$3y - (2a + b) = 3a - 2a + b$ $(a + b)^2 = a^2 + b^2$ $a \cdot (b \cdot c) = a \cdot b \cdot a \cdot c$ $a\left(\frac{2}{b} + c\right) = \frac{2a}{b} + c$
Verwechseln von Termen	x^2 wird verwechselt mit $2x$.
Fehler beim Kürzen	$\frac{a+b}{c+b} = \frac{a}{c}$ $\frac{ax+b}{a} = x + b$
Fehler beim Wurzelziehen	$\sqrt{a + b} = \sqrt{a} + \sqrt{b}$ $\sqrt{a^2 + b^2} = a + b$

3.3.2.2 Ursachen von Fehlern in der Formelsprache

Die Ursache von systematischen Fehlern liegt sowohl auf der syntaktischen Ebene, indem Regeln falsch angewandt werden, als auch auf der semantischen Ebene, indem Terme nicht bedeutungsvoll gelesen werden. Weitere Quellen für Fehler liegen in der Komplexität der Mathematik und der daraus resultierenden Komplexität der Formelsprache sowie in der Trennung von Syntax und Semantik.

1. *Komplexität der Formelsprache*
Die Fehlerquelle der *Komplexität der Formelsprache* wird vor allem durch ihre historisch gewachsenen Konventionen verursacht. Ein Beispiel hierfür ist die Asymmetrie von Verknüpfungseigenschaften und die damit verbundenen unterschiedlichen Schreibkonventionen.

a) Es gilt das Distributivgesetz $a \cdot (b + c) = a \cdot b + a \cdot c$, aber nicht ein analoges Gesetz bei Vertauschung von + und ·, also $a + (b \cdot c) = (a + b) \cdot (a + c)$.

b) Bei additiven Vielfachen wird der Operator links geschrieben, bei multiplikativen Vielfachen oben rechts als Exponent: $a + a + a = 3a$, $a \cdot a \cdot a = a^3$.

c) Das Multiplikationszeichen kann häufig weglassen werden, ohne dass Missverständnisse zu befürchten sind, beim Pluszeichen ist das nicht der Fall. So ist vielleicht der Fehler $2x + y = 2xy$ zu erklären. Andererseits gilt bei Brüchen $2 + \frac{2}{3} = 2\frac{2}{3}$, aber im Allgemeinen nicht $\frac{2}{3} + x = \frac{2}{3}x$.

2. *Trennung von Syntax und Semantik*
Durch eine Überbetonung des Formalen im Mathematikunterricht kann das inhaltliche Denken verloren gehen. Diese Überbetonung des Formalen führt zu einer *Trennung von Syntax und Semantik,* was dann zu einem unverstandenen Kalkül bei Lernenden und entsprechenden Fehlern führen kann. Gerade zu Beginn des Lernprozesses ist das inhaltliche Denken aber von besonderer Bedeutung, um Grundvorstellungen für Terme und deren Wechselbeziehung zu entwickeln und diese mit dem Struktursehen zu verknüpfen. Es besteht sonst die Gefahr, dass Algebra von Lernenden als ein bedeutungsfreies Spiel nach willkürlichen – von den Lernenden nicht verstandenen – Regeln angesehen wird (vgl. Abschn. 3.2.3.2).

3.3.2.3 Zum konstruktiven Umgang mit Fehlern

Es gibt zahlreiche Überlegungen zum Umgang mit Fehlern im Mathematikunterricht (etwa Oser & Hascher, 1999; Führer, 2004; Prediger & Wittmann, 2009; Holzäpfel et al., 2015). Um Lernenden zu helfen, Fehler in der Formelsprache zu erkennen bzw. zu vermeiden, sollte besonderer Wert auf die Ausbildung folgender Fähigkeiten gelegt werden:

- Struktursehen in Termen üben, sowohl aus semantischer als auch aus syntaktischer Sicht;
- eine sichere und flexible Verwendung des Regelsystems anstreben;
- den Aufbau von Kontrollmechanismen unterstützen.

Die Unterrichtsgestaltung kann die Entwicklung dieser Fähigkeiten fördern oder behindern. Als förderlich haben sich insbesondere folgende Maßnahmen und Prinzipien herausgestellt:

- das Prinzip *Inhaltliches Denken vor Kalkül*, d. h. enges Verknüpfen der beiden Grundvorstellungen und die Syntax - wenn immer möglich - in enger Wechselbeziehung zur Semantik sehen;
- das Prinzip der *Darstellungsvernetzung* zwischen Formelsprache und geometrischen bzw. strukturellen Darstellungen;
- Kommunizieren über Strukturen und Fehler, aber auch über Ursachen von Fehlern;
- Hilfen bei Fehlern, indem Fehlerursachen identifiziert und passend syntaktische oder semantische Hilfen geboten werden;
- sorgfältige Stufung des Schwierigkeitsgrades der Aufgaben;
- Übergang von einer Aufgabe zur schwierigeren erst dann, wenn genügend Vertrautheit mit einem Aufgabentyp vorhanden ist;
- Ermutigung durch Schaffen von Erfolgserlebnissen, Hilfen nach dem *Prinzip der minimalen Hilfen* (Zech, 1998).

In Holzäpfel et al. (2015) wird ein „prozessorientierter-analytischer Weg" vorgeschlagen, um durch Fehleranalysen auf Schwierigkeiten von Lernenden zu schließen.

Beispiel

Ein typischer Fehler ist etwa:

$$(2xy + 3x)^2 = 4x^2y^2 + 9x^2.$$

Ein schrittweiser Analyseprozess des Fehlers kann folgendermaßen aussehen:
1. Schritt – Bestimmen des Fehlermusters

$$(x + y)^2 = x^2 + y^2.$$

2. Schritt – Hypothese über die Fehlerursache: Die Ursache des Fehlers liegt vermutlich darin, dass eine elementare Struktur nicht wiedererkannt wird. Dies kann der Fall sein, weil Lernende diese elementare Struktur nicht kennen oder weil der Term zu komplex ist, um die einfache Struktur wiederzuerkennen.
3. Schritt – Bearbeitung der Fehlerursache:

i. Semantisch: Förderung der geometrischen Interpretation der Umformung zur Identifikation einer einfachen Struktur.
ii. Syntaktisch: Wiederholen der Struktur $(x + y)^2 = x^2 + 2xy + y^2$ (semantisch als Flächeninhalt eines Quadrats und/oder syntaktisch als binomische Formel) sowie Üben des Wiedererkennens dieser einfachen Struktur im gegebenen Term.

4. Schritt – produktives Üben an strukturähnlichen Termen (vgl. folgenden Abschn. 3.3.3). ◄

3.3.3 Produktive Übungsaufgaben für Termumformungen

Wie beim Erlernen jeder Sprache ist das Üben ein zentrales und wichtiges Element zum Erlernen der Formelsprache. Dabei soll das Üben konstruktiv und produktiv sein, es soll also nicht schematisch und lediglich auf das Automatisieren von Rechenschritten ausgerichtet sein (Leuders, 2009). Vielmehr soll das produktive Üben Lernenden dazu verhelfen, die Beziehung zwischen neuen und bereits gelernten Inhalten herzustellen. Es soll Lernende unterstützen, zurückliegende Inhalte zu wiederholen, neue Inhalte im Rahmen verschiedener inner- und außermathematischer Kontexte zu erschließen und in Form von Problemlöseaufgaben zu behandeln. Übungsaufgaben sollen das zu Übende kognitiv aktivierend erschließen.

Produktive Übungsaufgaben schulen Kompetenzen des Termumformens, indem sie reichhaltige Denkaktivitäten wie das Reflektieren, Strukturieren, Ordnen, Vergleichen und Problemlösen fördern (Leuders, 2009; Bruder, 2010; Drüke-Noe & Siller, 2018). In Tab. 3.3 werden produktive Übungsformate in Bezug zu den initiierten reichhaltigen Denkaktivitäten dargestellt.

Die Relevanz des Struktursehens für das Lernen von Termumformungen wurde bereits in Abschn. 3.3.1 betont. Beispielsweise können Lernende durch operative Veränderungen von Termen lernen, bestimmte Strukturen zu erkennen. Ein Beispiel hierfür ist die Aufgabe in Abb. 3.18. Hier entdecken Lernende durch operatives Variieren schrittweise die binomischen Formeln.

Tab. 3.3 Rahmenwerk für das Konstruieren produktiver Übungsaufgaben für Terme nach Arcavi und Friedlander (2012)

Denkaktivität	Beschreibung und Beispielaufgaben
Umkehrdenken	Terme sollen nach bestimmten Anforderungen „rückwärts" erzeugt bzw. umgeformt werden. *In magischen Quadraten ist die Summe der Reihen, Spalten und Diagonalen immer gleich. Vervollständige das magische Quadrat:*[7] $\begin{array}{\|c\|c\|c\|} \hline x+1 & & \\ \hline 4x-1 & x-2 & \\ \hline -2x-6 & & \\ \hline \end{array}$

(Fortsetzung)

---

[7] Nach Arcavi und Friedlander (2012) S. 610.

Tab. 3.3 (Fortsetzung)

Denkaktivität	Beschreibung und Beispielaufgaben
Globale Sichtweise einnehmen	Aufgaben zum Fördern einer globalen Sichtweise fordern Lernende heraus, Terme in ihrer Gesamtheit wahrzunehmen. *Finde den fehlenden Term, sodass die folgenden Terme äquivalent sind:*[8] $\frac{x-2}{2}$ *und* $\frac{x-2}{4} + \ldots$ $\frac{a^2-7}{3}$ *und* $\frac{2a^2-14}{3} + \ldots$
Beispiele und Gegenbeispiele finden	Die Aufgabe verlangt von den Lernenden, Beispiele und Gegenbeispiele nach bestimmten Maßgaben zu finden. *Finde möglichst viele Terme, die zum Term* $4x^2 + 3$ *äquivalent sind.*
Inhaltliches Interpretieren	Die Aufgabe fordert das inhaltliche Interpretieren, etwa an geeigneten Modellen, heraus. *Bei dieser Aufgabe sind a und b Zahlen auf der Zahlengeraden. Kreuze jeweils diejenigen Operationen an, die ein negatives Ergebnis für a·b ergeben.* + − x ÷ Keines + − x ÷ Keines + − x ÷ Keines + − x ÷ Keines + − x ÷ Keines
Qualitatives Interpretieren	Aufgaben für qualitatives Interpretieren fordern Lernende heraus, Vorhersagen zu treffen, Vermutungen anzustellen oder Ergebnisse zu interpretieren. *Der Mittelwert von vier Zahlen ist negativ. Erkläre jeweils, ob die Aussage zutreffen kann:*[9] *a) Alle Zahlen sind negativ.* *b) Alle Zahlen sind positiv.* *c) Zwei der vier Zahlen sind positiv.* *d) Drei der vier Zahlen sind negativ.* *e) Nur eine der vier Zahlen ist negativ.*

---

[8] Nach Friedlander und Arcavi (2017), S. 16.

[9] Nach Arcavi und Friedlander (2012), S. 612.

Binome

(1) $11^2 = (10 + 1)^2 = (10 + 1) \cdot (10 + 1) = 100 + 20 + 1 = 121$
      $12^2 = (10 + 2)^2 = (10 + 2) \cdot (10 + 2) = 100 + 40 + 4 =$
      $13^2 = (10 + 3)^2 =$
      $14^2 =$

   A Setze die Serie in gleicher Weise ohne Taschenrechner fort.
   B Beschreibe allgemein den Term $(10 + x)^2 =$
   C Beschreibe wie in Aufgabe B den Term $(20 + x)^2 =$
   D Beschreibe allgemein $(a + x)^2 =$

(2) $(10 + x)^2 =$

   A Setze für x der Reihe nach $-1, -2, -3, \ldots, -10$ ein und stelle dar
      wie in Aufgabe 1.
   B Veranschauliche jeden Term in einem Hunderterfeld
      (Kopiervorlage «Hunderterfeld»).

(3) $(10 - x)^2 =$

   A Setze für x der Reihe nach $5, 6, 7, \ldots, 15$ ein und stelle dar
      wie in Aufgabe 1.
   B Stelle jeden Term aus Aufgabe A in einem Malkreuz dar.

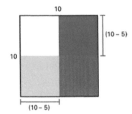

$\cdot$	10	-5
10	100	-50
-5	-50	25

   C Beschreibe allgemein $(a - x)^2 =$

Abb. 3.18 Aufgabe zum Entdecken der binomischen Formeln (Auszug) nach Affolter et al. (2010)

3.4   Die Formelsprache im Unterricht

Bei der Entwicklung der Formelsprache im Unterricht sollten verschiedene Schwerpunkte gesetzt werden. Folgende Schwerpunkte sollten im Vordergrund stehen:

1. *Vorstellungsentwicklung*: Es sollte Wert auf die frühzeitige Anbahnung von Grundvorstellungen gelegt werden.
2. *Inhaltliches Denken*: Die Formelsprache sollte mit Inhalten verknüpft werden, um der Trennung von Syntax und Semantik entgegenzuwirken. Im Sinne einer langfristigen Vorstellungsentwicklung der Lernenden gilt es, Modell- und Bauplan-Grundvorstellungen stets wechselseitig aufeinander zu beziehen.
3. *Werkzeugcharakter der Algebra:* Der Termbegriff sollte in steter Wechselbeziehung zu den Themensträngen *Variablen und Terme, Funktionen* und *Gleichungen* im Rahmen inner- und außermathematischer Problemstellungen gesehen werden.

In den vorherigen Kapiteln wurde mehrfach auf die Probleme mit einem zu stark ausgeprägten kalkülorientierten Unterricht hingewiesen (vgl. Abschn. 3.2).

In den folgenden drei Abschnitten werden zunächst inhaltliche Zugänge zu Termen dargestellt, um die unterrichtliche Entwicklung der Modell-Grundvorstellung aufzuzeigen (Abschn. 3.4.1). Danach werden Unterrichtsansätze zur Anbahnung von Termumformungen dargestellt, die die Bauplan-Grundvorstellung anbahnen, indem der Struktursinn der Lernenden systematisch entwickelt wird (Abschn. 3.4.2). Schließlich werden im dritten Abschnitt Erweiterungen des Termbegriffs im Hinblick auf Bruchterme, Wurzelterme und Potenzrechnung dargestellt (Abschn. 3.4.3).

3.4.1   Zugang zu Termen durch inhaltliches Denken

Zahlen- und Größenterme werden in der gesamten Grundschule in vielfacher Weise verwendet, sodass Lernende zu Beginn der Sekundarstufe I bereits Vorwissen zu arithmetischen Termen mitbringen.

3.4.1.1 Zugang über Musterfolgen

Der Zugang über Zahlenmuster nutzt das Vorwissen der Lernenden, Zahlterme anhand von Mustern und Musterfolgen aufzustellen. Dabei werden Punkte oder Steinchen in einem Muster auf geeignete Weise gebündelt, um ihre Gesamtzahl geschickt ermitteln zu können. Die so gefundenen Bündel werden dann in einen arithmetischen Term übersetzt. Die Fortführung des Musters in einer Musterfolge ist dann Anlass, über Muster allgemein nachzudenken. Auf diese Weise erleben Lernende die Variable bzw. den Variablenterm als ein geeignetes Mittel, um ein Muster allgemein zu beschreiben. Der Zugang über Muster wurde bereits im Variablenkapitel dargestellt, da dieser Zugang auch ein probates Mittel zur Anbahnung von Variablenvorstellungen ist (vgl. Kap. 2). In diesem Abschnitt wird der Fokus darauf gelegt, wie visuelles Strukturieren zur Entwicklung der Modell-Grundvorstellung von Termen beitragen kann.

Beispiel

In der Aufgabe „Wie kann ich geschickt weiterzählen?" (Abb. 3.19) sollen Lernende herausfinden, wie das zu Beginn gezeigte Muster weitergeht und wie die weiteren Folgeglieder geschickt gezählt werden können. Dazu werden zwei Lernendenperspektiven vorgegeben: Der linke Schüler sieht ein Quadrat im Muster, die rechte Schülerin ein wachsendes Muster in „Hakenform". In dieser Aufgabe werden Terme noch nicht formal dargestellt. Stattdessen entwickeln die Lernenden inhaltliche Vorstellungen, wie man geschickt zählen kann (Aufgabenteil d) und e)), was dann zu sprachlich ausgedrückten Termen führt. Erst in Aufgabenteil g) wird gefragt, ob es schnellere Wege gibt, die Muster fortzusetzen. Dies kann zu geschickten visuellen Strukturierungen führen, aber auch zu zahlenmäßig erkannten Zusammenhängen. ◀

Im gezeigten Schulbuchbeispiel (Abb. 3.19) handelt es sich um relativ einfache Muster. Entsprechend wird es Lernenden leichtfallen, diese Muster visuell zu strukturieren. So kann den Lernenden etwa in Aufgabenteil d) (1) auffallen, dass sich die Basis des Rechtecks in jedem Schritt um 1 vergrößert. Die Höhe des Rechtecks bleibt hingegen konstant. Aus dieser Strukturierung und einer entsprechenden Grundvorstellung der Multiplikation ergibt sich die Beschreibung $n \mapsto 2n$. Das Beispiel zeigt also prototypisch, wie das Verständnis von Variablentermen entwickelt werden kann, indem Lernende Punktmuster visuell strukturieren und diese Strukturierung dann nutzen, um einen Term zu finden, der das Punktmuster beschreibt.

Im Anschluss an diese Aufgabe können arithmetische Terme gebildet werden. Die visuelle Strukturierung, die Lernende im Punktmuster finden, kann auf diese Weise in arithmetische Terme übersetzt werden, bei denen sich Termstrukturen erkennen lassen.

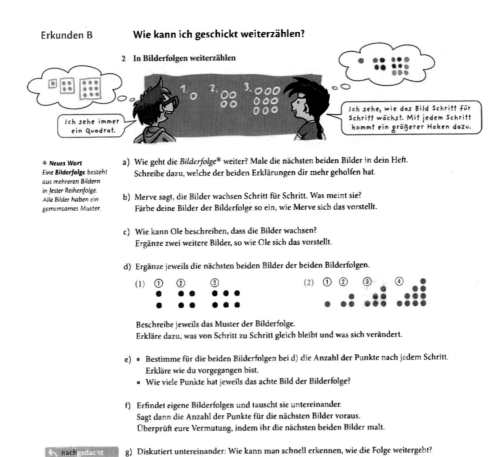

Abb. 3.19 Aufgabe „Wie kann ich geschickt weiterzählen?" (Mathewerkstatt 6, Prediger et al., 2013, S. 193)

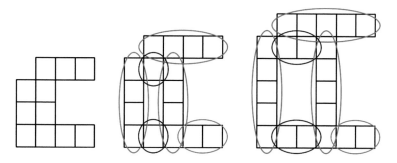

Abb. 3.20   Visuelle Strukturierung von Musterfolgen (adaptiert aus Boaler, 2016)

Die Strukturierung von Punktmustern bahnt die Modell-Grundvorstellung an, da ein Term in enger Anlehnung an eine visuelle Strukturierung gewonnen wird. Eine Tabelle kann die weitere Übersetzung in einen Term, hier etwa $2 \cdot n$, unterstützen. Man bezieht sich hier also auf das *Prinzip der Darstellungsvernetzung*.

> **Beispiel**
>
> Abb. 3.20 zeigt eine von vielen möglichen grafischen Strukturierungen eines Musters. An dieser Strukturierung können Lernende erkennen, dass sich die grünen und violetten Elemente des Musters ändern, das blaue Element jedoch immer gleich bleibt. Somit können diese Elemente gezählt werden, wodurch man einen allgemeinen, äquivalent strukturierten Term erhält:[10]
>
> $$3 \cdot (n + 2) + 2 \cdot (n - 1) + 2.$$
>
>

Das Vernetzen von grafischen und symbolischen Darstellungen wie im Beispiel 3.20 ist sehr produktiv und bietet verschiedene weitere Lerngelegenheiten. Beispielsweise können Lernende durch unterschiedliche (grafische) Strukturierungen verschiedene Terme für das gleiche Muster finden und auf diese Weise schon früh die Äquivalenz verschiedener Terme erkennen: Verschiedene Terme müssen äquivalent sein, da sie dasselbe Muster beschreiben (vgl. Abschn. 3.4.2). Dadurch wird die Modell-Grundvorstellung von Termen gefördert. Im Gleichungskapitel tritt dieser Sachverhalt nochmals unter dem Stichwort der *Beschreibungsgleichheit* auf (vgl. Kap. 5).

---

[10] Durch eine Erweiterung lässt sich die Komplexität der Aufgabe – etwa für Studierende – erhöhen: Wie könnte das Muster für negative n weitergeführt werden? Wie könnte dies grafisch aussehen, wie symbolisch?

3.4.1.2 Zugang über geometrische Figuren

Die Modell-Grundvorstellung für algebraische Terme kann auch über die Beschreibung geometrischer Figuren angebahnt werden. Analog zu den Musteraufgaben im vorigen Abschnitt erfolgt eine Strukturierung in geometrischen Figuren. Im Unterschied zu Mustern werden statt (diskreter) Zahlen nun (kontinuierliche) Größen (Seitenlängen, Umfang, Flächeninhalt) beschrieben. Ein weiterer Unterschied zum Arbeiten mit Mustern ist, dass bei Mustern in der Regel Musterfolgen betrachtet werden, sodass die Variable dort als Veränderliche gedacht werden muss. Bei geometrischen Figuren hingegen steht die Variable für eine unbestimmte Größe, sodass die Variablenvorstellung der Unbestimmten relevant wird (vgl. Kap. 2).

Ähnlich wie beim Vorgehen mit Musterfolgen werden beim Zugang über geometrische Figuren die grafische und symbolische Darstellung miteinander vernetzt. Dabei werden im Allgemeinen stärker Grundvorstellungen von elementaren Operationen aktiviert, indem Teilterme – die für Teilfiguren stehen – addiert oder subtrahiert und Multiplikationen als räumlich-simultane Anordnung von mehreren gleich großen Teilfiguren gesehen werden (Padberg & Benz, 2021, S. 150). Auch hier lassen sich wiederum verschiedene Strukturierungen finden.

Eine Aufgabe, die Termumformungen durch eine Sachsituation verdeutlicht, ist im folgenden Beispiel zu sehen (Abb. 3.21). In dieser Aufgabe werden Sprossenfenster durch Terme beschrieben. Der Fokus der Lernenden wird darauf gelenkt, dass Lernende verschiedene Terme für das gleiche Fenster gefunden haben (Teilaufgabe a). Lernende erkennen also, dass diese Terme gemäß der Beschreibungsgleichheit äquivalent sein müssen. Die Aufgabe ist dann, anhand der Gemeinsamkeiten der Terme herauszufinden, wie die Äquivalenz zweier Terme an den Termen selbst abgelesen werden kann.

Der geometrische Ansatz ist gut geeignet, um Rechenregeln und Rechengesetze zu entdecken oder einzuführen. In der Aufgabe „Sprossenfenster" können so Rechengesetze wie das Kommutativgesetz erkannt und formuliert werden.

3.4.1.3 Zugang über „Zahlentricks"

Eine Schwierigkeit beim Aufstellen von Termen sind die unterschiedlichen Bindungen der Rechenzeichen. „Zahlentricks" können diese Schwierigkeit produktiv aufarbeiten.

Beispiel:

„Denke dir eine Zahl, addiere 2, verdopple sie, subtrahiere 2 und dividiere das Ergebnis durch 2. Ziehe am Ende deine gedachte Zahl ab." Welche Zahl erhältst du?

Was beobachtest du, wenn du andere Zahlen probierst? Ist das immer so? Warum? ◄

9 Sprossenfenster – Viele gleichwertige Terme finden

Fenster werden manchmal durch Sprossen unterteilt, denn die kleineren Scheiben finden manche Kunden interessanter. Fensterbauer Müller hat acht Modelle. Für deren Flächen sucht er allgemeine Terme.

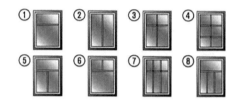

a) Für den Flächeninhalt von Modell ⑧ hat Pias Klasse fünf Terme gesammelt. Überprüfe, welche zum Fenster passen.

b) ▪ Erkläre Tina und Paul am Bild, was ihre Terme gemeinsam haben.
▪ Was haben Hakans und Ceyneps Term gemeinsam, und was Pias und Mikails?
▪ Findest du noch weitere Paare?

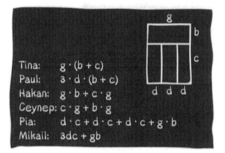

Tina: $g \cdot (b + c)$
Paul: $3 \cdot d \cdot (b + c)$
Hakan: $g \cdot b + c \cdot g$
Ceynep: $c \cdot g + b \cdot g$
Pia: $d \cdot c + d \cdot c + d \cdot c + g \cdot b$
Mikail: $3dc + gb$

c) Formuliere jeweils in eigenen Worten Regeln, worauf die Gemeinsamkeiten in b) zurückzuführen sind. Nutze sie, um weitere Paare von gleichwertigen Termen zu finden.

Abb. 3.21 Aufgabe „Sprossenfenster" (aus Hußmann et al., 2015, S. 98)

Die Handlungsanweisung im Beispiel lässt sich Schritt für Schritt in einen algebraischen Term übersetzen (Tab. 3.4). Bei jedem Schritt wird eine Bindung durch ein Rechenzeichen hinzugefügt, um schließlich den finalen Term zu erhalten.

Die Terme, die hier schrittweise konstruiert werden, müssen nicht notwendig sofort durch Termumformungen vereinfacht werden. Weil alle Lernenden dasselbe Ergebnis erhalten, fordert dieses Ergebnis dazu heraus, über Möglichkeiten der Vereinfachung des

Tab. 3.4 Direkte Übersetzung der verbalen Darstellung in algebraische Terme

Schritt im Zahlentrick	Algebraische Beschreibung durch einen Term	Vereinfachter Term
Gedachte Zahl	x	
Addiere 2	$2 + x$	
Verdopple	$2 \cdot (2 + x)$	
Subtrahiere 2	$2 \cdot (2 + x) - 2$	$2 \cdot (2 + x - 1)$
Dividiere durch 2	$\frac{2 \cdot (2+x)-2}{2}$	$(2 + x - 1)$
Subtrahiere die gedachte Zahl	$\frac{2 \cdot (2+x)-2}{2} - x$	$(2 + x - 1) - x = 1$

algebraischen Ausdrucks nachzudenken. Erst im vereinfachten Term in Tab. 3.4 (rechte Spalte) wird deutlich, wie dasselbe Ergebnis zustande kommt. Damit ist man bei der syntaktischen Beschreibung des Terms und der Baustein-Grundvorstellung.

Die Aufgabe „Einen Zahlentrick durchschauen" (Abb. 3.22) nutzt Zahlentricks, um eine gegebene Termumformung eines arithmetischen Terms zu deuten. Zunächst sollen

---

Erkunden A   **Wie kann ich komplizierte Rechnungen durchschauen?**

▶ Materialblock S. 95   **1**   **Einen Zahlentrick durchschauen**
   Basisaufgabe

Hinweis   Der Zahlenzauberer zeigt in seinen Shows Tricks mit Zahlen.
Einen solchen Zahlen-   Anschließend bietet er Workshops an, in denen er die Tricks erklärt.
zauberer gibt es wirklich.
Er heißt Arthur Benjamin.
Im Internet findest Du viele
Informationen zu ihm.

Workshop: Werdet auch zum Zahlenzauberer!

- Denkt euch eine zweistellige Zahl.
- Zählt die beiden Ziffern zusammen.
- Zieht dieses Ergebnis von der Zahl ab.
- Dividiert nun dieses Ergebnis durch die erste Ziffer eurer Zahl.

Wie können Sie mein Ergebnis immer vorher schon kennen?

Das ist keine Zauberei, sondern ein mathematischer Trick.

a) Till erinnert sich an die Strategie Beispiele untersuchen .
     Kommst du mit dieser Strategie darauf, wie der Trick funktioniert?

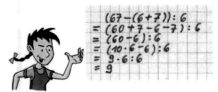

$$(67 - (6 + 7)) : 6$$
$$= (60 + 7 - 6 - 7) : 6$$
$$= (60 - 6) : 6$$
$$= (10 \cdot 6 - 6) : 6$$
$$= 9 \cdot 6 : 6$$
$$= 9$$

b) Merve nutzt die Strategie
     Eine andere Darstellung finden .
     Sie schreibt die Rechnung in einem einzigen Term auf.
     Dann vereinfacht sie den Term schrittweise.
     - Erkläre Merves Term und ihre Umformungen.
     - Stelle auch für andere Zahlen Terme auf, zum Beispiel für 85.
     - Wie sehen Merves Ergebnisse aus?
     - Wie kann sie damit den Trick erklären?

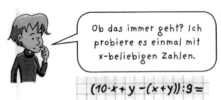

Ob das immer geht? Ich probiere es einmal mit x-beliebigen Zahlen.

$$(10 \cdot x + y - (x + y)) : 9 =$$

c) Pias Strategie ist, Variablen zu verwenden.
     Pia wählt x Zehner und y Einer.
     Für die gedachte Zahl schreibt sie den Term $10 \cdot x + y$.
     - Welchen Wert hat Pias Term für $x = 6$ und $y = 7$?
     - Was muss Pia für x und y wählen, um die Zahl 37 darzustellen?

Abb. 3.22 Aufgabe „Einen Zahlentrick durchschauen" zur Förderung des Struktursehens (Hußmann et al., 2015, S. 152)

die Lernenden weitere Zahlbeispiele untersuchen (Teilaufgabe a). Für das Beispiel 67
wird ein Term vorgegeben, den Lernende auf eigene Beispiele übertragen und dann
im Hinblick auf den Zahlentrick interpretieren sollen (Teilaufgabe b). Auf diese Weise
wird das Aufstellen von Termen unterstützt, da der neue Term am vorgegebenen Beispiel erarbeitet werden kann. Dies hilft zugleich, die konkrete „zweistellige Zahl" 85 als
Stellvertreter zu lesen, was dann das Erarbeiten eines Variablenterms vorbereitet (vgl.
Kap. 2). Im Aufgabenteil c) wird dann der Variablenterm $10 \cdot x + y$ eingeführt, der eine
beliebige zweistellige Zahl darstellt. Durch die bereits bekannten Termumformungen,
die in vorhergehenden Aufgaben des Schulbuchs Thema waren, kann nun ein Ergebnis
erzielt werden, das allgemeine Rückschlüsse auf das Ergebnis des Zahlentricks erlaubt.

Der Zugang über Zahlentricks kann die Bauplan-Grundvorstellung fördern. Lernende
können an Zahlentricks lernen, Rechenoperationen passend in Terme zu übersetzen.
Dabei müssen gezielt Klammern gesetzt werden, um die Hierarchie der Rechenoperationen passend zu übersetzen. Dies verweist wiederum auf syntaktische Regeln der
Formelsprache, die hier angewendet werden müssen.

3.4.1.4 Zugang über Zählverfahren

Die grundlegende Idee dieses Zugangs ist, dass unterschiedliche Zählverfahren auf verschiedene Terme führen, die sich dann als äquivalent herausstellen.

Beispiel: Fußballturnier

Bei einem Fußballturnier mit n Mannschaften spielt „jeder gegen jeden". Wie viele Spiele
$A(n)$ werden insgesamt ausgetragen? Berechne $A(n)$ auf verschiedene Arten! ◄

Unterschiedliche Zählverfahren führen etwa auf ($n \in \mathbb{R}$):

$$A(n) = \frac{n^2}{2} - \frac{n}{2}$$

$$A(n) = \frac{(n-1) \cdot n}{2}$$

$$A(n) = \frac{n^2 - n}{2}$$

$$A(n+1) = A(n) + n \text{ mit } A(1) = 0.$$

$$\text{Oder falls bekannt: } A(n) = \binom{n}{2} = \frac{n(n-1)}{2}.$$

Für den Vergleich dieser Ergebnisse und das Überprüfen der Formeln im Hinblick auf
die Problemstellung können neben algebraischen Umformungen auch Wertetabellen und

Graphen für A : $n \mapsto$ A(n) herangezogen werden. Der Rechner erleichtert das Erzeugen dieser Darstellungen. Terme werden hier als Funktionsterme interpretiert und in Form von Wertetabellen und Graphen dargestellt.

Zählverfahren bieten einen fortgeschrittenen Kontext für das Aufstellen und Umformen von Termen. Hier steht also das formale Arbeiten mit Termen in enger Wechselbeziehung zum inhaltlichen Arbeiten. Modell-Grundvorstellung und Baustein-Grundvorstellung ergänzen sich gegenseitig.

3.4.2 Anbahnen von Termumformungen

Nachdem Lernende durch inhaltliches Denken Zugang zu Termen und ihren Strukturen gewonnen haben, wird es nun mehr und mehr darum gehen, das Umformen von Termen zu lernen. Das Ziel bei der Anbahnung des Kalküls muss es sein, Syntax und Semantik, d. h. inhaltliches Denken und Kalkülregeln, wo immer möglich miteinander zu vernetzen.

3.4.2.1 Lerngelegenheiten für das Struktursehen

Das Erkennen der Struktur von Termen ist die Voraussetzung dafür, adäquate Umformungen auswählen und durchführen zu können. Dies umfasst die Nutzung von CAS zur Termumformung, denn auch CAS erfordern es immer wieder, einzelne Teile eines Terms separat zu betrachten. Diese Fähigkeit setzt voraus, dass Lernende den Term zuvor strukturieren können, um solche Teile zu erkennen.

Das Beschreiben von Punktmustern wurde in Abschn. 3.4.1.1 bereits als geeigneter Zugang zum Aufstellen von Termen präsentiert. Sobald Lernende für dasselbe Punktmuster unterschiedliche Terme gefunden haben, stellt sich die Frage, ob diese Terme gleich sind und wie diese Gleichheit an den Termen selbst erkannt werden kann. Auf diese Weise zeigen Punktmuster den Sinn von Termumformungen und eignen sich somit für den Einstieg in das kalkülorientierte Termumformen.

Beispiel

Bestimme die Anzahl der Punkte des Musters, das auf jeder Seite n Punkte hat (Abb. 3.23).

Um die Anzahl der Punkte zu ermitteln, können unterschiedliche Zählstrategien angewandt werden (Abb. 3.24). ◄

Ein entdeckender Zugang zu Termumformungen wurde bereits im Kapitel zu geometrischen Zugängen zu Termen aufgezeigt (Aufgabe „Sprossenfenster", Abb. 3.21). Man darf jedoch nicht erwarten, dass Lernende etwa das Distributiv- oder Kommutativgesetz selbst entdecken, auch wenn sie bereits die entsprechende Struktur in der

Abb. 3.23 Punktmuster

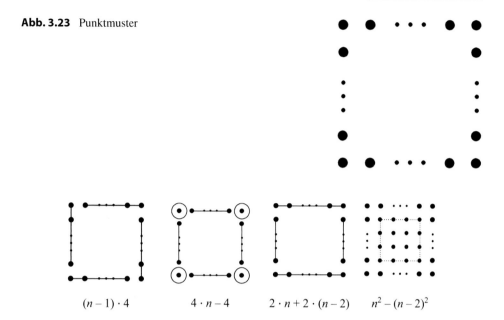

$$(n-1)\cdot 4 \qquad 4\cdot n - 4 \qquad 2\cdot n + 2\cdot(n-2) \qquad n^2 - (n-2)^2$$

Abb. 3.24 Verschiedene Strategien des Punktezählens

Arithmetik kennengelernt haben. Vielmehr wird es hier darauf ankommen, diese Rechengesetze inhaltlich zu entwickeln, etwa am Rechteckmodell. Die Lernendenaktivitäten werden dann darauf abzielen, diese Rechengesetze in vorgegebenen Termen wiederzuerkennen.

3.4.2.2 Lerngelegenheiten für Rechengesetze

Struktursehen beginnt mit der Fertigkeit, elementare Strukturen in komplexen Termen wiederzuerkennen (Abschn. 3.3.1). Solche elementaren Strukturen liegen oft in Form von Rechengesetzen vor, etwa dem Zusammenfassen gleichartiger Terme durch Addition und Subtraktion. Die inhaltliche, aber auch die kalkülorientierte Sichtweise auf Rechengesetze als elementare Strukturen wird etwa in der Aufgabe „Assoziativgesetz der Addition" deutlich (Abb. 3.25).

Hier wird das Streckenmodell benutzt, um das Assoziativgesetz der Addition inhaltlich zunächst anhand konkreter Zahlenbeispiele zu veranschaulichen. Das Modell „Streckenlängen" kann dann im Sinne beliebiger Streckenlängen verallgemeinert werden. Im weiteren Verlauf der Aufgabe werden Lernende aufgefordert, die Gültigkeit dieses Gesetzes für die Subtraktion, Multiplikation und Division durch Zahlenbeispiele zu untersuchen. Damit wird der Einsetzungsaspekt der Variable als Unbestimmte betont (Abschn. 2.2.1).

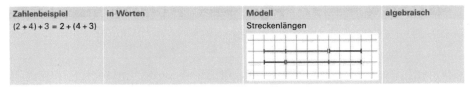

Assoziativgesetz

3 Ein weiteres praktisches Rechengesetz der Addition steckt in folgender Aufgabe:
(57 + 34) + 16 = 57 + (34 + 16). Beachte: Operationen in Klammern rechnet man zuerst.

Zahlenbeispiel (2 + 4) + 3 = 2 + (4 + 3)	in Worten	Modell Streckenlängen	algebraisch

A Übertrage die Tabelle in dein Heft und ergänze sie. Vergleiche deine Lösung mit andern.
B Gilt auch die Gleichung (a − b) − c = a − (b − c)? Begründe mit Zahlenbeispielen.
C Gilt auch die Gleichung (a · b) · c = a · (b · c)? Begründe mit Zahlenbeispielen.
D Gilt auch die Gleichung (a : b) : c = a : (b : c)? Begründe mit Zahlenbeispielen.

Abb. 3.25 Aufgabe „Assoziativgesetz der Addition" (aus Mathbuch 1, Affolter et al., 2017, S. 60)

Die Aufgabe „Assoziativgesetz der Addition" lässt sich in ähnlicher Weise auf andere Rechengesetze übertragen, etwa auf das Distributivgesetz wie in Abb. 3.26. Das Distributivgesetz wird zunächst mithilfe einer Flächendarstellung begründet, die dann mit formalen arithmetischen und algebraischen Termdarstellungen vernetzt wird (Teilauf-

Distributivgesetz

6 Manchmal ist es am einfachsten, eine Rechnung in zwei Rechnungen aufzuspalten,
wie etwa im Beispiel 4 · 18 = 4 · (10 + 8) = 4 · 10 + 4 · 8 = 40 + 32 = 72

algebraisch: a · (b + c) = a · b + a · c = ab + ac (Kurzschreibweise)

Darstellung mit Rechteckflächen:

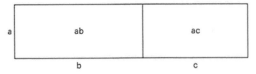

Überprüfe das Gesetz an weiteren Zahlenbeispielen und vergleiche mit andern.

7 Gelten auch folgende Regeln?
Begründe deine Antworten mit Zahlenbeispielen.
A a · (b − c) = a · b − a · c = ab − ac
B a + (b · c) = a + b · a + c = a + ba + c
C a : (b + c) = a : b + a : c
D (a + b) : c = a : c + b : c

Abb. 3.26 Aufgabe „Distributivgesetz" (aus Mathbuch 1, Affolter et al., 2017, S. 61)

gabe 6). Dann werden in Teilaufgabe 7 weitere elementare Strukturen untersucht, die auf den ersten Blick so ähnlich aussehen wie das Distributivgesetz. Dadurch werden Lernende für die Generalisierbarkeit des Rechengesetzes, aber auch für typische Fehler sensibilisiert, die aus der Übergeneralisierung von Rechengesetzen entstehen können.

Im Anschluss an derartige Aufgaben gilt es, diese Rechengesetze zu nutzen, um Terme zu vereinfachen. Dazu sollten Lernende elementare Strukturen in komplexeren Termen wiedererkennen. Der folgende Abschnitt zeigt, welche Möglichkeiten sich dafür bieten.

3.4.2.3 Lerngelegenheiten für das Wiedererkennen von Strukturen

Um die Fertigkeit der Lernenden zu schulen, Strukturen wiederzuerkennen, eignen sich produktive Übungsaufgaben (vgl. Abschn. 3.3.3). Die folgende Übung kann Lernende unterstützen, die drei binomischen Formeln als elementare Strukturen in Termen wiederzuerkennen.

Beispiel

Binomische Formeln produktiv üben
  Ordne die folgenden Terme den drei binomischen Formeln zu (Abb. 3.27). ◀

Eine weitere Variante für das Üben des Wiedererkennens von Strukturen ist eine Umkehraufgabe: Welche Zahlen führen zu einer bestimmten Struktur? Eine solche Aufgabe ist in Abb. 3.28 dargestellt. In dieser Aufgabe wird eine „Rohstruktur" einer binomischen Formel gegeben. Lernende sollen prüfen, für welche Zahlen die Formel erfüllt wird. Produktiv wird die Aufgabe dadurch, dass Lernende viele Umformungen vornehmen, aber auch kontinuierlich darüber nachdenken, wie die Struktur „binomische Formel" zustande kommt.

(1) $x^2 + 3x - 10$	(5) $x^2 - 25$	(9) $x^2 + 4x + 5$
(2) $x^2 - 2x - 1$	(6) $x^3 + 14 x^2 + 49x$	(10) $4x^2 + 12x + 9$
(3) $2x^2 + 8x$	(7) $4x^2 - 64$	(11) $x^2 - 18x + 81$
(4) $x^2 - 20x + 100$	(8) $x^2 + 24x + 144$	(12) $-x^2 + 6x - 9$

Abb. 3.27 Übungsaufgaben zu den binomischen Formeln (vgl. Leuders & Rülander, 2010)

3 Probleme lösen

$\Box x^2 + \Box x + \Box = (\Box x + \Box)^2$

Welche Zahlen passen in die Kästchen? Suche zu jeder der folgenden Teilaufgaben möglichst viele verschiedene Lösungen:

a) nur gerade Zahlen   b) nur ungerade Zahlen   c) nur Quadratzahlen   d) nur negative Zahlen

Abb. 3.28 Übungsaufgabe als Problemaufgabe (Leuders & Rülander, 2010)

Beim Berechnen von Rechenausdrücken oder Termen ist die Reihenfolge der Rechen-schritte durch Regeln wie Klammerregel, Punkt-vor-Strich-Regel oder Potenzregel vereinbart. Bei der zweidimensionalen Schreibweise auf dem Papier bedarf es dieser Kenntnis, um Terme richtig lesen und berechnen zu können. So sind etwa bei dem Term

$$\frac{23^3 - 17^2}{18^2}$$

zunächst die Potenzen und dann jeweils Zähler und Nenner zu berechnen und anschließend durcheinander zu dividieren. Um Termwerte mit dem Taschenrechner berechnen zu können, muss der Term über die Tastatur in den Rechner eingegeben werden. Hierbei müssen Lernende die Struktur des Terms in eine eindimensionale lineare Zeichenkette übertragen. Für den gegebenen Term ergibt sich die Tastenfolge:

$$(\quad 2 \quad 3 \quad \wedge \quad 3 \quad - \quad 1 \quad 7 \quad x^2 \quad) \quad \div \quad 1 \quad 8 \quad x^2 \quad \boxed{\text{ENTER}}$$

Die Darstellung auf dem Ausgabebildschirm ist eindimensional, der Vergleich des Terms mit dem ursprünglichen Term setzt also die Fähigkeit des Transfers zwischen diesen beiden Darstellungsformen voraus. Dies ist wichtig für die Kontrolle der Ein-gabe bzw. für das Erkennen von Tippfehlern bei der Termeingabe. Bei der Verwendung eines Computeralgebrasystems (CAS) erscheint der Term in der Anzeige in der üblichen (zweidimensionalen) Notation auf dem Bildschirm, wodurch die Kontrolle der richtigen Eingabe wesentlich einfacher ist (Abb. 3.29).

3.4.3 Erweiterung der Formelsprache

Beim Lernen der Formelsprache werden im Verlauf der Sekundarstufe zunehmend kompliziertere Terme in den Blick genommen, wodurch die Bauplan-Grundvorstellung erweitert wird. Der Fokus bei Termerweiterungen wird nun darauf liegen, dass Lernende neue Termstrukturen kennen lernen.

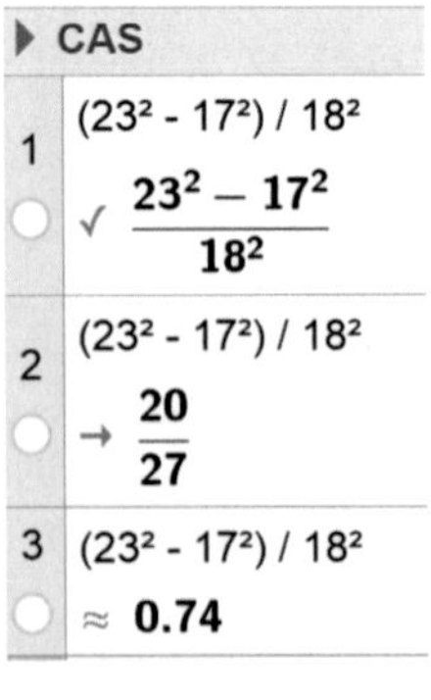

Abb. 3.29 Eindimensionale und zweidimensionale Ausgabe von Termen im CAS

▶ CAS

1 $(23^2 - 17^2) / 18^2$
   ○ $\checkmark$ $\frac{23^2 - 17^2}{18^2}$

2 $(23^2 - 17^2) / 18^2$
   ○ $\rightarrow$ $\frac{20}{27}$

3 $(23^2 - 17^2) / 18^2$
   ○ $\approx$ **0.74**

3.4.3.1 Bruchterme

Eine erste Erweiterung der Formelsprache liefert die Behandlung von Bruchtermen. Hier werden alle Bruchrechenregeln auf das Umformen von Termen mit Variablen übertragen.

Bruchterme sind Terme, bei denen Variablen auch im Nenner eines Bruchterms vorkommen, wie etwa

$$\frac{1}{2x+1}, \; \frac{x^2+y^2}{x-y}, \; \frac{ax+by}{(x+a)(x+b)} + \frac{y}{x+b}.$$

Bruchterme werden vor allem im Hinblick auf das Arbeiten mit Formeln und für die Behandlung von gebrochenen rationalen Funktionen in der Sekundarstufe II benötigt. Probleme grundsätzlicher Art ergeben sich durch die Möglichkeit, dass sich bei bestimmten Einsetzungen im Nenner 0 ergibt. Für diese Werte sind die Terme nicht definiert.

Die Umformungsregeln bei Bruchtermen greifen die Bruchrechenregeln in $\mathbb{Q}$ und Grundvorstellungen von Brüchen auf. Schwierigkeiten der Lernenden mit Bruchtermen gehen häufig auf Schwierigkeiten mit der (arithmetischen) Bruchrechnung zurück, z. B. fehlenden Grundvorstellungen von Brüchen wie Teil-eines-Ganzen oder übergeneralisierten Kürzungsregeln wie im folgenden Beispiel.

Beispiel

1. $\frac{x+2}{y+2} = \frac{x}{y}$.
2. $\frac{2x+3y}{6x+6y} = \frac{x+y}{3x+2y}$. ◄

Mitunter ist somit eine sorgfältige Differenzierung notwendig, um Lernenden mit unterschiedlichem Vorwissen gerecht zu werden (Goy & Kleine, 2016; vgl. auch Padberg & Wartha, 2017, S. 155 ff.).

3.4.3.2 Terme mit Wurzeln

Erweiterungen der Formelsprache erfolgen bei der Wurzelrechnung und bei der Potenzrechnung am Ende der Sekundarstufe I. Für Terme mit Wurzeln sind die grundlegenden Regeln zu beachten, die sich unmittelbar aus der Definition der Quadratwurzel ergeben:

$$\left(\sqrt{a}\right)^2 = a \; \text{und} \; \sqrt{a^2} = a \; \text{für} \; a \in \mathbb{R}_0^+.$$

Sind auch negative reelle Zahlen a zugelassen, so gilt:

$$\left(\sqrt{|a|}\right)^2 = |a| \; \text{und} \; \sqrt{a^2} = |a| \; \text{für} \; a \in \mathbb{R}.$$

Häufig benötigte Umformungsregeln sind die folgenden:

1. $\sqrt{a \cdot b} = \sqrt{a} \cdot \sqrt{b}$ für $a, b \in \mathbb{R}_0^+$.
2. $\sqrt{a : b} = \sqrt{a} : \sqrt{b}$ für $a \in \mathbb{R}_0^+, b \in \mathbb{R}^+$.

Man beweist z. B. die erste Regel, indem man setzt:

$$\sqrt{a} = u, \sqrt{b} = v, \sqrt{a \cdot b} = w.$$

Rückgriff auf die Definition führt zur Übersetzung:

$$a = u^2, b = v^2, ab = w^2.$$

Daraus folgt:

$$w^2 = u^2 \cdot v^2 = (u \cdot v)^2.$$

Damit erhält man

$$w = u \cdot v,$$

also

$$\sqrt{a \cdot b} = \sqrt{a} \cdot \sqrt{b}.$$

Analog beweist man die zweite Regel. Eine entsprechende Regel gilt nicht für die Addition. Den Wurzelterm $\sqrt{a + b}$ kann man nicht vereinfachen. Besonders verführerisch ist der Term $\sqrt{a^2 + b^2}$ für Lernende, denn häufig passiert der systematische Fehler $\sqrt{a^2 + b^2} = a + b$, der dann produktiv bearbeitet werden muss (Abschn. 3.3.2). Beispielsweise kann gefragt werden, für welche Zahlen diese „Regel" gilt, welche Konsequenzen es hätte, wenn diese Regel gelten würde, oder es kann der Term $\sqrt{a^2 \cdot b^2}$ gegenübergestellt werden.

3.4.3.3 Potenzrechnung

Bei der Potenzrechnung geht es vor allem um zwei wesentliche Erweiterungen:

a) Erarbeitung von Regeln für Potenzen mit natürlichen Zahlen als Exponenten.
b) Erweiterung des Potenzbegriffs auf reelle Exponenten.

Die erste Aufgabe wollen wir hier behandeln; der zweiten Aufgabe wenden wir uns bei den Funktionsbetrachtungen zu.

Zunächst wird an das Potenzieren (für konkrete natürliche Zahlen) erinnert und dann allgemein für natürliche Zahlen definiert:

$$3^n = \underbrace{3 \cdot 3 \cdot \ldots 3}_{n \text{ Faktoren}} \quad \text{bzw.} \quad a^n = \underbrace{a \cdot a \cdot \ldots a}_{n \text{ Faktoren}}$$

Es ist sinnvoll, den Grenzfall $n = 1$ mit einzubeziehen durch $a^1 = a$. Die Potenz a^n ist damit für alle $a \in \mathbb{R}$ und für $n \in \mathbb{N}$ definiert. Die *Potenzregeln* sind nun:

1. $a^m \cdot a^n = \underbrace{a \cdot a \ldots a}_{m \text{ Faktoren}} \cdot \underbrace{a \cdot a \ldots a}_{n \text{ Faktoren}} = \underbrace{a \cdot a \ldots a}_{(m+n) \text{ Faktoren}} = a^{m+n}$

2. Für $a \neq 0$ und $m, n \in \mathbb{N}$:

$$a^m : a^n = \begin{cases} a^{m-n} & \text{für } m > n \\ 1 & \text{für } m = n \\ \frac{1}{a^{n-m}} & \text{für } m < n \end{cases}.$$

Die „Pünktchen" ersetzen hier die rekursive Definition der Potenz. Die Beweise müssten dann mit *vollständiger Induktion* geführt werden, was besonders bei den Regeln (1.) und (2.) mit den Variablen m und n ungewöhnlich kompliziert und nicht für den Unterricht geeignet ist.

Für $a, b \in \mathbb{R}$ und $m, n \in \mathbb{N}$:

3. $(a \cdot b)^n = a^n \cdot b^n$
4. $(a : b)^n = a^n : b^n, b \neq 0$
5. $(a^m)^n = a^{m \cdot n}$

Hierbei wurde die Rechenregel unter 1. schon durch Rückgriff auf die Definition „bewiesen".

Man wird ohnehin anschließend die gefundenen Regeln aus der Sicht der Funktionen interpretieren und dann den Potenzbegriff erweitern. Darauf gehen wir im folgenden Kapitel bei der Behandlung der Funktionen näher ein.

Aufgaben

1. Beschreiben Sie inner- und außermathematische Kontexte, die zur Erarbeitung des Termbegriffs geeignet sind.
2. Mit einem Term sind als Grundvorstellungen die Modell-Grundvorstellung und die Bauplan-Grundvorstellung verbunden. Erläutern Sie an geeigneten Beispielen, wie man diese unterschiedlichen Vorstellungen im Unterricht aufbauen und entwickeln kann.
3. In einer Unterrichtseinheit soll der Termbegriff eingeführt werden. Beschreiben und begründen Sie wesentliche unterrichtliche Schritte unter fachdidaktischen Gesichtspunkten!
4. Erläutern Sie die Bedeutung, die ein Tabellenkalkulationsprogramm für das Verständnis des Variablen- und Termbegriffs haben kann.
5. Lernende werden dazu angehalten, Terme wie

$$x \cdot y + 3 \cdot (x + y)$$

auch verbal zu beschreiben. Welchen Sinn haben derartige Übungen? Welche Anforderungen stellt dies an die Lernenden?

6. Geben Sie einen Term zur Modellierung einer Lebensweltsituation an, bei der Klammern zum „Schachteln" benötigt werden. Wie sollen Lernende mit derartigen Termen umgehen?

7. Die folgenden Terme sollen vereinfacht werden. Ordnen Sie diese nach ihrem Schwierigkeitsgrad. Begründen Sie Ihre Entscheidung.

i) $3a + 4b + 2a + 6b$ ii) $\frac{2}{3}r + \frac{1}{4}r$ iii) $2x + 3x$

iv) $2(x + y) + 3(x + 2y)$ v) $\frac{3}{4}r + \frac{1}{4}s - \frac{1}{3}r + \frac{1}{2}s$

vi) $8(a + 2b) - 4(a - b)$;   vii) $0,3m + 1,5n - 2,4m - 0,8n$

8. Erläutern Sie Situationen im Mathematikunterricht, in denen eine Faktorisierung von algebraischen Termen angewandt wird.

9. Begründen Sie die 3. binomische Formel auf der symbolischen Ebene und erklären oder veranschaulichen Sie diese dann auf der ikonischen oder zeichnerischen Ebene. Welche Bedeutung messen Sie dieser Veranschaulichung bei?

10. Welche Möglichkeiten gibt es, die Äquivalenz von Termen nachzuweisen?

11. Beschreiben Sie verschiedene Arten von Termumformungen.

12. Erläutern Sie die Bedeutung der binomischen Formeln für den Mathematikunterricht.

13. Die folgende Aufgabe ist eine „PISA-Aufgabe" (für 15-jährige Lernende!). Die Quadrate zeigen eine größer werdende Folge von Obstgärten, in denen Apfelbäume durch eine Hecke von Nadelbäumen umgeben ist.

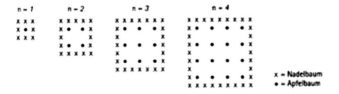

Angenommen der Bauer möchte einen viel größeren Obstgarten mit vielen Reihen von Bäumen anlegen. Was wird schneller zunehmen, wenn der Bauer den Obstgarten vergrößert: die Anzahl der Apfelbäume oder die Anzahl der Nadelbäume? Erkläre, wie du zu deiner Antwort gekommen bist.

  a) Geben Sie eine *schülergerechte* Musterlösung dieser Aufgabe.

  b) Beschreiben und erläutern Sie *drei* Schwierigkeiten, die Lernende mit dieser Aufgabe haben könnten.

14. Wie kann man bei Übungen zu Termumformungen dem Vorwurf entgehen, eine „Dressur des Unverstanden" zu betreiben?

15. Unter welchen Bedingungen kann der Fall $(a + b)^2 = a^2 + b^2$ eintreten? Wie können Sie den Lernenden verdeutlichen, dass dies nicht im Widerspruch zur binomischen Formel steht?

16. Manche Lernende haben Schwierigkeiten, eine Gleichung wie $x = y$ zu akzeptieren. Woran liegt das? Wie kann man das Problem lösen?

17. An der Tafel steht $0 < -x$. Ein Lernender protestiert: „Es muss heißen: $0 > -x$." Wie können Sie ihm helfen?

18. Sie machen beim Umformen an der Tafel selbst einen Fehler und werden von einem Lernenden darauf aufmerksam gemacht. Wie reagieren Sie?

19. Nennen Sie verschiedene Möglichkeiten, wie man die Korrektheit einer schriftlich durchgeführten Termumformung kontrollieren kann.

20. Geben Sie Ziele an, die beim schriftlichen Termumformen erreicht werden sollen, angesichts der Möglichkeiten, die heutige Computeralgebrasysteme bieten.

21. Welche Möglichkeiten sehen Sie, die Korrektheit einer Termumformung mit
    (a) einem Taschenrechner,
    (b) einem Computeralgebrasystem zu kontrollieren?

22. Welche Kenntnisse, Fähigkeiten und Fertigkeiten im Hinblick auf Termumformungen werden zukünftig angesichts der Existenz von Computeralgebrasystemen noch wichtiger bzw. weniger wichtig?

23. Welche Bedeutung messen Sie zukünftig Lernprogrammen wie *Photomath* zu, die Gleichungen umformen können und die einzelnen Umformungsschritte sukzessive anzeigen?

24. Erläutern Sie an Beispielen das Konstrukt des „Struktursehens".

25. Geben Sie einige Fehler bei Termumformungen an, gehen Sie auf mögliche Ursachen ein und erläutern Sie, wie Sie derartigen Fehlern im Unterricht vorbeugen können.

26. Finden Sie in einem Schulbuch Ihrer Wahl drei unproduktive Übungsaufgaben zu Termen. Verändern Sie diese Übungsaufgaben so, dass sie produktiv werden.

27. Welche Bedeutung kommt Wurzeltermen im Mathematikunterricht zu?

28. Erläutern Sie den Begriff „Bruchterm" und geben Sie Beispiele aus dem Mathematikunterricht an, bei denen Bruchterme eine Rolle spielen.

29. In einer Unterrichtseinheit sollen Bruchterme eingeführt werden. Beschreiben und begründen Sie wesentliche unterrichtliche Schritte unter fachdidaktischen Gesichtspunkten.

30. Im Internet finden sich verschiedene Erklärvideos zum Termbegriff. Erläutern Sie an einem Video, was Sie gut und was sie schlecht finden.

Funktionen

4

„Neben dem Zahlbegriff ist der Begriff einer Funktion der
wichtigste in der Mathematik." David Hilbert (1862–1943)

Funktionen drücken Beziehungen zwischen Zahlen oder zwischen Größen aus. Sie finden
sich im gesamten Mathematikunterricht und stellen eine Leitlinie durch das gesamte
Mathematikcurriculum dar. Im Umgang mit Funktionen erwerben Lernende vielfältige inhaltsbezogene und allgemeine mathematische Kompetenzen. Sie erkennen und
beschreiben funktionale Zusammenhänge in verschiedenen inner- und außermathematischen
Situationen, analysieren, interpretieren und vergleichen unterschiedliche Darstellungen
funktionaler Zusammenhänge, charakterisieren Funktionen anhand ihrer Eigenschaften,
operieren mit Funktionen und lösen realitätsnahe Probleme mithilfe von Funktionen (KMK,
2004, S. 11 f.).

Ausgehend von einem breiten Spektrum an Phänomenen und Darstellungen bilden
Lernende Grundvorstellungen zum Funktionsbegriff aus und erkennen, wie diese mit
fachlichen Aspekten von Funktionen verwoben sind.

Im Folgenden werden auf der Grundlage einer fachlichen Sachanalyse *Aspekte* des
Funktionsbegriffs und darauf aufbauend *Grundvorstellungen* zu Funktionen aufgezeigt.
Ferner wird ein Modell zum Verständnis des Funktionsbegriffs beschrieben und an
Beispielen verdeutlicht. Dann werden verschiedene Funktionstypen und Situationen
erläutert, die auf unterschiedliche Weisen mit Funktionen modelliert oder dargestellt
werden können.

© Springer-Verlag GmbH Deutschland, ein Teil von Springer Nature 2022
H.-G. Weigand et al., *Didaktik der Algebra,* Mathematik Primarstufe und Sekundarstufe
I + II, https://doi.org/10.1007/978-3-662-64660-1_4

4.1   Fachliche Analyse

4.1.1   Darstellungen von Funktionen

Funktionen sind eindeutige Zuordnungen zwischen zwei Zahlenmengen oder Größenbereichen. Die übliche Schreibweise für eine Funktion f, die Elemente einer Menge A auf Elemente einer Menge B abbildet oder einer Menge B zuordnet, ist:

$$f : A \to B \text{ bzw. } f : x \to y \text{ mit } x \in A \text{ und } y \in B,$$

x ist die *freie* oder *unabhängige*, y die *abhängige* Variable.

A heißt *Definitionsbereich*, die Menge der Funktionswerte $f(A) \subseteq B$ heißt *Wertemenge*. Funktionen lassen sich auf verschiedene Weisen darstellen:

- durch eine Funktionsgleichung:
  Die *Funktionsgleichung* $y = f(x)$ mit einem *Funktionsterm* $f(x)$, wie etwa die Funktionsgleichung $f(x) = x^2 - 1$ mit dem Funktionsterm $x^2 - 1$, $A = B = \mathbb{R}$ und $f(A) = \{x \in \mathbb{R} \mid x \geq -1\}$ stellt die Funktion f dar. Die Gleichung bzw. der Term drückt den Zusammenhang zwischen den beiden Zahlen x und y aus. Funktionen lassen sich nach der Art des Terms klassifizieren.
  Beispiele mit den *Parametern* $a, b, c, d \in \mathbb{R}$:
  $x \to a \cdot x + b$ ist eine *lineare* Funktion;
  $x \to a \cdot x^2 + b \cdot x + c$ ist eine *quadratische* Funktion;
  $x \to a \cdot \sin(b \cdot x + c) + d$ ist eine *trigonometrische* Funktion.
  Ein häufiger Fehler besteht darin, die Funktionsgleichung selbst als Funktion zu bezeichnen. Sprachlich lässt sich das vermeiden, indem Worte wie „mit" oder, aufwendiger, „mit der Gleichung" eingefügt werden, also etwa „die Funktion f mit $f(x) = x^2$" oder „die Funktion f mit der Gleichung $y = x^2$".
- durch einen Graphen:
  Graphen zeigen geometrische Eigenschaften von Funktionen. So ist etwa der Graph von $f: x \to x^2$ eine Parabel, die symmetrisch zur y-Achse ist (Abb. 4.1a), oder die Sinuskurve ist verschiebungssymmetrisch zur x-Achse (Abb. 4.1b).
- durch eine Wertetabelle:
  Tabellen können nur endlich viele diskrete Wertepaare $(x; y)$ auflisten. Tabellendarstellungen sind dann vorteilhaft, wenn es um das Erkennen von Veränderungen der Funktionswerte (y-Werte) bei Änderungen der Werte des Definitionsbereichs (x-Werte) geht (vgl. Rolfes, 2017). So vervierfachen sich etwa bei der quadratischen Funktion $f: x \to x^2$ die y-Werte, wenn sich die x-Werte verdoppeln (Abb. 4.2).

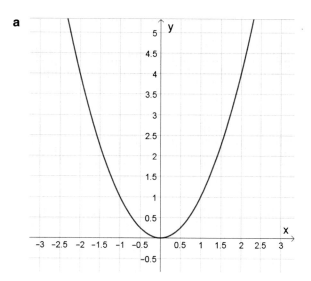

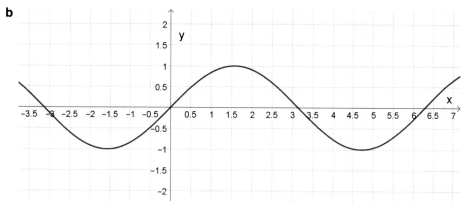

Abb. 4.1   a Graph von f mit $f(x)=x^2$; **b** Graph von g mit $g(x) = \sin(x)$

Abb. 4.2   Wertetabelle von f
mit $f(x)=x^2$

x	$y = x^2$
...	...
−2	4
−1	1
0	0
1	1
2	4
3	9
...	...

- durch Pfeildiagramme:
  Pfeildiagramme können die Wertezuordnung dynamisieren, indem die Veränderung der x-Werte dynamisch erfolgt. Darüber hinaus zeigen sich etwa bei linearen Funktionen Bezüge zur Geometrie, indem die längs der Pfeile liegenden Geraden durch einen Punkt verlaufen. Der Strahlensatz begründet die Konstanz des Quotienten $\Delta y : \Delta x = 2$ (Abb. 4.3).
- durch eine verbale Beschreibung:
  - Jeder natürlichen Zahl wird die Anzahl ihrer Teiler zugeordnet.
  - In der alphabetischen Liste der Städte Deutschlands wird jeder Stadt die jeweils zu einer bestimmten Zeit gemeldete Einwohnerzahl, etwa zum Datum 01.01.2020, zugeordnet.
- durch ein Operatormodell (vgl. Abb. 4.4).

Alle diese Darstellungen haben Vor- und Nachteile sowie Grenzen. Mit der *Funktionsgleichung* lässt sich auf der symbolischen Ebene operieren, sie stellt die anzustrebende mathematische Handlungsebene dar, die Berechnungen und Begründungen in allgemeiner Art erlaubt. Sie erfordert allerdings die Fähigkeit, die Symbole im Hinblick auf das mathematische Objekt zu lesen und zu interpretieren.

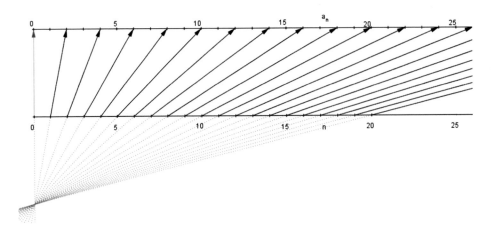

Abb. 4.3 Pfeildiagramme – Hier wird die Funktion mit $f(x) = 2x$ und $x \in \{1, 2, 3 \ldots 20\}$ dargestellt.

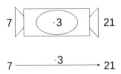

Abb. 4.4 Multiplikationsmaschine bzw. -operator

Der *Graph einer Funktion* gibt ein visuelles Bild der Funktion in einem Koordinatensystem. Er zeigt die Funktion als ein geometrisches Objekt, allerdings nur in dem gewählten Darstellungsbereich. Ferner müssen Graphen richtig „gelesen" oder interpretiert werden. So ist etwa der „Graph-als-Bild-Fehler" eine häufig auftretende Schwierigkeit. Der Fehler besteht darin, dass Lernende bei Weg-Zeit-Graphen den Graphen als reale Bahnkurve interpretieren z. B. in Abb. 4.5 als Blick auf eine Straße oder einen Weg. Demnach würde man etwa den Bereich zwischen $t = 4$ und $t = 6$ fälschlicherweise als eine geradlinige Wegstrecke interpretieren und nicht, wie es richtig ist, als Stehenbleiben des Objekts. (Janvier, 1987; Hoffkamp, 2011). Ein Überblick über typische Fehler im Zusammenhang mit dem Funktionsbegriff findet sich bei Hofmann & Roth (2021, S. 17 ff.).

Eine weitere Schwierigkeit ist die Beziehung zwischen *lokalen* und *globalen* Eigenschaften der Graphen. Insbesondere beim Skizzieren von Graphen von Funktionen kommt es darauf an, zentrale Merkmale sowohl in lokaler als auch in globaler Hinsicht adäquat zu visualisieren. So zeigt etwa der Graph der Funktion $f: x \to x^3$, $x \in \mathbb{R}$, zum einen die globalen Eigenschaften des Verhaltens etwa für „sehr kleine" und „sehr große" x-Werte oder des Krümmungsverhaltens. Zum anderen sollten als lokale Eigenschaften das Verhalten der Funktion im Nullpunkt deutlich werden sowie die Punkte $(1; 1)$ bzw. $(-1; -1)$ als Punkte des Graphen zu erkennen sein.

Eine *Tabelle* erlaubt das unmittelbare Ablesen zugeordneter Werte, und es lassen sich (benachbarte) x- und y-Werte im Hinblick auf ihre Änderungen gut vergleichen, insbesondere lassen sich Änderungsraten bilden. Die Tabelle gibt jedoch nur einen sehr begrenzten diskreten Ausschnitt der Funktion wieder.

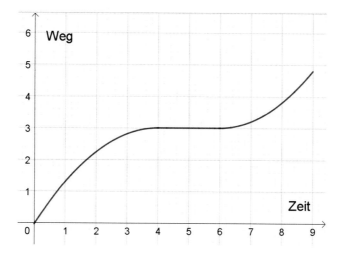

Abb. 4.5 Weg-Zeit-Diagramm

Pfeildiagramme heben den Zuordnungscharakter der Funktion besonders hervor und zeigen in der dynamischen digitalen Darstellung in qualitativer Hinsicht die Veränderungen der abhängigen Variablen bei Veränderungen der unabhängigen Variablen. Schwieriger ist es dagegen, Pfeildiagramme in quantitativer Hinsicht zu lesen und zu interpretieren.

Eigenschaften von Funktionen zeigen sich in unterschiedlichen Darstellungen in verschiedener Weise. Dabei gibt es zum Teil erhebliche Unterschiede, was die Auffälligkeit dieser Eigenschaften anbelangt. So kann man z. B. die Proportionalität einer Funktion an einer Tabelle gut erkennen („zum r-Fachen des x-Wertes gehört das r-Fache des y-Wertes"). Diese Eigenschaft ist aber z. B. am Graphen für Lernende praktisch nicht zu erkennen. Dort werden dagegen die Geradlinigkeit und das konstante Steigungsverhalten sichtbar.

Fähigkeit und Fertigkeiten beim Umgang mit Repräsentationen sind sowohl für den Aufbau von Begriffsvorstellungen als auch in Problemlöseprozessen von zentraler Bedeutung. Schon vielfach wurden Grundlagen des Umgangs mit Repräsentationen beschrieben, wie etwa das Lesen und Interpretieren sowie das Wissen um Möglichkeiten und Grenzen einzelner Darstellungsarten (etwa Duval, 2006; Ainsworth, 2006). Auch im Hinblick auf Schwierigkeiten und Verständnishürden vor allem beim Wechsel zwischen verschiedenen Darstellungen gibt es zahlreiche theoretische und empirische Analysen (etwa Kerslake, 1981; Weigand, 1988; Dreher & Kuntze, 2015; Rolfes, 2017; Barzel et al., 2021).

Digitale Technologien eröffnen die Möglichkeit, verschiedene Darstellungen von Funktionen auf einfache Weise zu erzeugen. Diese lassen sich dann *dynamisieren*, wie etwa die oben angesprochenen Pfeildiagramme. Auch Graphen parameterabhängiger Funktionen lassen sich entweder als zeitlich veränderliche Graphen oder als Funktionsscharen darstellen. Tabellen lassen sich sukzessive durch kleinere Schrittweiten verfeinern und so Umgebungen von interessanten Punkten mit einer „numerischen Lupe" betrachten. Allerdings darf der hohe kognitive Anspruch an die Lernenden bei derart technisch einfachen, aber inhaltlich nicht stets unmittelbar nachzuvollziehenden Darstellungsveränderungen nicht unterschätzt werden (Schnotz & Bannert, 2003; Fest & Hoffkamp, 2011; Dreher, 2013; Pinkernell & Vogel; 2017).

4.1.2 Die Vielfalt der Funktionen im Mathematikunterricht

Funktionen in inner- und außermathematischen Situationen finden sich im gesamten Curriculum des Mathematikunterrichts. Die folgende Auflistung gibt – stichwortartig und begrenzt auf die verbale und symbolische Ebene – Beispiele wieder, die die Vielfalt funktionaler Zusammenhänge im Schulunterricht zeigt.

Funktionen in der Umwelt

- Alter → Körpergröße
- Gewicht → Körpergröße
- Zeit → Tagestemperatur
- Gewicht eines Standardbriefs → Briefporto
- Uhrzeit → Wasserverbrauch eines Haushalts während eines Tages
- Uhrzeit → Körpertemperatur bei fiebriger Erkältung

Funktionen in der Grundschule

- Einer Zahl wird ihr Doppeltes zugeordnet
- (+3)-Operator: $x \to x+3$ mit einer natürlichen Zahl x
- Ware-Preis-Tabelle: einer Ware wird ihr Preis zugeordnet
- Ort und Zeit bei einem Busfahrplan: Für eine bestimmte Busfahrt wird jeder Halte-stelle ihre Abfahrtszeit zugeordnet
- Anzahlen der Punkte eines Musters und dessen Platz in einer Punktmusterreihe

Funktionen einer Veränderlichen

- f: $\mathbb{R} \to \mathbb{R}$ bzw. $f: x \to y = -x^3 + 2x - 4$ mit $x, y \in \mathbb{R}$
- f: $\mathbb{R} \to \mathbb{R}^+$ bzw. $f: x \to y = 2^x$
- Seitenlänge eines Quadrats → Flächeninhalt des Quadrats
- Folgen $(a_n)_{n \in \mathbb{N}}$ sind auf $\mathbb{N}$ definierte Funktionen $a_n: \mathbb{N} \to \mathbb{R}$ etwa mit $a_n = \frac{1}{n^2}$.
- Zufallsgröße $X: \Omega \to \mathbb{R}$, Ω Ergebnismenge

Funktionen zweier Veränderlicher

- Addition $+: \mathbb{N} \times \mathbb{N} \to \mathbb{N}$ bzw. $+: \mathbb{R} \times \mathbb{R} \to \mathbb{R}$ mit $(a; b) \to a+b$
- Bei einem Stromkreis lässt sich aus der Stromstärke I und dem Wert des Widerstandes R die Spannung U berechnen: $(I, R) \to U = I \cdot R$
- Der Flächeninhalt A eines Dreiecks mit Grundseitenlänge g und Höhe h: $(g, h) \to A = \frac{g \cdot h}{2}$
- f: $\mathbb{R}_o^+ \times \mathbb{R} \to \mathbb{R}$ bzw. $f: (x, y) \to z = x^y$

Funktionen dreier Veränderlicher

- Das Volumen V eines Quaders mit den Seitenlängen a, b, c: $(a, b, c) \to V = a \cdot b \cdot c$
- Die Wahrscheinlichkeit in der Stochastik bei n Versuchen mit der Trefferwahrschein-lichkeit p, genau k Treffer zu erzielen: $B: \mathbb{N} \times [0,1] \times \mathbb{N}_o$ bzw. $(n, p, k) \to B(n, p, k)$ mit $B(n,p,k) = \binom{n}{k} p^k (1-p)^{n-k}$
- Die bei einem Stromkreis mit der Stromstärke I, der Spannung U in der Zeit t umgesetzte Energie W: $W = I \cdot U \cdot t$

Kurven

- Ein Kreis in der Ebene: $k: \mathbb{R} \to \mathbb{R} \times \mathbb{R}$ bzw. $k: t \to (\cos(t), \sin(t))$
- Eine Spirale im Raum: $s: \mathbb{R} \to \mathbb{R} \times \mathbb{R} \times \mathbb{R}$ bzw. $s: t \to (\cos(t), \sin(t), t)$
- Eine Gerade g im Raum durch den Punkt $\begin{pmatrix} a \\ b \\ c \end{pmatrix}$ mit dem Richtungsvektor $\begin{pmatrix} u \\ v \\ w \end{pmatrix}$:

  $g: \mathbb{R} \to \mathbb{R} \times \mathbb{R} \times \mathbb{R}$ bzw. $g: t \to \begin{pmatrix} a \\ b \\ c \end{pmatrix} + t \begin{pmatrix} u \\ v \\ w \end{pmatrix}$

Geometrische Abbildungen

- Eine Drehung um einen Winkel α als geometrische Abbildung in der Ebene: $D: \mathbb{R} \times \mathbb{R} \to \mathbb{R} \times \mathbb{R}$ bzw.

$$D : \begin{pmatrix} x' \\ y' \end{pmatrix} = \begin{pmatrix} \cos & -\sin \\ \sin & \cos \end{pmatrix} \begin{pmatrix} x \\ y \end{pmatrix}$$

- Eine Spiegelung an der x-Achse: $S: \mathbb{R} \times \mathbb{R} \to \mathbb{R} \times \mathbb{R}$ bzw. $S: (x', y') = (x, -y)$

Diese Auflistung zeigt die Vielfalt des Funktionsbegriffs in den verschiedenen Gebieten der Mathematik, in der Arithmetik, Algebra, Geometrie und Stochastik, in Lebensweltsituationen und in der Physik. Dabei sind Funktionen nicht einfach vorhanden, sie müssen vielmehr in Situationen hineingedacht sowie im Rahmen mathematischer Gegebenheiten konstruiert werden. Die Welt unter funktionalen Gesichtspunkten zu sehen, bedarf einer speziellen Sichtweise oder Perspektive. Diese funktionale Perspektive der heutigen Mathematik hat sich in der Geschichte der Mathematik nur sehr langsam ausgebildet und ist das Ergebnis einer jahrtausendelangen Entwicklung.

4.1.3 Die historische Entwicklung des Funktionsbegriffs

Beginnend im Altertum zeigt der Funktionsbegriff eine lange Entwicklungsgeschichte. Bereits die von den Babyloniern verwendeten Tabellen für Quadrat- und Kubikzahlen sowie zur Bestimmung der Position des Mondes in Abhängigkeit von der Jahreszeit können als Darstellungen funktionaler Zusammenhänge interpretiert werden. Dies gilt auch für die Darstellungen der Planetenbewegungen bei den Griechen oder die bei geometrischen Konstruktionen als variabel angesehenen Figuren. Grafische Darstellungen und damit der geometrische Funktionsbegriff treten erstmals zu Beginn der Neuzeit im Zusammenhang mit physikalischen Bewegungen auf, etwa bei Nikolaus von Oresme (1323?–1382), Galileo Galilei (1564–1642) oder Bonaventura Cavalieri (1598?–1647).

Isaac Newton (1643–1727) untersuchte dann „Größen" in geometrischen und physikalischen Situationen, die mit der Zeit „fließen", d. h. sich mit der Zeit verändern, und stellte etwa Planetenbewegungen in Abhängigkeit von der Zeit dar. Während die

Tabellendarstellungen im Altertum aus praktischen Gründen erstellt wurden und der Funktionsbegriff hier nur implizit vorhanden ist bzw. nachträglich hineininterpretiert werden kann, werden Funktionen bei Newton, auch wenn dieser Begriff bei ihm noch nicht vorkommt, zum Hilfsmittel für die Berechnung von Lebensweltsituationen. Das Wort „Funktion" (functio) tritt wohl erstmals in einem Briefwechsel zwischen Gottfried Wilhelm Leibniz (1646–1716) und Johann Bernoulli (1667–1748) auf. Leibniz verwendet diesen Begriff dabei für Strecken, deren Lage und Länge von einem Punkt auf einer Kurve abhängen. Bei Leonhard Euler (1707–1783) finden sich dann um 1750 zwei verschiedene Erklärungen des Funktionsbegriffs:

a) Eine Funktion y ist jeder „analytische Ausdruck" in x;
b) $y(x)$ wird im Koordinatensystem durch eine „libero manu ductu" (freihändig) gezeichnete Kurve definiert.

Bei Euler findet sich auch erstmals eine systematische Funktionenlehre, bei der er zwischen algebraischen, transzendenten und irrationalen Funktionen unterscheidet. Johann Peter Gustav Lejeune Dirichlet (1805–1859) und Hermann Hankel (1839–1873) haben dann den Funktionsbegriff in der heutigen Form geprägt, indem sie von dargestellten Situationen abstrahierten und den Zuordnungscharakter bei Zahlbereichen in den Vordergrund stellten. Dirichlet (1837) definiert: „Ist in einem Intervalle jedem einzelnen Werte x durch irgendwelche Mittel ein bestimmter Wert y zugeordnet, dann soll y eine Funktion von x heißen."

Die mit dem Funktionsbegriff ursprünglich beschriebenen Phänomene – etwa Bewegungen von Objekten – müssen dann durch Spezialisierungen – etwa als „stetige Funktionen" – wieder mit dem Begriff in Verbindung gebracht werden. Georg Cantor (1845–1918) gibt dem Funktionsbegriff die mengentheoretische Fassung. Einen Überblick über die Entwicklung des Funktionsbegriffs vor allem im Hinblick auf dessen Bedeutung für den Mathematikunterricht geben Steiner (1969) und Rüthing (1986).

Die zentrale Bedeutung des Funktionsbegriffs für die Mathematik und den Mathematikunterricht wurde dann vor allem von Felix Klein (1849–1925) seit Beginn des vorigen Jahrhunderts immer wieder betont, insbesondere in seinen Vorlesungen über „Elementarmathematik vom höheren Standpunkt aus" von 1908 (vgl. Weigand et al., 2019). Die ganze Tragfähigkeit des Funktionsbegriffs erschließt sich den Lernenden allerdings erst in der Sekundarstufe II, vor allem in der Analysis, weshalb Klein auch die Analysis in der von ihm wesentlich initiierten Meraner Reform von 1905 als „Krönung des funktionalen Denkens" bezeichnet (Gutzmer, 1908; Schimmack, 1911).

4.1.4 Aspekte des Funktionsbegriffs

Beim heute gängigen Funktionsbegriff lassen sich zwei fachliche *Aspekte* unterscheiden, anhand derer der Begriff der Funktion definiert werden kann: der *Zuordnungsaspekt* und der *Paarmengenaspekt*.

Zuordnungsaspekt

Eine Funktion ist eine Zuordnung, die jedem Element einer Menge A genau ein Element einer Menge B zuordnet. So heißt es beispielsweise in dem klassischen Lehrbuch von Mangoldt und Knopp von 1971:

> „Wenn jedem Wert einer Veränderlichen x, der zu dem Wertebereich dieser Veränderlichen gehört, durch eine eindeutige Vorschrift je ein bestimmter Zahlenwert y zugeordnet ist, so sagt man, y sei eine *Funktion der Veränderlichen x* oder kürzer, y sei eine Funktion von x." (S. 337)

Etwas formaler drücken dies Glaubitz, Rademacher und Sonar (2019) in ihrem Buch „Analysis 1" aus. Dort heißt es (X und Y sind irgendwelche Mengen):

> „Ordnet eine Vorschrift f jedem $x \in D(f) \subseteq X$ eindeutig ein Element $y = f(x) \in Y$ zu, dann heißt f Funktion oder Abbildung. Als Schreibweisen verwenden wir ... $f : X \to Y$, $f : x \mapsto f(x)$." (S. 68).

Forster (2016[12]) verwendet den Begriff der Abbildung – ohne Definition – in intuitiver Weise als eindeutige Zuordnung und führt den Funktionsbegriff darauf zurück:

> „Sei D eine Teilmenge von $\mathbb{R}$. Unter einer reellwertigen (reellen) Funktion auf D versteht man eine Abbildung $f: D \to \mathbb{R}$. Die Menge D heißt Definitionsbereich von f. Der Graph von f ist die Menge
> $$\Gamma_f := \{(x, y) \in D \times \mathbb{R} : y = f(x)\}." \text{ (S.104)}$$

Der nicht definierte und intuitiv verwendete Begriff der „Zuordnung" wird beim Paarmengenaspekt durch den Bezug zur Mengenlehre ersetzt.

Paarmengenaspekt

Eine Funktion f ist eine Teilmenge des kartesischen Produkts $A \times B$ zweier Mengen A und B, bei der für alle $x \in A$ genau ein $y \in B$ existiert mit $(x, y) \in f$.

Liedl und Kuhnert (1992) verwenden diesen Aspekt für die Definition des Funktionsbegriffs:

> „A und B seien Mengen. Eine *Funktion* oder *Abbildung f von A in B* ist ein Tripel (A, B, G) mit den Eigenschaften:
>
> (1) $G \subseteq A \times B$
>   und
> (2) Für alle $a \in A$ existiert genau ein $b \in B$ mit $(a, b) \in G$." (S. 36)

In dem Standardwerk „Analysis" von Harro Heuser (2009[17]) heißt es:

> „Funktionen $f: X \to Y$ sind also im Grunde nichts anderes als Teilmengen von $X \times Y$ mit den Eigenschaften

a) Jedes $x \in X$ tritt als erste Komponente eines Paares f auf, und

b) sind (x_1, y_1), (x_2, y_2) Paare aus f und ist $x_1 = x_2$, so ist auch $y_1 = y_2$

und lassen sich deshalb geradezu als solche definieren." (S. 105)

Eine Konsequenz dieser Auffassung ist es, Funktionen als linkstotale und rechtseindeutige Relationen zu definieren.

Beide fachlichen Aspekte des Funktionsbegriffs eignen sich, um den Begriff der Funktion zu definieren. Didaktisch gesehen besteht der Unterschied der beiden Aspekte darin, dass in der ersten Definition die Intuition bewusst angesprochen wird, indem Vorstellungen über den Begriff der Zuordnung intuitiv vorausgesetzt werden. Die zweite Definition baut auf dem mathematischen Begriff der Menge auf und bezieht alle weiteren Begriffe und Aussagen auf die Mengenlehre. Ihr liegen somit mathematisch definierte Begriffe zugrunde. Dadurch werden aber die mit dem Funktionsbegriff verbundenen intuitiven Vorstellungen ausgeklammert, sodass sich diese zweite Definition weniger für die Sekundarstufe I eignet.

Im Mathematikunterricht steht heute bei der Entwicklung des Funktionsbegriffs – aufbauend auf vielfältigen inner- und außermathematischen Phänomenen – vor allem der Zuordnungsaspekt im Vordergrund. Der Paarmengenaspekt erhält seine Bedeutung im Zusammenhang mit dem Gleichungslösen, vor allem bei der funktionalen Sichtweise des Lösens von Gleichungssystemen, und dann im Zusammenhang mit Relationen, die aber allenfalls in höheren Jahrgangsstufen thematisiert werden.

4.2 Funktionen verstehen

Zum *Verstehen* eines Begriffs gehört weit mehr als die Kenntnis einer Definition. Beim Verstehen eines Begriffs geht es insbesondere darum, Vorstellungen über den *Begriffsinhalt* (Eigenschaften und deren Beziehungen), den *Begriffsumfang* (Gesamtheit aller Objekte, die unter einem Begriff zusammengefasst werden) und das *Begriffsnetz* (Beziehungen zu anderen Begriffen) zu entwickeln sowie Kenntnisse über die *Anwendungen* des Begriffs zu erwerben. Man kann auch überlegen, was denn nun eigentlich den „Kern des Funktionsbegriffs" (Niss, 2014) ausmacht. Eine mögliche Antwort wäre, darunter die „Facetten" (Zindel, 2017; Prediger & Zindel, 2017) zusammenzufassen, die *allen* Funktionstypen in *allen* Darstellungen gemeinsam sind, wie etwa Abhängigkeit, variable Größen sowie abhängige und unabhängige Variable. In jedem Fall geht es beim Verstehen um ein umfassendes, nicht auf einzelne Funktionstypen oder Darstellungen verengtes Bild des Begriffs der Funktion. Dies zu entwickeln ist das Ziel des folgenden Lernmodells zum Funktionsbegriff.

4.2.1   Ein Lernmodell zum Funktionsbegriff

Spätestens mit der Reformpädagogik am Ende des 19. Jahrhunderts[1] und den Diskussionen, die zu Beginn des 20. Jahrhunderts vor allem durch Felix Klein in Gang
gesetzt wurden, ist strengen mathematischen Überlegungen im Mathematikunterricht
eine *propädeutische oder intuitive Phase* vorgeschaltet worden, in der die Grundlagen
für eine Begriffsbildung, gerade auch des Funktionsbegriffs, weitgehend handelnd und
anschaulich geschaffen werden sollten (etwa Höfler, 1910).

Betrachtet man das Lernen unter *genetischen* Gesichtspunkten, so ist die Entwicklung
eines derart zentralen mathematischen Begriffs wie des Funktionsbegriffs, der selbst in
der Mathematik eine lange und wechselvolle Entwicklung hinter sich hat, *langfristig
zu planen* (Vollrath, 2001). Freudenthal (1983) hat aufbauend auf fachwissenschaft-
lichen und historisch-genetischen Überlegungen sowie der Beziehung der Mathematik
zur realen Welt eine *didaktische Phänomenologie mathematischer Strukturen* entwickelt,
die als Leitlinie für die Entwicklung der oben beschriebenen *Begriffsvorstellungen*
dienen kann. Dabei zeigt Freudenthal auch am Funktionsbegriff, wie ausgehend von
Phänomenen Vorstellungen über Begriffe aufgebaut werden können.

Dieses Lernen lässt sich auf verschiedenen Stufen beschreiben. Die zentrale Idee
dabei ist, dass sich mathematisches Denken – und damit das Verständnis mathematischer
Objekte und Zusammenhänge – beginnend mit intuitiven Vorstellungen über verschiedene
Denkebenen, Niveaus oder Stufen zu einem zunehmend abstrakteren Verständnis
mathematischer Begriffe entwickelt (Vollrath, 1984, S. 202 ff.). Im Folgenden werden verschiedene Stufen benannt und beschrieben, bei denen der Abstraktions-, Schwierigkeits-
oder Anspruchsgrad beginnend mit der phänomenologischen Stufe sukzessive ansteigt.

1. Stufe: Der Begriff als Phänomen (intuitives Begriffsverständnis)
Das Verständnis dieser Stufe ist durch folgende Fähigkeiten gekennzeichnet:

(1) Die Lernenden können Zusammenhänge zwischen Größen erkennen und als
    funktionalen Zusammenhang beschreiben.
(2) Sie kennen wichtige Beispiele funktionaler Zusammenhänge.
(3) Sie verbinden mit funktionalen Zusammenhängen Darstellungen wie Kurve, Schau-
    bild, Pfeildiagramm, Tabelle usw.
(4) Sie können diese Darstellungsmittel zum Lösen einfacher Probleme einsetzen.
(5) Sie kennen die Eindeutigkeit der Zuordnung als kennzeichnende Eigenschaft von
    funktionalen Zusammenhängen.

---

[1] Die „Reformpädagogik" entwickelte sich aus den Überlegungen von Johann Amos Comenius
(1592–1670), Jean-Jacques Rousseau (1712–1778) und Johann Heinrich Pestalozzi (1746–
1827) und hatte ihren Höhepunkt zum Ende des 19. und Beginn des 20. Jahrhunderts mit Georg
Kerschensteiner (1854–1932), Hugo Gaudig (1860–1923) und Maria Montessori (1870–
1952) (vgl. Führer, 1997).

2. Stufe: Der Begriff als Träger von Eigenschaften (inhaltliches Begriffsverständnis)
Das Verständnis dieser Stufe wird durch folgende Fähigkeiten beschrieben:

(1) Die Lernenden kennen grundlegende Eigenschaften von Funktionen.
(2) Sie verbinden Vorstellungen über die Eigenschaften mit den unterschiedlichen Darstellungsformen.
(3) Sie sind in der Lage, Argumente für die erkannten Eigenschaften anzugeben. Dabei greifen sie ebenfalls auf die entsprechenden Darstellungen zurück.
(4) Sie können entdeckte Eigenschaften zur Lösung von Problemen benutzen.

3. Stufe: Der Begriff als Teil eines Begriffsnetzes (integriertes Begriffsverständnis)
Auf dieser Stufe geht es um das Erkennen von Zusammenhängen zwischen den Eigenschaften.

(1) Die Lernenden kennen Zusammenhänge zwischen Eigenschaften von Funktionen.
(2) Sie können Beziehungen zwischen Funktionstypen und deren Eigenschaften herstellen.
(3) Sie kennen für wichtige Funktionstypen unterschiedliche Definitionen und sind sich deren Äquivalenz bewusst.
(4) Sie kennen Beziehungen zwischen Funktionen und anderen mathematischen Objekten wie Relationen, Kurven oder Flächen.
(5) Sie verwenden Funktionen als mathematische Modelle für inner- und außermathematische Situationen.

4. Stufe: Der Begriff als Objekt zum Operieren (formales Begriffsverständnis)
Hier geht es um folgendes Wissen und folgende Fähigkeiten:

(1) Die Lernenden kennen wichtige Verknüpfungen von Funktionen.
(2) Sie haben Vorstellungen von den Verknüpfungen, die an verschiedene Darstellungsformen gebunden sind.
(3) Sie kennen grundlegende Eigenschaften dieser Verknüpfungen und können diese begründen.
(4) Sie können mit Funktionen auf der symbolischen Ebene operieren.

Dieses Lernmodell ist flexibel zu handhaben und nicht im Sinne einer sukzessive hochzusteigenden Treppe zu sehen. Sicherlich steht die erste Stufe für den Zugang zur Begriffsbildung, die vierte Stufe charakterisiert ein fortgeschrittenes Begriffsverständnis. Dazwischen gibt es aber ein reges „Auf- und Absteigen". So lässt sich etwa diese Stufenfolge für lineare Funktionen durchlaufen, beim Übergang zu quadratischen Funktionen wird man wieder erneut auf der ersten Stufe beginnen. Zudem gibt es innerhalb eines derartigen Funktionstyps eine Wechselbeziehung zwischen dem Erkennen von Eigenschaften und dem Aufbau eines Begriffsnetzes. Verständnisstufen stellen Ziele strukturiert dar, die es im Hinblick auf das Lernen und Lehren eines Begriffs anzustreben gilt.

4.2.2 Grundvorstellungen zum Funktionsbegriff

Die Wirksamkeit formaler Definitionen für das Verständnis des Funktionsbegriffs wird häufig überschätzt. Tall und Vinner (1981) haben in verschiedenen Untersuchungen zum Ende des letzten Jahrhunderts gezeigt, dass für das Verständnis des Funktionsbegriffs damit verbundene *Vorstellungen (concept image)* entscheidend sind und die Kenntnis von Darstellungen sowie Beispielen prägender ist als die Kenntnis formaler Definitionen *(concept definition)* (vgl. Vinner, 1992).

Zu den vielfältigen Zielen des Mathematikunterrichts im Themenbereich der Funktionen gehört es deshalb, dass Lernende tragfähige Vorstellungen zum Funktionsbegriff entwickeln. Ausgehend von den *Aspekten* des Funktionsbegriffs, dem *Zuordnungsaspekt* und dem *Paarmengenaspekt,* lassen sich *grundlegende Vorstellungen* oder *Grundvorstellungen* zu diesem Begriff ableiten, die diesem Begriff Sinn verleihen und so die inhaltliche Grundlage für das Arbeiten mit und das Anwenden von Funktionen in Problemsituationen bilden. Diese lassen sich nach Vollrath (1989) und Malle (2000a und b) folgendermaßen differenzieren:

Zuordnungsvorstellung
Eine Funktion ordnet jedem Wert einer Zahl oder Größe genau einen Wert einer zweiten Zahl oder Größe zu.

Mit dem Mengenbegriff formuliert bedeutet dies: Eine Funktion ordnet jedem Element einer Definitionsmenge genau ein Element einer Zielmenge zu. Dies ist die grundlegende Vorstellung, die auch in den Beispielen in Abschn. 4.1.2 deutlich zum Vorschein tritt. Beispielsweise ordnet die Quadratfunktion $f\colon x \to x^2$, $x \in \mathbb{R}$, jeder reellen Zahl ihr Quadrat zu. Für positive Zahlen x hat dieser Zusammenhang auch eine geometrische Bedeutung: Der Seitenlänge eines Quadrats wird der Flächeninhalt dieser Figur zugeordnet. Ein Anwendungs- oder Lebensweltbeispiel wäre eine Ware-Preis-Funktion, die einem Gewicht an Früchten – 500 g, 1 kg, … – genau einen Preis in Euro zuordnet.

Kovariationsvorstellung
Eine Funktion erfasst, wie sich Änderungen einer Zahl oder Größe auf die Änderungen der abhängigen Zahl oder Größe auswirken.

So nimmt beispielsweise der Flächeninhalt eines Quadrats bei zunehmender Seitenlänge streng monoton zu, eine Verdoppelung der Seitenlänge entspricht einer Vervierfachung des Flächeninhalts. Beim Abkühlen von heißem Kaffee nimmt die Temperatur des Kaffees mit der Zeit ab, zunächst schnell und dann immer langsamer. Der Begriff der „Kovariation" drückt das „Miteinander-Variieren" zweier Größen bzw. Variablen aus.

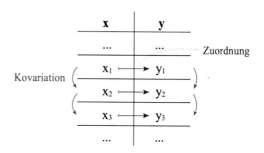

Abb. 4.6 Zuordnung und Kovariation in der Tabellendarstellung

Während die *Zuordnungsvorstellung* den funktionalen Zusammenhang *punktuell* betrachtet, indem jedem Element x der Definitionsmenge ein Element y der Zielmenge zugeordnet wird, geht bei der *Kovariationsvorstellung* der Blick auf einen *lokalen Bereich* der Definitions- bzw. Wertemenge. Es werden Änderungen der Variablen x und y betrachtet. Dies lässt sich auch durch die Art und Weise ausdrücken, wie Wertetabellen gelesen werden. Bei der Zuordnungsvorstellung stehen Wertepaare $(x; y)$ im Vordergrund, die Wertetabelle wird also vor allem in *horizontaler* Richtung gelesen. Hingegen richtet sich bei der Kovariationsvorstellung der Blick darauf, wie Änderungen von x mit Änderungen von y zusammenhängen. Die Wertetabelle wird also in *vertikaler* Richtung betrachtet (vgl. Abb. 4.6).

Diese unterschiedlichen Sichtweisen auf eine Funktion sind auch im Zusammenhang mit den unterschiedlichen Grundvorstellungen der Variable zu sehen (vgl. Kap. 2). Sowohl Zuordnungs- als auch Kovariationsvorstellung lassen sich mit der Vorstellung einer Variablen als unbestimmte Zahl oder als Veränderliche ausdrücken, einerseits auf der numerischen, andererseits auf der symbolischen Ebene.

Neben der Zuordnungs- und der Kovariationsvorstellung ist insbesondere im Zusammenhang mit einem fortgeschrittenen Begriffsverständnis eine dritte Vorstellung von Funktionen wichtig und unerlässlich:

Objektvorstellung
Eine Funktion ist ein Objekt, das einen Zusammenhang als Ganzes beschreibt.

Die Objektvorstellung erlaubt es Lernenden, Eigenschaften von Funktionen zu untersuchen und so verschiedene Funktionstypen zu unterscheiden. So können lineare, quadratische oder trigonometrische Funktionen voneinander unterschieden werden. Mit diesen sind Vorstellungen in verschiedenen Darstellungen verbunden, etwa mit linearen Funktionen eine Funktionsgleichung wie $y = a \cdot x + b$ oder eine Gerade in einem Koordinatensystem. Betrachtet man Funktionen als Objekte, so können diesen Eigenschaften zugeschrieben werden (z. B. bzgl. Monotonie, Symmetrie, Stetigkeit, Existenz von Nullstellen oder Extrema, Differenzierbarkeit etc.). Der Temperaturverlauf kann beim Abkühlen von heißem Kaffee mit einer Exponentialfunktion beschrieben oder modelliert werden, bei einer harmonischen Schwingung werden die Abhängigkeit des Ortes, der Geschwindigkeit und der Beschleunigung von der Zeit jeweils durch eine trigonometrische Funktion beschrieben. Für die Darstellung als Ganzes eignet sich insbesondere der Funktionsterm bzw. die Funktionsgleichung, wobei aber auch der Graph einer Funktion, in den darstellungsbedingten Grenzen und bei entsprechender Interpretation und Extrapolation, einen Blick auf das Ganze ermöglicht, etwa bzgl. der Anzahl von Extrempunkten und Nullstellen, des Verhaltens im Unendlichen oder in der Umgebung von Definitionslücken (siehe auch Barzel et al., 2021, S. 83f.).

Die Sichtweise auf Funktionen als Ganzes ist zudem erforderlich, wenn mit Funktionen als Objekten Operationen ausgeführt werden, wenn etwa Funktionsterme vervielfacht, addiert, multipliziert oder verkettet werden, wenn Funktionen differenziert oder integriert werden, wenn also aus gegebenen Funktionen neue Funktionen gebildet werden. Umgekehrt ist diese Objektvorstellung auch nötig, um komplexere Funktionen als Verknüpfung einfacherer Funktionen aufzufassen und damit Eigenschaften sukzessive zu erkennen – wie etwa bei den Funktionen mit $f(x) = \sin(x^2)$ und $g(x) = (\sin(x))^2$ – oder später, in der Analysis, Ableitungsregeln (wie z. B. die Kettenregel) und Integrationsregeln (wie z. B. die Substitutionsregel) anzuwenden.

4.2.3 Beziehung zwischen Aspekten und Grundvorstellungen beim Lernen

In welcher Beziehung stehen *fachliche Aspekte* und *Grundvorstellungen* von Funktionen beim Lernen im Algebraunterricht? Bis etwa zur Jahrgangsstufe 8 arbeiten Lernende mit funktionalen Zusammenhängen, ohne dass dazu eine Definition des Begriffs der Funktion gegeben wird. Durch das Erschließen von Phänomenen, denen funktionale Abhängigkeiten zugrunde liegen, werden die oben dargestellten Grundvorstellungen zu Funktionen allmählich auf- und ausgebaut. Eine Definition des Funktionsbegriffs anhand eines fachlichen Aspekts findet in der Regel in der Jahrgangsstufe 8 oder 9 anhand des Zuordnungsaspekts statt. Dabei sind vielfältige Beispiele und Übungen wichtig, um alle drei Grundvorstellungen weiterzuentwickeln. Der so definierte Begriff erhält also durch reichhaltige Erfahrungen mit Phänomenen und durch an Beispielen aufgebauten Grundvorstellungen inhaltliche Bedeutung und Sinn. Umgekehrt kann die formale Definition einer Funktion wiederum Rückwirkungen auf Grundvorstellungen entfalten, indem diese anhand der Definition des Begriffs präzisiert und geschärft werden (z. B. durch die Betrachtung von bislang „ungewohnten" Funktionen oder durch die Analyse von Relationen, die keine Funktionen sind).

Abb. 4.7 soll verdeutlichen, dass die beiden Aspekte des Funktionsbegriffs mit allen drei Grundvorstellungen in Beziehung gesetzt werden können.

Aspekte und Grundvorstellungen werden also im Mathematikunterricht auf der intuitiven Ebene entwickelt, ein Aspekt – im Allgemeinen der Zuordnungsaspekt – bildet

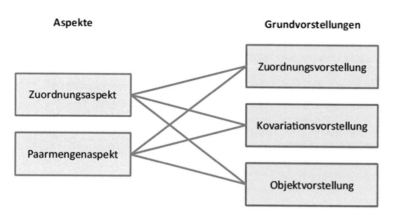

Abb. 4.7 Aspekte und Grundvorstellungen des Funktionsbegriffs (vgl. auch Greefrath et al., 2016, S. 46)

dann die Grundlage einer Definition. Die Grundvorstellungen werden durch vielfältige Beispiele in inner- und außermathematischen Situationen und durch die Verwendung verschiedener Darstellungsformen weiter ausgebaut. Die Beziehung zwischen Aspekten und Grundvorstellungen zu den oben erwähnten Begriffen *concept definition* und *concept image* lässt sich in grober Weise so beschreiben: Aspekte sind gleichbedeutend mit *concept definitions*, Grundvorstellungen sind auf der normativen Ebene angesiedelt und stellen angestrebte, zu entwickelnde Vorstellungen dar. Grundvorstellungen repräsentieren sozusagen einen zentralen Teiles eines „idealen" *concept image*. Unter *concept image* im ursprünglichen Sinne werden *alle* Vorstellungen eines oder einer Lernenden mit dem Begriff subsumiert, was dann aber auch Fehlvorstellungen umfasst (vgl. Roos, 2020).

4.2.4 Funktionales Denken

Die Kommission der Gesellschaft Deutscher Naturforscher und Ärzte, aus der die Deutsche Mathematiker-Vereinigung (DMV) hervorging, formulierte 1905 bei einer Tagung in Meran Leitlinien für den Mathematikunterricht und stellte dabei insbesondere die Bedeutung des Funktionsbegriffs heraus. Die als Unterrichtsreform oder „Meraner Reform" bezeichneten Unterrichtsvorschläge stellten dabei zwei Ziele des Mathematikunterrichts in den Vordergrund:

- die „Stärkung der räumlichen Anschauung und
- die Erziehung zur Gewohnheit des funktionalen Denkens". (Gutzmer, 1908)

Während das erste Ziel für eine Erweiterung der bis dahin vorherrschenden ebenen auf die räumliche Geometrie plädiert, fanden mit dem zweiten Ziel – allerdings in einem langen, sich bis Mitte des Jahrhunderts hinziehenden Entwicklungsprozess –

der Themenbereich der Funktionen und die Analysis Eingang in die Lehrpläne des Mathematikunterrichts an höheren Schulen. Dabei forderte Felix Klein, einer der führenden Köpfe dieser Reformbestrebung, für den Mathematikunterricht:

> „Wir wollen nur, daß der allgemeine Funktionsbegriff in der einen oder anderen Eulerschen Auffassung den ganzen mathematischen Unterricht der höheren Schulen wie ein Ferment durchdringe; er soll gewiß nicht durch abstrakte Definitionen eingeführt, sondern an elementaren Beispielen, wie man sie schon bei Euler in großer Zahl findet, dem Schüler als lebendiges Besitztum überliefert werden." (Klein, 1933, S. 221)

Doch was bedeutet das Schlagwort „funktionales Denken"? Wie lässt es sich aus heutiger Sicht konkretisieren und definieren? Einen Überblick über die historische Entwicklung dieses Begriffs und seine inhaltlichen Wandlungen gibt Katja Krüger (2000). 1989 hat Hans-Joachim Vollrath durch eine zunächst fast tautologisch anmutende Definition zur Klärung dieses Begriffs beigetragen:

> „Funktionales *Denken* ist eine Denkweise, die typisch für den Umgang mit Funktionen ist." (S. 6)

Durch diese Wendung wird das nicht unmittelbar zu beobachtende Denken einer Person, das sich stets nur aus den getätigten Handlungen oder Verbalisierungen rückschließen und interpretieren lässt, auf die mathematische Ebene zurückgeführt. Das funktionale Denken wird eng an den *mathematischen Begriff der Funktion* gekoppelt und durch das Darstellen von und den Umgang mit Funktionen zugänglich.

Aufbauend auf den vorhergehenden didaktischen Analysen erlaubt uns die Definition des funktionalen Denkens nun genauer zu beschreiben, was es bedeutet, dass Lernende mit funktionalen Zusammenhängen gedanklich umgehen können. Die Basis für diesen Umgang sind die Grundvorstellungen. Funktionales Denken lässt sich somit – und so hat es Vollrath getan – in enger Beziehung zu den drei Grundvorstellungen sehen:[2]

> Funktionales Denken bedeutet *Grundvorstellungen* zu Funktionen (Zuordnungsvorstellung, Kovariationsvorstellung, Objektvorstellung) situationsangemessen nutzen und zwischen verschiedenen Grundvorstellungen flexibel wechseln zu können.

Mit Bezug zum Verständnis des Funktionsbegriffs und dem entsprechenden Lernmodell (Abschn. 4.2.1) lässt sich der Umgang mit Grundvorstellungen inhaltlich konkretisieren: Das Entwickeln von Grundvorstellungen bedeutet:

- *Phänomene*, denen funktionale Zusammenhänge zugrunde liegen, erfassen, beschreiben sowie die gefundenen Zusammenhänge interpretieren und für Problemlösungen verwenden. Solche Phänomene können z. B. zeitliche Entwicklungen, Kausalzusammenhänge oder willkürlich gesetzte Abhängigkeiten zwischen Größen sein.

---

[2] Vollrath spricht hier von „Aspekten des funktionalen Denkens". Nach unseren Bezeichnungen sind das die Grundvorstellungen.

Abb. 4.8 Preistabelle für
Gondelfahrten

	Erwachsener	Kinder 4–15 Jahre
Berg- und Talfahrt	12 €	5 €
Berg- oder Talfahrt	8 €	3 €

Beispiel 1

Berg- und Talfahrt mit einer Gondel (Abb. 4.8) ◀

Beispiel 2

Benzinverbrauch bei einer Autofahrt (Abb. 4.9) ◀

Auch wenn es schwer ist, Beispiele zu genau einer bestimmten Grundvorstellung zu entwickeln, so sollten die einzelnen *Grundvorstellungen* doch explizit angesprochen, entwickelt und perspektivenreich genutzt werden können.

- *Darstellungsformen* von Funktionen (z. B. Tabelle, Term, Graph) erstellen, interpretieren, ineinander transformieren und problemlösend nutzen. Dabei kommt es vor allem darauf an, Repräsentationsformen problemadäquat einsetzen und ggf. zwischen ihnen wechseln zu können (vgl. Ullrich, 2019).

Beispiel

Beschleunigungsvorgang bei der Anfahrt eines Fahrrads – symbolische, tabellarische und grafische Darstellung (Abb. 4.10)

$$s(t) = \begin{cases} 0{,}8 \cdot t^2 & f\ddot{u}r \quad 0 \le t < 2{,}5 \\ 4 \cdot t - 5 & f\ddot{u}r \qquad t \ge 2{,}5 \end{cases}$$

◀

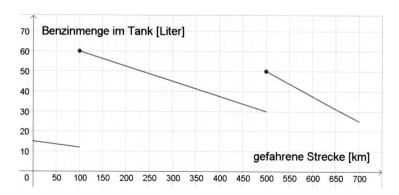

Abb. 4.9 Zusammenhang zwischen Benzinverbrauch und zurückgelegtem Weg bei einer Autofahrt

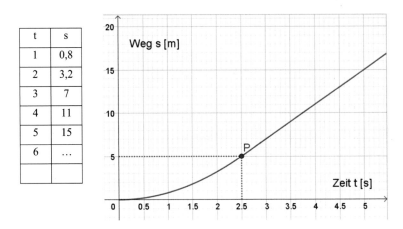

Abb. 4.10 Weg-Zeit-Zusammenhang eines Fahrradstarts

Darstellungsformen funktionaler Zusammenhänge dienen zum einen als Visualisierung von Eigenschaften und Zusammenhängen, aber auch als Werkzeuge des Denkens und Kommunizierens. Es gibt zahlreiche empirische Untersuchungen, die die Schwierigkeiten von Lernenden beim Lesen von Darstellungen von Funktionen, beim Transfer zwischen verschiedenen Darstellungen und der Darstellungsvernetzung zeigen (vgl. etwa Müller-Philipp, 1994; Nitsch, 2015; Ruchniewicz, 2020). Insbesondere der Transfer zwischen Gleichung und Graph und die inhaltliche Deutung der Parameter bereiten bereits bei linearen Funktionen Schwierigkeiten. Sprösser et al. (2018) zeigen, wie Lernende Darstellungswechsel – weitgehend kalkülhaft – umsetzen können, ohne die Bedeutung auftretender Parameter zu kennen. Weiterhin gibt es aus empirischen Untersuchungen gewonnene Hinweise einer gegenseitigen Wechselbeziehung von sprachlichen Fähigkeiten und funktionalem Denken (Lichti, 2019). Ein Überblick über Forschungsarbeiten zum funktionalen Denken findet sich bei Roth und Lichti (2021, S. 9).

Die Frage, welche Darstellungsform denn nun für einen Lernprozess vorteilhaft ist, lässt sich nur im Kontext der Problemstellung beantworten. So kann etwa die Tabellendarstellung bei Aufgaben, die nach numerischen Ergebnissen fragen, besser geeignet sein als der Graph (vgl. etwa Rolfes et al., 2016). Schließlich stellt sich auch die Frage nach der Bedeutung realer Experimente im Vergleich zu deren digitaler Simulation. Bei Lichti (2019) fördern diese unterschiedlichen Zugänge die einzelnen Grundvorstellungen in unterschiedlicher Weise: Realexperimente betonen stärker die Zuordnungsvorstellung, Simulationen stärker die Kovariationsvorstellung. Der Unterricht sollte deshalb auf beiden Zugängen aufbauen (siehe auch Digel & Roth, 2020).

- *Eigenschaften von Funktionen* in verschiedenen Darstellungen erkennen und zum Problemlösen benutzen.

Beispiel

Eine Bakterienkultur vermehrt sich exponentiell und verdoppelt sich alle 4 h. Wir gehen von 1000 Bakterien zum Zeitpunkt $t = 0$ h aus. Dann sind es nach 4 h – in der Realität natürlich nur näherungsweise – 2000 und nach 8 h 4000 Bakterien (Abb. 4.11). Wie viele Bakterien sind nach 6 h vorhanden?

Dies führt auf die Gleichung: $2000 \cdot x \cdot x = 4000$,

also $x^2 = 2$

oder $x = \sqrt{2}$.

Zum Zeitpunkt $t = 6$ h sind es folglich ca. 2830 Bakterien.

Wird durch die gegebenen Punkte der Graph der Funktion f: $y = 1000 \cdot 2^{\frac{x}{4}}$ gelegt, so lässt sich mit dem Funktionsterm der Wert von ca. 2830 Bakterien zum Zeitpunkt $t = 6$ h unmittelbar berechnen, aus dem Graphen lässt sich ein Wert von ca. 2800 Bakterien ablesen (Abb. 4.12). ◄

Abb. 4.11 Wachstum einer Bakterienkultur in Tabellendarstellung

Zeit t [h]	Anzahl N Bakterien
0	1000
4	2000
6	
8	4000
…	…

Abb. 4.12 Wachstum einer Bakterienkultur in grafischer Darstellung

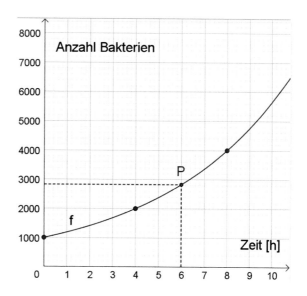

- *Beziehungen des Funktionsbegriffs* zu anderen Begriffen sowie zwischen dessen Eigenschaften erkennen, entwickeln und aufbauen.
  In Beziehung zum Funktionsbegriff stehen die Begriffe Abbildung, Relation, Graph, Symmetrie, Monotonie, Stetigkeit, Ableitung, Integral und viele weitere inner- und außermathematische Begriffe. Diese Beziehungen sollen Lernenden erkennen und aktiv herstellen.
- Mit *Funktionen als Objekten* insbesondere auf der symbolischen Ebene arbeiten, Funktionen verknüpfen und verketten sowie Eigenschaften zusammengesetzter Objekte aus den Eigenschaften der Einzelobjekte ableiten. In den folgenden Beispielen (Abb 4.13) wird sichtbar, wie Eigenschaften zusammengesetzter Funktionen mit ihren zugehörigen Graphen untersucht werden können.

Beispiel

Mit den Funktionen mit $f(x) = \sin(x)$ und $g(x) = x^2$ erhält man die beiden Funktionen $g(f(x)) = (\sin(x))^2$ und $f(g(x)) = \sin(x^2)$ mit höchst unterschiedlichen Eigenschaften (Abb. 4.13). ◀

Vielfältige Phänomene funktionaler Zusammenhänge lassen sich auch im Bereich der Geometrie studieren. So können mithilfe Dynamischer Geometriesoftware (DGS) Konstruktionen als beweglich angesehen oder dynamisiert werden. Veränderungen gegebener Objekte bewirken Veränderungen abhängiger Objekte. Hier wird die Kovariationsvorstellung von Funktionen angesprochen. Über die systematische Variation einer dynamischen Konstruktion lassen sich die zugrunde liegenden funktionalen Zusammenhänge erkunden. Bereits im Rahmen der Meraner Reform wurde darauf hingewiesen, dass die Gewohnheit des funktionalen Denkens auch in der Geometrie durch fortwährende Betrachtung der Änderungen gepflegt werden soll. So können etwa Auswirkungen von Größen- und Lagenänderung auf Figuren und Körper qualitativ

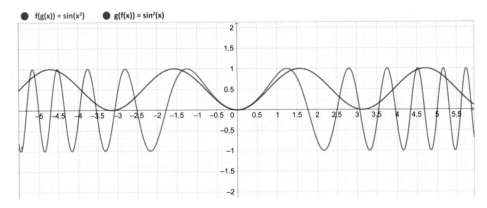

Abb. 4.13 Verknüpfung der Funktionen $g \circ f$ und $f \circ g$ mit $f(x) = \sin(x)$ und $g(x) = x^2$

und quantitativ analysiert werden, z. B. bei Gestaltänderungen von Vierecken oder Änderungen der gegenseitigen Lage zweier Kreise (Gutzmer, 1908, S. 113). Das folgende Beispiel eines Gelenkparallelogramms illustriert dies.

Beispiel

ABCD ist ein Gelenkparallelogramm (Abb. 4.14). Der Punkt *C* bewegt sich auf dem Kreis *K(B; r)*. Der Flächeninhalt des Parallelogramms *ABCD* kann in Abhängigkeit vom Winkel α dargestellt werden. ◄

Schwieriger ist es allerdings, das funktionale Denken und insbesondere die drei unterschiedlichen Grundvorstellungen in Form von individuellen Lernendenvorstellungen empirisch zu validieren. Für Lernende einer 7. Klasse konnten Lichti und Roth (2019) zwar Elemente funktionalen Denkens nachweisen, empirisch stellt sich funktionales Denken in ihren Untersuchungen aber als ein eindimensionales Konstrukt dar und eine Aufspaltung in drei Dimensionen oder Grundvorstellungen ließ sich nicht nachweisen. Dabei muss allerdings berücksichtigt werden, dass diese Studie zu einem Zeitpunkt erfolgte, als die Lernenden erst am Anfang der schulischen Entwicklung des funktionalen Denkens standen. Für verallgemeinerbare Aussagen sind sicherlich weitere Untersuchungen notwendig.

4.2.5 Das operative Prinzip und das funktionale Denken

Der Entwicklungspsychologe Jean Piaget (1896–1980) führte Denken auf menschliche Handlungen zurück: Denken ist vorgestelltes Handeln. Piaget formulierte so die Kernidee der Lerntheorie des Konstruktivismus, nämlich dass Aktivitäten und Handlungen an konkreten, bildlichen und symbolischen Gegenständen entscheidend für die Denkentwicklung der Lernenden sind. Der Wissenserwerb erfolgt nicht durch Betrachten oder

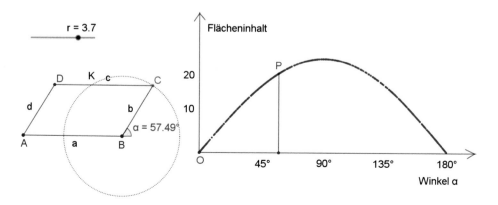

Abb. 4.14 Abhängigkeit des Flächeninhalts des Gelenkvierecks vom Winkel α

einfaches Nachahmen, sondern durch das bewusste, gezielte und reflektierte Operieren mit Objekten.

Kennzeichnend für verinnerlichte Handlungen oder – wie Piaget sie nennt – „Operationen" sind ihre *Flexibilität* oder *Beweglichkeit*, d. h., sie sind umkehrbar oder reversibel *(Reversibilität)*, zusammensetzbar oder kompositionsfähig *(Kompositionsfähigkeit)* und assoziativ *(Assoziativität)*, d. h., man kann auf verschiedene Weisen zum Ziel kommen (vgl. etwa Piaget, 1972). Für Hans Aebli (1923–1990), einem Schüler Piagets, vollzieht sich die Verinnerlichung einer Operation in drei Hauptstufen (Aebli, 2001, S. 102): Ausgehend von der *konkreten Stufe* und dem Arbeiten mit konkreten Gegenständen und Material wird auf der *figuralen Stufe* mit bildlich dargestellten Gegenständen operiert, und auf der *symbolischen Stufe* werden Gegenstände und Operationen durch Zeichen repräsentiert. Entscheidend für den Stufenübergang sind dabei zum einen das *Reflektieren über die eigene Tätigkeit* sowie die *Verbalisierung der Handlungen* und zum anderen das *operative Durcharbeiten oder Üben* der entsprechenden Inhalte. Mit dem *operativen Durcharbeiten* sind vielfältige systematische Veränderungen verbunden: Veränderung der Ausgangssituation, Suche nach alternativen Lösungswegen, Variieren der gesuchten Größen, Variation des Unwesentlichen, d. h. Variieren der Größen, die keinen Einfluss auf die betrachteten Zusammenhänge haben (vgl. Wittmann, 1985; Günster & Weigand, 2020).

Es geht beim operativen Prinzip vor allem darum, zu erfassen, wie „Objekte konstruiert sind und wie sie sich verhalten, wenn auf sie *Operationen* (Transformationen, Handlungen …) ausgeübt werden" (Wittmann, 1981, S. 9). Dies lässt sich auch mit der Frage „Was geschieht, wenn …?" verknüpfen. Das operative Prinzip zielt auf die Ausbildung flexibler oder beweglicher Denkweisen und somit insbesondere auf das funktionale Denken. Die Fragen des folgenden Beispiels sind typisch für das operative Durcharbeiten, erfordern funktionales Denken oder lassen sich mithilfe funktionaler Denkweisen beantworten.

Beispiel

Die Flächeninhaltsformel für das Trapez mit den Grundseiten(längen) a und c und der Höhe h lautet:

$$A = \frac{a + c}{2} \cdot h$$

- Was geschieht, wenn die Höhe verdoppelt wird?
- Was geschieht, wenn eine Grundseite verdoppelt wird?
- Welche Höhe ergibt sich bei gegebenem Flächeninhalt und gegebenen Grundseiten?
- Wie ist der Zusammenhang zwischen a und c, wenn Höhe und Flächeninhalt eines Trapezes vorgegeben sind?
- Welcher Sonderfall ergibt sich, wenn eine Grundseitenlänge gegen 0 strebt? ◄

4.2.6 Zusammenfassung

Aufgabe des Mathematikunterrichts ist es, den Lernenden zu helfen, Begriffe zu verstehen und den korrekten Umgang mit ihnen zu lernen. Didaktisch gesehen sind Vorstellungen, die mit einem Begriff verbunden sind, fundamental für ein solches Begriffsverständnis. In der Vorstellungsentwicklung geht es also darum, tragfähige Vorstellungen zu fördern und nicht tragfähige Vorstellungen zu adressieren.

Ein langfristiger Plan zum Lehren des Funktionsbegriffs wird sich um eine Kombination von Begriffsverstehen und Begriffstätigkeiten oder -handlungen bemühen: Zunächst werden aufbauend auf inner- und außermathematischen Phänomenen Vorstellungen über den Funktionsbegriff entwickelt, dann werden Fertigkeiten und Fähigkeiten im Umgang mit Funktionen schrittweise erweitert. So bilden Lernende ein Begriffsnetz, das es erlaubt, lokale und globale Ordnungen zu erkennen und zu begründen. Das Verständnis des Funktionsbegriffs wird dann schrittweise *vertieft*. Wie das im Unterricht realisiert werden kann, wird in den folgenden Abschnitten gezeigt.

4.3 Zentrale didaktische Handlungsfelder

Im Algebraunterricht entwickelt sich der Funktionsbegriff im Allgemeinen entlang komplexer werdender Funktionstypen. Ausgehend von proportionalen und antiproportionalen Funktionen werden lineare, quadratische und Polynomfunktionen, dann einfache gebrochen rationale und trigonometrische Funktionen, Exponential- und Logarithmusfunktionen behandelt. Ein Überblick über diese Funktionstypen mit vielen inner- und außermathematischen Anwendungen findet sich in Humenberger & Schuppar (2019) und bei Barzel et al. (2021). Mit komplexer werdenden Funktionstypen nimmt im Allgemeinen auch die Komplexität der Funktionseigenschaften zu. Jeder neue Funktionstyp erweitert zugleich die Formelsprache mit neuen Bezeichnungen wie z. B. sin, cos, log. Bevor im 4. Abschnitt Ideen zu diesem Unterrichtsaufbau dargestellt werden, soll im Folgenden die Entwicklung des Funktionsbegriffs zunächst in Form von zentralen didaktischen Handlungsfeldern dargestellt werden. Diese Handlungsfelder kann man auch nach Friedrich Copei (1902–1945) als diejenigen Unterrichtssituationen verstehen, die besonders „fruchtbare Momente im Bildungsprozess" (1930) sind.

4.3.1 Zugänge zum Funktionsbegriff

Lernende können auf vielfältige Weise erste Erfahrungen mit dem Phänomen Zuordnung beziehungsweise funktionalem Zusammenhang sammeln: durch das Arbeiten mit Operatoren, das Bearbeiten von Aufgaben in Tabellenform, bei denen für Variablen Zahlen einzusetzen sind, durch die Entwicklung von Rechenschemata in Form von Termen (vgl. Kap. 3), aber auch durch das Suchen nach Gesetzmäßigkeiten beim Aufbau von Musterfolgen (vgl. Kap. 2). Um diese Erfahrungen gezielt in Lernprozessen zu initiieren, werden meist Aufgabenstellungen behandelt, denen eine Beziehung zwischen Größen zugrunde liegt. So werden bereits in der Grundschule Aufgaben über Preise bestimmter Warenmengen gestellt, bei denen häufig stillschweigend eine Proportionalität zwischen Warenmenge und Preis vorausgesetzt wird.

(1) Rechnen mit Größen
Untersuchungen zur Entwicklung des funktionalen Denkens zeigen bei Lernenden zu Beginn der Sekundarstufe I einerseits Schwierigkeiten im Erfassen von Proportionalität (vgl. Tourniaire & Polus, 1985; Blanton & Kaput, 2011; Lichti & Roth, 2019). Andererseits konnte empirisch nachgewiesen werden, dass schon Grundschulkinder mit Proportionalität umgehen können (Möller, 1997). So sind den Lernenden aus der „Einkaufswelt" und der „Geldwelt" bereits proportionale Zusammenhänge auf der intuitiven Ebene bekannt.

Einfache Aufgaben, bei denen man „von einer Einheit zur Vielheit" oder „von der Vielheit zur Einheit" übergeht, sind in der 5. und 6. Jahrgangsstufe eine gute Möglichkeit, das Rechnen mit Größen aufbauend auf Vorerfahrungen mit Division und Multiplikation anzuwenden. Die Rechenoperationen, also die entsprechenden Multiplikationen und Divisionen, stehen in engem Zusammenhang mit den in die Aufgabe hineininterpretierten Handlungen etwa des Verteilens oder Aufteilens.

Beispiel

Von der Einheit zur Vielheit:

(1) Ein Nagel wiegt 4 g. Wie viel Gramm (g) wiegen 600 Nägel dieser Sorte?
(2) Ein Vierpersonenhaushalt benötigt ca. 150 m^3 Wasser pro Jahr. Wie hoch ist der Wasserbedarf einer Wohneinheit von 50 Personen pro Jahr?

Von der Vielheit zur Einheit:

(3) Ein Vierpersonenhaushalt benötigt ca. 150 m^3 Wasser pro Jahr. Wie viel Wasser verbraucht eine Person?
(4) 500 Nägel einer anderen Sorte wiegen 3000 g. Wie schwer ist ein Nagel? ◄

Mit Beginn der 7. Jahrgangsstufe werden dann Zusammenhänge zwischen Größen stärker auf der inhaltlichen Ebene thematisiert. Ausgangspunkt können Sachsituationen sein, in denen die Zuordnung in unterschiedlicher Weise dargestellt ist.

(2) Wertepaare
Auf Preisschildern von Käsestücken steht, wie viel Kilogramm (kg) das Stück wiegt und wie viel Euro es kostet. Dem Gewicht ist der Preis zugeordnet (Abb. 4.15).

Abb. 4.15 Preise
verschiedener Mengen von
Butterkäse

Butterkäse		Butterkäse		Butterkäse	
Gewicht in kg	Preis in €	Gewicht in kg	Preis in €	Gewicht in kg	Preis in €
0,100	1,49	0,165	2,46	0,250	3,73

Stand 10.04.2019			
EURO	BR. PFUND	BR. PFUND	EURO
0,10	0,09	0,10	0,12
0,50	0,43	0,50	0,58
1,00	0,86	1,00	1,16
5,00	4,30	5,00	5,80
10,00	8,60	10,00	8,60
20,00	17,20	20,00	17,20
30,00	25,80	30,00	25,80
40,00	34,40	40,00	34,40
50,00	43,00	50,00	43,00
60,00	51,60	60,00	51,60
70,00	60,20	70,00	60,20
80,00	68,80	80,00	68,80
90,00	77,40	90,00	77,40
100,00	86,00	100,00	86,00

Abb. 4.16 Umrechnungstabellen Britisches Pfund und Euro

(3) Tabelle

Der folgende Auszug einer Umrechnungstabelle zeigt, wie viel Britische Pfund man für einen bestimmten Betrag an Euro erhält und umgekehrt (Abb. 4.16).

(4) Zuordnungsvorschrift

Das Normalgewicht eines Mannes hängt von seiner Körpergröße ab. Man findet es in Kilogramm (kg) nach der Vorschrift:

„Körpergröße in cm − 100"

(5) Graphen

In Würzburg wird stündlich der Pegelstand des Mains an einem festen Ort gemessen. Für die Tage vom 08.09. bis 11.09.2020 lässt sich aus dem Graphen der jeweilige Pegelstand ablesen (vgl. Abb. 4.17).[3] Beispiele wie diese können Lernende bei konkret erlebten Situationen aus ihrer Lebenswelt abholen.

---

[3] Quelle: Bayerisches Landesamt für Umwelt, Hochwassernachrichtendienst, https://www.hnd. bayern.de/pegel/unterer_main/wuerzburg-24042000 (zuletzt abgerufen 12.09.2020).

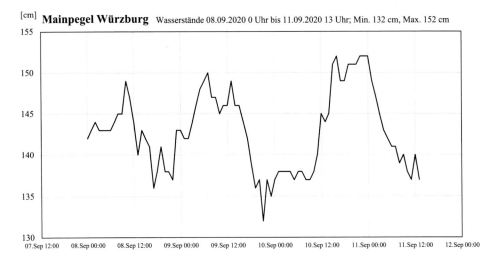

Abb. 4.17 Der Pegelstand des Mains zu verschiedenen Tagen und Uhrzeiten

(6) Funktionen – qualitativ betrachtet

Eine Möglichkeit, vor allem die Grundvorstellung der Kovariation zu entwickeln, ist es, Zusammenhänge qualitativ zu betrachten. Dabei werden funktionale Zusammenhänge meist durch einen Graphen dargestellt, zu dem kein konkreter Funktionsterm bekannt ist, es also nicht auf die konkreten Werte bzw. Wertepaare ankommt (vgl. Rolfes, 2017; Klinger, 2018, S. 77 ff.). Häufig sind dabei auch, wie im folgenden Beispiel gezeigt, keine Einheiten der aufgetragenen Größen bekannt, sodass ein konkretes numerisches Arbeiten bewusst unterbunden wird.

Beispiel 1

Stromverbrauch während eines Tages (nach Körner et al., 2020, Neue Wege 7, S. 34)
Stromverbrauch – passender Graph gesucht (Abb. 4.18)

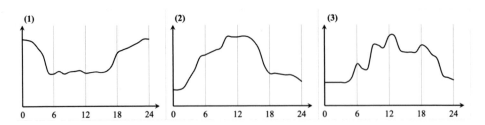

Abb. 4.18 Grafische Darstellungen des Stromverbrauchs verschiedener Gemeinden während eines Tages

a) Welcher der Graphen stellt den Stromverbrauch im Laufe eines Tages in deiner Heimatgemeinde am besten dar? Begründe deine Entscheidung.

b) Wie sieht der Graph zum Stromverbrauch einer Fabrik im gleichen Zeitraum aus? ◄

Beispiel 2

Füllgraphen (Körner, 2020, Neue Wege 7, S. 36)

Füllgraphen

In alle Gefäße wird Wasser gleichmäßig gefüllt. In den Schaubildern ist jeweils auf der horizontalen Achse die Zeit und auf der senkrechten Achse die Höhe des Wasserstands aufgetragen. Ordne jedem Gefäß die entsprechende Füllkurve zu. Begründe deine Entscheidung und beschreibe die Füllvorgänge (Abb. 4.19). ◄

Neben der Kovariationsvorstellung lassen sich auf der qualitativen Ebene Fragen nach Eigenschaften der dargestellten Funktion, etwa Zunehmen oder Abnehmen (Wachsen oder Fallen), Schwankungen, Wiederholungen (Periodizität), das Vorhandensein von Extremwerten oder Nullstellen einer Funktion, beantworten. Derartige qualitative Betrachtungen funktionaler Zusammenhänge sollen vor allem einer frühzeitigen Kalkülorientierung im Unterricht vorbeugen und Lernende zu inhaltlichen Vorstellungen anregen. Diesem Ziel dienen auch die folgenden Aufgaben.

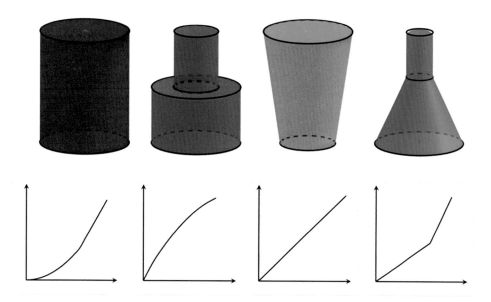

Abb. 4.19 Grafische Darstellungen von Füllvorgängen bei verschiedenen Gefäßen

Beispiel 3

Gegeben sind ein Kreis mit Mittelpunkt M und zwei Punkte O und P auf der Kreislinie (Abb. 4.20). P bewegt sich nun – startend von O – auf der Kreislinie. Der Graph
(Abb. 4.21) zeigt die Länge der Sehne s in Abhängigkeit von der Weglänge, die P auf
der Kreislinie zurückgelegt hat. ◄

Beispiel 4

Anstelle des Kreises ist nun ein Dreieck ABC gegeben (Abb. 4.22). Es wird die Länge
der „Sehne" s in Abhängigkeit des zurückgelegten Weges von P auf der Randlinie –
von A aus gemessen – betrachtet. Abb. 4.23 zeigt den Graphen des Zusammenhangs
zwischen „Sehnenlänge" und dem Weg, den P auf dem Rand zurückgelegt hat. ◄

Abb. 4.20 Der Punkt P
bewegt sich auf dem Kreis

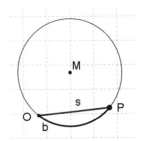

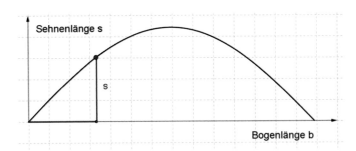

Abb. 4.21 Graph der Streckenlänge |OP| in Abhängigkeit von der Länge des Weges, den P auf
dem Kreis zurückgelegt hat

Abb. 4.22 Der Punkt P
bewegt sich auf dem Rand des
Dreiecks

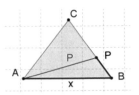

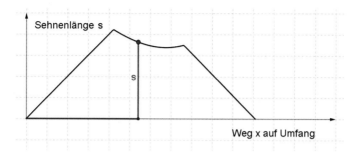

Abb. 4.23 Graph der Streckenlänge |*AP*| in Abhängigkeit des Weges, den *P* auf dem Rand des Dreiecks zurückgelegt hat

(7) Experimentieren und Funktionen

Eine weitere Möglichkeit, Denkweisen mit Handlungen zu verknüpfen, bietet das Experimentieren (auch) im Mathematikunterricht (Ludwig & Oldenburg, 2007). Dabei können im Rahmen einfacher Versuche Daten gewonnen und Zusammenhänge erforscht werden. Im Folgenden sind einige Beispiele angeführt, die dem Physikunterricht nicht vorgreifen und ohne großen Aufwand auch im Mathematikunterricht der 7. Jahrgangsstufe durchgeführt werden können (Vollrath, 1978, 2001, S. 214–216). Weitere Experimente zu proportionalen, antiproportionalen, quadratischen und kubischen Funktionen finden sich in Beckmann (2007).

Beispiele

(1) Gewicht von Nägeln in Abhängigkeit von der Stückzahl
Messgeräte: Briefwaage
Material: Nägel gleicher Art
Problem: In einer Tüte befindet sich eine unbekannte Anzahl dieser Nägel. Wie kann man sie durch Wiegen ermitteln, ohne die einzelnen Nägel zu zählen?

(2) Gewicht von Kabelstücken in Abhängigkeit von der Länge
Messgeräte: Briefwaage, Lineal mit Skala
Material: Kabelstücke zwischen 5 und 30 cm
Problem: An einem Kabelstück ist eine Schelle montiert. Wie kann man das Gewicht der Schelle bestimmen, ohne sie abzumontieren?

(3) Gewicht von Papprechtecken in Abhängigkeit vom Flächeninhalt
Messgeräte: Briefwaage, Lineal mit Skala
Material: Papprechtecke gleicher Stärke
Problem: Der Flächeninhalt eines krummlinig begrenzten Pappstücks soll bestimmt werden. Wie kann man ihn aus dem Gewicht ermitteln? ◄

Bei allen Versuchen bietet es sich an, die gefundenen Messwerte zunächst in einer Tabelle zu notieren und dann die zugehörigen Punkte in ein Koordinatensystem mit passend gewählten Einheiten einzutragen. Die Messpunkte können durch eine Gerade angenähert werden, wobei zur Begründung auf die Proportionalität des Zusammenhangs der jeweiligen Größen verwiesen werden kann. So lassen sich mithilfe des Graphen obige Fragen beantworten.

In diesem Abschnitt wurden vielfältige Möglichkeiten für einen Zugang zu funktionalen Zusammenhängen im Mathematikunterricht aufgezeigt. Das zentrale Ziel ist das Entwickeln der Zuordnungsvorstellung als Basis für ein intuitives Verständnis des Funktionsbegriffs. Hierzu werden unterschiedliche inner- und außermathematische Situationen in Wortform, als Operatoren, Wertepaare, Tabellen und Graphen dargestellt. Dabei wird im Zusammenhang mit proportionalen Zusammenhängen die Kovariationsvorstellung bereits in quantitativer Hinsicht erfasst, bei empirisch untersuchten Zusammenhängen und deren Darstellung in „qualitativen Graphen" wird die Kovariationsvorstellung in qualitativer Hinsicht entwickelt. Dieser Zugang soll einer frühzeitigen Verengung auf gesetzmäßig und damit formelmäßig darstellbare Funktionen entgegenwirken.

4.3.2 Entdecken neuer Funktionstypen

Proportionale, antiproportionale und lineare Funktionen werden im Allgemeinen in der 7. und 8. Jahrgangsstufe, quadratische Funktionen sowie das Problem der Umkehrfunktionen in der 9. und Potenz-, Exponential- sowie trigonometrische Funktionen dann in der 10. Jahrgangsstufe behandelt. Um Lernende in ihrem Verständnis des Funktionsbegriffs nicht frühzeitig einzuschränken, etwa ausschließlich auf lineare Funktionen, sollten immer wieder empirische und qualitative Funktionen behandelt werden. Betrags- und Treppenfunktionen sind Beispiele, die einerseits in engem Zusammenhang mit linearen Funktionen stehen, andererseits aber auch als Kontrastbeispiele dienen können, um verengten Vorstellungen insbesondere von linearen Funktionen vorzubeugen. Sie lassen sich innermathematisch, aber auch von den Anwendungen her motivieren und führen zu neuartigen Definitionsweisen.

(1) Betragsfunktionen

Bei der Behandlung negativer Zahlen ist die Betragsfunktion wichtig. Sie wird häufig nicht als Funktion wahrgenommen. Dies kann dann zu Schwierigkeiten beim Variablenverständnis führen. So neigen Lernende etwa zu dem Fehler, die Gleichung

$$|-a| = a$$

für allgemeingültig über $\mathbb{R}$ zu halten.

Ausgehend von der abschnittsweisen Definition der Betragsfunktion

$$|x| = \begin{cases} x & \text{für } x \geq 0 \\ -x & \text{für } x < 0 \end{cases}$$

mit dem Graphen (Abb. 4.24)

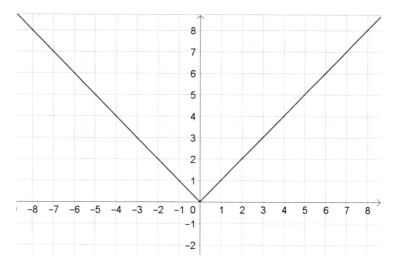

Abb. 4.24 Graph der Betragsfunktion mit $f(x) = |x|$

lässt sich ein Katalog von Eigenschaften dieser Funktion erarbeiten:

$$|-x| = |x|$$

$$|x \cdot y| = |x| \cdot |y|$$

$$|x + y| \leq |x| + |y|$$

$$||x| + |y|| = |x| + |y|$$

$$|x-y| = |y-x|$$

$$|x + y| \geq |x|-|y|$$

$$||x|| = |x|$$

Im Zusammenhang mit diesen Eigenschaften ergeben sich Möglichkeiten, einfache Beweise in der Algebra zu führen.

Beispiel

Bei Funktionen wie $x \rightarrow a \cdot |x - b| + c$, $a, b, c \in \mathbb{R}$, lässt sich die Wirkung des Veränderns der Koeffizienten am Graphen dynamisch darstellen. Dies ist eine Vorbereitung für entsprechende Untersuchungen an quadratischen Funktionen in der 9. Jahrgangsstufe und an Exponentialfunktionen und trigonometrischen Funktionen in der 10. Jahrgangsstufe (Abb. 4.25). ◄

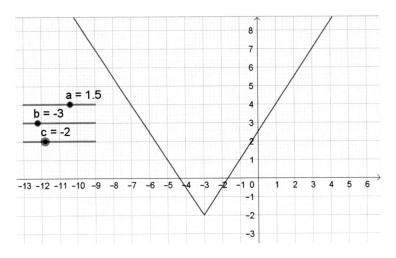

Abb. 4.25 Graph der Betragsfunktion $x \to a \cdot |x - b| + c$, a, b, $c \in \mathbb{R}$

Die Betragsfunktion liefert auch interessante Beispiele zum Thema Gleichungen (und evtl. auch Ungleichungen), etwa

$$|x-1| = \frac{1}{2}x + 2 \quad \text{bzw.} \quad |x-1| > \frac{1}{2}x + 2.$$

Die Gleichung lässt sich algebraisch durch Fallunterscheidung oder grafisch lösen, indem die Schnittpunkte der beiden Graphen von $x \to |x - 1|$ und von $x \to \frac{1}{2}x + 2$ – näherungs-weise – bestimmt werden (Abb. 4.26).

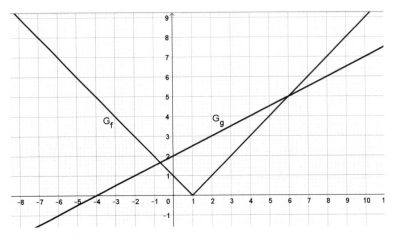

Abb. 4.26 Die Graphen der beiden Funktionen mit $f(x) = |x - 1|$ und $g(x) = \frac{1}{2}x + 2$

Aus der grafischen Darstellung liest man als Lösungsmenge {≈ –0,7; 6} ab, die Rechnung ergibt $\{-\frac{2}{3}; 6\}$. Für die Ungleichung ist $\{x \mid x < -\frac{2}{3}$ oder x > 6$\}$ die Lösungsmenge.

(2) Treppenfunktionen

Bei nichtproportionalen Ware-Preis-Funktionen lassen sich insbesondere auch Beispiele für *Treppenfunktionen* kennenlernen.

Portofunktion

So gilt z. B. für das Paketporto in Abhängigkeit vom Gewicht bei Einhaltung bestimmter Höchstgrößen und Online-Frankierung (2020)[4]:

$$
\begin{array}{lll}
3,79 \,€ & \text{für} & 0 \text{ kg} < x \leq 2\text{kg} \\
6,49 \,€ & \text{für} & 2 \text{ kg} < x \leq 5 \text{ kg} \\
9,49 \,€ & \text{für} & 5 \text{ kg} < x \leq 10 \text{ kg} \\
17,49 \,€ & \text{für} & 10 \text{ kg} < x \leq 31,5 \text{ kg}
\end{array}
$$

Abb. 4.27 zeigt den Graphen dieser abschnittsweise definierten Funktion.

Die grafische Darstellung legt unmittelbar den Namen Treppenfunktion nahe. Man kann sie auch als *stückweise konstante* Funktionen bezeichnen.

Mithilfe der auf einer Menge M definierten *charakteristischen Funktion* f_M kann man auch eine Termdarstellung erhalten:

$$
f_M(x) = \begin{cases} 0 \text{ für } x \notin M \\ 1 \text{ für } x \in M \end{cases}
$$

Damit wird die Formelsprache wiederum erweitert. So lässt sich nun auch die obige Portofunktion Gewicht $G \to$ Preis P in der Termdarstellung schreiben:

$$
\begin{aligned}
P(G) = {}& 3,79 \,€ \cdot f_{(0\text{kg};2\text{kg}]}(G) + 6,49 \,€ \cdot f_{(2\text{kg};5\text{kg}]}(G) \\
& + 9,49 \,€ \cdot f_{(5\text{kg};10\text{kg}]}(G) + 17,49 \,€ \cdot f_{(10\text{kg};31,5\text{kg}]}(G). \blacktriangleleft
\end{aligned}
$$

Parkhausfunktion

Beim Parken in einem Parkhaus ist ein Grundbetrag G zu entrichten, der das Parken bis zu einer Zeitdauer von 1 h gestattet. Für jede weitere Stunde ist ein bestimmter Betrag p zu entrichten. Die grafische Darstellung ergibt eine Treppenfunktion (Abb. 4.28).

---

[4] Siehe www.dhl.de (zuletzt abgerufen 28.02.2020).

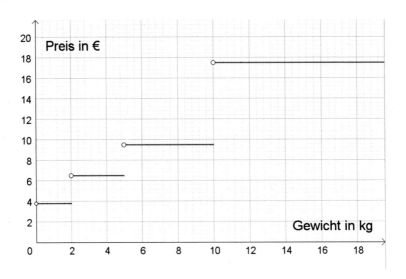

Abb. 4.27 Graph der Portofunktion

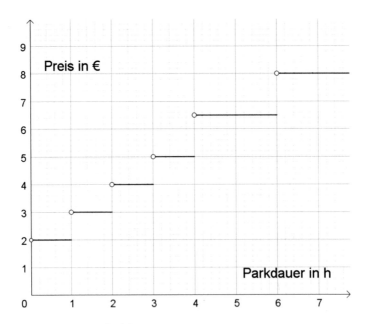

Abb. 4.28 Graph der Parkhausfunktion

Bei diesen Beispielen kann man jeweils klassische Grundaufgaben wie die Bestimmung von Funktionswerten grafisch lösen. Das Ziel des Kennenlernens dieser Funktionstypen ist das Vermeiden von Verengungen des Begriffsverständnisses. Indem Lernende über proportionale und antiproportionale Funktionen hinaus empirische Funktionen, Betrags- und Treppenfunktionen kennenlernen, erfahren sie Funktionen als *Träger von Eigenschaften,* wie etwa monoton wachsende bzw. fallende oder konstante Funktionen oder Funktionen mit Extrem- und Nullstellen. Darüber hinaus entdecken sie Zusammenhänge, etwa dass proportionale Funktionen mit positivem Steigungsfaktor wachsend sind, aber nicht jede wachsende Funktion proportional ist. Das Entdecken von Zusammenhängen zwischen diesen Eigenschaften ist wichtig im Hinblick auf die Entwicklung des inhaltlichen Begriffsverständnisses (vgl. Abschn. 4.2.1). ◄

4.3.3   Modellbilden mit Funktionen

Nicht nur innerhalb der Mathematik nimmt der Funktionsbegriff eine zentrale Stellung ein. Er stellt auch in den Anwendungen einen der fruchtbarsten Begriffe der Mathematik dar. Funktionen dienen in vielen Wissenschaften und in der Technik zur Beschreibung von realweltlichen Zusammenhängen. Dadurch wird auch ein Beitrag zum Verstehen von Phänomenen unserer Lebenswelt geleistet. Bezieht man diese Anwendungsbereiche von Mathematik in den Mathematikunterricht ein, dann kann er einen Beitrag zur *Lebenswelterschließung* leisten (siehe auch Abschn. 1.2).

Auch in der historischen Entwicklung haben Anwendungen immer wieder wichtige Impulse für die Entwicklung des Funktionsbegriffs geleistet. So stellten Probleme der Wärmeleitung für Jean Baptiste Joseph Fourier (1768–1830) einen Anstoß dazu dar, sich von der Beschränkung auf Funktionen zu lösen, die sich in Potenzreihen entwickeln lassen. Umgekehrt hat der Funktionsbegriff wesentlich dazu beigetragen, in Anwendungsgebieten wie der Physik Abhängigkeiten darzustellen. Gegen Ende des 19. Jahrhunderts schreibt Ernst Mach (1838–1916):

> „Sobald es gelingt, die Elemente der Ergebnisse durch meßbare Größen zu charakterisieren, was bei Räumlichem und Zeitlichem sich unmittelbar, bei anderen sinnlichen Elementen aber doch auf Umwegen ergibt, läßt sich die Abhängigkeit der Elemente voneinander durch den Funktionsbegriff viel vollständiger und präziser darstellen als durch so wenig bestimmte Begriffe wie Ursache und Wirkung." (Mach, 1905, S. 273)

In den Anwendungsbereichen der Mathematik wird der Funktionsbegriff zur *Modellbildung* verwendet (vgl. Kaiser et al., 2015; Borromeo Ferri, 2018). Dabei wird zwischen *deskriptiven* und *normativen Modellen* unterschieden. *Deskriptive Modelle* beschreiben beobachtete oder empirisch festgestellte Zusammenhänge und Abhängigkeiten zwischen Größen durch Funktionen, die den Gegebenheiten möglichst gut entsprechen. Es handelt sich also um einen Anpassungsprozess, indem versucht wird, die Wirklichkeit durch bestimmte Funktionen angemessen zu beschreiben. Ein Beispiel für ein deskriptives Modell ist die Fahrt einer Straßenbahn.

Beispiel

Fahrt einer Straßenbahn (Körner et al., 2020, Neue Wege 7, S. 73)

Nächster Halt Schillerplatz
Ingenieure haben die Fahrt einer neuen Straßenbahn zwischen zwei Haltestellen untersucht und den Geschwindigkeitsverlauf gemessen. Beschreibe die Fahrt der Straßenbahn, indem du dich auf den Graphen beziehst (Abb. 4.29)! ◄

In vielen Bereichen wird dagegen ein bestimmter funktionaler Zusammenhang bewusst gesetzt. So stellen etwa Ware-Preis-Funktionen keine „Naturgesetze" dar, sondern ergeben sich aus Entscheidungen der Händler, die damit auf Einkaufspreis und Nachfrage reagieren. Hier spricht man von einem *normativen Modell*.

Beispiel 1

Eine Mobilfunkfirma bietet zwei verschiedene Tarife für die Internetnutzung an: einen Tarif mit monatlich 10 € Grundgebühr, 1 GB freiem Datenvolumen und 1 € jeweils für weitere 200 GB, den andern Tarif mit 20 € Grundgebühr, 2 GB freiem Datenvolumen und 1 € jeweils für weitere 500 GB. Welcher Tarif ist günstiger?
    Der Zusammenhang zwischen Datenvolumen und dem monatlichen Preis lässt sich grafisch als eine Treppenfunktion darstellen (Abb. 4.30).
    Näherungsweise lassen sich die beiden Tarife auch als kontinuierliche Funktionen darstellen, was die formelmäßige Darstellung erheblich erleichtert (Abb. 4.31).

$$\text{Tarif 1: } T1(x) = \begin{cases} 10 & \text{für} \quad 0 < x < 1 \\ 10 + 5(x - 1) & \text{für} \quad x > 1 \end{cases}$$

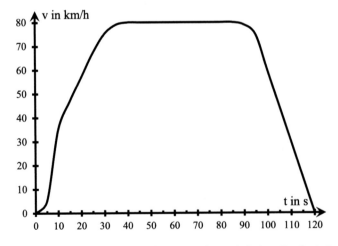

Abb. 4.29 Graph des Zeit-Geschwindigkeit-Zusammenhangs bei einer Straßenbahn

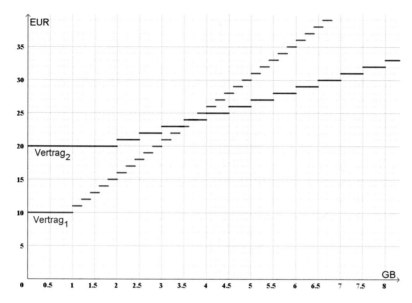

Abb. 4.30 Vergleich zweier Internet-Tarife einer Mobilfunkfirma mithilfe einer Darstellung von Treppenfunctionen

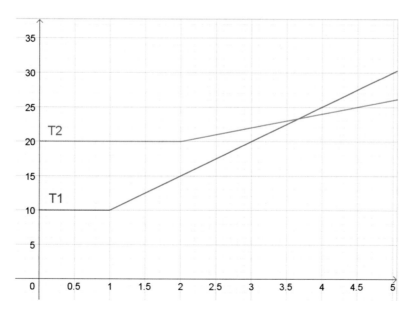

Abb. 4.31 Vergleich zweier Internet-Tarife einer Mobilfunkfirma mithilfe einer Darstellung kontinuierlicher Funktionen

$$\text{Tarif 2: } T2(x) = \begin{cases} 20 & \text{für} \quad 0 < x < 2 \\ 20 + 2(x-2) & \text{für} \quad x > 2 \end{cases}$$

Die grafische Darstellung zeigt, dass die Frage nach dem günstigsten Tarif nur im Zusammenhang mit dem Nutzungsverhalten des Kunden beantwortet werden kann. ◀

4.3.4 Umkehrfunktionen

Dem Problem der Umkehrung einer Funktion begegnen Lernende erstmals in der 9. Jahrgangsstufe bei der Beziehung zwischen der quadratischen Funktion $x \rightarrow x^2$ mit $y = f(x) = x^2$ und der Wurzelfunktion. Die Gleichung

$$\sqrt{x^2} = x$$

gilt nur für $x \geq 0$. Allgemein gilt:

$$\sqrt{x^2} = |x|$$

Dies ist ein zentraler Sachverhalt für die Behandlung quadratischer Gleichungen.

Die Bildung der Umkehrfunktion erfolgt schrittweise:

(1) Am Graphen der Funktion mit $y = x^2$ lässt sich der Zusammenhang $y \rightarrow x$ ablesen, der allerdings nur für $x \geq 0$ bzw. $x \leq 0$ eindeutig und damit eine Funktion ist. Man muss also einen „Zweig" auswählen, im Allgemeinen $x \geq 0$.

(2) Damit lässt sich die Umkehrfunktion $y \rightarrow x$ mit $x = \sqrt{y}$ für $y \geq 0$ bilden.

(3) Aus Vereinheitlichungsgründen wird die unabhängige Variable im Allgemeinen auf der Abszisse aufgetragen und mit x bezeichnet. Dadurch lässt sich der Graph der Umkehrfunktion in dasselbe Koordinatensystem wie der Graph der ursprünglichen Funktion einzeichnen. Ein Vertauschen der x- und y-Werte bedeutet geometrisch gesehen eine Spiegelung des Graphen von f an der Winkelhalbierenden des 1. Quadranten.

(4) Damit ergibt sich die Umkehrfunktion der Quadratfunktion:

$$x \rightarrow \sqrt{x} \quad \text{mit} \quad f(x) = \sqrt{x} \quad \text{für} \quad x \geq 0.$$

Damit wird zugleich deutlich, dass eine Funktion höchstens dann eine Umkehrfunktion besitzt, wenn das Spiegelbild des Graphen an der 1. Winkelhalbierenden wieder Graph einer Funktion ist (Abb. 4.32).

Algebraisch erhält man die Gleichung der Umkehrfunktion durch Vertauschung der Variablen.

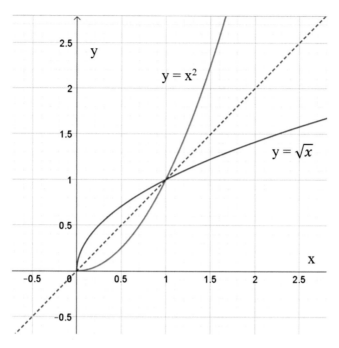

Abb. 4.32 Graphen der Funktion mit $y = x^2$ und der Umkehrfunktion mit $y = \sqrt{x}$ für jeweils $x \geq 0$

Beispiel

$$f : x \rightarrow 2 \cdot x + 3$$

Gleichung der Funktion: $y = 2x + 3$
Vertauschung der Variablen: $x = 2y + 3$
Gleichung der Umkehrfunktion durch Auflösung nach y:

$$y = \frac{1}{2}x - \frac{3}{2}, \text{ also } \bar{f} : x \rightarrow \frac{1}{2}x - \frac{3}{2}.$$

◀

Bei nicht umkehrbaren Funktionen kann die durch Vertauschung der Variablen entstandene Gleichung nicht eindeutig nach y aufgelöst werden. Umkehrfunktionen werden vor allem in der 9. und 10. Jahrgangsstufe jeweils bei den neu betrachteten Funktionstypen bestimmt, wobei meist Einschränkungen des Definitionsbereichs notwendig sind.

4.3.5 Funktionen und Relationen

Das Problem der Umkehrung einer Funktion kann auch dazu verwendet werden, den Begriff der Relation zu verdeutlichen. In der 9. Jahrgangsstufe werden Graphen quadratischer Funktionen behandelt. Die Normalparabel ist Graph der Funktion $f: x \to x^2$. Man kann sie als Punktmenge beschreiben:

$$\left\{ (x; y) \mid y = x^2 \right\}$$

Spiegelt man die Parabel an der Winkelhalbierenden des 1. und 3. Quadranten, so bedeutet dies in der Punktmenge die Vertauschung der Koordinaten. Die gespiegelte Parabel ist die Punktmenge

$$\left\{ (x; y) \mid x = y^2 \right\}.$$

Natürlich ist diese Punktmenge nicht Graph einer Funktion $x \to y$, denn zum Wert $x=4$ würden gleich zwei Werte $y_1 = 2$ und $y_2 = -2$ gehören, was der Definition einer Funktion widerspricht. Man kann die Punktmenge jedoch als Graph einer *Relation* ansehen.

Allgemein kann man eine Relation r mithilfe einer Aussageform A erklären:

$$x \, r \, y \text{ genau dann, wenn } A(x; y),$$

bzw.

$$r = \{(x; y) \mid A(x; y)\}.$$

Beispiele für Relationen sind:

- die Größer- bzw. Kleinerrelation $>$ bzw. $<$,
- die Teilerrelation in den natürlichen Zahlen: $a \mid b \; (a, b \in \mathbb{N}) \iff \exists \, c \in \mathbb{N}: b = c \cdot a$,
- die Menge $\{(x, y) \in \mathbb{R} \mid x^2 + y^2 = 1\}$ mit dem Einheitskreis als Graph.

Funktionen sind spezielle Relationen. Zu einer Relation r kann die *Umkehrrelation* $\bar{r}$ gebildet werden durch:

$$\bar{r} = \{(x; y) \mid A(y; x)\}$$

Damit kann das Ausgangsproblem, die Umkehrfunktion der quadratischen Funktion $f: x \to x^2$, begrifflich geklärt werden. Gegeben ist die Funktion

$$f = \left\{ (x; y) \mid y = x^2 \right\}.$$

Die zugehörige Umkehrrelation

$$\bar{f} = \left\{ (x; y) \mid x = y^2 \right\}$$

ist jedoch – wie oben gesehen – keine Funktion. Betrachtet man aber

$$r_p = \left\{ (x; y) \mid y = x^2, x \geq 0, y \geq 0 \right\},$$

so ist die Umkehrrelation

$$\bar{f}_p = \left\{ (x; y) \mid x = y^2, \ x \geq 0, \ y \geq 0 \right\}$$

wieder eine Funktion, nämlich

$$x \to \sqrt{x}, \ \text{für } x \geq 0.$$

Dies lässt sich im Unterricht in enger Verbindung mit den entsprechenden Graphen behandeln.

4.3.6 Mit Funktionen operieren

Beim formalen Begriffsverständnis des Funktionsbegriffs geht es um das Operieren mit Funktionen als Objekten, indem diese miteinander verkettet oder verknüpft werden. Lernende sollen wichtige Verknüpfungen von Funktionen kennenlernen, sie sollen mit Verknüpfungen Vorstellungen in den entsprechenden Darstellungsformen verbinden, Eigenschaften von Verknüpfungen begründen können und Verknüpfungsgebilde von Funktionen kennenlernen. Beim *Operieren mit Funktionen* werden ausgehend von Funktionen f und g etwa Verknüpfungen wie $2 \cdot f, f + g, f - g, f \cdot g$ oder f / g und *Verkettungen von Funktionen*, also $f \circ f$ oder $f \circ g$, gebildet.

(1) Addieren von Funktionen

Beispiel 1

Gegeben seien $f_1(x) = a \cdot x^2$ und $f_2(x) = b \cdot x + c$, $a, b, c \in \mathbb{R}$. Der Graph der Summenfunktion $f_1 + f_2$ ergibt sich durch Addition der jeweiligen $f_1(x)$- und $f_2(x)$-Werte (Abb. 4.33). ◄

Beispiel 2

Gegeben sind die Funktionen mit $f(x) = \sin(x)$ und $g(x) = \cos(x)$. Durch welche Sinusfunktion mit $s(x) = a \sin(x + b)$, $a, b \in \mathbb{R}$, lässt sich die Summenfunktion $f + g$ ausdrücken? Die Werte a und b lassen sich näherungsweise mit dem Rechner bestimmen. Für eine analytische Behandlung sind allerdings die dafür notwendigen trigonometrischen Umformungen im Allgemeinen nicht bekannt (Abb. 4.34). ◄

(2) Verketten von Funktionen

Eine weitere Verknüpfung von Funktionen ist das *Verketten von Funktionen*. Eine Verkettung ist eine Hintereinanderausführung zweier Rechenoperationen, hier des Funktionsoperators. Dies lässt sich gut in einem Pfeildiagramm veranschaulichen (Abb. 4.35).

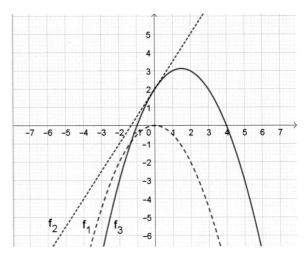

- $f_1(x) = \dfrac{-1}{2}\, x^2$

- $f_2(x) = \dfrac{3}{2}\, x + 2$

- $f_3(x) = \dfrac{-1}{2}\, x^2 + \dfrac{3}{2}\, x + 2$

Abb. 4.33 Die Graphen der Funktionen mit $f_1(x) = -\tfrac{1}{2} \cdot x^2$ und $f_2(x) = \tfrac{3}{2} \cdot x + 2$ sowie mit $f_3(x) = f_1(x) + f_2(x)$

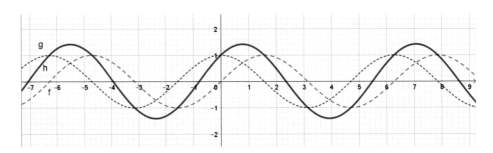

Abb. 4.34 Die Graphen der Funktionen mit $f(x) = \sin(x)$ und $g(x) = \cos(x)$ sowie mit $h(x) = f(x) + g(x)$

Abb. 4.35 Veranschaulichung der Verkettung zweier Funktionen g und f

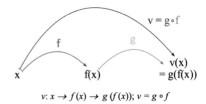

$v: x \to f(x) \to g\,(f(x));\ v = g \circ f$

Beispiel 1: Lineare Funktionen

Gegeben sind die Funktionen f mit $f(x) = -2x + 1$ und g mit $g(x) = |x|$. In Abb. 4.36, 4.37 und 4.38 sind die Graphen der Funktionen mit $f_1(x) = f(g(x)) = f(|x|)$, $f_2(x) = g(f(x)) = |f(x)|$ und $f_3(x) = f(g(x-1)) = f(|x-1|)$ neben dem Graph von f gezeichnet.

Abb. 4.36 Graphen von f und f_1 mit $f_1(x) = f(|x|)$

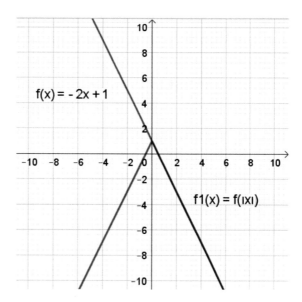

Abb. 4.37 Graphen von f und f_2 mit $f_2(x) = |f(x)|$

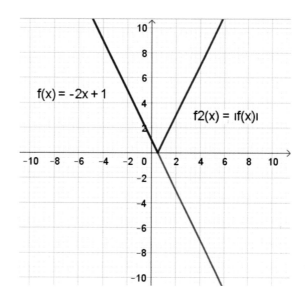

Abb. 4.38 Graphen von f und f_3 mit $f_3(x)=f(|x-1|)$

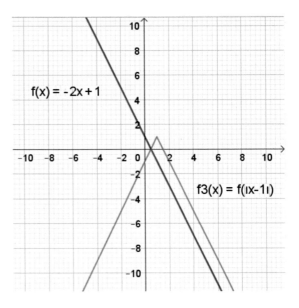

Ein digitales Werkzeug wird hier zum Darstellen der Graphen der entsprechenden Verkettungen verwendet. Es sollte dabei vor allem auch als ein Kontrollinstrument für vorhergehende Ergebnisüberlegungen ohne digitales Werkzeug dienen. ◀

Beispiel 2

Gegeben sind die Funktionen mit $f(x)=x-3$ und $g(x)=x^2$. Abb. 4.39 zeigt die beiden Verkettungen dieser Funktionen, also $h_1 = f \circ g$,

$$h_1(x) = g(f(x)) = (x-3)^2$$

und

$$h_2 = g \circ f, \text{ also } h_2(x) = f(g(x)) = x^2 - 3.$$

Die Verkettung trägt besonders zum Verständnis der *Umkehrfunktion* bei, denn verkettet man eine umkehrbare Funktion f mit ihrer Umkehrfunktion $\bar{f}$, so ergibt sich die identische Funktion $id : x \rightarrow x$. Es gilt also $f \circ \bar{f} = id$. ◀

Beispiel 3

Trigonometrische Funktionen. Ausgangspunkt ist die Funktion f mit $f(x)=\sin(x)$. Abb. 4.40 zeigt die Graphen von $f, f_2 = f \circ f, f_3 = f \circ f \circ f, \ldots, f_n = f \circ f \circ \ldots f \circ f \circ f$

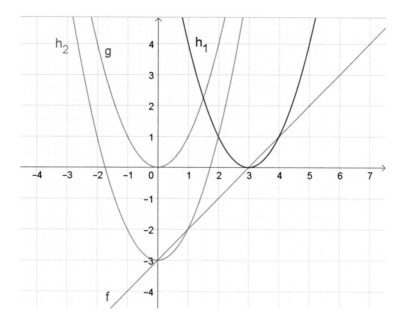

Abb. 4.39 Graphen der Verkettung der Funktionen f und g mit $h_1 = f \circ g$ und $h_2 = g \circ f$

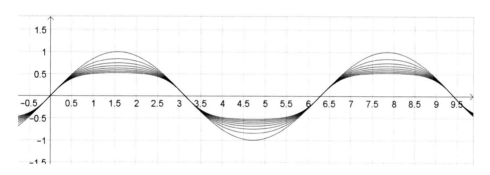

Abb. 4.40 Graphen von f^n mit $f(x) = \sin(x)$ für $n = 1, 2, 3, \ldots$

a) Begründe das Aussehen der Graphenschar.
b) Als Ausgangsfunktion wird nun die Funktion mit $f(x) = \frac{\pi}{2}\sin(x)$ genommen. Abb. 4.41 zeigt die Graphen von f^n mit $f(x) = \sin(x)$ für $n = 1, 2, 3, \ldots$. Was beobachtest Du? Erkläre! ◄

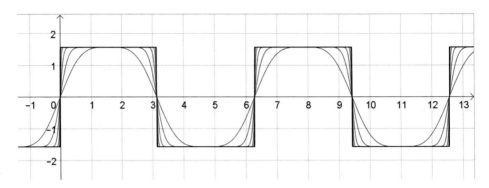

Abb. 4.41 Graphen von f^n mit $f(x) = \frac{\pi}{2}\sin(x)$ für $n = 1, 2, 3, \ldots$

4.3.7 Funktionen dynamisch analysieren

Das sogenannte *bewegliche Denken* bezeichnet die Fähigkeit, Prozesse „vor dem geistigen Auge" ablaufen zu lassen, Beziehungen zwischen abhängigen Größen herzustellen und Auswirkungen von Veränderungen beschreiben zu können. „Bewegliches Denken" steht in engem Zusammenhang mit dem operativen Arbeiten und der Fähigkeit, die Frage „Was passiert mit …, wenn …?" beantworten zu können (vgl. Roth, 2005).

Im Folgenden werden Darstellungen dynamischer Vorgänge im Hinblick auf die Förderung des beweglichen Denkens analysiert. Digitale Technologien können ein Hilfsmittel und Werkzeug sein, um das Erzeugen der Darstellungen dynamisch nachzuvollziehen (vgl. Lindenbauer & Lavicza, 2017; Hoyles et al. 2013). Allerdings muss berücksichtigt werden, dass dynamische Darstellungen aufgrund der Komplexität höhere Verständnisanforderungen stellen, was noch weiter gesteigert wird, wenn mehrere dynamische Darstellungen verwendet oder miteinander vernetzt werden (vgl. Rolfes et al., 2016a und b; Pinkernell & Vogel, 2017). Dies bedeutet, dass das Arbeiten mit dynamischen Darstellungen frühzeitig im Unterricht geübt, aber auch eine mögliche Überforderung der Lernenden vermieden werden muss.

(1) Zeitabhängige Funktionen

Mit Funktionen lassen sich zeitabhängige Vorgänge in der Lebenswelt modellieren, wie etwa die Anzahl der Bakterien in Abhängigkeit von der Zeit (Abb. 4.42), Weg-Zeit-Zusammenhänge, wie etwa die Flughöhe eines Segelflugzeugs (Abb. 4.43), oder die (Gefäß-)Höhe-Zeit-Zusammenhänge bei der Füllung verschiedenförmiger Wassergefäße durch einen Wasserhahn mit zeitlich konstanter Wasserzufuhr (Abb. 4.44). Mithilfe digitaler Technologien lassen sich derartige Vorgänge dynamisch-grafisch, aber auch dynamisch-numerisch darstellen und eventuell – falls vorhanden – auch in Bezug zur Funktionsgleichung sehen.

Beim Bakterien- oder Segelflugzeug-Beispiel gilt es, die Darstellungen dynamisch zu interpretieren. So lassen sich Fragen zur Anzahl- oder Höhenänderung in einem bestimmten

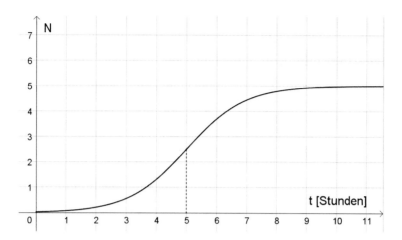

Abb. 4.42 Anzahl der Bakterien N in einer Nährlösung in Abhängigkeit von der Zeit t (in Stunden)

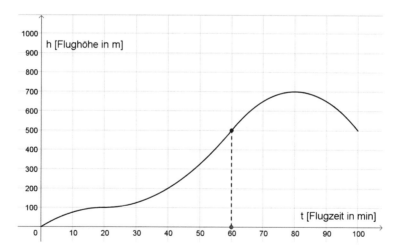

Abb. 4.43 Flughöhe h eines Segelflugzeugs in Abhängigkeit von der Zeit t

Zeitintervall, also Fragen zu relativen Änderungen, beantworten. Es lassen sich auch – qualitativ – entsprechende Änderungsgraphen, also etwa Geschwindigkeit-Zeit-Zusammenhänge beim Segelflug, skizzieren. Dies kann als eine Vorstufe zum Verständnis der lokalen Änderungsrate bzw. des Ableitungsbegriffs angesehen werden (Lichti & Roth, 2019).

(2) Dynamisierung geometrischer Zusammenhänge
Peter Treutlein stellte 1911 in dem damals viel beachteten Buch „Der geometrische Anschauungsunterricht" die „altgriechische Geometrie" der „neuzeitlichen Geometrie"

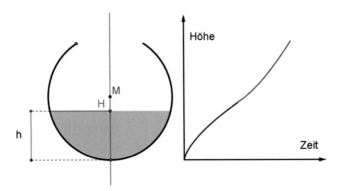

Abb. 4.44 Qualitative Darstellung der Füllhöhe *h* in Abhängigkeit von der Zeit

gegenüber. Während Figuren in der altgriechischen Geometrie als starr und fest angenommen würden, werden sie in unserer heutigen neuzeitlichen Geometrie „als beweglich und gewissermaßen fließend, in stetem Übergang von einer Gestaltung zu anderen begriffen" (S. 202). Folglich sollten Lernende Figuren als veränderlich und in „gegenseitiger Abhängigkeit ihrer Stücke" (ebd.) erfassen können. Damals wurde die Beweglichkeit durch verschiedene reale Modelle realisiert, heute sind digitale Technologien Werkzeuge und Hilfsmittel, um geometrische Figuren als beweglich anzusehen oder zu simulieren.

Eine klassische Problemstellung ist es, das Rechteck zu finden, welches bei konstantem Umfang den größten Flächeninhalt hat (vgl. etwa Danckwerts & Vogel, 2001). In Abb. 4.45 ist mithilfe eines DGS der Flächeninhalt des Rechtecks in Abhängigkeit von den Seitenlängen dargestellt, wobei der Umfang des Rechtecks $2 \cdot (a+b)$ konstant ist.

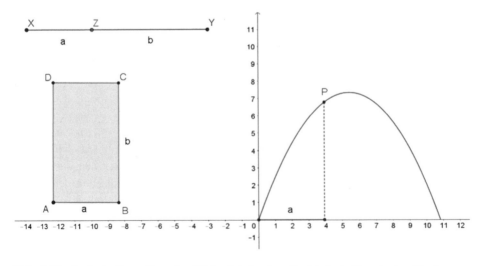

Abb. 4.45 Grafische Darstellung des Flächeninhalts eines Rechtecks bei konstantem Umfang

$|XY| = a + b$. Der Flächeninhalt ist dann $A(a, b) = a \cdot b$. Der Punkt Z lässt sich auf der Strecke *[XY]* variieren, wodurch die Seitenlängen des Rechtecks verändert werden, der Umfang aber gleich bleibt. Der Graph im Koordinatensystem gibt dann den Zusammenhang zwischen der Seitenlänge a des Rechtecks und dem Flächeninhalt A wieder.

Die übliche Behandlung dieser Standardaufgabe erfolgt über das Aufstellen der (quadratischen) Funktionsgleichung $A = f(a)$, das Umformen in die Scheitelpunktform (bzw. das Berechnen der 1. Ableitung in der Oberstufe) und die Bestimmung des Scheitelpunkts bzw. Maximums. Es wird also fast ausschließlich auf der formalen Ebene gearbeitet. Bei obiger Darstellung mit einem DGS wird unmittelbar von der geometrischen Rechteckveranschaulichung zum Graphen des Seitenlängen-Flächeninhalt-Zusammenhangs übergegangen. Die Funktionsgleichung wird hierzu nicht benötigt, der Flächeninhalt lässt sich mit Hilfe Flächeninhaltsformel für das Rechteck berechnen. Der dynamische Aspekt dieser Darstellung zeigt sich zum einen bei der Erzeugung des Graphen von *f*, zum anderen im dynamischen Verändern des Funktionsgraphen als Ganzes. Wird nämlich die Länge der Strecke *[XY]* geändert, so resultiert daraus eine Veränderung der Rechteckgröße und damit eine Veränderung der Flächeninhaltsfunktion.

Ein weiteres Beispiel für die funktionale Betrachtung geometrischer Sachverhalte zeigt Abb. 4.46. Hier wird einem Kegel ein Zylinder einbeschrieben. Die Graphen zeigen das Volumen V_Z und die Größe der Oberfläche O_Z des einbeschriebenen Zylinders in Abhängigkeit von der Zylinderhöhe.

Bei derartigen dynamisch dargestellten geometrischen Problemstellungen werden Funktionen bzw. deren Graphen dynamisch interpretiert. Es lässt sich parallel sowohl die Veränderung der Situation beobachten bzw. selbst herbeiführen als auch bei den entsprechenden Graphen das Steigen und Fallen der Funktionswerte und folglich das

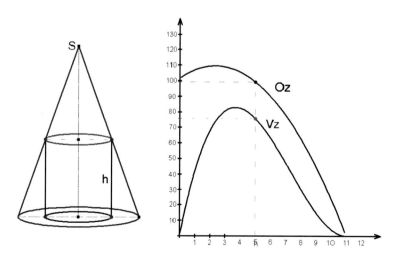

Abb. 4.46 Graphen des Volumens V_Z und der Oberfläche O_Z eines in einen Kegel einbeschriebenen Zylinders in Abhängigkeit von der Zylinderhöhe

Vorhandensein von Extremwerten beim Funktionsgraphen dynamisch erleben. Durch ein derartiges dynamisches Arbeiten auf einer konkret anschaulichen Ebene bieten digitale Werkzeuge eine Hilfe beim Interpretieren, also beim „Lesen" von Funktionsgraphen.

(3) Funktionsscharen
Funktionsscharen sind Paradebeispiele für eine dynamische Darstellung von Funktions-graphen mithilfe digitaler Technologien. Die sukzessive schrittweise bzw. quasi-kontinuierliche Veränderung der Parameter vermittelt einen Überblick über die „Entfaltung" eines funktionalen Zusammenhangs. Dies kann entweder statisch in Form der Darstellung einer Funktionsschar geschehen oder dynamisch, indem sich der Graph der Funktion bei der Veränderung des Parameters ebenfalls verändert.

Beispiel

Gegeben ist die Funktion mit $f_b(x) = -\frac{1}{2} \cdot x^2 + b \cdot x - 2$, $b \in \mathbb{R}$, und dem Graphen G_{f_b}. Mithilfe digitaler Werkzeuge lässt sich die Veränderung des Graphen G_{f_b} in Abhängigkeit vom Parameter b dynamisch beobachten. In Abb. 4.47 ist die Graphen-schar für bestimmte b-Werte dargestellt. Diese Darstellungen geben einen Überblick über die Gesamtheit der Funktionsschar. Darüber hinaus ergeben sich aber auch

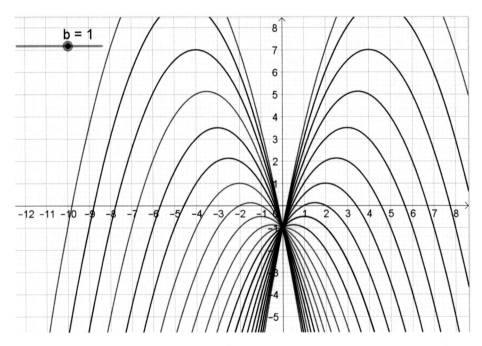

Abb. 4.47 Schar der Graphen G_{f_b} mit $f_b(x) = -\frac{1}{2} \cdot x^2 + b \cdot x - 2$ für $b = -5, -4,5, ..., 4,5, 5$

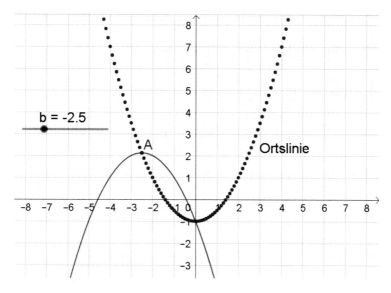

Abb. 4.48 Ortslinie des Scheitelpunkts des Graphen G_{f_b} mit $f_b(x) = -\frac{1}{2} \cdot x^2 + b \cdot x - 2$

neue Fragestellungen und Probleme. So lassen sich etwa Ortslinien finden, auf denen bestimmte Punkte, etwa Extrempunkte (Abb. 4.48), bei der dynamischen Veränderung wandern, es lassen sich Symmetrien nachweisen oder Bereiche erkennen, die vom Verlauf des Funktionsgraphen – bei bestimmten Parameterwerten – ausgespart bleiben. ◄

Bei einer empirischen Untersuchung zum Umgang mit Schiebereglern und dem Zugmodus (Göbel & Barzel, 2021) zeigte sich einerseits deren problemlose technische Handhabung durch Lernende einer 9. Klasse, es zeigten sich aber auch – wie erwartet – die Schwierigkeiten hinsichtlich einer inhaltlichen Erklärung der beobachteten Phänomene.

4.3.8 Werte annähern – Regressionskurven

Das Behandeln empirischer Funktionen im Mathematikunterricht bietet zahlreiche Lerngelegenheiten. Empirische Funktionen sind Funktionen, die Zusammenhänge aus der Lebenswelt aufgrund von Datenanalysen, Beobachtungen oder Experimenten darstellen. Empirische Funktionen bieten die Möglichkeit, in empirisch erhaltenen Daten bestimmte Gesetzmäßigkeiten zu entdecken. Auch können sie dazu beitragen, das funktionale Denken nicht frühzeitig auf Funktionstypen wie lineare oder quadratische Funktionen einzuengen (vgl. Schreiter & Vogel, 2021).

U [V]	0	10	20	30	40	50	60	70	80	90	100
I [A]	0	0,30	0,72	0,91	1,18	1,72	1,90	2,20	2,42	2,65	2,85

Abb. 4.49 Zusammenhang zwischen Spannung U und gemessener Stromstärke I bei einem elektrischen Schaltkreis

4.3.8.1 Regressionsgeraden

Beispiel 1

Bei einem physikalischen Versuch wird der Zusammenhang zwischen Spannung U in Volt *[V]* und Stromstärke I in Ampere *[A]* in einem Schaltkreis gemessen. Es ergibt sich der folgende Zusammenhang (Abb. 4.49).

Diese Daten lassen sich in ein Koordinatensystem eintragen. Dann wird eine *Ausgleichskurve* gesucht, die diese Punkte „möglichst gut" annähert. Abb. 4.50a und 4.50b zeigen entsprechende Darstellungen mit der Ausgleichsgerade mit $z(x) = a \cdot x$, $a \in \{-5, \ldots, 5\}$, die zunächst rein optisch mithilfe eines „Schiebereglers" gefunden wurde.

Mit den üblichen Tabellenkalkulationsprogrammen oder einem Grafiktaschenrechner (GTR) kann die *optimale* Ausgleichsgerade mithilfe eines entsprechenden Befehls automatisch berechnet werden. Mathematischer Hintergrund ist die „Methode der kleinsten Quadrate".[5] ◀

Beispiel 1 bietet sich auch dafür an, die Idee einer quantitativen Bestimmung der Ausgleichskurve nachzuvollziehen. So kann die Aufgabe zunächst experimentell und durch optischen Vergleich der Näherungsfunktion mit den gegebenen Daten bearbeitet werden, indem der Parameter der Gleichung der Näherungsfunktion mit $f(x) = a \cdot x$ verändert wird.[6] Die Frage nach der optimalen Näherungsfunktion und damit nach einem Kriterium für einen quantitativen Vergleich der gegebenen Werte und der gefundenen Funktion kann auf eine Diskussion über Sinn und Bedeutung der Einführung quadratischer Abstandssummen führen. Dies wäre ein erster Schritt zum Verständnis der Methode der kleinsten Quadrate nach C. F. Gauß (etwa Büchter & Henn, 2007).

---

[5] Ausgehend von den gegebenen Werten $(x_i; y_i)$ und der Regressionsfunktion mit $f(x) = ax + b$ werden die Parameter a, b so bestimmt, dass $\sum (y_i - f(x_i))^2$ ein Minimum wird (z. B. Büchter & Henn, 2007).

[6] Dabei wird davon ausgegangen, dass der Wert $(0; 0)$ fest vorgegeben ist.

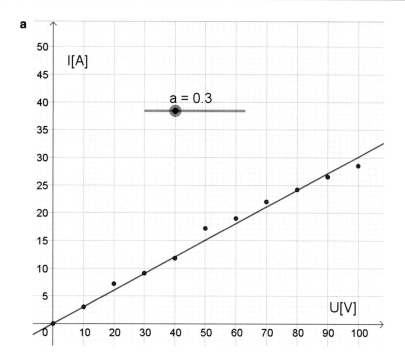

	A	B	C	D	E
1	U	I		f(u)	(f(u)-i)^2
2	0	0	(0, 0)	0	0
3	10	3	(10, 3)	3.01	0
4	20	7.2	(20, 7.2)	6.02	1.39
5	30	9.1	(30, 9.1)	9.03	0
6	40	11.8	(40, 11.8)	12.04	0.06
7	50	17.2	(50, 17.2)	15.05	4.62
8	60	19	(60, 19)	18.06	0.88
9	70	22	(70, 22)	21.07	0.86
10	80	24.2	(80, 24.2)	24.08	0.01
11	90	26.5	(90, 26.5)	27.09	0.35
12	100	28.5	(100, 28.5)	30.1	2.56
13				Summe	10.75

Abb. 4.50 a *I-U*-Werte mit Regressionsgerade; **b** Tabelle zur Berechnung der Regressionsgeraden

4.3.8.2 Exponentielle Regressionskurve

Beispiel 2
Ein IT-Start-up hat in den letzten Jahren die folgenden Gewinne – (in Millionen Dollar) –
erzielt.

Jahr	2000	2001	2002	2003	2004	2005	2006	2007	2008	2009	2010
Gewinn (in Mio $)	1,0	2.0	3,0	5,0	8,0	10,0	20,0	25,0	30,0	35,0	40,0

Jahr	2011	2012	2013	2014	2015	2016	2017	2018	2019	2020
Gewinn (in Mio $)	60,0	70,0	100,0	110,0	150,0	180,0	250,0	350,0	450,0	980,0

Die Werte lassen sich punktweise in ein Jahr-Gewinn-Koordinatensystem eintragen
(Abb. 4.51). Es lässt sich dann durch optischen Vergleich des Graphen der Näherungs-
funktion mit den gegebenen Daten eine Näherungsfunktion mit $f(x) = a^x$ bestimmen. Die
Lage der Punkte lässt zwar einen exponentiellen Verlauf vermuten, die damit verbundene

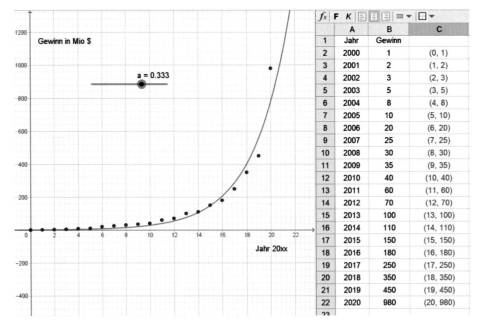

Abb. 4.51 Graph und Tabelle des Jahr-Gewinn-Zusammenhangs mit Graph der Näherungsfunktion

Abb. 4.52 Die monatliche Durchschnittstemperatur in Deutschland in den Monaten Oktober 2019 (0) bis Oktober 2020 (12)

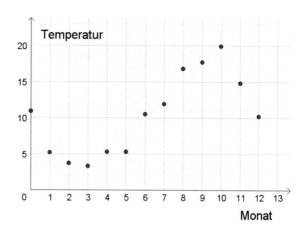

Modellierung muss aber von Lernenden reflektiert und kritisch hinterfragt werden. Fragen nach einem möglichen weiteren Verlauf und den daraus resultierenden Ergebnissen und Konsequenzen auf die modellierte Lebenswelt können Lernenden verdeutlichen, dass mit einer solchen Modellierung kritisch und vorsichtig umgegangen werden muss.

4.3.8.3 Trigonometrische Regressionskurve

Die Methode des Suchens von Ausgleichskurven gilt auch für andere, etwa trigonometrische Funktionen.

Beispiel

Die Lufttemperatur schwankt täglich und ist von zahlreichen Einflüssen abhängig. Die monatliche Durchschnittstemperatur nahm in Deutschland in den Monaten von Oktober 2019 bis Oktober 2020 die folgenden Werte an.[7]

Monat	Okt. 19	Nov. 19	Dez. 19	Jan. 20	Feb. 20	März 20	Apr. 20	Mai 20	Juni 20	Juli 20	Aug. 20	Sept. 20	Okt. 20
°C	10,9	5,2	3,7	3,3	5,3	5,3	10,5	11,9	16,8	17,7	19,9	14,8	10,2

Trägt man die Werte in ein Koordinatensystem ein, so erhält man die grafische Darstellung in Abb. 4.52 (dabei sind die Monate ab Okt. 19 fortlaufend mit 0, 1, 2, … bezeichnet).

Diese Punkte lassen sich durch eine Sinuskurve mit $y = a \sin(b \cdot x + c) + d$, $a, b, c, d \in \mathbb{R}$, annähern, wobei die Herausforderung darin besteht, passende Werte für die vier

---

[7] https://de.statista.com/statistik/daten/studie/5564/umfrage/monatliche-durchschnittstemperatur-in-deutschland/.

Parameter durch entsprechende Vorüberlegungen zu bestimmen. So lässt sich etwa aufgrund der Periode 2π der Sinusfunktion b $= \frac{2\pi}{12} = 0,52$ festlegen, die Differenz von Maximum und Minimum ergibt $a = \frac{19,9-3,3}{2} = 8,3$ und damit d $= 3,3 + 8,3 = 11,6$ als sinnvolle Werte. Der Wert c kann dann so angepasst werden, dass der Graph optisch gut passt. Wiederum wäre eine automatische Regressionsberechnung oder eine quantitative experimentelle Annäherung mithilfe der Summe der quadratischen Abweichungen möglich. ◄

4.3.9 Funktionen mehrerer Veränderlicher

Im Mathematikunterricht werden traditionell und im Allgemeinen nur Funktionen mit *einer* Veränderlichen betrachtet. Für die Umwelterschließung ist dies eine starke Einschränkung. In vielen Situationen hängt eine Größe von mehreren anderen Größen ab. Man kann es sogar als eine gefährliche Einengung ansehen, wenn der Mathematikunterricht stets nur Abhängigkeiten von einer Veränderlichen betont, während es doch ein Bildungsziel ist, den Lernenden gerade die gegenseitigen Abhängigkeiten in der Komplexität ihrer Lebenswelt bewusst zu machen.

Nun treten aber durchaus auch im Mathematikunterricht in vielfältiger Weise Funktionen mehrerer Veränderlicher auf, etwa bei geometrischen Flächeninhaltsformeln oder physikalischen Sachkontexten. Beispiele hierfür sind etwa die Flächeninhaltsformel eines Dreiecks mit den zwei Variablen Grundseitenlänge g und Höhe h: $A(g,h) = \frac{1}{2} \cdot g \cdot h$, oder eines Trapezes mit sogar drei veränderlichen Größen $A(a,c,h) = \frac{1}{2}(a+c) \cdot h$ (vgl. Körner, 2008). Bei einer gleichmäßig beschleunigten Bewegung könnte etwa die in der Zeit t bei der Beschleunigung a zurückgelegte Wegstrecke s: $s = \frac{a}{2} \cdot t^2$ betrachtet werden. Funktionen zweier Veränderlicher mit $z = f(x; y)$ lassen sich mithilfe digitaler Werkzeuge in einem räumlichen Koordinatensystem darstellen. Die Punkte *(x; y)* der *x-y*-Ebene bzw. eine Teilmenge davon bilden die Definitionsmenge, der Funktionswert z erscheint dann als die z-Koordinaten des Punktes *(x; y; z)* im räumlichen *x-y-z*-Koordinatensystem (vgl. Weigand & Flachsmeyer, 1997). Im Mathematikunterricht der Sekundarstufe I lassen sich derartige Darstellungen sicherlich nur qualitativ in einer entsprechend konstruierten Lernumgebung diskutieren.

Beispiel: Darstellung von $f(x; y) = x \cdot y$, $x, y \in \mathbb{R}$, in einem räumlichen rechtwinkligen Koordinatensystem (Abb. 4.53)

Funktionen mehrerer Veränderlicher stellen sowohl eine Beziehung zwischen verschiedenen Teilgebieten der Mathematik her, etwa zwischen Algebra und Geometrie, als auch zwischen Mathematik und Naturwissenschaften. Weiterhin schult das Arbeiten mit Darstellungen von Funktionen mit zwei Veränderlichen in Form von 3-D-Darstellungen das Raumvorstellungsvermögen. Dabei ist allerdings nicht nur das Zeichnen von Schräg- und Schnittbildern für das Verständnis von Funktionen von zwei Veränderlichen wichtig, sondern auch das enaktive Arbeiten, das heute durch Augmented Reality etwa mit

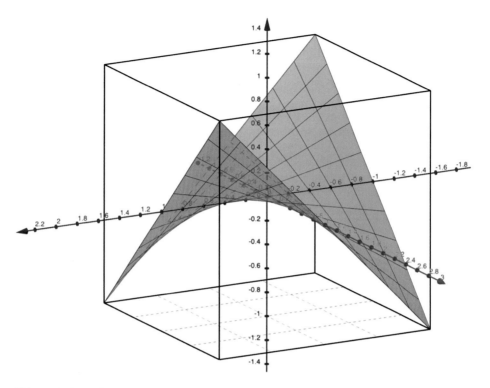

Abb. 4.53 Räumliche Darstellung der Funktion $f(x; y) = x \cdot y$ mit GeoGebra

GeoGebra 3D erfolgen kann. Durch derartige Aktivitäten kann eine bessere Grundlage dafür gelegt werden, Computergrafiken richtig zu lesen und zu interpretieren. Allerdings ist das Arbeiten mit Funktionen mehrerer Veränderlicher mathematisch anspruchsvoll, sodass höchstens ein Zugang zu diesen Funktionstypen auf der qualitativen Stufe des Verstehens (vgl. Abschn. 4.2.1) für den Mathematikunterricht der Sekundarstufe realistisch ist.

4.4 Funktionen unterrichten

Im Folgenden soll aufgezeigt werden, wie sich das Lernen und Lehren des Funktionsbegriffs im Unterricht gestalten lässt. Dabei wird davon ausgegangen, dass der Funktionsbegriff eine Leitidee für den gesamten Mathematikunterricht ist. Das Lernen und Lehren des Funktionsbegriffs muss deshalb *langfristig* geplant werden. Zugleich müssen Querverbindungen zu anderen Kernthemen geschaffen werden. Durch Funktionen können Zusammenhänge in inner- und außermathematischen Situationen aufgedeckt werden. Terme führen unmittelbar auf die Termdarstellung von Funktionen (vgl. Kap. 3). Umgekehrt lassen sich viele funktionale Zusammenhänge in Form von Termen ausdrücken. Weiterhin wird auch die enge Beziehung zwischen Funktionen und Gleichungen deutlich werden (vgl. Kap. 5). Eine ausführliche Darstellung hierzu findet sich in Wittmanns *Elementare Funktionen und ihre Anwendungen* (2019). Auch in Barzel et al. (2021), *Algebra und Funktionen*, werden die verschiedenen Funktionstypen in enger Beziehung zu den jeweiligen Gleichungen behandelt.

4.4.1 Proportionale und antiproportionale Funktionen

Zu Beginn der Sekundarstufe I wird die *Zuordnungsvorstellung* entwickelt. Dazu werden viele Lebensweltsituationen wie Ware-Preis- oder Zeit-Wege-Zusammenhänge und mathematische Situationen wie der Zusammenhang zwischen Umfang und Flächeninhalt von Rechtecken oder Anzahlen von schrittweise ergänzten Punktmustern betrachtet (vgl. Kap. 3). Der Übergang zur *Kovariationsvorstellung* erfolgt dann durch das Erkennen der Eigenschaft „je mehr ... desto mehr" bzw. „je mehr ... desto weniger". Hier werden Veränderungen der Ausgangswerte – bzw. der „x-Werte" – in Beziehung zur Veränderung der zugeordneten Werte – bzw. der „y-Werte" – gesetzt. Zu den proportionalen bzw. antiproportionalen Zusammenhängen führt dann das Erkennen spezieller „Je ... desto"-Zusammenhänge: Das Doppelte, Dreifache ... (bzw. der Hälfte, einem Drittel ...) der Ausgangswerte entspricht dem Doppelten, Dreifachen ... (bzw. der Hälfte, einem Drittel ...) der zugeordneten Werte (vgl. Krohn & Schöneburg-Lehnert, 2020 ; Barzel et al., 2021, S. 110ff.). Dieser charakteristischen Eigenschaft liegt die Funktionalgleichung proportionaler bzw. antiproportionaler Funktionen zugrunde:

Beispiel

4 gleichartige Kerzenständer wiegen 840 g. Wie viel Gramm wiegen 6 dieser Kerzenständer?

	Anzahl	Gewicht
	4	200 g
	1	50 g
	6	300 g

:4 und ·6 links; :4 und ·6 rechts

Mit 3 Pumpen gleichen Typs ist ein Keller in 8 h leergepumpt. Wie viele Stunden benötigen 2 Pumpen

	Anzahl	Zeit
	3	8 h
	1	24 h
	2	12 h

:3 und ·2 links; ·3 und :2 rechts

In diesen Aufgaben können Lernende den folgenden Zusammenhang erkennen und sprachlich ausdrücken:

Zum n-Fachen gehört das n-Fache. (proportional)

Zum n-Fachen gehört der n-te Teil. (antiproportional) ◄

Eine auf $\mathbb{R}$ definierte Funktion f heißt *proportional*, wenn gilt:[8]

$$f(r \cdot x) = r \cdot f(x) \text{ für alle } r \in \mathbb{R}.$$

f heißt *antiproportional*, wenn gilt:

$$f(r \cdot x) = \frac{1}{r} \cdot f(x) \text{ für alle } r \in \mathbb{R}\setminus\{0\}.$$

Man kann diese Eigenschaft, wie in obigem Beispiel gezeigt, gut an Tabellen mit entsprechenden *Operatoren* verdeutlichen. Die Operatoren werden mit Pfeilen visualisiert. Mithilfe solcher Operatoren lässt sich die Grundaufgabe lösen, bei Kenntnis eines Paars zu gegebener erster Größe das der zugehörigen zweiten Größe zu bestimmen. Dabei ist es häufig zweckmäßig, in einem zusätzlichen Schritt über die Einheit zu gehen. Dieser Schritt über die Einheit führt auf den bekannten „Dreisatz", ein Rechenschema, das bereits in den Rechenbüchern bei Adam Ries (1492–1559) auftaucht (vgl. Deschauer, 1992) und das sich mit *drei Sätzen* formulieren lässt, etwa:

3 Meter Stoff kosten 12 €.

1 Meter Stoff kostet 12 € : 3 = 4 €.

5 Meter Stoff kosten 4 € · 4 = 20 €.

Werden diese drei Sätze in der „Wenn-dann-Form" formuliert, dann treten die zugrunde liegenden logischen Schlussweisen deutlicher hervor:

Wenn 3 m Stoff 12 € kosten,

dann kostet 1 m Stoff 12 € : 3 = 4 €.

Wenn 1 m Stoff 4 € kostet,

dann kosten 5 m Stoff 4 € · 5 = 20 €.

Deshalb wurde für den Dreisatz auch die Bezeichnung „Schlussrechnung" gebräuchlich und mit ihrer Verwendung im Unterricht die Schulung des logischen Schließens verbunden (z. B. Lietzmann & Stender, 1961, S. 98; vgl. aber auch die kritischen

---

[8] Aufgrund der großen Bedeutung der Proportionalität bei Sachaufgaben und Lebensweltproblemen werden diese häufig nur auf $\mathbb{R}^+$ mit einem Proportionalitätsfaktor ebenfalls nur aus $\mathbb{R}^+$ definiert. Damit lässt sich dann etwa die Eigenschaft „monoton steigend" mit diesen Funktionen verbinden.

Anmerkungen von Kirsch, 1969). Heute wird dieser Aufgabentyp hauptsächlich unter dem Gesichtspunkt proportionaler und antiproportionaler Funktionen betrachtet. Entsprechende Eigenschaften werden dabei in verschiedenen Darstellungen der Funktionen deutlich[9] (vgl. auch Pinkernell, 2015).

Die wechselseitige Beziehung zwischen Zuordnungs- und Kovariationsvorstellung führt dann zur Verhältnisgleichheit oder Quotientengleichheit antiproportionaler Funktionen.

$$\frac{x_1}{x_2} = \frac{f(x_1)}{f(x_2)} \text{ bzw. } \frac{f(x_1)}{x_1} = \frac{f(x_2)}{x_2}$$

x	…	x_1	…	x_2	…
y	…	y_1	…	y_2	…

Diese Eigenschaft dient besonders bei der Auswertung experimenteller Ergebnisse – etwa in der Physik – als Proportionalitätstest.

Beispiel

Gegeben sind viele verschiedene Konservendosen. Messe für jede Dose den Umfang U und Durchmesser d (jeweils in cm) und dokumentiere deine Messungen in einer Tabelle. Berechne auch jeweils $\frac{U}{d}$.

Lernende könnten auf diese Weise etwa die folgende Tabelle erhalten:

d	U	$\frac{U}{d}$
cm	cm	
10	31	3,1
12	36	3,0
15	48	3,2
18	56	3,1

Die experimentelle Vorgehensweise in dieser Aufgabe legt $U \sim d$ (also der Umfang ist proportional zum Durchmesser) nahe, wobei für den Proportionalitätsfaktor der Mittelwert der $\frac{U}{d}$-Werte genommen werden kann. Eine andere Möglichkeit ist es, die Punkte (d; U) in ein Koordinatensystem zu zeichnen und die Steigung einer Ausgleichs(halb)geraden zu bestimmen. Diese liefert einen Näherungswert für π. ◄

---

[9] Aufgrund der großen Bedeutung proportionaler Funktionen, vor allem auch im Hinblick auf ihre Beziehung zu linearen Funktionen, beschränken wir uns auf diesen Funktionstyp. Die Überlegungen zu antiproportionalen Funktionen ergeben sich entsprechend.

Aus der Quotientenkonstanz ergibt sich auch unmittelbar die Funktionsgleichung mit dem **Proportionalitätsfaktor** $a \in \mathbb{R} \backslash \{0\}$:

$$f(x) = a \cdot x, x \in \mathbb{R}$$

Man kann a auch als denjenigen Funktionswert erhalten, der dem Wert $x = 1$ zugeordnet ist: $f(1) = a$. Mit der funktionalen Sichtweise und der Funktionsgleichung $f(x) = a \cdot x$ erfolgt auch ein Schritt zur *Objektvorstellung* einer proportionalen Funktion. Die Funktion wird auf der symbolischen Ebene als Ganzes betrachtet und mit ihr wird der Graph einer Nullpunktsgeraden verbunden.

An der Tabelle kann man auch gut eine weitere Eigenschaft proportionaler Funktionen erkennen, nämlich ihre Additivität:

$$f(x_1 + x_2) = f(x_1) + f(x_2)$$

Gewicht	Preis
6 kg	12 €
8 kg	16 €
14 kg	28 €

Beim Behandeln proportionaler Zusammenhänge ist es wichtig, die Grenzen dieser Funktionen für die Modellierung von Situationen zu reflektieren. Aufgaben wie „6 kg Zucker kosten 4 €, wie viel € kosten 225 g?" sind leicht zu lösen, werden aber nicht der Wirklichkeit gerecht, da vom Handel derartige Warenmengen im Allgemeinen nicht abgegeben werden. So ist der Käufer unter Umständen gezwungen, wenigstens 250 g Zucker zu kaufen, wenn er 225 g haben will. Weiter ist es allgemein üblich, beim Abnehmen größerer Warenmengen einen Rabatt zu vereinbaren. Dadurch ist die Proportionalität nicht mehr für den ganzen Warenbereich gegeben. Schließlich ist bei manchen Waren, etwa bei elektrischer Energie, zunächst eine Grundgebühr zu bezahlen. Dann liegt keine Proportionalität mehr zwischen bezogener elektrischer Energie und dem bezahlten Preis vor.

4.4.2 Lineare Funktionen

Funktionen f: $\mathbb{R} \to \mathbb{R}$ mit der Termdarstellung

$$x \to a \cdot x + b, \ a, b \in \mathbb{R},$$

werden *lineare* Funktionen genannt. Die Bezeichnung „linear" erinnert an die *gerade Linie*, die sich als Graph ergibt. Es gilt zunächst die Beziehung zwischen den Koeffizienten a und b der Termdarstellung und der Lage des Graphen der linearen Funktion herzustellen.

Insbesondere erhält man für $a=0$ *konstante* Funktionen. *Proportionale* Funktionen sind besondere *lineare* Funktionen. Damit ist ein erster Schritt zum Erkennen von Beziehungen zwischen Funktionen getan.

4.4.2.1 Intuitive Zugänge

Wie im Lernmodell in Abschn. 4.2.1 erläutert, können lineare Zusammenhänge zunächst auf qualitative Weise untersucht werden. Die im Beispiel angegebene Aufgabe erlaubt einen solchen qualitativen Zugang. Der dort angegebene Graph könnte auch experimentell und enaktiv erzeugt werden, indem ein Lernender im Klassenraum entlang eines langen Maßbands läuft und die Klassenkameraden die Entfernung pro Zeit vom Startpunkt ermitteln. Digitale Werkzeuge erlauben das direkte Messen der Entfernung pro Zeit und das direkte Plotten der zugehörigen Funktion, was sich positiv auf das Lernen auswirken kann, da Lernende sofort die Auswirkung verschiedener Geschwindigkeiten oder eines anderen Startpunkts auf den Funktionsgraphen erleben (Duijzer et al., 2019).

Beispiel

Bert (B) verabschiedet sich von Adam (A) und läuft davon. Der Graph in Abb. 4.54 gibt die Entfernung zwischen Bert und Adam in Abhängigkeit von der Zeit an. Beschreibe die Situation!

Die grafische Darstellung ist hier zunächst ohne Achseneinheiten angegeben. Mögliche Achsenbeschriftungen lassen sich hinsichtlich ihrer Realitätsnähe diskutieren. ◀

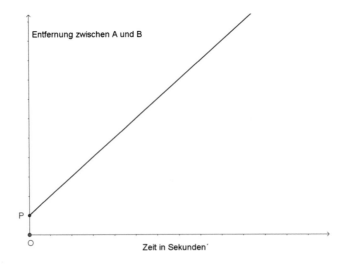

Abb. 4.54 Qualitativer Zusammenhang zwischen dem Abstand der Personen A und B und der Zeit

Der Zugang zum Funktionstyp der linearen Funktion erfolgt über die Entwicklung eines intuitiven und inhaltlichen Begriffsverständnisses. Hierfür lassen sich zahlreiche Lebensweltbeispiele finden, wie etwa Weg-Zeit-Zusammenhänge bei Wanderungen, Auto- oder Schifffahrten, Preis-Fahrstrecken-Zusammenhänge bei Taxifahren oder Länge-Zeit-Zusammenhänge bei abbrennenden Kerzen. Ebenso gibt es viele innermathematische Beispiele wie etwa der Seitenlänge-Umfang-Zusammenhang beim Rechteck mit konstanter Breite oder der Oberflächeninhalt-Höhe-Zusammenhang bei einem Zylinder bei konstantem Grundflächeninhalt. Diese Zusammenhänge lassen sich im Sinne der Darstellungsvernetzung in verschiedener Weise darstellen, etwa als Tabelle, Graph und Gleichung, und es lassen sich Vor- und Nachteile der einzelnen Darstellungsformen vergleichen.

4.4.2.2 Eigenschaften linearer Funktionen

Ein experimenteller und enaktiver Zugang erlaubt Lernenden, intuitiv zentrale Eigenschaften zu erkennen. Beispielsweise können Lernende mit einem digitalen Entfernungsmesser schnell erkennen, dass sie mit konstanter Geschwindigkeit laufen müssen, um eine lineare Funktion zu erhalten.

In der Tabellendarstellung und im Graphen können solche und weitere zentrale Eigenschaften linearer Funktionen weiter erkundet werden. Eigenschaften spiegeln sich insbesondere in den Parametern $a, b \in \mathbb{R}$ der Funktionsgleichung $y = a \cdot x + b$ wider. Dem Faktor a entspricht die konstante relative Änderungsrate

$$a = \frac{y_2 - y_1}{x_2 - x_1} = \frac{\Delta y}{\Delta x} \text{ mit } y_1 = a \cdot x_1 + b \text{ und } y_2 = a \cdot x_2 + b$$

bzw. die Steigung der zu $y = a \cdot x + b$ gehörenden Geraden. b ist der sogenannte „y-Abschnitt" (Abb. 4.55).

Weitere Eigenschaften linearer Funktionen sind durch die Möglichkeit gegeben, die Funktionsgleichung aus zwei gegebenen Punkten des Graphen aufstellen oder die Funktionsgraphen entsprechend dem Paramater a nach „fallend" und „steigend" unterscheiden zu können.

Ein weiterer vertiefender Zugang zu zentralen Eigenschaften von linearen Funktionen ist das Erkunden von Geradenscharen mithilfe digitaler Werkzeuge.

4.4.2.3 Dynamik erleben – Geradenscharen

Am Anfang einer Unterrichtseinheit zu linearen Funktionen wird der Funktionsbegriff induktiv durch inner- und außermathematische Beispiele erarbeitet. Dabei ist eine intensive Phase des eigenständigen Rechnens und Zeichnens mit Papier und Bleistift unabdingbar, da sie für eine Atmosphäre der Muße, des Planens und Überlegens beim Anfertigen von Darstellungen sorgt sowie das konstruktive Aufgreifen von Fehlern erlaubt.

Im Verlauf einer Unterrichtseinheit lassen sich digitale Werkzeuge in der *Entdeckungs-*, *Sicherungs-* und *Vertiefungsphase* einsetzen. Mit ihrer Hilfe lassen sich

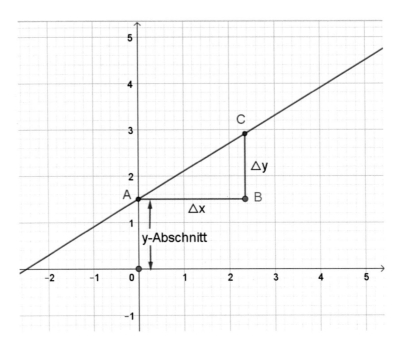

Abb. 4.55 Graph der linearen Funktion mit $f(x) = 0.6\,x + 1.5$ sowie eingezeichnetem Steigungsdreieck und y-Abschnitt

Berechnungen schnell ausführen und Graphen auf Knopfdruck erstellen, sie ermöglichen das Arbeiten mit multiplen Darstellungen und erlauben es, interaktiv mit den mathematischen Objekten – genauer mit den Darstellungen der Objekte – umzugehen. So ist es etwa möglich, Graphenscharen zu untersuchen, was vertiefte Einsichten und eine Konsolidierung des Begriffs der linearen Funktion mit Blick auf die *Objektvorstellung* von Funktionen ermöglicht (vgl. Abschn. 4.2.2).

Lineare Funktionen können dabei als Objekte definiert werden:

$$G(x, a, b) := a \cdot x + b$$

Damit lassen sich die Geraden dynamisch in Abhängigkeit von a und b darstellen oder auch Scharen von Geraden erzeugen (Abb. 4.56).

4.4.2.4 Modellieren mit linearen Funktionen

Lineare Funktionen besitzen im Rahmen der Modellierung sowohl bei normativen als auch bei deskriptiven Modellen eine zentrale Bedeutung. Wenn bei Lebensweltsituationen lineare Zusammenhänge erkannt, vermutet oder konstruiert werden können, dann lassen

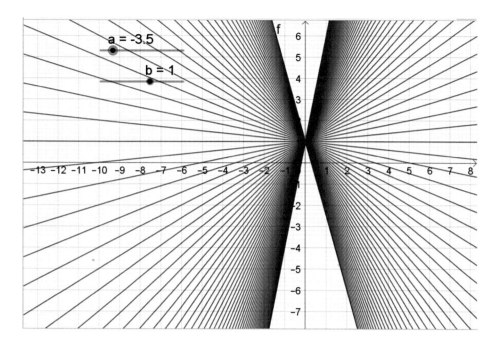

Abb. 4.56 Die Geradenschar mit G(x, a, b):= a · x + b für b = 1 und a = −5, −4,9, −4,8, ... 4,8, 4,9, 5

sich Interpolations- und Extrapolationsprobleme in einfacher Weise lösen. Allerdings sind dabei auch stets die Grenzen des Modells zu beachten.

Beispiel

Das (normative) Strommodell.

Der Preis der im Haushalt verbrauchten elektrischen Energie setzt sich zusammen aus dem Grundpreis G und dem Preis pro kWh. Bei einem angenommenen monatlichen Grundpreis von 10 € und 30 ct/kWh kann der Gesamtpreis in Abhängigkeit vom Verbrauch als Gleichung dargestellt werden:

$$\text{Monatspreis}(x) = 10\,€ + 0{,}3\,€ \cdot x, \text{ mit } x = \text{Anzahl(der kWh)}.$$

◀

Diese Abhängigkeit lässt sich auch in Tabellenform oder als Graph darstellen (Abb. 4.57). Der monatliche Verbrauch in kWh beläuft sich bei einem 2-Personen-Haushalt auf ca. 300 kWh.

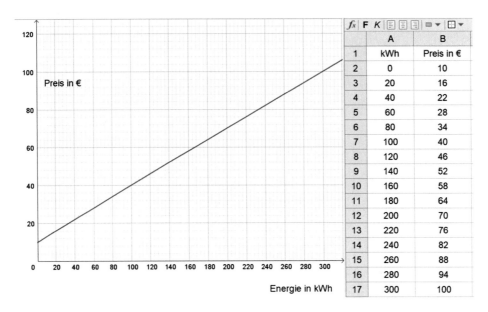

Abb. 4.57 Zusammenhang zwischen „verbrauchtem" Strom und zu zahlendem Preis bei einem Grundpreis $G = 10$ €/Monat und 0,3 €/kWh

---

Beispiel

Die folgende Tabelle gibt den Zusammenhang zwischen der Masse eines Vogels und der Flügelfläche an (vgl. Körner et al., 2019; Neue Wege 8, S. 147).

Vogelart	Masse in g	Flügelfläche in cm^2
Spatz	25	87
Schwalbe	47	186
Amsel	78	245
Star	93	190
Taube	143	357
Krähe	440	1344
Möwe	607	2007

◄

Die entsprechenden Werte werden in ein Koordinatensystem eingetragen (Abb. 4.58). Ausgehend von der Hypothese eines vermuteten näherungsweisen linearen Zusammenhangs lässt sich eine Ausgleichsgerade durch Verändern der Parameter a und b der Gleichung $y = ax + b$ bestimmen, indem die quadratische Abstandssumme minimiert wird. Die Ausgleichsgerade lässt sich auch automatisch durch ein digitales Werkzeug

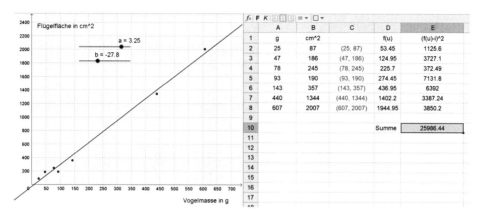

Abb. 4.58 Zusammenhang zwischen Vogelmasse und Flügelfläche

bestimmen[10] (Pinkernell, 2021). Dies legt – annähernd – einen linearen Zusammenhang zwischen der Flügelfläche und dem Gewicht von Vögeln nahe. Wiederum gilt es, die Grenzen des Modells, etwa bei Vögel mit sehr kleinem Gewicht, zu überlegen oder zu recherchieren.

4.4.2.5 Problemlösen mit linearen Funktionen

Der Einsatz digitaler Werkzeuge bietet die Möglichkeit, das *inhaltliche Begriffsverständnis* zu entwickeln, indem verschiedene Darstellungsformen, insbesondere Gleichung, Tabelle und Graph, miteinander vernetzt betrachtet werden können. Eine zusätzliche Hilfe ist dabei die Interaktivität der Darstellungsformen, da Lernende unmittelbar Rückmeldungen auf entsprechende Veränderungen von Eingabeparametern erhalten.

Die folgenden Beispiele zeigen, wie der Rechner für die Wechselbeziehung zwischen Graph und Gleichung eingesetzt werden kann.

Beispiel

Abb. 4.59 zeigt vier sich schneidende Geraden. Erzeuge dieses Bild auf deinem Bildschirm.

Aufgabe 1. Zeichne die Darstellung in Abb. 4.60 auf dem Bildschirm. Gib die Gleichungen der Geraden, auf denen die Seiten des Vierecks liegen, mit den entsprechenden Einschränkungen des Definitionsbereichs an.[11]

---

[10] In dem hier verwendeten Programm GeoGebra ist dies der Befehl „Trend(Liste von Punkten, Funktionsterm)".

[11] Mithilfe eines GTR hat Leneke (2000) derartige Aufgabe bereits in der 5. und 6. Klasse durchgeführt und etwa ein Haus oder einen Hund durch die Angabe der Eckpunkte-Koordinaten auf den Bildschirm zeichnen lassen. „Spielerisch" lernten die Schülerinnen und Schüler dabei den Umgang mit Koordinaten, das Arbeiten mit Tabellen und das Erzeugen verschiedener Vielecke.

Abb. 4.59 Geradensalat

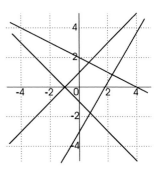

Abb. 4.60 Mit Funktionen
zeichnen

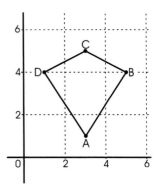

Aufgabe 2. Auf einem unlinierten weißen Blatt ist eine gerade Linie gezeichnet. Diese soll eine Gerade mit der Gleichung $y = 2x + 1$ darstellen. Zeichne hierzu ein passendes Koordinatensystem mit gleich skalierten Achsen (Abb. 4.61; vgl. Herget, 2017, S. 8 f.).

Aufgabe 2 ist ein Beispiel dafür, wie – ganz im Sinne des operativen Prinzips – eine Umkehraufgabe mithilfe digitaler Werkzeuge gelöst werden kann (Günster, 2017). Die Wechselbeziehung zwischen den Handlungen Verschieben, Strecke und Drehen des Koordinatensystems, dem Lesen der Darstellungen und dem fortwährenden Vergleichen mit der Geradengleichung fördert das Entwickeln des inhaltlichen Begriffsverständnisses. ◄

Digitale Werkzeuge eröffnen auch die Möglichkeit des Arbeitens mit Funktionen als Objekten und unterstützen damit die Entwicklung des *formalen Begriffsverständnisses*. So lässt sich eine lineare Funktion in einer digitalen Umgebung definieren: $G(x, m, b) := m \cdot x + b$. Mit der Funktion G bzw. dem Term $G(x, m, b)$ lässt sich als Ganzes operieren und man kann bestimmte Objekte ansprechen, indem Parameter spezifiziert werden, etwa $G(x, 2, 3)$.

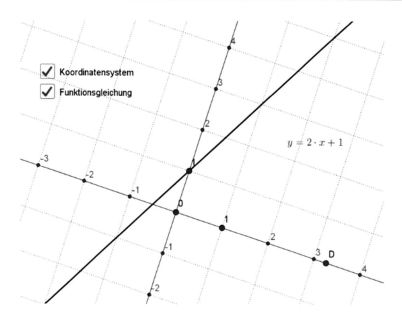

Abb. 4.61 Das Koordinatensystem kann durch Ziehen an Punkten vergrößert und verkleinert sowie um den Nullpunkt gedreht werden (aus Günster, 2017).

4.4.3 Quadratische Funktionen

Quadratische Funktionen werden üblicherweise in der 9. oder 10. Klasse, also von 15- bis 16-jährigen Lernenden behandelt. Das Begriffsverständnis von quadratischen Funktionen lässt sich analog zu dem Modell für lineare Funktionen entwickeln. Aufgrund der Nichtlinearität ergibt sich allerdings eine höhere mathematische Komplexität. Im Folgenden ist ein möglicher Lernpfad dargestellt, der die Entwicklung des Begriffsverständnisses quadratischer Funktionen darstellt. Jedtke (2018) hat dazu auch ein Wiki-basiertes Material entwickelt (vgl. auch Jedtke & Greefrath, 2019).[12]

4.4.3.1 Normalparabel

Ausgangspunkt für die Erarbeitung quadratischer Funktionen ist der Prototyp $f: x \rightarrow x^2$. Dessen Graph ist eine Parabel, die sogenannte „Normalparabel". Die Bezeichnung „normal" bezieht sich sowohl auf die Form als auch auf die Lage der Normalparabel im Koordinatensystem. Die Symmetrie des Graphen zur y-Achse ergibt sich aus $f(x)=f(-x)$. Der Scheitel der Parabel ist der Schnittpunkt der Parabel mit der Symmetrieachse, hier also der Nullpunkt.

---

[12] Wiki-basierte Lernpfade finden sich auch unter http://www.zum.de/mathematik-digital/ insbesondere https://unterrichten.zum.de/wiki/Quadratische_Funktionen_erkunden.

4.4.3.2 Allgemeine quadratische Funktion

Ausgehend von der Normalparabel gelangt man schrittweise in fünf Schritten a) bis e) zur *allgemeinen quadratischen Funktion* $x \rightarrow ax^2 + b \cdot x + c$, *a, b, c* $\in \mathbb{R}$, $a \neq 0$. Diese Form der Darstellung heißt *Normalform*.

a) Verschiebung in Richtung der *y*-Achse

Am einfachsten ist es, die Wirkung von *c* in $x \rightarrow x^2 + c$ zu erkennen. Ist $c > 0$, so wird die Parabel in Richtung positiver *y*-Achse verschoben, für $c < 0$ in Richtung negativer *y*-Achse (Abb. 4.62).

b) Verschiebung in Richtung der *x*-Achse

Ausgehend von der Normalparabel mit $f\colon x \rightarrow x^2$ bewirkt die Transformation $x \rightarrow x - c$, $c > 0$, die Änderung des Funktionsterms $f_c\colon x \rightarrow (x - c)^2$. Den zugehörigen Graphen erhält man durch eine Verschiebung der Normalparabel in positive x-Richtung, bei $c < 0$ erfolgt eine Verschiebung in negative *x*-Richtung (Abb. 4.63).

c) Scheitelpunktform

Verschiebungen um x_s in Richtung der *x*-Achse und um y_s in Richtung der *y*-Achse führen auf die Gleichung

$$y = (x - x_s)^2 + y_s, \ x_s, y_s \in \mathbb{R}.$$

Dies ist die *Scheitelgleichung, Scheitel-* oder *Scheitelpunktform* einer quadratischen Funktion, denn $S = (x_s;\ y_s)$ ist der Scheitel der Parabel. Diese Gleichung kann in die Normalform

$$y = x^2 + b \cdot x + c$$

umgeformt werden.

Abb. 4.62 Verschiebung der Normalparabel in *y*-Richtung

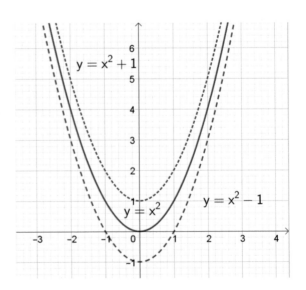

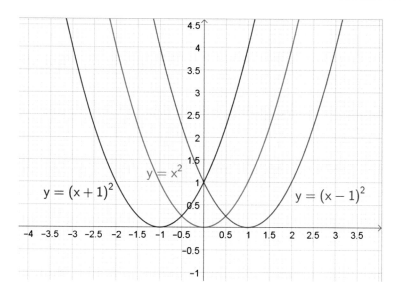

Abb. 4.63 Verschiebung der Normalparabel in x-Richtung

d) Streckungen – Stauchungen – Spiegelungen

Stellt man die Funktionen

$$x \to x^2, \; x \to 2 \cdot x^2, \; x \to \frac{1}{2} \cdot x^2$$

dar, so erkennt man, dass der Koeffizient a in $x \to a \cdot x^2$ – zunächst für positive $a \in \mathbb{R}$ – eine „Streckung" bzw. eine „Stauchung" der Normalparabel bewirkt (Abb. 4.64).

Beim Übergang von $f(x) = x^2$ zu $g(x) = -x^2$ wird die Normalparabel P_f an der x-Achse gespiegelt. Beim Übergang zu f_a: $x \to a \cdot x^2$ mit $a < 0$ erhält man wieder „gestauchte" oder „gestreckte" Parabeln als Graphen von f_a. Hier spricht man auch von *rein quadratischen Funktionen* (Abb. 4.65).

e) Normalform und Scheitelpunktform

Die Normalform einer quadratischen Funktion mit

$$f(x) = a \cdot x^2 + b \cdot x + c, \; a, b, c \in \mathbb{R}, a \neq 0$$

lässt sich in die Scheitelpunktform überführen. Durch quadratische Ergänzung und entsprechende Umformungen erhält man:

$$f(x) = a\left(x + \frac{b}{2a}\right)^2 + c - \frac{b^2}{4a}.$$

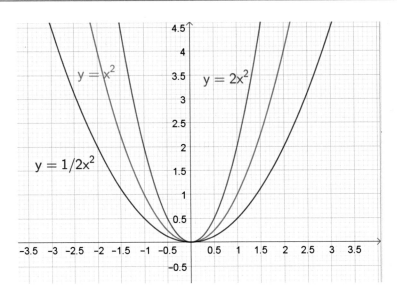

Abb. 4.64 „Streckung" und „Stauchung" der Normalparabel für positive Werte a mit $y = a \cdot x^2$

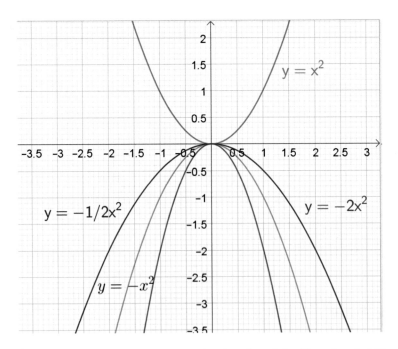

Abb. 4.65 Normalparabel und „Streckung" sowie „Stauchung" der Normalparabel für negative Werte a mit $y = a \cdot x^2$

Als Scheitel *SP* der Parabel ergibt sich:

$$SP\left(\frac{-b}{2a}; c - \frac{b^2}{4a}\right).$$

Die Umformung der Scheitelpunktform in die Normalform erhält man durch Ausmultiplizieren der Klammer und entsprechende Zusammenfassung der Additionsterme.

4.4.3.3 Entdeckungen mit Parabeln

Ein Ziel bei der Untersuchung parameterabhängiger Funktionen ist es, den Einfluss von Parametern auf Lage und Form der Graphen der Funktionen zu studieren, um dadurch einen Überblick über eine ganze Klasse von Funktionen zu erhalten. Betrachtet man die allgemeine Darstellung der quadratischen Funktion bzw. die Normalform, so wird deutlich, dass die Lage des Scheitelpunktes von allen drei Parametern a, b, c der Funktionsgleichung $f(x) = a \cdot x^2 + b \cdot x + c$ abhängt. Insbesondere können Lernende die „Wanderung" des Scheitels mit Hilfe digitaler Werkzeuge entdecken, wenn sie einen Parameter systematisch verändern und die anderen beiden konstant halten. Das folgende Beispiel zeigt dies für den Parameter a.

> **Beispiel**
>
> Die Golden Gate Bridge ist eine 1937 erbaute Hängebrücke und auch heute noch ein Wahrzeichen der Stadt San Francisco.[13] Die beiden Haupttragepfeiler auf beiden Uferseiten sind 1280 m voneinander entfernt. Die Trageseile dazwischen haben angenähert einen parabelförmigen Verlauf. Die Spitzen der Hauptpfeiler sind 320 m über dem Meeresspiegel (siehe Abb. 4.66).
>
> Stelle die Gleichung der Parabel in Scheitelpunkt- und allgemeiner Form auf und kontrolliere deine Ergebnisse mithilfe von GeoGebra.
>
> Siehe https://www.geogebra.org/m/d62fczzd. ◄

> **Beispiel**
>
> Bei der Funktion mit $f(x) = ax^2 - 2x - 1$, $a \in \mathbb{R}$, lässt sich gut visualisieren, dass der Parameter a nicht nur die „Breite" oder den „Öffnungswinkel" der Parabel, sondern auch die Lage des Scheitelpunkts beeinflusst. Dies lässt sich auch mithilfe algebraischer Umformung in die Scheitelpunktform zeigen:
>
> $$f(x) = a\left(x - \frac{1}{a}\right)^2 - 1 - \frac{1}{a}, a \neq 0.$$
>
> Der Scheitel hat somit die Koordinaten $S\left(\frac{1}{a}; -1 - \frac{1}{a}\right)$.

---

[13] Siehe https://de.wikipedia.org/wiki/Golden_Gate_Bridge (zuletzt abgerufen 25.06.2021).

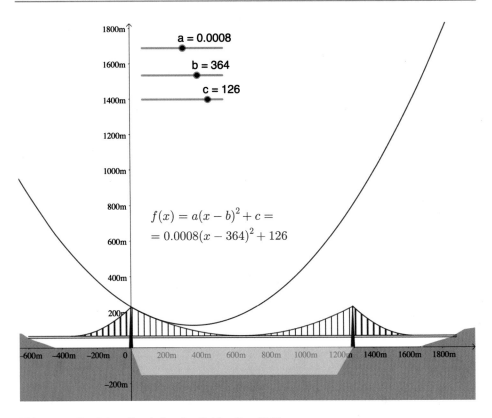

Abb. 4.66 GeoGebra-Simulation der Golden Gate Bridge

Damit lässt sich die Ortslinie bestimmen, auf der die Scheitelpunkte liegen:

$$x = \frac{1}{a} \quad \text{und} \quad y = -1 - \frac{1}{a}.$$

Man erhält

$$y = -1 - x$$

als Gleichung der Ortskurve. Sie ist also eine Gerade (Abb. 4.67). ◄

4.4.3.4 Parabeln und Extremwertprobleme

Extremwertaufgaben durchziehen den gesamten Mathematikunterricht (Schupp, 1992). So werden bereits in der Grundschule größte und kleinste Werte mit vorgegebenen Eigenschaften bestimmt oder es wird bei Lebensweltsituation, etwa Fieberkurven oder Pegelständen bei Flüssen, nach höchsten und niedrigsten Werten gefragt. Quadratische Funktionen sind die ersten Funktionstypen, die Lernende kennenlernen, bei denen Extrempunkte auftreten, die sich algebraisch bestimmen lassen. Ein in Normalform

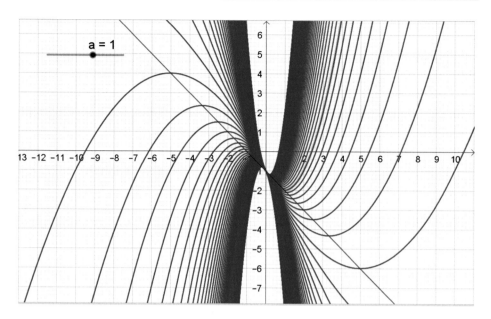

Abb. 4.67 Die Parabelschar mit $y = ax^2 - 2x - 1$ und der Gerade mit $y = -x - 1$, auf der die Scheitelpunkte der Parabelschar liegen

gegebener quadratischer Zusammenhang lässt sich durch quadratische Ergänzung in die Scheitelpunktform überführen und so lassen sich Extremwert und Extrempunkt ablesen.[14] Man erhält damit einen formalen Zugang zum Thema „Extremwerte" oder „Extremwertaufgaben", den man als Vorbereitung auf Funktionsuntersuchungen in der Analysis der Sekundarstufe II sehen kann.

Beispiel

Welches unter allen Rechtecken mit dem Umfang U hat den größten Flächeninhalt?

Das Rechteck mit den Seitenlängen a und b hat den Umfang U und den Flächeninhalt A. Es gilt: $U = 2a + 2b$ und $A = ab$. Daraus ergibt sich

$$A = a\left(\frac{U}{2} - a\right) = -a^2 + a\frac{U}{2}.$$

Mit $a = x$ und $A = y$ erhält man die Gleichung

$$y = -x^2 + \frac{U}{2}x.$$

---

[14] Der Begriff des Extrempunkts lässt sich auf verschiedene Weisen definieren und ist mit unterschiedlichen Grundvorstellungen verbunden. Vgl. hierzu Roos (2020).

Ihre Scheitelpunktform ist

$$y = -\left(x - \frac{U}{4}\right)^2 + \frac{U^2}{16}.$$

Das Maximum wird für $x_m = \frac{U}{4}$ angenommen. Die andere Seitenlänge ist dann ebenfalls $\frac{U}{4}$. Das Rechteck größten Flächeninhalts bei gegebenem Umfang ist also ein Quadrat. Der maximale Funktionswert ist $y_m = \frac{U^2}{16}$. ◄

4.4.3.5 Quadratische Funktionen als mathematische Modelle

Viele Lebensweltsituationen können durch quadratische Funktionen modelliert werden, beispielsweise Beschleunigungsvorgänge, Wurfbewegungen, Flächenberechnungen oder Brückenbögen. Ein Beispiel ist der Flug eines Basketballs.

Beispiel

Der Flug eines Basketballs lässt sich näherungsweise durch eine Parabel beschreiben. Beim Freiwurf ist der 3,05 m hohe Korb 4,60 m vom Werfer entfernt. Bei einer Abwurfhöhe AW von 2 m lässt sich die Parabelschar der erfolgreichen Würfe (wobei der Ballmittelpunkt durch den Korbmittelpunkt KMP angenommen wird) analytisch und grafisch darstellen (Abb. 4.68).

a) Auf welchen Flugbahnen gelangt der Ball bei einem Freiwurf in den Korb?
b) Betrachte unterschiedliche Entfernungen vom Korb (1 m, 2 m, 3 m, 4 m, 5 m, 6 m, 10 m, 15 m). Was charakterisiert jeweils die erfolgreichen Würfe?
c) Bei welchen Winkeln kann der Ball in den Korb fliegen, ohne den Korbring zu berühren? (vgl. Weigand, 1999a) ◄

4.4.3.6 Parabeln in Geometrie und Algebra

Üblicherweise wird in der Sekundarstufe I die Parabel nur als Graph einer quadratischen Funktion behandelt. Im Folgenden soll dargestellt werden, wie Lernende die Parabel auch als geometrisches Objekt erleben können.

a) Parabel als Ortslinie und Funktionsgraph

Die Parabel ist ein spezieller Kegelschnitt und damit ein geometrisches Objekt. Sie lässt sich rein geometrisch definieren.

Definition: Gegeben sind eine Gerade g und ein Punkt F, der nicht auf g liegt. Die Menge aller Punkte P, die denselben Abstand von F und g haben, heißt Parabel (Abb. 4.69).

Um die Beziehung zu den Graphen quadratischer Funktionen zu zeigen, wird ein Koordinatensystem in die geometrische Konstruktion gelegt (siehe Abb. 4.70).

Wir betrachten das rechtwinklige Dreieck FCP mit dem Punkt $P(x, y)$. Hier gilt $|PC| = |y - 2|$ und $|FP| = |PL| = y + 2$. Mit $|FP|^2 = |PC|^2 + |FC|^2$ erhält man;

$$(y + 2)^2 = (y - 2)^2 + x^2.$$

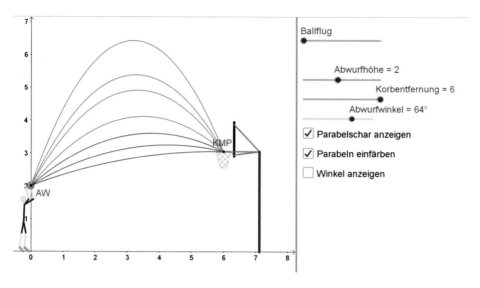

Abb. 4.68   Simulation des Flugs eines Basketballs beim Freiwurf

Abb. 4.69   Die Parabel als
Ortslinie der Menge aller
Punkte mit gleichem Abstand
von der Geraden g und dem
Punkt F[15]

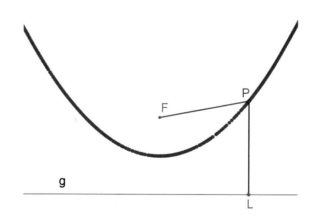

Dies führt auf die Gleichung:

$$y = \frac{1}{8} \cdot x^2.$$

---

[15] Bei gegebenem Punkt F und Gerade g, $F \notin g$, sei der Punkt $L \in g$. Ein Parabelpunkt P lässt sich dann als Schnittpunkt der Mittelsenkrechten von *[FL]* sowie der Orthogonalen zu g durch L konstruieren. P erfüllt die Definition, da er als Element der Mittelsenkrechten gleich weit von F und L entfernt ist.

Abb. 4.70 Die Parabel als
Ortslinie der Menge aller
Punkte mit gleichem Abstand
von der Geraden g und dem
Punkt F

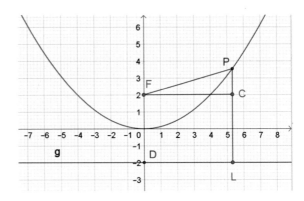

Die Parabel ist somit der Graph einer quadratischen Funktion.

(b) Parabeln und Ähnlichkeit

Zwei geometrische Figuren F_1 und F_2 heißen ähnlich, wenn es eine Ähnlichkeitsabbildung gibt, die F_1 auf F_2 abbildet. Eine Ähnlichkeitsabbildung ist eine Abbildung, die sich aus einer Kongruenzabbildung und einer zentrischen Streckung zusammensetzt (vgl. Weigand et al., 2018, S. 211 ff.) Alle Quadrate sind ähnlich zueinander, das gilt auch für alle Kreise. Dreiecke sind genau dann ähnlich, wenn sie in ihren Innenwinkeln übereinstimmen. Überraschend ist dagegen, dass alle Parabeln zueinander ähnlich sind.

Beispiel:

Alle Parabeln sind zueinander ähnlich.

Für diesen Nachweis bedarf es einer zentrischen Streckung $S_{Z,k}$ mit einem (festen) Streckzentrum Z und einem (festen) Streckungsfaktor $k \in \mathbb{R}$, sodass etwa die Normalparabel auf eine beliebige Parabel mit der Gleichung $y = b \cdot x^2$, $b \in \mathbb{R}$, abgebildet wird.

Ausgehend von den Parabeln mit $f(x) = x^2$ und $g(x) = b \cdot x^2$ sowie der Nullpunktsgeraden h mit $h: y = m \cdot x$, $m \in \mathbb{R}$, erhält man die beiden Schnittpunkte $P\left(m; m^2\right)$ und $P'\left(\frac{m}{b}; \frac{m^2}{b}\right)$. Die zentrische Streckung $S_{(0;0), \frac{1}{b}}$ führt somit P in P' über (Abb. 4.71).[16] ◄

---

[16] Die Ähnlichkeit zweier Parabeln lässt sich auch zeigen, indem auf die geometrische Definition der Parabel zurückgegangen wird. Hier lässt sich dann stets durch Drehung und Verschiebung erreichen, dass die beiden Leitgeraden aufeinander abgebildet werden und eine zentrische Streckung den Brennpunkt der einen Parabel auf den der anderen abbildet.

Abb. 4.71 P' ist für alle
m-Werte das Bild von P bei der
zentrischen Streckung $S_{(0;0),\frac{1}{b}}$

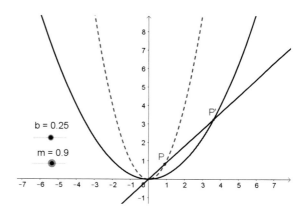

4.4.4 Potenz- und Exponentialfunktionen

Nach den quadratischen Funktionen erfolgt im Mathematikunterricht der Übergang zu den *Potenzfunktionen* mit natürlichen Exponenten. Diese lassen sich gut in Beziehung zu den proportionalen und rein quadratischen Funktionen setzen, um so Eigenschaften wie Nullstellen, Verhalten im Unendlichen und Steigungsverhalten zu vergleichen.

Mit den *Exponentialfunktionen* wird ein neuer Funktionstyp erschlossen, der vor allem im Zusammenhang mit Wachstumsprozessen bedeutsam ist. Der Zahlbereich der Exponenten lässt sich sukzessive über die ganzen Zahlen zu den Stammbrüchen, den rationalen Zahlen und schließlich zu den reellen Zahlen erweitern. Der mit diesen Erweiterungen einhergehende Schwierigkeitsgrad und das Verständnisniveau steigen allerdings beträchtlich. Deshalb ist diese Erweiterung über die Stammbrüche hinaus im Allgemeinen auch kein Inhalt im Standardcurriculum des Mathematikunterrichts. Eine ausführliche Darstellung der mathematischen Eigenschaften von Potenz-, Polynom- und Exponentialfunktionen findet sich in Barzel et al. (2021).

Im Folgenden konzentriert sich die Darstellung auf die schrittweisen Erweiterungen bei Potenz- und Exponentialfunktion, die in ihrer Wechselbeziehung zueinander dargestellt werden, um einerseits Gemeinsamkeiten, andererseits aber auch Unterschiede herausstellen zu können.

1. Schritt: Natürliche Zahlen als Exponenten
Werden Potenzen unter dem Funktionsbegriff gesehen, so ergeben sich zunächst die zwei grundlegenden Funktionstypen:

Abb. 4.72 Graphen von
$f(x) = x^n$, $n = 1, 2, 3, 4, 5$

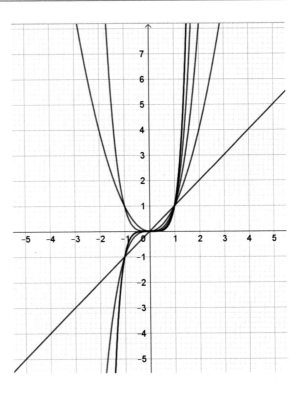

Potenzfunktionen	**Exponentialfunktionen**
$\text{pot}_n \colon x \to x^n$ für $n \in \mathbb{N}$, $x \in \mathbb{R}$ (Abb. 4.72)	$\exp_a \colon x \to a^x$ für $a \in \mathbb{R}^+\backslash\{1\}$, $x \in \mathbb{N}$[17] (Abb. 4.73)

Betrachtet man die Potenzregeln unter dem Aspekt der Funktionen, so ergeben sich diese als Eigenschaften von Funktionen.

Die Regel

$$x^m \cdot x^n = x^{m+n} \; bzw. \; a^m \cdot a^n = a^{m+n}, \; m, n \in \mathbb{N}, \; (^*)$$

kann man so interpretieren:

---

[17] Für natürliche Exponenten könnte die Exponentialfunktion auch für negative Basiswerte a definiert werden. Dann würde allerdings die (gewünschte) Monotonie der Exponentialfunktion verloren gehen. Sobald dann aber rationale Exponenten auftreten, führt das Verwenden negativer Basiswerte zu Fallunterscheidungen und – bei Grenzwertbetrachtungen – zu Widersprüchen. Die Werte $a = 0$ und $a = 1$ werden als Basis ausgeschlossen, da sich in diesen Fällen konstante Funktionen ergeben, also keine Funktionen mit Eigenschaften, die man mit der Exponentialfunktion verbindet (vgl. hierzu Weigand, 2017).

Abb. 4.73 Graphen von
$f(x) = a^x$, $a = \frac{1}{4}, \frac{1}{2}, 2, 3, 5$

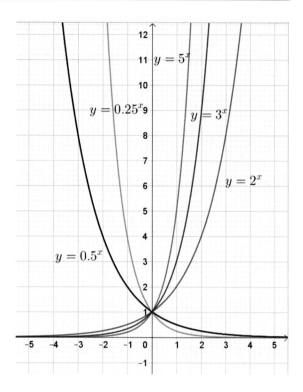

$\mathrm{pot}_m(x) \cdot \mathrm{pot}_n(x) = \mathrm{pot}_{m+n}(x),$ d. h. $\mathrm{pot}_m \cdot \mathrm{pot}_n = \mathrm{pot}_{m+n}$	$\exp_a(x_1) \cdot \exp_a(x_2) = \exp_a(x_1 + x_2)$
Das Produkt zweier Potenzfunktionen ist wieder eine Potenzfunktion.	Der Funktionswert einer Summe zweier Funktionswerte ist bei Exponentialfunktionen gleich dem Produkt der Funktionswerte.

Die Regel

$$(x \cdot y)^n = x^n y^n,\ x, y \in \mathbb{R}$$

liefert:

$\mathrm{pot}_n(x_1 \cdot x_2) = \mathrm{pot}_n(x_1) \cdot \mathrm{pot}_n(x_2),$	$\exp_{a \cdot b}(x) = \exp_a(x) \cdot \exp_b(x),$ d. h. $\exp_{a \cdot b} = \exp_a \cdot \exp_b$
Der Funktionswert eines Produkts ist bei Potenzfunktionen gleich dem Produkt der Funktionswerte.	Das Produkt zweier Exponentialfunktionen ist wieder eine Exponentialfunktion.

Mit Potenzen lassen sich verschiedene Grundvorstellungen verbinden, die im Wesentlichen für Potenzen mit natürlichen Exponenten gelten (vgl. Itsios, 2020): die Vorstellung der *wiederholten Vervielfachung,* die *kombinatorische Vorstellung* oder die Vorstellung, *a* Objekte in *n*-facher Ausführung miteinander kombinieren zu können, und das *wiederholte Skalieren,* bei dem Objekte vergrößert oder verkleinert werden. Itsios (ebd.) zeigt, dass Lernende der oberen Sekundarstufe I und der 11. Klasse weitgehend schematisch mit Potenzen umgehen, ohne Grundvorstellungen zu aktivieren. Grundvorstellungen sind aber wichtig, da sie eine Möglichkeit darstellen, die Rechengesetze mit Potenzen zumindest bei natürlichen Exponenten auch inhaltlich unter verschiedenen Blickwinkeln zu verankern.

2. Schritt: Die Null als Exponent
Die *Erweiterung des Potenzbegriffs* auf ganzzahlige, später dann reelle Exponenten stellt sich für beide Funktionstypen unterschiedlich dar.

$\mathrm{pot}_0(x) \cdot \mathrm{pot}_m(x) = \mathrm{pot}_{0+m}(x) = \mathrm{pot}_m(x)$, für m $\in \mathbb{N}$, also $\mathrm{pot}_0(x) = 1$ für $x \neq 0$[18]	$\exp_a(x) = \exp_a(x+0) = \exp_a(x) \cdot \exp_a(0)$, $a \in \mathbb{R}^+\backslash\{1\}$, also $\exp_a(0) = 1$ für $a \neq 0$

3. Schritt: Negative ganze Zahlen als Exponenten

$1 = \mathrm{pot}_0(x)$ $= \mathrm{pot}_{n+(-n)}(x)$ $= \mathrm{pot}_n(x) \cdot \mathrm{pot}_{-n}(x)$, also $\mathrm{pot}_{-n}(x) = \frac{1}{\mathrm{pot}_n(x)} = \frac{1}{x^n}$ für $x \neq 0$	$1 = \exp_a(0)$ $= \exp_a(n+(-n))$ $= \exp_a(n) \cdot \exp_a(-n)$, also $\exp_a(-n) = \frac{1}{\exp_a(x)} = \frac{1}{a^n}$ für $a > 0$

Dies gibt Anlass zur Definition

$$x^{-n} = \frac{1}{x^n}, \ n \in \mathbb{N}, x \in \mathbb{R}\backslash\{0\},$$

und es ergibt sich die Potenzregel:

$$\frac{x^m}{x^n} = x^{m-n}, \ m, n \in \mathbb{N}, \ x \in \mathbb{R}\backslash\{0\} \ (^{**})$$

Damit lassen sich die Potenzen der Potenzfunktion sowie der Definitionsbereich der Exponentialfunktion auf ganze Zahlen erweitern. Die Potenzregel (*) lässt sich auf $m, n \in \mathbb{Z}$ für $x \neq 0$ erweitern.

---

[18] Es bleibt die Frage nach dem Wert von 0_0. Einerseits bietet sich für die Potenzfunktion $0_0 = 0$ an, da ja $0_x = 0$ für alle $x \neq 0$, andererseits erscheint aber $0_0 = 1$ sinnvoll, da $x_0 = 1$ für alle $x \neq 0$. Die pragmatische Lösung ist es, den Wert von 0_0 undefiniert zu lassen, da er im Allgemeinen bei Anwendungen keine Rolle spielt.

4. Schritt: Stammbrüche als Exponenten

Jetzt erfolgt die Erweiterung der Potenzen auf rationale Zahlen. Ausgangsfunktionen sind:

Potenzfunktionen

$\text{pot}_n: x \to x^z$ für $z \in \mathbb{Q}, x \in \mathbb{R}^+$

Exponentialfunktionen

$\exp_a: x \to a^x$ für $a \in \mathbb{R}^+\backslash\{1\}, x \in \mathbb{Q}$

Hierzu gilt es zunächst die Frage zu beantworten:

$a^{\frac{1}{n}} = ?, n \in \mathbb{N}; n > 1$

$x = \text{pot}_1(x)$

$\text{pot}_{n \cdot \frac{1}{n}}(x)$

$\text{pot}_{\frac{1}{n} + \frac{1}{n} + \ldots + \frac{1}{n}}(x)$

$\text{pot}_{\frac{1}{n}}(x) \cdot \ldots \cdot \text{pot}_{\frac{1}{n}}(x)$

$\left(\text{pot}_{\frac{1}{n}}(x)\right)^n,$

also

$\text{pot}_{\frac{1}{n}}(x) = \sqrt[n]{x}$ für $x \in \mathbb{R}_0^+$

$a = \exp_a(1)$

$\exp_a\left(n \cdot \frac{1}{n}\right)$

$\exp_a\left(\frac{1}{n} + \frac{1}{n} + \ldots + \frac{1}{n}\right)$

$\exp_a\left(\frac{1}{n}\right) \cdot \ldots \cdot \exp_a\left(\frac{1}{n}\right)$

$\left(\exp_a\left(\frac{1}{n}\right)\right)^n,$

also

$\exp_a\left(\frac{1}{n}\right) = \sqrt[n]{a}$ für $a \in \mathbb{R}_0^+$

Dies gibt Anlass zu der Definition:

$$a^{\frac{1}{n}} = \sqrt[n]{a}, n \in \mathbb{N}, a \in \mathbb{R}_0^+.$$

5. Schritt: Rationale Zahlen als Exponenten

Rationale Exponenten lassen sich auf das Potenzieren und auf Stammbrüche als Exponenten zurückführen.

$$a^{\frac{p}{q}} = (a^p)^{\frac{1}{q}} = \sqrt[q]{a^p}, q \in \mathbb{N}, p \in \mathbb{Z}, a \in \mathbb{R}_0^+.$$

6. Schritt: Irrationale Zahlen als Exponenten

Es fehlen noch Potenzfunktionen pot_r mit irrationalem r bzw. die Funktionswerte der Exponentialfunktion bei irrationalen x-Werten.

Man erhält mit

$$r = \lim_{n \to \infty} q_n, \quad q_n \in \mathbb{Q}, r \in \mathbb{R}\backslash\mathbb{Q}.$$

$\lim_{n \to \infty} \text{pot}_{q_n}(x) = \text{pot}_r(x)$	$\lim_{n \to \infty} \exp_a(q_n) = \exp_a(r)$
Hier wird die Konvergenz der Funktionenfolge angenommen.	Hier wird die Stetigkeit der Exponentialfunktionen angenommen.

Die in diesem 6. Schritt vorgenommene „stetige Ergänzung" der Definitionslücken überschreitet die im Mathematikunterricht vorhandenen Kenntnisse.

Zusammenfassung

Während bei der Potenzfunktion der Exponent schrittweise auf ganze, rationale und reelle Zahlen erweitert wird, gilt diese Erweiterung bei der Exponentialfunktion für den Definitionsbereich. Bei diesen Erweiterungsprozessen wird bewiesen, dass bei Erhalt der Regel $a^m \cdot a^n = a^{m+n}$ der Potenzbegriff durch Definitionen erweitert werden kann.

Die jeweiligen Schlüsse für Potenz- und Exponentialfunktion sind ähnlich, allerdings ist der Vorstellungshintergrund unterschiedlich:

- Bei den Potenzfunktionen werden neue Funktionen gesucht.
- Bei den Exponentialfunktionen werden Funktionswerte gesucht.

Die Umkehrfunktion lässt sich für $x \in \mathbb{R}^+$ für beide Funktionstypen bilden:

Zu pot_r, $r \in \mathbb{R}$, ist $\text{pot}_{\frac{1}{r}}$ für $r \neq 0$ die Umkehrfunktion.	Zu $\exp_a$ ($a > 0$, $a \neq 1$) bezeichnet man die Umkehrfunktion als *Logarithmusfunktion* $\log_a$ (vgl. 4.6).

Beispiel

Beispiele: Zu $\text{pot}_3(x) = x^3$ gehört $\text{pot}_{\frac{1}{3}}(x) = \sqrt[3]{x}$;
zu $\exp_3(x) = 3^x$ gehört $\log_3(x)$. Zahlreiche inner- und außermathematische Beispiele zur Exponentialfunktion finden sich etwa in Humenberger & Schuppar (2019, S. 75 ff.). Im Folgenden soll aufgrund der zunehmenden Bedeutung dieser Modelle bei aktuellen Umweltsituationen vor allem auf diskrete Wachstumsprozesse eingegangen werden. ◄

4.4.5 Folgen – diskrete Funktionen

Eine Folge ist eine sukzessive Auflistung oder Aneinanderreihung von Zahlen oder Objekten.

a) 4   8   16   32   64   128 …

b) 1   2   1,5   1,75 …

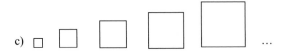

c) …

Diese intuitive (Grund-)Vorstellung lässt sich mithilfe des Abzählens und Zuordnens präzisieren.

k	1	2	3	4	5	6	7 …
	↓	↓	↓	↓	↓	↓	↓
a_k	2	4	8	16	32	64	128 …

Jeder natürlichen Zahl k wird ein „Folgenglied" a_k zugeordnet. Eine Folge ist somit eine Funktion mit den natürlichen Zahlen als Definitionsmenge. Die einzelnen Elemente der Folge werden im Allgemeinen mit a_1, a_2, a_3, ... bezeichnet und heißen Glieder der Folge. Die Folgen- bzw. Funktionsvorschrift mit reellen Folgengliedern wird im Allgemeinen folgendermaßen geschrieben:

$$f : k \rightarrow a_k \quad \text{mit} \quad k \in \mathbb{N} \quad \text{und} \quad a_k \in \mathbb{R}.$$

Die ganze Folge wird häufig auch mit $(a_k)_{k \in \mathbb{N}}$ oder $(a_k)_\mathbb{N}$ bezeichnet.

Folgen waren bis zu den 1970er-Jahren obligatorische Inhalte des Mathematikunterrichts, vor allem in der Analysis. Heute sind sie als explizite Lerninhalte zumindest aus den Lehrplänen der Sekundarstufe I weitgehend verschwunden. Sie tauchen aber unter verschiedensten Gesichtspunkten im gesamten Mathematikunterricht auf. Insbesondere lässt sich mit ihrer Hilfe das funktionale Denken entwickeln, indem zum einen die Zuordnungsvorstellung – Folgen sind diskrete Funktionen – und zum anderen die Kovariationsvorstellung durch die Möglichkeit des schrittweisen Operierens und Denkens herausgestellt wird.

4.4.5.1 Didaktische Bedeutung von Folgen

Folgen sind wichtige Objekte der Mathematik. Unter didaktischen Aspekten kommen Folgen verschiedene Rollen im Mathematikunterricht zu.

- Folgen sind *eigenständige Objekte* mit zahlreichen interessanten Eigenschaften. Man denke etwa an konvergente, alternierende, arithmetische, geometrische oder quadratische Folgen. Dabei lassen sich viele historische Anknüpfungspunkte finden, da Folgen eine zentrale Bedeutung in der Entwicklungsgeschichte der Mathematik hatten. Beispiele sind figurierte Folgen-Zahlen bei den Pythagoräern, die Fibonacci-Folge oder die Primzahlfolge.
- Folgen sind *diskrete Funktionen* und grundlegend für einen ersten *propädeutischen Zugang zum* Funktionsbegriff. Etwa durch schrittweise aufgebaute Musterfolgen lässt sich zum einen die Zuordnung des jeweiligen Schritts zu einem bestimmten Muster herstellen, zum anderen lässt sich der Variablenbegriff durch die (schrittweise) Änderung bei Musterfolgen anbahnen (Kap. 2).
- Folgen sind *Hilfsmittel beim Modellbilden*. Mit Folgen und diskreten Funktionen lassen sich diskrete Wachstumsprozesse („Jahr → Darlehen auf der Bank", „Jahr → Weltbevölkerungszahl", „Alter in Jahren → Körpergröße") modellieren bzw. darstellen.
- Folgen sind *Hilfsmittel* beim Aufbau von Vorstellungen über den in der Mathematik zentralen *Unendlichkeits- oder Grenzwertbegriff*. So werden etwa bei der schrittweisen numerischen Approximation irrationaler Zahlen, der Flächenberechnung des Kreises oder der Volumenbestimmung eines Kegels durch Annäherung mit Kreiszylindern intuitive Vorstellungen über „das Unendliche" entwickelt, die sich dann formalisieren und präzisieren lassen.

- Die Beschäftigung mit Folgen entwickelt wichtige *Arbeits- und Denkweisen* im Mathematikunterricht, wie etwa das schrittweise, iterative und rekursive Denken und Arbeiten. Dieses schrittweise diskrete Arbeiten ist handelnd nachzuvollziehen und dadurch im Allgemeinen einfacher verständlich als der Umgang mit kontinuierlichen Objekten oder Verfahren (vgl. Marxer, 2015).
- Folgen stellen in einem *problemlösenden Unterricht* ein breites Spektrum an Beispielen für die Entwicklung *kreativer Fähigkeiten* bereit. Es sei hier an Beispiele aus dem „Umfeld der Zählprobleme", etwa bei figurierten Zahlen, aus der Kombinatorik, der Graphentheorie oder der Kryptografie erinnert.

Nachdem Folgen im Mathematikunterricht lange Zeit als Grundlage der Analysis eine wesentliche Rolle spielten, erlosch zu Beginn der 1970er-Jahre unter dem Einfluss der „grenzwertfreien Analysis" und einer weitgehend intuitiven Fundierung der Grundbegriffe der Analysis das Interesse an ihnen.

In der Sekundarstufe I erlangen Folgen bei der Beschreibung diskreter iterativer oder rekursiver Prozesse an Bedeutung.[19] Dies sind zum einen vor allem diskrete außermathematische Wachstumsvorgänge, zum anderen sind es iterative Näherungsverfahren, wie etwa bei der Berechnung des Kreisflächeninhalts durch ein- und umbeschriebene regelmäßige Vielecke oder der Volumenbestimmung von Pyramide und Kegel durch ein- und umbeschriebene Zylinder bzw. Prismen (vgl. Weigand, 1999b).

4.4.5.2 Wachstumsprozesse – diskret betrachtet

Diskrete Wachstumsprozesse lassen sich durch Folgen beschreiben. Ausgangspunkt der folgenden diskreten bzw. diskret betrachteten Wachstumsprozesse sind lebensweltliche Kontexte, bei denen die jeweilige – lokale – Änderung von einem Zustand zum nächsten Zustand betrachtet wird. Damit kann sukzessive eine Folge von Zuständen des Wachstumsprozesses berechnet und in Tabellen und Graphen dargestellt werden. Es werden zunächst lineares und exponentielles Wachstum unterschieden.

(1) Lineares und exponentielles Wachstum

Im Folgenden gehen wir von einer **Folge** von Werten $a_1, a_2, a_3, \ldots a_n, n \in \mathbb{N}, a_i \in \mathbb{R}$, aus. Es lassen sich insbesondere zwei spezielle Wachstumsarten unterscheiden:

Ein Wachstum mit konstantem Zuwachs $d = a_{k+1} - a_k, k = 1, \ldots, n\text{-}1$, in gleichen (Zeit-) Schritten heißt **lineares Wachstum**	Ein Wachstum mit konstanter Wachstumsrate $A = \frac{a_{k+1}}{a_k}, k = 1, \ldots, n\text{-}1$, in gleichen (Zeit-) Schritten heißt **exponentielles Wachstum**

Der Vergleich aufeinanderfolgender Schritte führt dabei auf rekursive Gleichungen, mit denen auf der symbolischen Ebene nicht so einfach zu operieren ist. Sie lassen sich ins-

---

[19] Bei Folgen-Vorschriften f unterscheidet man eine explizite Darstellung, $f: k \rightarrow a_k, k \in \mathbb{N}$, und eine iterative oder rekursive Darstellung, $a_{k+1} = f(a_k)$ mit vorgegebenem a_1.

besondere häufig nicht so einfach, wenn überhaupt, in explizite Gleichungen überführen. Hier sind digitale Technologien ein Hilfsmittel und Werkzeug, um die beschriebenen Prozesse auf numerischer und grafischer Ebene darstellen und mit ihnen operieren zu können. Dabei kommen diesen digitalen Werkzeugen verschiedene Funktionen zu: Sie sind

a) *Berechnungswerkzeug*
   Bei rekursiven diskreten Gesetzmäßigkeiten sind dieselben Rechenprozesse wiederholt auszuführen. Der Rechner ist hierfür das Werkzeug, um diese Werte „auf Knopfdruck" (schrittweise) zu berechnen.
b) *Darstellungswerkzeug*
   Mithilfe des Rechners lassen sich die schrittweise berechneten Werte als Tabelle, Graphen oder in anderen Darstellungsformen erhalten.
c) *Entdeckungswerkzeug*
   Das (systematische) Verändern von Anfangswerten oder Wachstumsparametern ergibt die Möglichkeit, den Zusammenhang zwischen den Wachstumswerten und den veränderten Parametern zu erkunden.

Dies soll im Folgenden an verschiedenen Wachstumsarten, am linearen, exponentiellen, beschränkten und logistischen Wachstum, sowohl innermathematisch als auch an außermathematischen Beispielen erläutert werden.

(2) Lineares Wachstum mit $a_{k+1} = a_k + d$
Lineares Wachstum lässt sich mithilfe der Folge mit $a_{k+1} = a_k + d, n \in \mathbb{N}, a_k \in \mathbb{R}$, $k = 1, \ldots, n$, dem Wachstumssummanden $d \in \mathbb{R}$ und dem Anfangswert a_1 darstellen (Abb. 4.74).

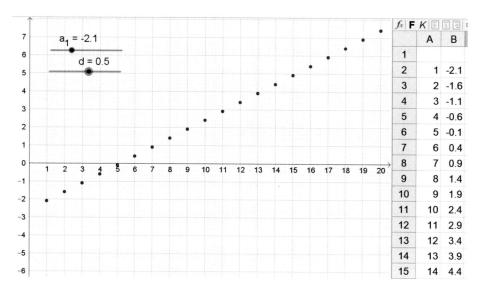

Abb. 4.74   Lineares Wachstum mit $a_{k+1} = a_k + d$

2   Kapital für mehrere Jahre berechnen

Ole informiert sich über ein Aktienangebot von seinem
Lieblingsverein. Der Bankangestellte sagt, dass man
davon ausgehen kann, dass der Wert der Aktien jedes
Jahr um 20 % steigt (4. Angebot).

> **Angebot 4**
> Laufzeit: x Jahre
> Zinssatz: 20 Prozent

a) Ole berechnet zu Angebot 4 aus Aufgabe 2
   mit einem Pfeilbild, wie viel Euro die
   Aktien nach drei Jahren wert sind.
   Erkläre Oles Pfeilbild. Wie bestimmt man den Zinsfaktor?
   Überprüfe die Rechnungen und Pfeile in 2 c). Hast du dort auch den Zinsfaktor eingetragen?
   Erstelle auch für die anderen Angebote aus Aufgabe 1 solche Pfeilbilder.

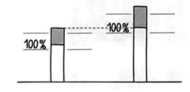

b) Erstelle zu Oles Pfeilbild in a) für jedes
   Jahr einen Prozentstreifen wie rechts
   für die ersten beiden Jahre begonnen.
   Trage den Zinsfaktor mit Hilfe von Pfeilen
   in die Prozentstreifen ein.
   Vergleicht eure Prozentstreifen und
   korrigiert sie gegebenenfalls.
   Übertragt eure Prozentstreifen anschließend auf Folie. Ihr braucht sie für Aufgabe 4.

Abb. 4.75   Aufgabe aus der Mathewerkstatt 10 (Prediger et al., 2017, S. 64 f.)

Lineares Wachstum liegt etwa bei der schrittweisen gleichen Erhöhung eines Papier-
stapels um jeweils 100 Blatt oder beim Füllen eines Schwimmbeckens mit einem
konstanten Zufluss und einer stündlichen Messung vor.

(3) Exponentielles Wachstum mit $a_{k+1} = A \cdot a_k$
Beispiele für exponentielles Wachstum oder exponentielle Abnahme sind der radioaktive
Zerfall, die jährliche Verzinsung eines festen Betrags unter Berücksichtigung von Zinses-
zinsen oder das Bevölkerungswachstum in den letzten Jahrhunderten (vgl. Noster &
Weigand, 2019, 2020; Körner et al., 2016, Band 10).
   Der Zugang zu exponentiellem Wachstum kann mithilfe von Tabellen und einer „Pro-
zentstreifen-Darstellung" (van den Heuvel-Panhuizen, 2003) erfolgen. Das Beispiel
„Kapital mit Pfeilbild und Prozentstreifen bestimmen" (Abb. 4.75) zeigt, wie dabei an
Vorwissen angeknüpft werden kann.

Beispiel

Kapital mit Pfeilbild und Prozentstreifen bestimmen
   Ole interessiert sich für Aktien von Fußballvereinen, um sein Geld anzulegen. Er
hat 300 € gespart, die er anlegen möchte (vgl. Abb. 4.75). ◄

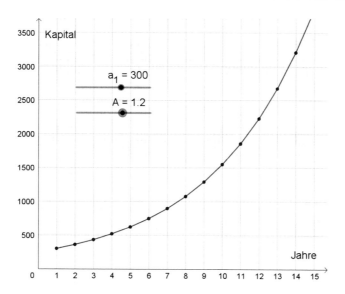

Abb. 4.76 Exponentielles Wachstum mit $a_0 = 300$ und $A = 1{,}2$

Exponentielles Wachstum lässt sich mithilfe der Folge mit $a_{k+1} = A \cdot a_k$, $a_k \in \mathbb{R}_0^+$, $n \in \mathbb{N}$, $k = 1, \ldots, n$, dem Wachstumsfaktor $A \in \mathbb{R}$ und dem Anfangswert a_1 darstellen. Insbesondere gilt:

$$\Delta a_k = a_{k+1} - a_k = A \cdot a_k - a_k = (A - 1) \cdot a_k$$

$$bzw. \quad \Delta a_k \sim a_k$$

Der jeweilige Zuwachs bei Übergang vom k-ten zum $(k+1)$-ten Schritt ist proportional zum Bestand beim k-ten Schritt.

Im Beispiel ist der Anfangswert a_1 das gesparte Geld von Ole, also 300 €. Der Wachstumsfaktor A kann durch die Prozentstreifendarstellung ermittelt werden. Dazu überlegen sich Lernende, dass in jedem Jahr eine Wertsteigerung von 20 % erfolgt, also ist der Wachstumsfaktor $A = 1{,}2$. Die ersten beiden Jahre der Kapitalentwicklung können dabei mithilfe von Pfeilbildern (Teilaufgabe a) und Prozentstreifen (Teilaufgabe b) erfolgen.

Die Einschränkung auf positive Folgenwerte ist angesichts der großen Bedeutung dieses Wachstums bei Lebensweltsituationen sinnvoll. Dynamische Darstellungen erlauben es, den weiteren Verlauf der Kapitalentwicklung zu untersuchen (Abb. 4.76).

Die Eigenschaften dieser Wachstumsfolgen lassen sich durch einen interaktiven experimentellen Umgang mit digitalen Werkzeugen entdecken. Die folgenden Aufgabenstellungen orientieren sich an einer operativen Durcharbeitung der Problemstellung, sie sind aber weitgehend offen formuliert und lassen so Raum für eigene weitergehende Fragen.

- Wie entwickelt sich Oles Kapital, wenn der Wert der Aktien weniger stark steigt oder sogar fällt? Untersuche diese Frage am Graphen für einen Wachstumsfaktor größer bzw. kleiner als 1.

- Wie verändert sich der Wert von Oles Aktien nach zehn Jahren (d. h. der Folgenwert a_{10}) bei unterschiedlichem Startkapitel? Untersuche, was passiert, wenn Ole 50 €, 100 €, 200 €, 500 €, 50.000 € als Anfangskapital investiert. Was beobachtest du, wenn du das Startkapital von 300 € verdoppelst, verdreifachst?
- Wie verändert sich der Wert von Oles Aktien nach zehn Jahren bei schrittweiser Erhöhung/Verringerung des Zinsfaktors?
- Erkläre die unterschiedlichen Auswirkungen der beiden Parameter a_0 und A auf die Veränderung des Wertes a_{10}.

Das Variieren der Anfangswerte und der Wachstumsfaktoren erfolgt technisch mit „Schiebereglern". Auch dies regt zu Fragen an, die für die Erstellung der Darstellungen wichtig sind:

- In welchem Bereich sollen die Werte geändert werden?
- Mit welcher Genauigkeit sollen die Werte angegeben werden?
- Wie wird der Wertebereich festgelegt?
- Sollen die Punkte des Graphen durch eine Interpolationslinie verbunden werden oder nicht?

(4) Beschränktes und logistisches Wachstum

Beim exponentiellen Wachstum können die Folgenwerte über alle Grenzen anwachsen. Ein derartiges unbeschränktes Wachstum ist bei realen Situationen in unserer Welt nicht möglich. Hier ist das Wachstum aufgrund der endlich zur Verfügung stehenden Ressourcen stets begrenzt. Die Wachstumsrate verringert sich deshalb, je näher man an diese Wachstumsgrenze kommt. Zwei diesbezüglich spezielle Wachstumsprozesse sind das *diskrete beschränkte* und das *diskrete logistische Wachstum*.

Für das *diskrete beschränkte Wachstum* ist die Änderungsrate proportional zur Differenz einer Grenze C und dem Bestand nach dem k-ten Schritt:

$$\Delta a_k = a_{k+1} - a_k \sim C - a_k, n \in \mathbb{N}, k = 1, \ldots, n, C \in \mathbb{R}, \ a_k \in \mathbb{R}_0^+.$$

Für das *diskrete logistische Wachstum* gilt:

$$\Delta a_k \sim a_k \quad und \quad \Delta a_k \sim C - a_k,$$

$$also \ \Delta a_k \sim a_k \cdot (C - a_k).$$

Abb. 4.77 und 4.78 zeigen diese beiden diskreten Wachstumsarten (für weitergehende Betrachtungen vgl. Dürr & Ziegenbalg, 1989).

Beispiele für diese Wachstumsarten finden sich in der Biologie bei Bakterien, Pflanzen und Tierpopulationen, aber auch im wirtschaftlichen Bereich, etwa bei Verbrauchs- und Konsumgütern. Bei den entsprechenden Modellen des beschränkten oder logistischen Wachstums lassen sich zum einen die auftretenden Parameter inhaltlich interpretieren, deren Auswirkungen auf den Wachstumsverlauf, insbesondere auf die Graphen, experimentell erkunden und Wachstumsprozesse mit bestimmten Eigenschaften konstruieren.

Abb. 4.77 Beschränktes
Wachstum als Folge:
$a_{k+1} = a_k + D(C - a_k)$ (mit
dem Casio ClassPad)

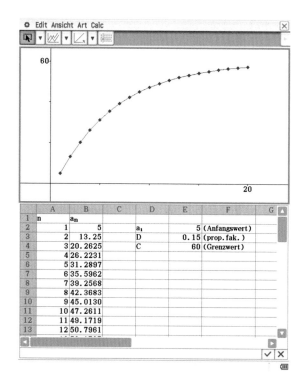

4.4.6 Exponential- und Logarithmusfunktionen

4.4.6.1 Exponentialfunktion

Dieses umfassende Thema soll und kann hier nur unter einer Perspektive behandelt werden, indem die Möglichkeiten und Chancen angesprochen werden, die digitale Werkzeuge aufgrund von dynamischen Darstellungen bieten. Dadurch kann vor allem das inhaltliche Begriffsverständnis von Exponentialfunktionen entwickelt werden. Die Funktion mit

$$f(x) = b^x, b \in \mathbb{R}^+ \backslash \{1\}, x \in \mathbb{R},$$

heißt Exponentialfunktion zur Basis b.

Auch Funktionen der Form[20]

$$f(x) = a \cdot b^x, \ a \in \mathbb{R}, \ b \in \mathbb{R}^+ \backslash \{1\}, x \in \mathbb{R},$$

bzw.

$$f(x) = a \cdot b^{c \cdot x} + d, \ a, c, d \in \mathbb{R}, b \in \mathbb{R}^+ \backslash \{1\}, x \in \mathbb{R},$$

werden als Exponentialfunktionen bezeichnet.

---

[20] Häufig wird der Begriff der Exponentialfunktion auch auf $a > 0$ eingeschränkt, womit sich der Wertebereich der Exponentialfunktion $\mathbb{R}^+$ ergibt.

Abb. 4.78 Logistisches
Wachstum als Folge:
$a_{k+1} = a_k + D \cdot a_k (C - a_k)$

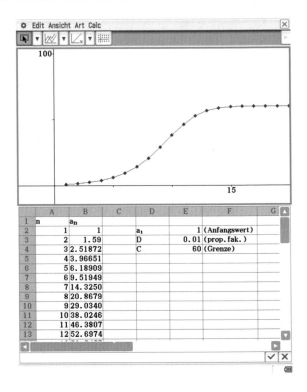

Mithilfe digitaler Technologien lassen sich Eigenschaften von Exponentialfunktionen und deren Graphen experimentell in Abhängigkeit der auftretenden Parameter erkunden und Grundvorstellungen entwickeln. Insbesondere durch die parallele Verwendung der Darstellungen Gleichung, Tabelle und Graph lässt sich das inhaltliche Begriffsverständnis von Exponentialfunktionen entwickeln, etwa (stets sei $b \in \mathbb{R}^+ \setminus \{1\}$):

- **Symmetrien I.** Die Graphen der Funktionen mit $f(x) = b^x$ und $g(x) = b^{-x}$ sind symmetrisch zur y-Achse.
- **Symmetrien II.** Die Graphen der Funktionen mit $f(x) = b^x$ und $h(x) = -b^x$ sind symmetrisch zur x-Achse.
- **Streckungen.** Die Graphen von $F(x) = a \cdot b^x$ ($a \in \mathbb{R}^+$) erhält man aus den Graphen von $f(x) = b^x$ durch eine Streckung mit dem Faktor a in Richtung der y-Achse.
- **Verschiebungen bzw. Streckungen.** Die Graphen von $G(x) = b^{x+c}$ ($c \in \mathbb{R}$) erhält man aus den Graphen von $f(x) = b^x$ durch eine Verschiebung in x-Richtung. Dasselbe Ergebnis erhält man allerdings auch durch eine Streckung des Graphen von f mit dem Streckfaktor b^c in Richtung der y-Achse (Abb. 4.79).

Abb. 4.79 Graphen der Funktionen mit $f(x)=b^x$, $g(x)=b^{-x}$, $h(x)=-b^x$, $F(x)=a \cdot b^x$ und $G(x)=b^{x+c}$, $a, b \in \mathbb{R}^+$, $c \in \mathbb{R}$

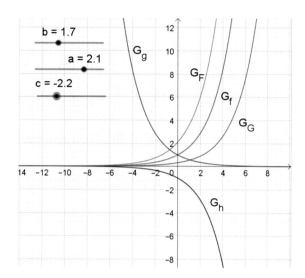

Bei diesen Beispielen geht es um das Entdecken und Begründen von Eigenschaften der Exponentialfunktionen und deren Graphen. Mithilfe digitaler Werkzeuge kann die Beziehung der Parameter zueinander durch experimentelles Arbeiten herausgefunden, veranschaulicht und dann begründet werden. Das gilt etwa für den Zusammenhang zwischen Verschiebung und Streckung oder für das Nichtreagieren des Programms bei der Eingabe von negativen b-Werten bei $f(x)=b^x$.

Es ist sicherlich anzustreben, dass Lernende derartige Eigenschaften eigenständig mithilfe digitaler Werkzeuge entdecken. In gleicher Weise ist aber auch das Reflektieren über die und das Verbalisieren der erhaltenen Ergebnisse zentral und wichtig. So zeigt sich, dass beim eigenständigen Arbeiten häufig falsche, ungenaue und umgangssprachliche Formulierungen verwendet werden, sodass es notwendig ist, an derartige Phasen der Einzel-, Partner- und Gruppenarbeit eine Phase des gemeinsamen Besprechens, Analysierens und Richtigstellens im Klassengespräch anzuschließen.

Exponentialfunktionen haben im Zusammenhang mit Wachstumsprozessen eine zentrale Bedeutung (vgl. Barzel et al., 2021, S. 227ff. sowie Abschn. 4.4.5.2 (3)).

4.4.6.2 Logarithmusfunktionen

Der traditionelle Zugang zu den Logarithmusfunktionen stellt die Frage nach der Umkehrfunktion von f mit $f(x)=b^x$, $b \in \mathbb{R}^+$, $b \neq 1$, $x \in \mathbb{R}$. Dies führt auf die Logarithmusfunktion $g(x)=log_b(x)$, $b \in \mathbb{R}^+$, $b \neq 1$, $x \in \mathbb{R}^+$. Den Graphen der Logarithmusfunktion erhält man durch Spiegelung des Graphen der entsprechenden Exponentialfunktion an der 1. Winkelhalbierenden (Abb. 4.80). Bezüglich der Rechengesetze zum Logarithmus siehe etwa Humenberger & Schuppar (2019, S. 119 ff.).

Abb. 4.80 Die Exponentialfunktion mit *f(x)* = 2x und ihre Umkehrfunktion f^{-1}, die Logarithmusfunktion mit $f^{-1}(x) = log_2 (x)$

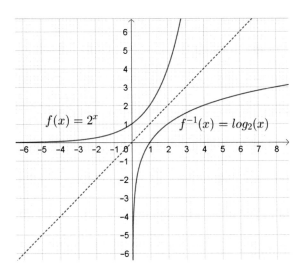

Die Logarithmen haben für das praktische Rechnen heute keine Bedeutung mehr. Früher – vor der Möglichkeit der Berechnung mit digitalen Technologien – war die Eigenschaft

$$\log_b(x \cdot y) = \log_b(x) + \log_b(y) \, (^*)$$

für die Bestimmung des Produkts *x · y* grundlegend. $\log_{10}(x)$ und $\log_{10}(y)$ wurden aus einer „Logarithmentafel" abgelesen und addiert, zu dem gefundenen Logarithmus wurde dann das gesuchte Produkt wiederum aus der Tafel abgelesen. Diese Methode – die Zurückführung der Multiplikation auf die Addition – war auch die Grundlage des „Rechenschiebers", bei dem zwei logarithmische Skalen gegeneinander verschiebbar sind (Lietzmann, 1922, S. 243).[21]

Die Schwierigkeiten, die Lernende mit Logarithmusfunktionen haben, sind hinlänglich bekannt und haben ihre Ursache vor allem in der Komplexität des Begriffs des Logarithmus. Eine Möglichkeit, diesen Schwierigkeiten entgegenzuwirken, ist die Orientierung an Grundvorstellungen. In Weber (2013) werden drei Grundvorstellungen zum Logarithmus hervorgehoben:

(1) *Vorstellung des Enthaltenseins:* Der Logarithmus einer Zahl (zur Basis *a*) gibt an, wie oft der Faktor *a* in der Zahl enthalten ist.
(2) *Vorstellung des Gegenspielers:* Logarithmen sind – bezüglich der Exponenten – Gegenspieler von Potenzen.
(3) *Vorstellung des logarithmischen Wachsens:* Der Logarithmus macht aus einem regelmäßig-multiplikativen Wachsen ein regelmäßig-additives Wachsen.

---

[21] https://de.wikipedia.org/wiki/Rechenschieber.

Damit lassen sich die Eigenschaften einer Logarithmusfunktion wie die Bedeutung von Funktionswerten oder obige Formel (*) inhaltlich erklären.

Viele Anwendungen der Logarithmusfunktion beruhen darauf, dass sie sich als Umkehrfunktion einer Exponentialfunktion ergeben. Es geht dann darum, bei exponentiellen Zusammenhängen die „Umkehrfrage" zu stellen, also die Exponenten in Abhängigkeit der Funktionswerte der Exponentialfunktion darzustellen. Damit lassen sich zeitliche Verläufe etwa beim radioaktiven Zerfall, bei fortlaufend verzinsten Kapitalentwicklungen oder der Entwicklung von Bakterienkulturen funktional darstellen.

Eine weitere Möglichkeit ist es, empirisch ermittelte Daten, denen ein exponentieller Zusammenhang zugrunde liegt oder der bei diesen vermutet wird, in einem Koordinatensystem mit einer logarithmisch skalierten y-Achse einzutragen. Ein exponentieller Zusammenhang hat dort als Graph eine Gerade (vgl. Wittmann, 2019).

4.4.7 Trigonometrische Funktionen

Trigonometrische Funktionen stellen eine Beziehung zwischen Geometrie und Algebra her. Im Mathematikunterricht stellen periodisch ablaufende Vorgänge der Lebenswelt einen geeigneten Zugang zu trigonometrischen Funktionen dar, wie etwa Riesenrad, Faden- oder Federpendel, Tages- und Nachtlängen in Abhängigkeit von der Jahreszeit oder Spannungsverlauf beim Wechselstrom und deren Modellierung. Dazu gilt es, die am rechtwinkligen Dreieck definierten Winkelfunktionen *sin, cos, tan* und *cot* auf den Einheitskreis zu übertragen und dann diese Beziehung auf Winkel größer als 90° zu erweitern. Damit müssen dann auch Grundvorstellungen zu den Winkelfunktionen erweitert werden. Die Grundvorstellungen für Sinus und Kosinus, die Verhältnis-Vorstellung und die Projektions-Vorstellung, d. h. die senkrechte Projektion einer Strecke auf eine Gerade, beziehen sich auf rechtwinklige Dreiecke. Bei trigonometrischen Funktionen kommen die Einheitskreis-Vorstellung, also die Übertragung der Verhältnisvorstellung auf den Einheitskreis, und die Oszillations-Vorstellung, die sich auf wiederkehrende Vorgänge in der Umwelt bezieht, hinzu (Salle & Frohn, 2017, S. 8 ff.). Für eine ausführlichere Darstellung des Zugangs zu trigonometrischen Funktionen, siehe Weigand et al. (2018, S. 227ff.).

4.4.7.1 Die Sinusfunktion

Im rechtwinkligen Dreieck ist der *Sinus* eines Winkels definiert durch:

$$\sin(\alpha) = \frac{\text{Länge der Gegenkathete}}{\text{Länge der Hypotenuse}} \text{ für } 0° < \alpha < 90°.$$

Diese Definition wird auf ein Dreieck des 1. Quadranten im Einheitskreis angewandt, und es wird der funktionale Zusammenhang $\alpha \rightarrow \sin(\alpha)$ bzw. $x \rightarrow \sin(x)$ für $0 < x < \frac{\pi}{2}$ grafisch dargestellt (Abb. 4.81).

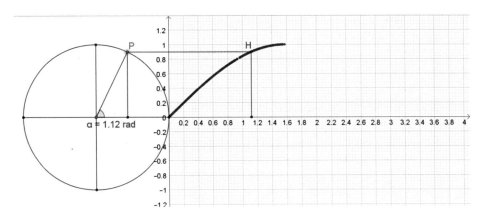

Abb. 4.81 Darstellung der Sinusfunktion im 1. Quadranten des Einheitskreises für Winkel α mit
$0° < α < 90°$

Damit ergibt sich die Funktion mit

$$f(α) = \sin(α) \text{ mit } 0° < α < 90°$$

bzw. mit den Winkeln im Bogenmaß:

$$f(x) = \sin(x) \text{ mit } 0 < x < \frac{π}{2}.$$

Die Funktionswerte für $α = 0°$ und $α = 90°$ bzw. $x = 0$ und $x = \frac{π}{2}$ ergeben sich durch
stetige Fortsetzung des Graphen auf die Randpunkte.

Für Winkel α mit $90° < α < 180°$ und der Definition $\sin(α) = \sin(180° - α)$ erhält man
den in Abb. 4.82 dargestellten fortgesetzten Graphen.

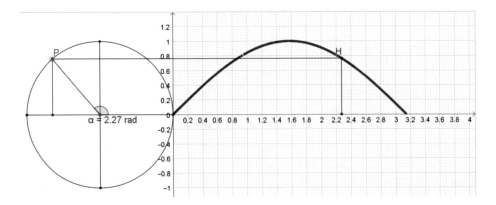

Abb. 4.82 Darstellung der Sinusfunktion im 1. und 2. Quadranten des Einheitskreises für Winkel
α mit $0° ≤ α ≤ 180°$

Entsprechende Definitionen für den 3. und 4. Quadranten führen zur Sinusfunktion zunächst für Winkel mit $0° \leq \alpha \leq 360°$, die sich dann für weitere Winkel bzw. für $x \in \mathbb{R}$ fortsetzen lassen (Abb. 4.83).

Damit lassen sich die grundlegenden Eigenschaften der Sinusfunktion wie Nullstellen, Extrempunkte und Periodizität erklären.

4.4.7.2 Die allgemeine Sinusfunktion

Die Wirkung der Parameter a, b, c, $d \in \mathbb{R}$ auf den Graphen der allgemeinen Sinusfunktion mit

$$f(x) = a \cdot \sin(b \cdot x + c) + d$$

lässt sich wieder gut mithilfe digitaler Werkzeuge studieren (Abb. 4.84).

Das Vorgehen, wie von den im rechtwinkligen Dreieck definierten Winkelbeziehungen zu den trigonometrischen Funktionen übergegangen werden kann, wurde anhand der Sinusfunktion erläutert. Es lässt sich auf die anderen Winkelfunktionen übertragen. Hier soll es ausreichen, nur auf die Beziehung zwischen diesen Funktionen zu verweisen.

$$\cos(x) = \sqrt{1 - \sin^2(x)}; \quad \tan(x) = \frac{\sin(x)}{\cos(x)}; \quad \cot(x) = \frac{1}{\tan(x)}.$$

4.4.7.3 Umkehrfunktionen

Mit den notwendigen Einschränkungen der Winkelfunktionen erreicht man die Umkehrbarkeit der trigonometrischen Funktionen. Man erhält so die Umkehrfunktionen

$$\arcsin(x); \quad \arccos(x); \quad \arctan(x); \quad \mathrm{arccot}(x).$$

Die Umkehrfunktionen können benutzt werden, um zu gegebenem Funktionswert den entsprechenden Winkelwert zu bestimmen:

$$\frac{-\pi}{2} \leq x \leq \frac{\pi}{2}.$$

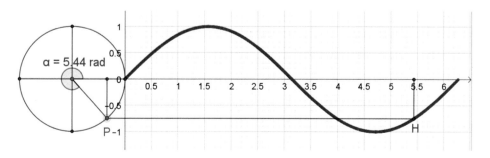

Abb. 4.83 Darstellung der Sinusfunktion für Winkel α mit $0° \leq \alpha \leq 360°$

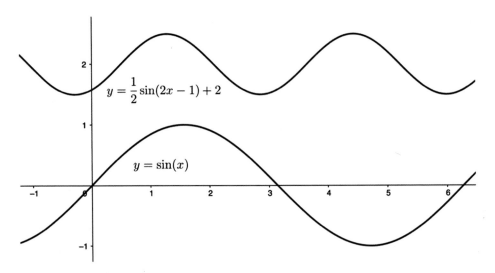

Abb. 4.84 Beziehung der Graphen der allgemeinen Sinusfunktion zum Graphen der Sinusfunktion mit $f(x) = \sin(x)$

In Abb. 4.85 ist der Graph der Umkehrfunktion der Sinusfunktion im Bereich $-1 \leq x \leq 1$ dargestellt.

$$f(x) = arcsin(x)\, f\ddot{u}r -1 \leq x \leq 1.$$

Der Wertebereich ist $-\frac{\pi}{2} \leq x \leq \frac{\pi}{2}$.

Abb. 4.85 Graph
der Umkehrfunktion
der Sinusfunktion mit
$f(x) = \arcsin(x)$ für $-1 \leq x \leq 1$

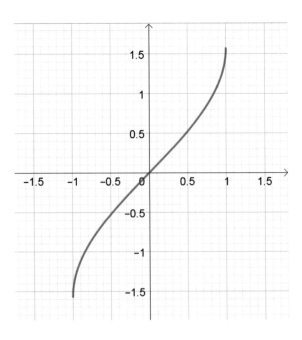

Damit verlassen wir allerdings bereits die in der Sekundarstufe I üblichen Lerninhalte für trigonometrische Funktionen.

Aufgaben

1. Es gibt verschiedene Darstellungen einer Funktion. Geben Sie je zwei Vor- und Nachteile der Darstellungsformen Gleichung, Graph, Tabelle und Pfeildiagramm an.
2. Finden Sie – gegenüber den in Abschn. 4.1.2 angegebenen Beispielen – weitere Beispiele für Funktionen in der Umwelt. Geben Sie auch Gegenbeispiele an, also Beziehungen und Zusammenhänge in der Umwelt, die keine Funktionen sind.
3. Im heutigen Mathematikunterricht bildet der Zuordnungsaspekt die Grundlage des Funktionsbegriffs. Was spricht dafür, auch den Paarmengenaspekt im Mathematikunterricht stärker zu betonen?
4. Halten Sie es für sinnvoll, Lernenden die Einsicht zu vermitteln, dass man Funktionen als *rechtseindeutige Relationen* auf der Menge der reellen Zahlen definieren kann? Begründen Sie!
5. Bei welchen Fragestellungen ist es sinnvoll, auf den Definitionsbereich einer Funktion einzugehen? Wann interessiert man sich für ihren Wertebereich?
6. Soll oder muss im Unterricht sprachlich zwischen Funktion und Graph unterschieden werden? Warum?
7. Das Lernmodell zum Funktionsbegriff ist in Stufen angelegt. Geben Sie einen Überblick, welches Verständnis Lernende am Ende der Sekundarstufe I vom Begriff „lineare Funktion" auf den verschiedenen Stufen erlangt haben sollen.
8. Die Grundvorstellungen des Funktionsbegriffs unterscheiden Zuordnungs-, Änderungs- und Objektvorstellung. Welche Grundvorstellungen sollen demnach Lernende vom Begriff der „quadratischen Funktion" konkret entwickeln? Denken Sie an verschiedene Darstellungsformen!
9. Geben Sie einige Beispiele, bei welchen *geometrischen* Themen der Sekundarstufe I der Funktionsbegriff verwendet werden kann und welche Bedeutung er dabei hat.
10. Diskutieren Sie, welche Bedeutung qualitative Graphen beim Zugang zum Funktionsbegriff haben können.
11. Erläutern Sie Beispiele aus der Geometrie, bei denen
    a. die direkte Proportionalität bzw.
    b. die indirekte Proportionalität
    eine Rolle spielt!
12. Erläutern Sie Umweltsituationen, die im Mathematikunterricht auf Systeme von zwei linearen Gleichungen mit zwei Unbekannten führen.
13. Welchen Beitrag kann der Funktionsbegriff für fächerübergreifenden Unterricht zwischen Mathematik und Physik leisten?
14. Geben Sie Beispiele aus dem Mathematikunterricht an, bei denen Betragsfunktionen eine Rolle spielen. Welche Ziele verbinden Sie damit?
15. Wie können Sie einem bzw. einer interessierten Nichtmathematiker*in erklären, was unter funktionalem Denken verstanden wird?

16. Wie zeigt sich das Änderungsverhalten einer Funktion $x \to x^2$ an einer Tabelle? Geben Sie eine Aufgabenstellung an, bei der Sie diese Darstellung zum Lösen verwenden.

17. Wie können Sie bei der Behandlung linearer Funktionen das operative Prinzip anwenden?

18. Ist es sinnvoll, im Unterricht überhaupt noch den Begriff der Wurzel einzuführen, wenn man Wurzeln als Potenzen auffassen kann?

19. Wie kann man mit Lernenden den Sachverhalt erarbeiten, dass die Potenzfunktionen $x \to x^a$, $a \in \mathbb{R}$, ganz unterschiedliche Kurventypen als Graphen haben?

20. Entwickeln Sie eine Unterrichtseinheit, in der exponentielles und lineares Wachstum gegenübergestellt werden!

21. Skizzieren Sie eine Unterrichtseinheit zur Erarbeitung der Zinseszinsformel!

22. Welche Einsichten kann man im Unterricht gewinnen, wenn man für die Funktion $f: x \to a^x$, $a \in \mathbb{R}^+$, den Parameter a systematisch variiert und die entsprechenden Graphen betrachtet?

23. Beschreiben Sie eine Unterrichtssequenz, in der Sie für die Funktion $x \to a \cdot 2^{b \cdot x + c}$, $a, b, c \in \mathbb{R}$, Einsichten über den Einfluss der Parameter a, b und c auf die Graphen vermitteln wollen.

24. Geben Sie einige Aufgabenstellungen aus der Umwelt an, die auf abschnittsweise definierte Funktionen führen.

25. Vorgänge lassen sich häufig als Funktionen der Zeit deuten. Geben Sie Beispiele für die unterschiedlichen Funktionstypen an, die im Laufe der Sekundarstufe dazu behandelt werden. Nennen Sie typische Aufgabenstellungen und Lösungswege.

26. Exponentiellem Wachstum liegt eine Funktion $x \to a^{b \cdot x}$, $x \in \mathbb{R}$, $a \in \mathbb{R}^+$, $b \in \mathbb{R}$, zugrunde. Geben Sie Beispiele für eine Umweltsituation an, bei der sie das ausnutzen können.

27. Diskutieren Sie, ob es zweckmäßig ist, bereits in der Sekundarstufe I den Begriff der *ganzen rationalen Funktion* einzuführen.

28. Beschreiben Sie den Zusammenhang zwischen Scheitelpunktform und dem Graphen einer quadratischen Funktion. Gehen Sie auch darauf ein, wie Sie dazu im Unterricht dynamische Geometriesoftware gewinnbringend einsetzen können.

29. Halten Sie es für sinnvoll und wichtig, Funktionen mehrerer Veränderlicher im Mathematikunterricht zu behandeln?

30. Entwerfen Sie eine Modellierungsaufgabe zu einem Extremwertproblem, die sich mit quadratischen Funktionen lösen lässt! Erläutern Sie, wie die Kompetenz „Mathematisch modellieren" in dieser Aufgabe gefördert wird!

31. Nennen Sie an geeigneten Beispielen einige wichtige Beiträge, die digitale Technologien zum Verständnis und zur Beherrschung des Funktionsbegriffs leisten können.

32. Wie kann man im Unterricht die Frage der Umkehrbarkeit der Sinusfunktion behandeln? Welche Einsichten sollen die Schüler dabei gewinnen?

33. Welche Funktionstypen ergeben sich bei der Addition bzw. Multiplikation
    a. zweier linearer Funktionen bzw.
    b. zweier Exponentialfunktionen?
    Welche Einsichten können Lernende bei dieser Fragestellung gewinnen?
34. Nennen Sie einige typische Aufgabenstellungen, die auf Folgen führen. Welche von
    ihnen eignen sich besonders zum *Einstieg* in das Thema „Folgen"?
35. Nennen Sie einige typisch *algebraische* Fragestellungen der Analysis. Erläutern Sie
    die Einsichten, die sie vermitteln können.

Gleichungen

5

Gleichungen zählen neben Zahlen, Variablen, Termen und Funktionen zu den zentralen Objekten der Algebra und der gesamten Mathematik. Sie sind auch in der Schulmathematik über alle Jahrgangsstufen hinweg präsent. Mit Gleichungen werden Rechnungen dargestellt, Rechengesetze festgehalten, Formeln aufgeschrieben, Funktionen definiert oder Zusammenhänge zwischen Zahlen und Größen beschrieben. Mit ihnen werden Umweltsituationen mathematisiert, Probleme gelöst und Eigenschaften von Funktionen ermittelt.

Die Vielfalt der Kontexte, bei denen Gleichungen eine Rolle spielen, stellt für den Mathematikunterricht eine große Herausforderung dar. Einerseits sind Gemeinsamkeiten des Gleichungsbegriffs in unterschiedlichen Zusammenhängen zu erkennen und zu nutzen, damit Lernende ein umfassendes Verständnis entwickeln. Andererseits gilt es, Lernenden in dieser Vielfalt Orientierung zu geben und Unterschiede situationsadäquat aufzuzeigen. Ein gutes Beispiel hierfür sind Ungleichungen. Diese haben viele Gemeinsamkeiten mit Gleichungen, sie stellen aber auch Kontrastbeispiele zu Gleichungen dar. Ihre Bedeutung im Algebraunterricht lässt sich deshalb gut in Wechselbeziehung zu Gleichungen erläutern.

Im Folgenden wird zunächst die vielfältige Verwendung von Gleichungen in der Schulmathematik an verschiedenen Beispielen erläutert. Dann werden die fachlichen Grundlagen des Gleichungsbegriffs und darauf aufbauend Grundvorstellungen von Gleichungen erläutert. Den Rahmen der zentralen didaktischen Handlungsfelder bilden Zugänge zu Gleichungen, Aktivitäten zum Verstehen des Gleichungsbegriffs sowie Probleme und Schwierigkeiten mit dem Gleichungsbegriff. Bei der Behandlung von Gleichungen im Unterricht wird dann der Schwerpunkt auf den Einsatz digitaler Werkzeuge beim Lösen von Gleichungen und Gleichungssystemen gelegt.

© Springer-Verlag GmbH Deutschland, ein Teil von Springer Nature 2022
H.-G. Weigand et al., *Didaktik der Algebra,* Mathematik Primarstufe und Sekundarstufe I + II, https://doi.org/10.1007/978-3-662-64660-1_5

5.1   Fachliche Analyse

5.1.1   Gleichungen in der Schulmathematik

Im Mathematikunterricht sind die Sicht- und Verwendungsweisen von Gleichungen vielfältig.

- Zu Beginn der Primarstufe werden *Rechenaufgaben* wie etwa $3 + 4$ behandelt und die Rechnung in Form einer Gleichung $3 + 4 = 7$ dargestellt. Der Term auf der linken Seite stellt die Aufgabe dar, auf der rechten Seite steht das Ergebnis der Aufgabe. Derartige Aufgaben lassen sich auch als Gleichungen mit einem Platzhalter schreiben, etwa $3 + \square = 7$. Diese Sichtweise des Gleichheitszeichens wird als *Ergebnis-*, *Ergibt-*, *Operations-* oder *Handlungszeichen* bezeichnet (Winter, 1982; Malle, 1993). Auch durch Gleichungen ausgedrückte Termumformungen in der Sekundarstufe, wie etwa $3x + 4x = 7x$, lassen sich bei dieser Sichtweise als algebraische Rechenaufgaben ansehen.
- Es ist eine wichtige Aufgabe der Grundschule, neben der Vorstellung des Gleichheitszeichens als Handlungszeichen auch die Sichtweise als *Relationszeichen* anzubahnen (Kieran, 1981; Malle, 1993; Steinweg, 2013). Ein Term wird dabei nicht mehr als das Ergebnis einer Umformung des anderen angesehen, sondern es liegt eine Beziehung zwischen zwei Termen vor. In der Primarstufe sind dies Gleichungen wie

$$29 + 36 = 30 + 35,$$

die die Rechenstrategie des gegenseitigen Veränderns zweier Summanden ausdrücken. Hierzu gehören aber auch Gleichungen wie etwa

$$3 + 5 = \square + 2.$$

- Rechengesetze sind Sachverhalte, die sich als Gleichungen darstellen lassen. Eine Gleichung repräsentiert hier einen allgemeingültigen *Zusammenhang zwischen Zahlen* und Größen Ein Beispiel ist die Gleichung

$$a \cdot (b + c) = a \cdot b + a \cdot c,$$

die das für reelle Zahlen gültige Distributivgesetz ausdrückt. Bei bekanntem Distributivgesetz kann diese Gleichung aber auch als Termumformung und damit als Lösung einer Aufgabe angesehen werden, entweder im Sinne des Ausmultiplizierens oder des Ausklammerns.
- Die Gleichung

$$a^2 + b^2 = c^2$$

gibt den Zusammenhang zwischen den Längen der beiden Katheten a und b und der Hypotenusenlänge c in rechtwinkligen Dreiecken wieder. Sie beschreibt einerseits einen allgemeingültigen Zusammenhang zwischen bestimmten geometrischen Größen, andererseits kann sie aber auch zur Berechnung einer fehlenden Größe dienen, etwa:

$$c = \sqrt{a^2 + b^2}. \tag{5.1}$$

- Als *Formeln* werden Gleichungen bezeichnet, die die Berechnung einer Zahl oder einer Größe aus gegebenen Zahlen bzw. Größen ermöglichen. (5.1) kann man also als Formel zur Berechnung der Hypotenusenlänge c aus den Kathetenlängen a und b betrachten. Die Formel

$$A = \frac{1}{2} \cdot g \cdot h \tag{5.2}$$

dient zur Berechnung des Flächeninhalts A eines Dreiecks bei gegebener Grundseitenlänge g und zugehöriger Höhenlänge h.

Formeln kann man auch als Funktionsgleichungen ansehen, bei denen die zu berechnende Größe in Abhängigkeit von den gegebenen Größen angegeben wird. Um dies zu verdeutlichen, kann die Gleichung (5.2) auch geschrieben werden als

$$A(g, h) = \frac{1}{2} \cdot g \cdot h.$$

Formeln kommen in unterschiedlichen inner- und außermathematischen Sachzusammenhängen vor. So gilt etwa für das Volumen V einer Kugel in Abhängigkeit vom Radius r:

$$V(r) = \frac{4}{3} r^3 \pi.$$

Auch physikalische Gesetzmäßigkeiten, wie etwa das Ohmsche Gesetz $U = R \cdot I$, bei dem U für Spannung, I für Stromstärke und R für den (konstanten) Widerstand in einem Schaltkreis stehen, werden in Formeln ausgedrückt.

- Gleichungen werden auch als *Zuweisungen* verwendet, etwa

$$a^n = \underbrace{a \cdot a \cdot a \cdot \ldots \cdot a}_{n}, \tag{5.3}$$

indem die Potenz als abkürzende Schreibweise der wiederholten Multiplikation definiert wird.[1] Auch die Funktionsgleichung

$$f(x) = x^2$$

---

[1] Dafür wird gelegentlich in der Mathematik, häufig aber in Programmiersprachen auch $a^n := \overbrace{a \cdot a \cdot a \cdot \ldots \cdot a}^{n}$ geschrieben, was an einen Zuweisungspfeil erinnern soll. Es kann als „wird erklärt durch" gelesen und als „bestimmendes Gleichheitszeichen" (etwa Glaubitz et al., 2019) bezeichnet werden. Es kann auch bei Funktionsgleichungen verwendet werden, da dadurch der jeweils definierende Charakter besser zum Ausdruck kommt.

ist eine Zuweisung, da sie den Funktionswert $f(x)$ als das Quadrat des Ausgangswerts x festlegt.

- *Bestimmungsgleichungen* dienen der Berechnung von Zahlen oder Größen. Eine Gleichung mit einem zunächst unbekannten Wert x wird nach bestimmten Regeln so lange umgeformt, bis sich dieser Wert unmittelbar aus der Gleichung ablesen lässt (vgl. Abschn. 5.1.7). Zum Beispiel wird

$$3 \cdot x + 1 = x + 7$$

umgeformt zu

$$x = 3.$$

- Eine Bestimmungsgleichung erhält man auch, wenn etwa Schnittpunkte der Graphen der Funktionen f und g mit $f(x) = x^2$ und $g(x) = x + 1$ berechnet werden sollen. Die entsprechende Gleichung ist dann

$$x^2 = x + 1,$$

die auf verschiedene Weisen gelöst werden kann (vgl. Abschn. 5.3.3).

- Gleichungen beschreiben geometrische Kurven. So stellt beispielsweise die Lösungsmenge der Gleichung

$$x^2 + y^2 = 1$$

den Einheitskreis in einem reellen x-y-Koordinatensystem dar. Solche *Kurvengleichungen* bestimmen Wertepaare der Form (x, y), die, geometrisch gesehen, Punkte der zugehörigen Kurve sind.

- Bei *Verhältnisgleichungen* handelt es sich um Gleichungen, die das Verhältnis zweier Größen beschreiben. Wenn beispielsweise das Verhältnis der Anzahl von Jungen zur Anzahl von Mädchen eines Vereins mit „2 zu 3" angegeben wird, drückt sich dies – mit J und M für die Anzahlen der Jungen bzw. Mädchen – in der Gleichung

$$\frac{J}{M} = \frac{2}{3} \tag{5.4}$$

aus. In der Schulmathematik werden Größenverhältnisse als proportionale Zuordnungen untersucht, die zugehörigen Gleichungen haben die Form von Funktionsgleichungen, für (5.4) etwa:

$$J(M) = \frac{2}{3} \cdot M, \text{mit } M, J \in \mathbb{N}.$$

Die Sichtweisen einer Gleichung hängen also vom Kontext ab, in dem eine Gleichung verwendet wird. Ob eine Gleichung eine Zuweisung oder eine Bestimmungsgleichung, eine Termumformung oder eine Formel, eine Verhältnisgleichung oder eine Funktionsgleichung ist, kann nur aus dem Kontext entschieden werden, in dem die Gleichung verwendet wird.

5.1.2 Zum Begriff der Gleichung

Gleichungen sind Ausdrucksformen der Formelsprache der Algebra. *Syntaktisch* gesehen entstehen Gleichungen, wenn man Terme mit einem Gleichheitszeichen verbindet. Eine Gleichung ist dann ein *Ausdruck der Form* $T_1 = T_2$, wobei T_1 und T_2 Terme sind (vgl. etwa Lauter, 1964; Göthner, 1995). *Semantisch* gesehen werden bei einer Gleichung die Termwerte berücksichtigt, die präzisieren, was genau verglichen wird, wenn zwei Terme in der Form $T_1 = T_2$ gegenübergestellt werden.

Beispiele

- Die Terme der Gleichung $\frac{1}{2} = 0{,}5$ sind verschieden, gleich ist der Zahlenwert.
- Auch bei der Gleichung $2x + 3x = 5x$ sind die Terme verschieden, sie sind jedoch äquivalent (vgl. Abschn. 3.1.1), d. h., die Gleichung ist für alle reellen x richtig (wahr).
- Für die Gleichung $3x + 5 = x + 7$ existiert ein reelles x, nämlich 1, für das beide Terme wertgleich sind.
- Beim Vergleich von Größen sind Einheiten zu beachten. Bei gleichen Einheiten wird wie bei Zahlen gerechnet und verglichen. Unterschiedliche Einheiten werden sinnvollerweise vereinheitlicht, etwa:

$$4 \, € + 35 \, \text{ct} = 4 \, € + 0{,}35 \, € = 4{,}35 \, €, \text{ denn } 1 \, € = 100 \, \text{ct.}$$

◀

Wie eine mathematische Gleichung zu verstehen ist, drückt sich in der Bedeutung des Gleichheitszeichens aus. In den Beispielen in Abschn. 5.1.1 wird deutlich, dass die Bedeutung des Gleichheitszeichens je nach Kontext variieren kann. Historisch gesehen wurde die mathematische Gleichheit zuerst im Kontext von Rechnung und Ergebnis verwendet (Cajori, 1993). In der modernen Mathematik wird die Bedeutung des Gleichheitszeichens als eine Äquivalenzrelation festgelegt. Dies wird im folgenden Abschnitt ausgeführt.

5.1.3 Gleichungen als Aussage und Aussageform

Eine *Aussage* ist eine Behauptung, von der entschieden werden kann, ob sie wahr oder falsch ist.[2]

---

[2] Mit diesem naiven oder intuitiven Aussagenbegriff werden „Aussagen" wie etwa die noch nicht bewiesene und nicht widerlegte *Goldbachsche Vermutung* nicht erfasst. Für die Schulmathematik ist diese Definition aber praktikabel und ausreichend. Eine auf der Logik gründende Auseinandersetzung mit dem Begriff findet sich etwa in Tarski (1977).

Gleichungen mit ausschließlich Zahlen- oder Größenwerten sind Aussagen.

- wahre Aussage: $18 + 9 = 27$
- falsche Aussage: $17 + 5 = 23$

Gleichungen mit Variablen sind keine Aussagen, sondern Aussageformen, denn es kann zunächst nicht entschieden werden, ob sie wahr oder falsch sind.

> Eine *Aussageform* ist ein Ausdruck mit (mindestens) einer Variablen, der durch Einsetzen von Zahlenwerten oder Bindung der Variablen an einen Quantor[3] in eine Aussage übergeht.

Gleichungen mit Variablen sind *Aussageformen,* die erst mit dem Belegen der Variablen durch Zahlen- oder Größenwerte zu Aussagen werden.

- Die Aussageform $3x + 7 = 12 - 7x$ ist für $x = \frac{1}{2}$ eine wahre Aussage, für sonstige Werte eine falsche Aussage.

Beispiele für die Verwendung von All- und Existenzquantoren sind:

- Es gibt ein $x \in \mathbb{R}$, für das gilt: $x^2 = 2$.
- Für alle $a, b \in \mathbb{R}$ gilt: $a + b = b + a$.

5.1.4   Das Gleichheitszeichen

In Abschn. 5.1.1 und 5.1.2 wurden verschiedene Sichtweisen von Gleichungen und des Gleichheitszeichens deutlich. Eine Sichtweise ist es, die Gleichheitsrelation als eine Äquivalenzrelation im Sinne der Allgemeingültigkeit oder der Identität anzusehen (vgl. auch Hischer, 2020). Für Zahlen oder Terme T_1, T_2 und T_3 gilt:

$T_1 = T_1$ (Reflexivität)
Wenn $T_1 = T_2$ ist, dann ist auch $T_2 = T_1$ (Symmetrie).
Wenn $T_1 = T_2$ und $T_2 = T_3$ ist, dann ist auch $T_1 = T_3$ (Transitivität).

---

[3] In der Schulalgebra sind der „Existenzquantor" (Es gibt eine Zahl …) und der „Allquantor" (Für alle Zahlen, die für eine Variable eingesetzt werden dürfen, gilt …) die üblichen Quantoren.

Beispiele für Transitivität

- $T_1 = 1\frac{2}{3}$; $T_2 = \frac{5}{3}$; $T_3 = \frac{10}{6}$
- $T_1 = \sin(30°)$; $T_2 = \frac{1}{2}$; $T_3 = \sin(150°)$
- $T_1\,(a, b) = (a + b)^2$; $T_2\,(a, b) = (a + b)\,(a + b)$; $T_3\,(a, b) = a^2 + 2ab + b^2$

Eine andere Sichtweise des Gleichheitszeichens liegt bei Gleichungen mit Variablen vor, wie etwa bei $2x + 7 = 13 - 5x$. Hier sind die beiden Terme nicht äquivalent. Es wird vielmehr im Allgemeinen die Zahl x gesucht, für die die Gleichheitsrelation erfüllt ist. Die Gleichung ist also eine Bestimmungsgleichung für eine gesuchte Zahl oder für gesuchte Zahlen. Wiederum eine andere Bedeutung liegt vor, wenn, wie etwa bei $f(x) = x^2$, das Gleichheitszeichen eine Zuweisung oder Namensgebung bedeutet, indem dem Term x^2 die Bezeichnung $f(x)$ zugewiesen wird.

5.1.5 Definitions- und Lösungsmenge

> Die *Grundmenge* einer Gleichung mit einer Variablen gibt an, aus welchem Zahlen- oder Größenbereich die Werte für die Variable(n) eingesetzt werden können.[4]
> In der Schulalgebra übliche Grundmengen sind die Zahlbereiche $\mathbb{N}$, $\mathbb{Z}$, $\mathbb{Q}$ oder $\mathbb{R}$. Als Größenbereiche kommen etwa die Mengen der Längen, der Flächeninhalte oder Geldwerte infrage.
> Die *Definitionsmenge* einer Gleichung gibt alle Elemente einer *Grundmenge* an, für die die Gleichung einen sinnvollen (mathematischen) Ausdruck ergibt.

Eine übliche Festlegung ist es, bei der Gleichung $T_1 = T_2$ die Durchschnittsmenge der Definitionsbereiche der beiden Terme T_1 und T_2 als Definitionsbereich der Gleichung zu nehmen (vgl. etwa Lauter, 1964; Wäsche, 1964).

- $\frac{x+3}{x-2} + 5 = \frac{2x-5}{x}$
  Grundmenge $\mathbb{G} = \mathbb{R}$
  Definitionsmenge von $T_1(x)$: $\mathbb{D}_1 = \mathbb{R}\backslash\{2\}$

---

[4] Neben Zahlen rechnen wir mit *Größen* wie etwa Längen, Volumina, Zeiten oder Geldwerten. Größen sind „benannte Zahlen", Zahlen treten also als Maßzahlen von Größen auf, wie bei 5 cm, 3 kg oder 7 €. Gleichartige Größen lassen sich vergleichen, addieren, vervielfachen, unterteilen und zu einem *Größenbereich* zusammenfassen (vgl. etwa Kirsch, 1970, 2014[4]).

Definitionsmenge von T$_2$(x): $\mathbb{D}_2 = \mathbb{R} \setminus \{0\}$

Definitionsmenge der Gleichung: $\mathbb{D} = \mathbb{D}_1 \cap \mathbb{D}_2 = \mathbb{R} \setminus \{0, 2\}$

- $\sqrt{x+5} = 7x$

  Grundmenge $\mathbb{G} = \mathbb{R}$

  Definitionsmenge von T$_1$(x): $\mathbb{D}_1 = \{x \in \mathbb{R} \mid x \geq -5\}$

  Definitionsmenge von T$_2$(x): $\mathbb{D}_2 = \mathbb{R}$

  Definitionsmenge der Gleichung: $\mathbb{D} = \mathbb{D}_1 \cap \mathbb{D}_2 = \{x \in \mathbb{R} \mid x \geq -5\}$[5]

- $\frac{x}{\sin(x)} + 1 = 4x$

  Grundmenge $\mathbb{G} = \mathbb{R}$

  Definitionsmenge $\mathbb{D} = \{x \in \mathbb{R} \mid x \neq k\,\pi, k \in \mathbb{Z}\}$

Ein Wert $x_0 \in \mathbb{D}$ heißt *Lösung* einer Gleichung T$_1$(x)= T$_2$(x), wenn T$_1$(x_0)= T$_2$(x_0) eine wahre Aussage ist. Die Menge aller Lösungen wird *Lösungsmenge* genannt. Sie ist eine Teilmenge der Definitionsmenge.

- $3x^2 - 3x - 6 = 0$ hat die Lösungen $x_1 = -1$ und $x_2 = 2$ bzw. die Lösungsmenge $\mathbb{L} = \{-1, 2\}$ oder $\mathbb{L} = \{x \in \mathbb{R} \mid x = -1 \vee x = 2\}$.
- $\frac{3x^2 - 3x - 6}{x+1} = 0$ hat die Lösung $x = 2$ bzw. die Lösungsmenge $\mathbb{L} = \{2\}$ oder $\mathbb{L} = \{x \in \mathbb{R} \mid x = 2\}$.
- $\sin(x) = 1$ hat die Lösungen $x_k = \frac{\pi}{2} + k \cdot 2\pi$ mit $k \in \mathbb{Z}$ bzw. $\mathbb{L} = \{x \in \mathbb{R} \mid x = \frac{\pi}{2} + k \cdot 2\pi, k \in \mathbb{Z}\}$.
- $2(x+3) = 2x+6$ hat die Lösungsmenge $\mathbb{L} = \mathbb{R}$. Die Gleichung ist *allgemein gültig*, die beiden Terme sind äquivalent.
- $2(x+3) = 2x+3$ hat die Lösungsmenge $\mathbb{L} = \{\ \}$. Die Gleichung ist unlösbar.

Eine Gleichung, deren Lösungsmenge gleich ihrer Definitionsmenge ist, wird *Identität* oder *allgemein gültige Gleichung* genannt. Hierunter fallen insbesondere Rechengesetze wie die Darstellung des Assoziativ- oder Distributivgesetzes oder durch Gleichungen ausgedrückte äquivalente Termumformungen.

5.1.6 Ungleichungen

Bei *Ungleichungen* werden zwei Terme durch die Zeichen $>, <, \geq$ oder $\leq$ zueinander in Beziehung gesetzt. Die Begriffe Aussage, Aussageform, Grundmenge, Definitions- und Lösungsmenge übertragen sich entsprechend von Gleichungen auf Ungleichungen.

---

[5] Wegen $\sqrt{x+5} \geq 0$ könnte auch $\mathbb{D} = \{x \in \mathbb{R} \mid x \geq 0\}$ als Definitionsmenge gewählt werden.

- $5x - 5 > 10$. Grundmenge $\mathbb{G} = \mathbb{R}$. Definitionsmenge $\mathbb{D} = \mathbb{R}$. Lösungsmenge $\mathbb{L} = \{x \in \mathbb{D} \mid x > 3\}$.
- $3x^2 - 3x - 6 \leq 0$. Grundmenge $\mathbb{G} = \mathbb{R}$. Definitionsmenge $\mathbb{D} = \mathbb{R}$. Lösungsmenge $\mathbb{L} = \{x \in \mathbb{R} \mid -1 \leq x \leq 2\}$.

Häufig treten Ungleichungen im Zusammenhang mit der Betragsfunktion (vgl. Abschn. 4.3.2) auf:

- $\mid x - 5 \mid > 3$. Grundmenge $G = \mathbb{R}$. Definitionsmenge $\mathbb{D} = \mathbb{R}$. Lösungsmenge $\mathbb{L} = \{x \in \mathbb{R} \mid x < 2 \vee x > 8\}$.

Mit Ungleichungen lassen sich Eigenschaften von Zahlbereichen beschreiben, etwa dass für alle reelle Zahlen x gilt: $x^2 \geq 0$, oder dass die Menge der Bruchzahlen *dicht* ist, d. h., zwischen zwei Bruchzahlen p und q liegt wieder eine Bruchzahl. Das lässt sich mithilfe des arithmetischen Mittels darstellen:

$$\text{Für } p < q \text{ gilt}$$

$$p < \frac{p + q}{2} < q.$$

Ungleichungen sind vor allem bei Einschachtelungs- und Näherungsverfahren sowie im Rahmen von Optimierungsaufgaben bedeutsam.

5.1.7 Äquivalenz von Gleichungen und Äquivalenzumformungen

In Abschn. 3.1.1 wurde die Äquivalenz von Termen auf zwei Weisen definiert: Die syntaktische Äquivalenz von Termen verweist auf Termumformungsregeln einer erlaubten Regelmenge, die semantische Äquivalenz auf die Wertgleichheit von Termen. Analog dazu lässt sich die Äquivalenz von Gleichungen ebenfalls unter syntaktischen und semantischen Gesichtspunkten definieren. Die folgende in der Schule übliche Definition lässt sich als eine *semantische* Definition charakterisieren:

> **Lösungsmengenäquivalenz.** Zwei Gleichungen heißen äquivalent, wenn ihre Lösungsmengen gleich sind.

Beispiele

- Es gilt

$$2x - 3 = 9 - x \Leftrightarrow 3x = 12, \tag{5.5}$$

denn beide Gleichungen haben die Lösungsmeng $\mathbb{L} = \{4\}$. Dies wird durch den Äquivalenzpfeil $\Leftrightarrow$ ausgedrückt.

- Es gilt

$$x = 2 \Leftrightarrow x^3 = 8, \tag{5.6}$$

denn beide Gleichungen haben die Lösungsmenge $\mathbb{L} = \{2\}$.
- Es gilt sogar

$$x + 1 = 0 \Leftrightarrow e^{x+1} = 1 \tag{5.7}$$

wegen $\mathbb{L} = \{-1\}$.
- Weiterhin gilt etwa

$$\sin(x) + 2 = 0 \Leftrightarrow x^2 + 2 = 0 \tag{5.8}$$

wegen $\mathbb{L} = \{\}$.

Bei der Gleichung (5.8) gibt es keine Umformungen, die eine Gleichung in die andere überführen könnten. Die semantische Definition der Lösungsmengenäquivalenz sagt also nichts darüber aus, wie die Umformung einer Gleichung in eine dazu äquivalente Gleichung erfolgt bzw. ob es überhaupt möglich ist, eine solche Umformung durchzuführen. Gerade daran ist man aber beim Lösen von Gleichungen interessiert.

Dies führt auf den Begriff der *Äquivalenzumformung*. Die Grundlage von Äquivalenzumformungen sind die Eigenschaften reeller Zahlen, die sich wiederum aus dem zugrunde liegenden Axiomensystem für reelle Zahlen ableiten lassen (vgl. etwa Padberg et al., 1995, S. 129 ff.). Für a, b, $c \in \mathbb{R}$ gilt insbesondere:

$$
\begin{aligned}
a = b &\Leftrightarrow a + c = b + c \\
a = b &\Leftrightarrow a - c = b - c \\
a = b &\Leftrightarrow a \cdot c = b \cdot c, \text{ für } c \neq 0 \\
a = b &\Leftrightarrow a : c = b : c, \text{ für } c \neq 0
\end{aligned}
$$

Diese *Elementarumformungen* lassen sich auf Gleichungen mit Termen übertragen. Bei der Gleichung $T_1 = T_2$ kann auf beiden Seiten der Gleichung eine Zahl a *addiert* oder *subtrahiert* werden (auch „Kürzungsregel der Addition bzw. Subtraktion" genannt, vgl. etwa Wäsche, 1964):

$$T_1 = T_2 \Leftrightarrow T_1 + c = T_2 + c. \tag{A}$$

Zum anderen können beide Seiten einer Gleichung mit derselben von Null verschiedenen Zahl c *multipliziert* oder durch eine Zahl c *dividiert* werden (auch „Kürzungsregel der Multiplikation bzw. Division" genannt):

$$T_1 = T_2 \Leftrightarrow T_1 \cdot c = T_2 \cdot c, \text{ wobei } c \neq 0. \tag{M}$$

An verschiedenen Stellen findet sich eine dritte elementare Äquivalenzumformung, die sogenannte Substitutionsregel (z. B. Wäsche, 1964). Gemeint ist das Ersetzen eines Terms oder Teilterms in der Gleichung durch einen äquivalenten Term:

Wenn T_2 und T_3 äquivalent sind, dann gilt : $T_1 = T_2 \Leftrightarrow T_1 = T_3$. (S)

Man kann die Umformungsregeln (A) bzw. (M) auch als Anwendung derselben Funktion auf die Terme beider Seiten der Gleichung verstehen. So wird in (A) auf jeden Term T_1 und T_2 die lineare Funktion $T \to T+a$ angewendet und in (M) die lineare Funktion $T \to T \cdot c$. Allgemeiner ist jede Anwendung einer injektiven Funktion auf beide Seiten einer Gleichung eine Äquivalenzumformung. Zum Beispiel ist die Anwendung der Funktion $T \to T^3$ eine Äquivalenzumformung, die die Äquivalenz (5.6) bestätigt. Ebenso bestätigt die Anwendung von $T \to e^T$ die Äquivalenz (5.7). Dies führt auf die folgende Definition:

> **Umformungsäquivalenz.** Zwei Gleichungen heißen äquivalent, wenn sie durch Äquivalenzumformungen ineinander übergehen. Dabei ist jede Anwendung einer injektiven Funktion eine Äquivalenzumformung. Äquivalenzumformungen sind insbesondere:
>
> 1. Kürzungsregel der Addition bzw. Subtraktion (A)
> 2. Kürzungsregel der Multiplikation bzw. Division (M)
> 3. Substitutionsregel (S)

Beispiel

$$
\begin{array}{rcll}
4x-5 & = & 2x+3 & |+5 \ (A) \\
\Leftrightarrow \quad 4x-5+5 & = & 2x+3+5 & |-5+5=0 \text{ und } 3+5=8 \ (S) \\
\Leftrightarrow \quad 4x & = & 2x+8 & |-2x \ (A) \text{ und } 2x-2x=0 \text{ bzw. } 4x-2x=2x \ (S) \\
\Leftrightarrow \quad 2x & = & 8 & |:2 \ (M) \text{ und } 2x:2=x \text{ bzw. } 8:2=4 \ (S) \\
\Leftrightarrow \quad x & = & 4 &
\end{array}
$$

◄

Bei Pickert (1980a) und Oldenburg (2016) findet sich eine weitere Variante einer semantischen Äquivalenzdefinition von Gleichungen, die *Einsetzungsäquivalenz*. Diese ist deshalb interessant, weil in ihr eine deutliche Analogie zur semantischen Definition der Termäquivalenz erkennbar ist. Hier wie dort wird nämlich auf die Wertgleichheit bei gleicher Belegung der Variablen rekurriert. Bei Termen ist dies der Zahlenwert, bei Gleichungen der Wahrheitswert (vgl. Abschn. 5.1.3). Auf diese Weise lässt sich eine dritte Äquivalenzdefinition formulieren:

> *Einsetzungsäquivalenz.* Zwei Gleichungen heißen äquivalent, wenn sie bei gleicher Belegung der gemeinsamen Variablen beide gleichzeitig wahr oder falsch sind.

Tab. 5.1 Einsetzungs-äquivalenz bei den Gleichungen $2x+3=9$ und $4x-3=9$	x	$2x+3=9$	$4x-3=9$
	...	...	...
	1	falsch	falsch
	2	falsch	falsch
	3	richtig	richtig
	4	falsch	falsch
	...	...	...

Wie bei Termen kann die Einsetzungsäquivalenz durch einen – allerdings nur endlich viele Werte umfassenden – Vergleich der Wertetabellen sichtbar werden (Tab. 5.1). Die Gleichungen

$$2x + 3 = 9 \quad \text{und} \quad 4x - 3 = 9$$

sind einsetzungsäquivalent, weil ihre Wahrheitswerte in jeder Zeile dieselben sind.

Wenn man sich auf Gleichungen mit einer Variablen beschränkt, dann sind Lösungs-mengen- und Einsetzungsäquivalenz gleichwertig. Weiterhin gilt: Sind zwei Gleichungen umformungsäquivalent, dann sind sie auch lösungsmengenäquivalent, dies gilt aber nicht umgekehrt. So ist etwa obige Gleichung (5.8) lösungsmengen-, aber nicht umformungs-äquivalent.

In der Schulalgebra ist die Lösungsmengenäquivalenz im Allgemeinen grundlegend, die Umformungsäquivalenz wird darauf zurückgeführt. Die Einsetzungsäquivalenz spielt zunächst keine Rolle. Allerdings bezieht sich Letztere deutlicher als die anderen beiden Äquivalenzdefinitionen auf die logische Grundlegung des Gleichungsbegriffs: Gleichungen mit Variablen sind Aussageformen, denen bei Belegung der Variablen ein Wahrheitswert zugeordnet wird. Mit der Einsetzungsäquivalenz wird damit nicht nur die Analogie zur Termäquivalenz hergestellt, sondern es begründet sich so auch das Zeichen „⇔" als Symbol für die Kennzeichnung äquivalenter Gleichungen (Pickert, 1980a), das in der Logik zur Kennzeichnung gleichwertiger Aussagen verwendet wird.

5.1.8 Äquivalenz von Ungleichungen und Äquivalenzumformungen

Die Äquivalenz von Ungleichungen lässt sich analog zu der Lösungsmengen- und Ein-setzungsäquivalenz bei Gleichungen definieren. Für das Rechnen mit Ungleichungen sind die Monotoniegesetze grundlegend. Das sind zum einen die Elementar-umformungen oder Monotoniegesetze der Addition und Subtraktion:

Für $a, b, c \in \mathbb{R}$ gilt:

$$a < b \quad \Leftrightarrow \quad a + c < b + c,$$
$$a < b \quad \Leftrightarrow \quad a - c < b - c.$$

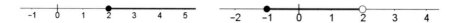

Abb. 5.1 Darstellung der Lösungsmenge $\mathbb{L} = \{x \in \mathbb{R}\,|\,x \geq 2\}$ und $\mathbb{L} = \{x \in \mathbb{R}\,|\,-1 \leq x < 2\}$ am Zahlenstrahl.

Zum anderen sind es die Monotoniegesetze bzw. Elementarumformungen der Multiplikation und Division, bei welchen dann Fallunterscheidungen nötig werden:

Für $a, b, c \in \mathbb{R}$ gilt:

$$a < b \quad \Leftrightarrow \quad a \cdot c < b \cdot c, \quad \text{für } c > 0,$$

und

$$a < b \quad \Leftrightarrow \quad a \cdot c > b \cdot c, \quad \text{für } c < 0.$$

Entsprechend gilt

$$a < b \quad \Leftrightarrow \quad a : c < b : c, \text{ für } c > 0,$$

und

$$a < b \quad \Leftrightarrow \quad a : c > b : c, \text{ für } c < 0.^6$$

Lösungsmengen von Ungleichungen lassen sich besonders anschaulich am Zahlenstrahl darstellen (Abb. 5.1).

5.1.9 Gleichungen lösen

Für das Lösen von Gleichungen gibt es unterschiedliche Verfahren. Welches Verfahren in welcher Situation sinnvoll und zielführend ist, lässt sich nur im Zusammenhang mit den zur Verfügung stehenden Algorithmen und Werkzeugen sowie im Hinblick auf das Ziel des Gleichungslösens beurteilen. Im Folgenden wird eine Übersicht über verschiedene Verfahren gegeben, die im Algebra- bzw. Mathematikunterricht der Sekundarstufe von Bedeutung sind.

5.1.9.1 Algebraische Lösungsverfahren

a) *Lineare Gleichungen* der Form $a \cdot x + b = 0$, $a, b \in \mathbb{R}$, $a \neq 0$, lassen sich durch Äquivalenzumformungen lösen. Darauf wird in Abschn. 5.2.3 eingegangen.

b) Für *quadratische Gleichungen* gibt es Lösungsformeln, die sich mithilfe von Äquivalenzumformungen und quadratischer Ergänzung herleiten lassen (vgl. Abschn. 5.3.3).

---

[6] Analog gilt dies für die Ungleichheitszeichen $>$, $\leq$ und $\geq$.

Die Gleichung

$$x^2 + p \cdot x + q = 0, \, p, \, q \in \mathbb{R},$$

hat für $\frac{p^2}{4} - q \geq 0$ die Lösungen

$$x_1 = -\frac{p}{2} + \sqrt{\frac{p^2}{4} - q} \quad \text{und} \quad x_2 = -\frac{p}{2} - \sqrt{\frac{p^2}{4} - q}.$$

Für die Gleichung

$$ax^2 + bx + c = 0, \, a, \, b, \, c \in \mathbb{R}, \, a \neq 0,$$

ergeben sich für $b^2 - 4ac \geq 0$ die Lösungen

$$x_1 = \frac{-b + \sqrt{b^2 - 4ac}}{2a} \quad \text{und} \quad x_2 = \frac{-b - \sqrt{b^2 - 4ac}}{2a}.$$

c) Für *kubische Gleichungen* gibt es ebenfalls Lösungsformeln (vgl. Abschn. 5.4.6), die aufgrund ihrer Komplexität für den Mathematikunterricht aber keine Bedeutung haben.

Eine andere Möglichkeit beruht auf der Verallgemeinerung des Satzes von Vieta, dass bei Kenntnis einer Lösung x_0 einer Polynomgleichung n-ten Grades, $P_n(x) = 0, n \in \mathbb{N}$, mit

$$P_n(x) = x^n + a_{n-1}x^{n-1} + \ldots + a_1 x + a_0, \quad a_i \in \mathbb{R}, i = 1, \ldots n, x \in \mathbb{R},$$

der Faktor $x - x_0$ ausgeklammert werden kann (siehe etwa Heuser, 2009, S. 405).
    Es gilt also:

$$P_n(x) = (x - x_0)(a_n x^{n-1} + \ldots + b_1 x + b_0), b_i \in \mathbb{R}.$$

Beispiel

Für die Gleichung: $P_3(x) = x^3 + 2x^2 - x - 2 = 0$ findet man etwa durch systematisches Probieren die Lösung $x = 1$. Damit ergibt sich mithilfe der Polynomdivision:

$$
\begin{array}{l}
(x^3 + 2x^2 - x - 2) : (x - 1) = x^2 + 3x + 2 \\
\underline{-(x^3 - x^2)} \\
\qquad 3x^2 - x \\
\qquad \underline{-(3x^2 - 3x)} \\
\qquad\qquad 2x - 2 \\
\qquad\qquad \underline{-(2x - 2)} \\
\qquad\qquad\qquad 0
\end{array}
$$

Also

$$P_3(x) = (x - 1) \cdot \left(x^2 + 3x + 2\right).$$

Die Gleichung $x^2+3x+2=0$ lässt sich dann mit einem Lösungsverfahren für quadratische Gleichungen lösen. Es ergeben sich für $P_3(x) = 0$ die Lösungen $x_1 = 1$, $x_2 = -2$ und $x_3 = -1$ bzw. die Lösungsmenge $\mathbb{L} = \{-2, -1, 1\}$. ◄

d) Lösen durch Gewinn- und Verlustumformungen

Gewinnumformungen sind Umformungen von Gleichungen, die die Lösungsmenge erweitern.

Verlustumformungen sind Umformungen von Gleichungen, bei denen die Lösungsmenge reduziert wird.

Gewinn- und Verlustumformungen sind keine Äquivalenzumformungen.

Beispiel

Wenn beide Terme einer Gleichung quadriert werden, erhält man im Allgemeinen eine Gewinnumformung:

$$x - 1 = \sqrt{x + 1}, \mathbb{D} = \{x \in \mathbb{R} | x \geq -1\}$$
$$x - 1 = \sqrt{x + 1} \mid ()^2$$
$$\Rightarrow \quad x^2 - 2x + 1 = x + 1$$
$$\Leftrightarrow \quad x^2 - 3x = 0$$
$$\Leftrightarrow \quad x(x - 3) = 0$$
$$\Leftrightarrow x = 0 \vee x = 3$$

$$(5.9)$$

Eingesetzt in (5.9) zeigt sich, dass $x = 3$ eine Lösung, $x = 0$ aber keine Lösung ist. Damit ist die Lösungsmenge von (5.9) $\mathbb{L} = \{3\}$. ◄

Dass Quadrieren keine Äquivalenzumformung ist, kann man bereits an einem einfacheren Beispiel leicht erkennen.

Beispiel

$x = 2$ hat die Lösungsmenge $\{2\}$.

$x^2 = 4$ hat die Lösungsmenge $\{2, -2\}$.

Daraus folgt, dass beim Quadrieren stets überprüft werden muss, ob die erhaltenen Lösungen der „quadrierten Gleichung" auch Lösungen der ursprünglichen Gleichung sind.

Das folgende Beispiel zeigt eine Verlustumformung. ◄

Beispiel

Die beiden Terme der Gleichung

$$x - 1 = 2, \quad \mathbb{D}_1 = \mathbb{R}, \tag{5.10}$$

werden durch den Term $x - 3$ dividiert. Dann erhält man:

$$\frac{x - 1}{x - 3} = \frac{2}{x - 3}, \mathbb{D}_2 = \mathbb{R} \backslash \{3\}. \tag{5.11}$$

Die Gleichung (5.10) hat als einzige Lösung $x = 3$. Die Gleichung (5.11) hat auf $\mathbb{D}_2$ keine Lösung. Das Dividieren durch den Term $x - 3$ ist somit eine Verlustumformung. ◄

5.1.9.2 Numerische Löseverfahren

In der Mathematik gibt es eine Vielzahl an Lösungsverfahren zum näherungsweisen numerischen Lösen von Gleichungen (Schuppar & Humenberger, 2015, S. 239 ff.). Im Mathematikunterricht der Oberstufe ist das Newton-Verfahren ein solches iteratives Näherungsverfahren (vgl. Greefrath et al., 2016, S. 207 ff.). In der Sekundarstufe I ist es dagegen das Ziel, die den Näherungsverfahren zugrunde liegenden Ideen auf einer intuitiven Ebene anzubahnen.

Schon in der Grundschule findet man Aufgaben wie

$$\square + 5 = 17.$$

Hier führt das sukzessive Einsetzen etwa der Werte 8, 10, 13, 12 zum Erkennen des monotonen Wachsens bzw. Fallens der Termwerte von $x + 5$. In der Sekundarstufe wird diese Methode zur Näherung irrationaler Zahlenwerte verwendet, etwa bei

$$2x^2 = 5.$$

Das Einsetzen etwa der Werte 1; 2; 1,5; 1,7; 1,6; 1,55 bildet zunächst die intuitive Grundlage eines Einschachtelungsverfahrens, das später zum Heron-Verfahren führt (vgl. dazu etwa Schuppar & Humenberger, 2015, S. 188 ff.).

Ein weiteres einfaches numerisches Verfahren zum Lösen von Gleichungen ist das *Verfahren der Bisektion*, das im Folgenden am Beispiel der Gleichung

$$x^3 - x - 2 = 0$$

erläutert wird.

Ausgehend von der Funktion mit $f(x) = x^3 - x - 2$ wird eine Nullstelle von f gesucht. Hierzu werden sukzessive Werte in die Gleichung eingesetzt, bis zwei x-Werte gefunden sind, deren $f(x)$-Werte unterschiedliches Vorzeichen haben.[7] Dann wird der Wert in

---

[7] Dies ist ein heuristisches Verfahren, das zwar – bei stetigen Funktionen – sicherstellt, dass eine Nullstelle zwischen den beiden gefunden x-Werten existiert, aber nicht zeigt, ob es evtl. auch mehrere Nullstellen gibt und das Verfahren modifiziert werden muss.

x	$x^3 - x - 2$
0	−2
1	−2
2	4
1,5	−0,125
1,75	1,6094
1,625	0,6660
1,5625	0,2522
1,5312	0,0588
1,5156	−0,0342
1,5234	0,0120

Tab. 5.2 Näherungsweises Ermitteln einer Lösung der Gleichung $x^3 - x - 2 = 0$ durch Bisektion

der Mitte dieses Intervalls genommen (Bisektion) und dafür der $f(x)$-Wert bestimmt. Entsprechend dem Vorzeichen wird das Intervall ausgewählt, in dem die Nullstelle angenommen wird und es wird dann wiederum der Wert in dessen Mitte genommen wird. Wenn dieses Verfahren fortgesetzt wird, nähert sich der für x eingesetzte Wert der Nullstelle mit wachsender Genauigkeit an. Stetigkeit und Zwischenwertsatz werden dabei stillschweigend vorausgesetzt.

Dieses Verfahren lässt sich auch mit einem Tabellenkalkulationsprogramm umsetzen oder mit einer Programmiersprache darstellen.

5.1.9.3 Grafisches Lösen von Gleichungen

Viele Gleichungen lassen sich grafisch lösen. Hierzu werden die beiden Terme der Gleichung $T_1 = T_2$ als Terme der beiden Funktionsgleichungen $y = T_1(x)$ und $y = T_2(x)$ angesehen und deren Graphen in einem Koordinatensystem eingezeichnet. Die Lösungen der Gleichung erhält man dann als x-Werte der Schnittpunkte der beiden Graphen.

Beispiel

Die Gleichung $x^3 - x - 2 = 0$ lässt sich etwa in die Form $x^3 = x + 2$ überführen. Abb. 5.2 zeigt dann die Graphen der beiden Funktionen mit $f(x) = x^3$ und $g(x) = x + 2$.

Als Näherungslösung lässt sich $x \approx 1,5$ ablesen. Digitale Funktionenplotter erlauben durch die Wahl eines größeren Ausschnitts („Herauszoomen") einen Überblick über Lage und Anzahl möglicher Schnittpunkte. Das „Hineinzoomen" in die Umgebung des Schnittpunkts der beiden Graphen erlaubt das Ablesen der Lösungswerte mit wachsender Genauigkeit. ◄

Abb. 5.2 Grafische Lösung
der Gleichung $x^3 = x + 2$ mit
$f(x) = x^3$ und $g(x) = x + 2$

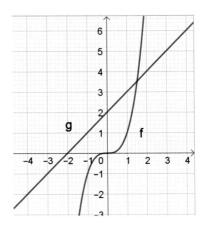

5.1.10 Ungleichungen lösen

Beim Lösen von Ungleichungen bieten sich vor allem drei Verfahren an: das Lösen durch Elementarumformungen, das grafische Lösen und das Lösen mithilfe von Gleichungen. Diese drei Varianten werden am Beispiel

$$\frac{1}{3}x + 2 < 2x - 5, \; \mathbb{G} = \mathbb{D} = \mathbb{R},$$

erläutert.

5.1.10.1 Lösen durch Elementarumformungen

$$\frac{1}{3}x + 2 < 2x - 5 \qquad | -2$$
$$\Leftrightarrow \qquad \frac{1}{3}x < 2x - 7 \qquad | -2x$$
$$\Leftrightarrow \qquad -\frac{5}{3}x < -7 \qquad | : \left(-\frac{5}{3}\right)$$
$$\Leftrightarrow \qquad x > \frac{21}{5}$$

Damit erhält man $\mathbb{L} = \{x \in \mathbb{R} \mid x > \frac{21}{5}\}$ als Lösungsmenge.

5.1.10.2 Grafisches Lösen

Mit $f(x) = \frac{1}{3}x + 2$ und $g(x) = 2x - 5$ werden die Graphen von g und f in einem Koordinatensystem dargestellt (Abb. 5.3).

Bezeichnet man den Schnittpunkt der beiden Graphen mit $S(x_s, y_s)$, so lassen sich die Koordinaten mit $x_s \approx 4{,}2$ und $y_s \approx 3{,}4$ ablesen und man erkennt, dass für $x > x_s$ gilt: $f(x) < g(x)$. Damit ergibt sich die Lösungsmenge $\mathbb{L} = \{x \in \mathbb{R} \mid x > 4{,}2\}$.

Abb. 5.3 Graphen von f und g mit $f(x) = \frac{1}{3}x + 2$ und $g(x) = 2x - 5$

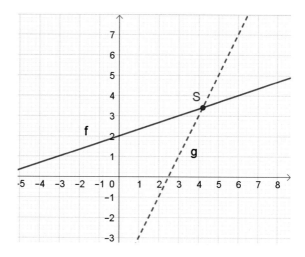

5.1.10.3 Lösung mithilfe einer Gleichung

Die Gleichung $\frac{1}{3}x + 2 = 2x - 5$ lässt sich mithilfe von Äquivalenzumformungen (von Gleichungen) lösen und man erhält $x = \frac{21}{5}$. Das Wissen darüber, dass bei dieser linearen Gleichung nur eine Lösung existiert und folglich für $x > \frac{21}{5}$ entweder der Fall $\frac{1}{3}x + 2 > 2x - 5$ oder $\frac{1}{3}x + 2 < 2x - 5$ eintritt, führt – etwa durch Einsetzen des Wertes $x = 5$ – unmittelbar zur Lösungsmenge.

5.1.11 Gleichungen in der Geschichte der Mathematik

In der Geschichte der Algebra spielen Gleichungen und Gleichungssysteme eine wichtige Rolle. Bereits im Altertum werden lineare, quadratische und kubische Gleichungen sowie lineare und nichtlineare Gleichungssysteme mit unterschiedlichen Methoden gelöst (vgl. etwa Alten et al., 2003). Um 800 n. Chr. gibt Al-Khwarizmi[8] eine Lösungsformel für quadratische Gleichungen an, indem er diese Gleichungen geometrisch interpretiert (vgl. Scholz, 1990, S. 104 f.).

Er löst die Gleichung

$$x^2 + p \cdot x = q$$

mit positiven Zahlen p und q, indem er ein Quadrat mit der Seitenlänge x jeweils um $\frac{p}{4}$ verlängert (Abb. 5.4).

Dann lässt sich der Flächeninhalt A des „großen" Quadrats auf zwei verschiedene Weisen berechnen. Zum einen erhält man entsprechend unserer heutigen Formelsprache

---

[8] Hierfür gibt es unterschiedliche Schreibweisen: Al-Chwarizmi, al-Chwarizmi, Al-Khuwarizmi.

Abb. 5.4 Geometrische
Interpretation der Gleichung
$x^2 + p \cdot x = q$ nach
Al-Khwarizmi

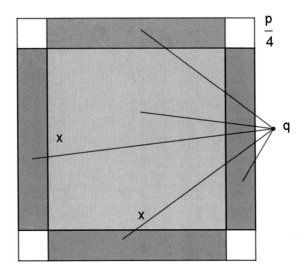

$$A = \left(x + \frac{p}{2}\right)^2,$$

zum anderen mit $q = x^2 + 4 \cdot x \cdot \frac{p}{4} = x^2 + x \cdot p$ (das entspricht dem Flächeninhalt der grauen Flächen)

$$A = q + 4 \cdot \left(\frac{p}{4}\right)^2.$$

Dies führt auf die Gleichung

$$\left(x + \frac{p}{2}\right)^2 = q + 4 \cdot \left(\frac{p}{4}\right)^2.$$

Damit erhält man:

$$x = -\frac{p}{2} + \sqrt{q + \left(\frac{p}{2}\right)^2}.$$

Das ist die „p-q-Formel" zum Lösen quadratischer Gleichungen.

In der Renaissance gibt es einen Wettstreit um die Lösung von Gleichungen. In einem Prioritätenstreit um die Lösung von kubischen Gleichungen zwischen Geronimo Cardano (1501–1576) und Niccolò Tartaglia (1500–1557) werden schließlich die „Cardanischen Formeln" gefunden (vgl. Abschn. 5.4.6). François Viète (1540–1603) entdeckt den Zusammenhang zwischen den Lösungen (Wurzeln) und den Koeffizienten einer quadratischen Gleichung: Für die Lösungen x_1 und x_2 der quadratischen Gleichung $x^2 + px + q = 0$ mit den Koeffizienten $p, q \in \mathbb{R}$ gilt $x_1 + x_2 = -p$ und $x_1 \cdot x_2 = q$.

Viele bedeutende Mathematiker haben wichtige Beiträge zum Lösen von Gleichungen geleistet. Der Fundamentalsatz der Algebra von Carl Friedrich Gauß (1777–1855) besagt, dass jede Gleichung der Form

$$a_n x^n + a_{n-1} x^{n-1} + \ldots + a_1 x + a_0 = 0, \quad a_i \in \mathbb{C}, n \in \mathbb{N},$$

im Körper $\mathbb{C}$ der komplexen Zahlen – bei geeigneter Zählweise – genau n Lösungen hat (vgl. Padberg et al., 1995, S. 229 ff.). Niels Henrik Abel (1802–1829) formuliert dann einen Satz über die Unmöglichkeit, die allgemeine Gleichung höheren als 4. Grades durch Radikale zu lösen (vgl. Leuders, 2016, S. 252 f.).

Bis zum Ende des 18. Jahrhunderts dienen Verhältnisgleichungen zur Beschreibung von Beziehungen zwischen Größen, bis sie durch Formeln abgelöst werden. Das ist wesentlich beeinflusst durch Entwicklungen in der Analytischen Geometrie und der Analysis. Man denke hier etwa an Kurvengleichungen der Analytischen Geometrie, an Differential- und Integralgleichungen der Analysis sowie an Funktionalgleichungen, um nur einige wichtige Bereiche zu nennen. Gleichungen als interessante Gegenstände sind dann bis zum Beginn des 20. Jahrhunderts das zentrale Thema der Algebra, bis dieses Thema in die Galois-Theorie und die Strukturmathematik eingebettet wird (vgl. Leuders, 2016, S. 241 ff.).[9]

5.2 Gleichungen verstehen

Verstehen bedeutet Vorstellungen über Begriffsinhalt, Begriffsumfang, Begriffsnetz und Anwendungen des Begriffs aufzubauen. Grundlegend ist es dabei, durch Kontexte und Darstellungen gegebenen mathematischen Objekten Sinn und Bedeutung zu geben. Es gilt also, insbesondere *Grundvorstellungen* über Gleichungen aufzubauen.

Das Verstehen von Gleichungen zeigt sich aber auch im formalen Umgang mit ihnen. Diese Form des Verstehens nennen wir *Verstehen im Kalkül*. Es umfasst die Kenntnis und das richtige Anwenden von Umformungsregeln, was auch als „instrumentelles Verständnis" („instrumental understanding", Skemp, 1976) bezeichnet wird. Weiterhin umfasst es das Wissen, welche Rechenregeln wann angewendet werden und warum sie zum Ziel führen, was man auch als „beziehungshaltiges Verständnis" („relational understanding", ebd.) bezeichnet.

Im Folgenden wird zunächst auf das Verstehen des Gleichheitszeichens in der Schulmathematik eingegangen. Dann werden Grundvorstellungen von Gleichungen vorgestellt und es wird deren Bedeutung im kalkülhaften Umgehen mit Gleichungen aufgezeigt, wobei vor allem das *Verstehen im Kalkül* hervorgehoben wird.

5.2.1 Das Gleichheitszeichen verstehen

Das Gleichheitszeichen wird im Mathematikunterricht in unterschiedlichen Kontexten verwendet (vgl. Abschn. 5.1.1). Für Lernende gilt es, diese unterschiedlichen Sichtweisen zu erkennen, zu verstehen und zwischen diesen Bedeutungen wechseln zu

---

[9] Siehe auch die „Klein-Vignette" von T. Leuders: http://blog.kleinproject.org/?p=4108&lang=de.

können. Es sind im Wesentlichen drei Sichtweisen, die das Gleichheitszeichen im Algebraunterricht der Sekundarstufe I kennzeichnen:

- Das Gleichheitszeichen als *Operationszeichen*. Es wird in der Grundschule bei Rechnungen wie $3+4=7$ als *Ergibt-* oder *Ergebniszeichen* entwickelt.
- Das Gleichheitszeichen als *Relationszeichen*. Hier ist es Ausdruck eines Vergleichs zwischen zwei auf verschiedenen Seiten des Gleichheitszeichens stehenden Zahlen bzw. Termen. Dabei tritt das Gleichheitszeichen einerseits im Sinne von Gleichwertigkeit, Allgemeingültigkeit oder Identität auf. Andererseits wird das Gleichheitszeichen bei einem Vergleich beliebiger Terme verwendet. Es ist dann das Ziel, solche Werte für Variablen zu finden, für die *Gleichheit hergestellt* wird. Gleichungen sind dann als *Bestimmungsgleichungen* zu sehen. Für das Gleichheitszeichen als Relationszeichen lassen sich drei Verwendungen unterscheiden:
  1. *Gleichwertigkeit von Zahlen:* Die auf beiden Seiten des Gleichheitszeichens stehenden Zahlen oder Zahlterme besitzen denselben Wert.
  2. *Gleichheit von Termen im Sinne der Identität:* Zwei Terme sind äquivalent (Abschn. 3.1.1).
  3. *Wertgleichheit bei Termen: Bei Bestimmungsgleichungen* werden Zahlen gesucht, für die Wertgleichheit auf beiden Seiten der Gleichung vorliegt.
- Das Gleichheitszeichen als *Zuweisungszeichen*. Ein Term wird einem anderen Term oder einer anderen Variablen zugewiesen. Man kann hier auch von einem Setzungszeichen im Rahmen einer Definition sprechen (Prediger, 2008).

Die Verwendung des Gleichheitszeichens als Operationszeichen ist charakteristisch für den Umgang mit Aufgaben und Rechengesetzen, die Verwendung als Zuweisungszeichen erfolgt bei Definitionen und Formeln. Die Verwendung des Gleichheitszeichens als Relationszeichen ist dagegen charakteristisch für den Umgang mit und das Lösen von Gleichungen. Das Gleichheitszeichen als Operationszeichen ist dabei noch stark mit der Arithmetik, das Gleichheitszeichen als Relationszeichen stärker mit der Algebra verhaftet (Malle, 1993).

Der Übergang vom Operationszeichen zum Relationszeichen bzw. die Fähigkeit, zwischen diesen Bedeutungen wechseln zu können, wird bereits in der Grundschule angebahnt und in der Sekundarstufe immer wieder aufgegriffen. Nach einer Untersuchung von Borromeo Ferri & Blum (2011) ist die Vorstellung des Gleichheitszeichens als Operations- oder Handlungszeichen auch noch zu Beginn der Sekundarstufe I vorherrschend. Da der Übergang vom Operations- zum Relationszeichen eine Verstehenshürde ist (Kieran, 1981; Filloy & Rojano, 1989), wird schon in der Primarstufe darauf geachtet, das Gleichheitszeichen als Relationszeichen anzubahnen (vgl. Abschn. 5.3.1).

5.2.2   Grundvorstellungen von Gleichungen

Grundvorstellungen von Gleichungen wirken sinnstiftend und bilden eine inhaltliche Grundlage für das Arbeiten mit Gleichungen. Die unterschiedlichen Bedeutungen des Gleichheitszeichens drücken sich in unterschiedlichen Grundvorstellungen von Gleichungen aus. Die ersten beiden Grundvorstellungen bilden die operationale und relationale Bedeutung des Gleichheitszeichens ab und markieren so den Übergang von der arithmetisch dominierten Mathematik der Primarstufe zur Algebra der Sekundarstufe. Die dritte und vierte Grundvorstellung bilden ein fortgeschrittenes Verständnis von Gleichungen ab.

Operationale Grundvorstellung
Eine Gleichung wird als Ausdruck einer Berechnung oder Umformung verstanden. Konstituierend hierfür ist das Gleichheitszeichen als Operationszeichen, das eine Leserichtung im Sinne eines „Ergibt-Zeichens" anzeigt.

- Arithmetische Berechnungen: Die Gleichung $3+4=7$ kann im Sinne der operationalen Grundvorstellung durch Ausdrücke wie „$3+4 \rightarrow 7$" oder verbal durch „3 plus 4 ergibt 7" konkretisiert werden. Bei Berechnungen mithilfe eines arithmetischen Taschenrechners zeigt sie sich durch die Betätigung der Gleichtaste, die das Ergebnis der zuvor eingegebenen Aufgabe liefert.
- Termumformungen: Die operationale Grundvorstellung zeigt sich hier im Zusammenfassen, etwa bei $a+a+a=3a$ bzw. $a+a+a \rightarrow 3a$ oder bei Termumformungen wie

$$(a+b)^2 = a^2 + 2ab + b^2.$$

„Ergibt" kann hier – bei entsprechender Interpretation – in beide Richtungen gelesen werden.

Relationale Grundvorstellung
Eine Gleichung wird als Anlass verstanden, Zahlen oder Terme zu ermitteln, für die beide Seiten denselben Wert besitzen oder äquivalente Terme sind. Das Gleichheitszeichen wird dabei als Relationszeichen angesehen. Die Variable wird als Unbekannte verstanden.

Der Prototyp für diese Grundvorstellung ist das Modell der (Balken-)Waage (Abb. 5.7). Im Modell der Waage ist jeder Term als Kombination von Gewichten repräsentiert. Zahlenwerte sind dabei durch Einheitsgewichte dargestellt und jedem Variablenwert wird ein festes – zunächst unbekanntes – Gewicht zugeordnet. Die Wertgleichheit beider Terme kommt im Gleichgewicht der Waage zum Ausdruck. Das Waagemodell bietet sich bei Bestimmungsgleichungen an, bei denen Variablenwerte durch Äquivalenzumformungen zu ermitteln sind. Diese werden als Handlungen des Wegnehmens derselben Gewichte von beiden Waagschalen ausgeführt (siehe Abschn. 5.2.3).

Abb. 5.5 Die
Gleichung $2x+3=4x+1$ in der
funktionalen Grundvorstellung
als Graph und Wertetabelle

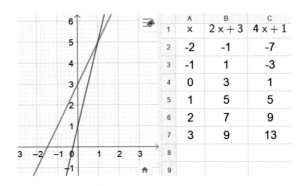

	A	B	C
1	x	$2x+3$	$4x+1$
2	-2	-1	-7
3	-1	1	-3
4	0	3	1
5	1	5	5
6	2	7	9
7	3	9	13
8			
9			

Funktionale Grundvorstellung
Eine Gleichung wird interpretiert als Ausdruck eines Vergleichs zwischen zwei
Termen, die als Funktionsterme $T_1(x)$ und $T_2(x)$ aufgefasst werden. Auch hier
wird das Gleichheitszeichen relational verstanden, aber die Grundvorstellung der
Variablen ist hier die der Veränderlichen.

In der funktionalen Interpretation „durchläuft" die Variable x die Werte des Definitionsbereichs der beiden Terme $T_1(x)$ und $T_2(x)$. Die Variable wird als Veränderliche
angesehen (vgl. Abschn. 2.1.2). Es sind die Werte x_0 mit dem- oder denselben Funktionswerten $T_1(x_0) = T_2(x_0)$ gesucht. Bei einer grafischen Darstellung der beiden Funktionen
mit $y = T_1(x)$ und $y = T_2(x)$ entspricht dem Gleichungslösen die Suche nach den
Schnittpunkten der beiden Funktionsgraphen.

- Die Gleichung $2x+3=4x+1$ führt auf die beiden Funktionen mit $T_1(x) = 2x+3$ und
  $T_2(x) = 4x+1$ (Abb. 5.5).

Diese Vorstellung lässt sich gut auf ein Gleichungssystem mit zwei Variablen übertragen,
wenn durch jede der beiden gegebenen Gleichungen eine Funktion definiert wird, deren
gemeinsame Funktionswerte zu bestimmen sind.

Objekt-Grundvorstellung
Eine Gleichung wird als ein bestimmtes Objekt angesehen, das charakteristische
Eigenschaften hat, wie etwa Anzahl möglicher Lösungen, Definitionsbereich oder
Lösungsalgorithmen. Auf diese Weise können verschiedene Typen von Gleichungen
unterschieden werden.

- Die quadratische Gleichung $x^2+x-3=0$ hat genau zwei Lösungen, für deren
  Berechnung mehrere Lösungsverfahren zur Verfügung stehen.

Abb. 5.6 Lösen der
Gleichung $2x + 3 = 15$ durch
Operationsumkehr

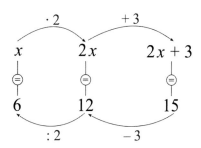

- Die Gleichung $x^2 + y^2 = z^2$, $x, y, z \in \mathbb{N}$ ist eine diophantische Gleichung, deren Lösungen pythagoreische Zahlentripel genannt werden. Bekannteste Beispiele sind (3, 4, 5); (6, 8, 10); (5, 12, 13) und deren Vielfache.
- Die Gleichung $x^2 + y^2 = r^2$ mit $x, y \in \mathbb{R}$, $r \in \mathbb{R}^+$, ist eine Kreisgleichung mit dem Koordinatenursprung als Mittelpunkt und dem Radius r.

5.2.3 Das Lösen von Gleichungen verstehen

Die vier Grundvorstellungen erlauben sinnstiftende Erklärungen für algebraische Methoden des Lösens von Gleichungen (vgl. Abschn. 5.1.7). Grundvorstellungen geben dem Arbeiten mit und dem Lösen von Gleichungen eine anschauliche Basis. Sie sind zentral und wichtig bei der Entwicklung von Vorstellungen zu grundlegenden Handlungen beim Gleichungslösen. Wir gehen hier zunächst auf die Lösungshandlungen Operationsumkehr und Äquivalenzumformung ein.

5.2.3.1 Lösen durch Operationsumkehr
Diese Methode greift die *operationale Grundvorstellung* von Gleichungen auf, wie sie in der Primarstufe vorherrschend ist. Typische Beispiele für das Gleichungslösen durch Operationsumkehr sind Gleichungen mit genau einer Variablen auf einer Seite, die als gelöste Rechenaufgabe interpretiert werden können, bei der nachträglich ein Wert durch die Variable ersetzt wurde. Die Lösung erhält man durch Umkehrung der Rechenoperationen (Abb. 5.6):

5.2.3.2 Lösen durch Äquivalenzumformung
Äquivalenzumformungen gehen mit der relationalen Grundvorstellung von Gleichungen einher. Als Darstellungsmodell bietet sich neben dem Waagemodell das Streckenmodell an. Solche Darstellungsmodelle haben den Vorteil, dass Lernende durch konkrete Handlungen Einsichten in mathematische Operationen gewinnen können. Das Modell hat mit dem dargestellten mathematischen Gegenstand bestimmte strukturelle Gemeinsamkeiten, die solche Einsichten ermöglichen. Da ein Darstellungsmodell den mathematischen Gegenstand aber auch vereinfacht, z. B. indem es bestimmte Eigenschaften nicht abbildet, treten die mathematischen Operationen einerseits deutlicher hervor, andererseits ist es aber

Abb. 5.7 Ikonische
Darstellung des
Ausbalancierens mit einer
Waage

auch zu einem späteren Zeitpunkt erforderlich, das Modell zugunsten der intendierten mathematischen Darstellungen fallen zu lassen.

a) **Das Waagemodell**

Beim Waagemodell wird das Lösen einer Gleichung als das Bestimmen eines x-Gewichts durch 1er-Gewichte erklärt. Die Grundidee ist es, die Waage im Gleichgewicht zu halten. Hierfür sind zwei Handlungen zulässig: das gleichzeitige Hinzufügen (oder Entnehmen) derselben Gewichte sowie das gleichzeitige Vervielfachen (oder Bündeln und Aufteilen) der Konfigurationen auf beiden Seiten. Die erste Handlung entspricht der Kürzungsregel der Addition (oder Subtraktion), die zweite der der Multiplikation (oder Division) (Abb. 5.7).

Beispiel

Finde heraus, wie viel Einheitsgewichte ein x-Gewicht wiegt. Du darfst hierfür Gewichte herunternehmen oder wieder hinzufügen. Dabei darf die Waage nicht aus dem Gleichgewicht geraten. ◀

In einer Studie hat Vlassis (2002) gezeigt, dass Lernende ihre enaktiven Handlungen an der Waage auf die symbolische Ebene und das Arbeiten mit Gleichungen übertragen können. Allerdings müssen auch die Grenzen des Modells beachtet werden. Zum Ersten kann nur das Arbeiten mit natürlichen Zahlen dargestellt werden, negative Zahlen können kaum sinnvoll im Modell abgebildet werden. Zum Zweiten geht beim Waagemodell mit dem Dividieren ein Bündeln und Entnehmen einher. Als Handlung ist das Dividieren dem Subtrahieren also sehr ähnlich. Zum Dritten muss die Lösung der Gleichung vorab bekannt sein, um in der Ausgangssituation das Gleichgewicht bei der Waage herstellen zu können.

Interaktive digitale Simulationen der Waagesituation sind eine Alternative zur – heute in der realen Welt kaum noch verwendeten – Balkenwaage (Abb. 5.8). Es ist eine offene Frage, inwieweit derartige Simulationen die reale enaktive Erfahrung des gleichzeitigen Entfernens von Gewichten auf beiden Seiten und damit die enaktive Basis von Äqui-

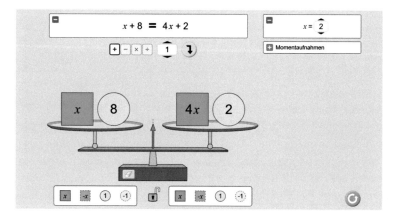

Abb. 5.8   Simulation einer Gleichungswaage der University of Colorado Boulder[10]

valenzumformung in gleicher Weise vermitteln können wie das reale Experimentieren. Im Bereich des funktionalen Denkens haben Lichti & Roth (2020) positive Effekt von Simulationen im Vergleich zu realen Experimenten empirisch nachgewiesen. Kritisch sind Simulationen zu sehen, wenn sie sich zu weit von der realen Situation entfernen. So drücken etwa im Fall von Abb. 5.8 „negative" Gewichte die Schale entgegen der Schwerkraft nach oben, Einzelgewichten wie etwa 8 kg lassen sich 2 kg entnehmen, ohne dass sich die angezeigte Größe der Gewichte ändert, oder die Entnahme von Gewichten wird durch mathematische Symbole gesteuert. Beim Arbeiten mit derartigen Simulationen sollten deshalb ausreichend Erfahrungen mit grundlegenden Handlungen des beidseitigen Entnehmens und Ausbalancierens vorhanden sein.

b) Das Streckenmodell

Bei einem Streckenvergleich werden beide Terme einer linearen Gleichung durch je eine Strecke repräsentiert, die sich aus den Variablen- und Zahlwerten zusammensetzen. Die Gleichheit beider Termwerte zeigt sich in der gleichen Länge der Strecken.

Beispiel

$4x + 13 = 3x + 21$

Die Lösung der Gleichung erhält man durch Wegstreichen von drei „x-Strecken". Daraus lässt sich die Lösung $x = 21 - 13 = 8$ unmittelbar ablesen (Abb. 5.9). ◄

Das Streckenmodell weist viele Analogien, aber auch Unterschiede zum Waagemodell auf. Der Streckenvergleich dient ebenso wie die Waage der Entwicklung der relationalen

---

[10] Gleichungswaage der University of Colorado Boulder: https://phet.colorado.edu/de/ (letzter Aufruf 21.05.2021).

Abb. 5.9 Das
Streckenmodell für die
Gleichung $4x + 13 = 3x + 21$

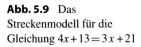

Grundvorstellung. Auch beim Streckenmodell lassen sich im Wesentlichen nur positive Werte darstellen. Eine Darstellung des Rechnens mit negativen Werten ist zwar möglich, erfordert aber eine Erweiterung des Streckenbegriffs auf orientierte Strecken bzw. Vektoren und ist deshalb für einen Zugang zum Verständnis des Gleichungslösens nicht geeignet.

Im Waagemodell ist jede Rechenoperation als Handlung zumindest vorstellbar, das nichtskalierte Streckenmodell knüpft dagegen an Darstellungen elementarer Operationen am Zahlenstrahl an, etwa wenn Differenzstrecken berechnet werden. Für das Streckenmodell spricht die einfache Verfügbarkeit dieser Veranschaulichung.

Mit Blick auf die möglichen Denkhandlungen stellen Waage- und Streckenmodell zwei unterschiedliche Sichtweisen von Äquivalenzumformungen dar. Im Waagemodell repräsentiert das Gleichgewicht die Wertegleichheit der beiden Teilterme der Gleichung, im Streckenmodell ist es die gleiche Länge beider Strecken. Das Ausbalancieren der Waage wird im Streckenmodell durch das Beachten der Längengleichheit ersetzt.

5.2.4 Verstehen im Kalkül

„Verstehen im Kalkül" (Kieran, 2006; Wolf, 2018) meint ein verständiges Umgehen mit Gleichungen auf der formalen oder symbolischen Ebene. Über das bloße Abarbeiten von Lösungsverfahren hinaus umfasst es eine ganze Reihe von Wissens- und Könnensaspekten sowie Fähigkeiten, wie das Schema in Abb. 5.10 illustriert (vgl. Block, 2016).

Diese Aspekte charakterisieren das *Verstehen im Kalkül* als eine komplexe Beziehung zwischen Wissen und Können sowie Fertigkeiten und Fähigkeiten, die beim Lösen einer Gleichung zusammenspielen müssen. Dem Verbalisieren kommt dabei in Beziehung zum (formalen) Darstellen sowohl beim individuellen Arbeiten als auch im Rahmen des Kommunizierens, etwa im Klassenunterricht, eine zentrale Bedeutung zu. So werden Handlungen beim Gleichungslösen verbalisiert, die im Allgemeinen nicht in der schriftlichen Dokumentation festgehalten werden. Das gilt insbesondere beim Begründen der Auswahl von Lösungsstrategien und -schritten, beim Aufzeigen von Alternativen und beim Reflektieren des Lösungswegs.

Beim *Verstehen im Kalkül* gilt es Wissen und Kompetenzen insbesondere in drei Bereichen zu entwickeln:

- **Wissensgrundlage aufbauen.** Es bedarf Kenntnisse über Verfahren und Strategien für die Lösung von Gleichungen und die Bedingungen für deren Anwendung. Dazu gehören insbesondere spezifische Kenntnisse über einzelne Gleichungstypen. Für quadratische Gleichungen sind dies beispielsweise neben geschlossenen Verfahren

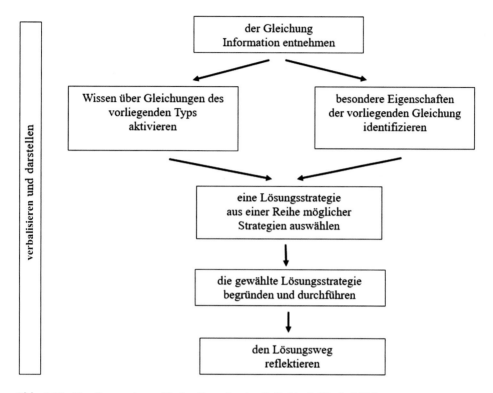

Abb. 5.10 Handlungsschema für das *Verstehen im Kalkül* (vgl. Block, 2016)

wie der „*p-q*-Formel" oder „*a-b-c*-Formel" auch Strategien wie die Anwendung des Satzes von Vieta, die quadratische Ergänzung oder die binomischen Formeln.

Beispiel

Das Wissen über die *a-b-c*-Formel umfasst die Kenntnis der Formel $x_{1/2} = \frac{-b \pm \sqrt{b^2 - 4ac}}{2a}$ und ihre Anwendbarkeit auf Gleichungen der Form $ax^2 + bx + c = 0$. Hinzu kommt auch das Wissen, dass das Vorzeichen der Wurzeldiskriminante $b^2 - 4ac$ über die Existenz von Lösungen entscheidet. Weiterhin gehören auch überblicksartige Einschätzungen dazu wie etwa: Haben a und c dasselbe Vorzeichen und sind sie im Vergleich zu b sehr groß, dann hat die Gleichung sehr wahrscheinlich keine Lösung.

- **Struktursinn entwickeln.** Dies ist die Fähigkeit, Teilterme eines algebraischen Ausdrucks semantisch oder syntaktisch so aufeinander beziehen zu können, dass Strategien für das weitere Arbeiten erkannt werden (vgl. Abschn. 3.3.1: Hoch & Dreyfus, 2006). Bei Gleichungen bedeutet Struktursinn darüber hinaus, dass das In-Beziehung-Setzen von Teiltermen für Terme auf beiden Seiten des Gleichheitszeichens erfolgt (Rüede, 2016). Beispielsweise kann bei der Gleichung

$$3(x + 4) = 2(x + 4) + 1$$

der Faktor 3 zunächst nur auf den unmittelbar folgenden Klammerausdruck bezogen werden. Eine Lösung der Gleichung beginnt dann mit dem Ausklammern. Der Faktor 3 kann aber auch auf den Faktor 2 auf der anderen Seite des Gleichheitszeichens bezogen werden, da jeweils derselbe Klammerterm $(x+4)$ folgt. In diesem Fall liegt als Lösungsansatz die Subtraktion von $2(x+4)$ auf beiden Seiten nahe.

Lösungsansätze für eine Gleichung ergeben sich, wenn diese einem bestimmten Typ und den damit assoziierten Lösungsverfahren zugeordnet werden können, also Struktursinn und Wissensgrundlagen einander unterstützen. Dabei muss die Möglichkeit einer solchen Zuordnung nicht notwendigerweise direkt abzulesen sein. Einsichten in Strukturen können sich auch erst im Verlauf einer Umformung ergeben. $x^3 + 2x^2 - 4x = 0$ ist zwar eine kubische Gleichung, durch Ausklammern des Teilterms x lässt sich aber das Lösungsverfahren für quadratische Gleichungen anwenden. Dies gilt auch für die Gleichung $\frac{2x}{x-2} = 4x + 5$, für die erkannt werden sollte, dass sich durch Multiplikation mit $x - 2$ eine quadratische Gleichung ergibt.

- **Flexibilität entwickeln.** Flexibilität zeigt sich in der Auswahl nicht nur geeigneter, sondern auch effizienter Verfahren oder Strategien, um eine Gleichung schnell und sicher zu lösen (Rittle-Johnson & Star, 2009; Block, 2016; Rüede, 2016). Voraussetzung ist die Fähigkeit, eine einzelne Gleichung auf verschiedene Weisen strukturieren zu können, sodass mehrere Lösungsansätze erkannt werden. Beispielsweise kann die Gleichung $4x^2 - 36 = 0$ als quadratische Gleichung angesehen werden, auf die die „a-b-c-Formel" anzuwenden ist. Ebenso kann sie aber auch als eine Gleichung mit einem binomischen Term identifiziert werden, dessen Faktorisierung ebenfalls zur Lösung führt. Schließlich kann die Gleichung auch durch elementare Äquivalenzumformungen gelöst werden:

Lösungsansatz 1: a-b-c-Formel	Lösungsansatz 2: Faktorisierung	Lösungsansatz 3: elementare Äquivalenzumformungen
$4x^2 - 36 = 0$ $x_{1/2} = \frac{0 \pm \sqrt{0^2 - 4 \cdot 4 \cdot (-36)}}{2 \cdot 4}$ $x_1 = \frac{\sqrt{(16 \cdot 36)}}{8} = 3$ bzw $x_2 = \frac{-\sqrt{(16 \cdot 36)}}{8} = -3$	$4x^2 - 36 = 0$ $(2x - 6)(2x + 6) = 0$ $x = 3 \vee x = -3$	$4x^2 - 36 = 0$ $4x^2 = 36$ $x^2 = 9$ $x = 3 \vee x = -3$

Zur Flexibilität gehört es, den Rechenaufwand für jeden Lösungsansatz abzuschätzen zu können. Im vorliegenden Beispiel tritt die „a-b-c-Formel" hinsichtlich Effizienz hinter die beiden anderen Ansätze zurück.

Verstehen im Kalkül ist somit als eine Wechselbeziehung zwischen dem Operieren mit Gleichungen auf der symbolischen Ebene und dem Wissen über Gleichungstypen und Lösungsverfahren anzusehen. Wissensgrundlage, Struktursinn und Flexibilität entwickeln sich einerseits beim formalen Arbeiten, beeinflussen aber ihrerseits auch wiederum die Art und Weise des Operierens mit Gleichungen. *Verstehen im Kalkül* ist somit eine Form des algebraischen Denkens (vgl. Abschn. 1.1.3).

5.2.5   Das Lösen von Ungleichungen verstehen

Ungleichungen wurden im Algebraunterricht bis Mitte der 1960er-Jahre kaum behandelt. Im Rahmen der damaligen „Strengewelle" wurde dann verschiedentlich ein verstärktes Einbeziehen von Ungleichungen gefordert. So empfahl Wäsche (1961, 1964) das Arbeiten mit Gleichungen frühzeitig durch Betrachtung entsprechender Ungleichungen zu ergänzen. Dafür sprachen im Wesentlichen folgende Gründe:

- Es wird die Anordnungsstruktur der zugrunde liegenden Zahlbereiche angesprochen, was zu einem vertieften Zahlverständnis führt.
- Es treten „normalerweise" mehrelementige Lösungsmengen auf. Bereits in der Arithmetik werden deshalb Beispiele betrachtet wie

$$\{x \in \mathbb{N} | 5 < x < 10\} = \{6, 7, 8, 9\}.$$

- Das Umgehen mit Ungleichungen ist eine Voraussetzung für Beweise in der Analysis. Eine Präzisierung des Analysisunterrichts kann so bereits in der Sekundarstufe I erforderliche Fähigkeiten vorbereiten.
- Ungleichungssysteme ermöglichen die Behandlung von Problemen der Optimierung, sie sind damit ein grundlegendes Hilfsmittel für einen wichtigen Typ von Anwendungen.

In der Praxis zeigten sich allerdings große Schwierigkeiten im Umgang mit Ungleichungen, etwa bei Bruchungleichungen. Die Komplexität der Beispiele wurde deshalb im Laufe der 1990er-Jahre erheblich reduziert. Im Wesentlichen sind es heute zwei Schwierigkeiten, die beim Umgang mit Ungleichungen auftreten:

a) das Multiplizieren von Ungleichungen mit negativen Zahlen.
   Hier lassen sich drei Fälle von steigendem Schwierigkeitsgrad unterscheiden:
   - Für zwei reelle Zahlen a und b gilt: $a < b$. Wenn a in $-a$ und b in $-b$ übergeht, dann lässt sich das am Zahlenstrahl durch eine Spiegelung am Nullpunkt veranschaulichen und es gilt: $-a > -b$. Die Größenbeziehung zwischen beiden Zahlen kehrt sich um (Abb. 5.11).
   - Wird die Menge der Zahlen $M_1 = \{x \in \mathbb{R} | x \geq 2\}$ am Nullpunkt des Zahlenstrahls gespiegelt, dann gilt für die „gespiegelte Menge" $M_2 = \{x \in \mathbb{R} | x \leq -2\}$. Die Umkehrung der Größenbeziehung bzgl. des Randwerts gilt hier für eine (unendliche) Mengen von Zahlen (Abb. 5.12).
   - Wenn bei der Ungleichung $\frac{1}{2}x + 1 < 3$ die Terme auf beiden Seiten mit -1 multipliziert werden, dann bedeutet das für die Graphen der beiden Funktionen mit $f(x) = \frac{1}{2}x + 1$ und $g(x) = 3$ im Koordinatensystem eine Spiegelung an der x-Achse. Für $x < 4$ gilt dann: $f(x) < g(x)$ sowie $-f(x) > -g(x)$. Hier gilt es zu erkennen, dass sich zwar die Größenbeziehung zwischen den Funktionswerten der beiden Terme umkehrt, die Lösungsmenge der Ungleichung allerdings unverändert bleibt (Abb. 5.13).

Abb. 5.11 Veranschaulichung der Veränderung der Lagebeziehung der beiden reellen Zahlen a und b bei der Multiplikation der Ungleichung $a < b$ mit -1

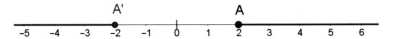

Abb 5.12 Veranschaulichung der Änderung der Lösungsmenge bei der Multiplikation der Ungleichung $x \geq 2$ mit -1

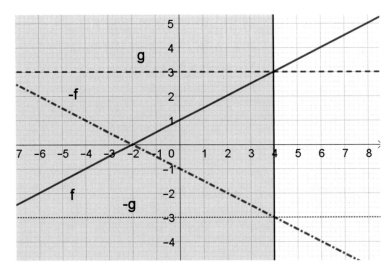

Abb. 5.13 Veranschaulichung der Ungleichungen $\frac{1}{2}x + 1 < 3$ sowie $-\left(\frac{1}{2}x + 1\right) > -3$

b) Wenn bei einer Ungleichung Beträge auftreten, dann können die Betragsstriche mithilfe einer Fallunterscheidung aufgelöst werden. Es muss dann allerdings der jeweilige Definitionsbereich der auftretenden Gleichungen beachtet werden. Die Schwierigkeit der Aufgabe liegt im richtigen Zuordnen der entsprechenden Lösungs- und Definitionsmengen.

Beispiel:

$$|2x - 3| < 5$$

wird ersetzt durch

$$\text{I}: \quad 2x - 3 < 5 \quad \text{für } x \geq \frac{3}{2}$$

und

$$\text{II}: \quad -(2x-3) < 5 \quad \text{für } x < \frac{3}{2}.$$

Damit erhält man

$$\text{I}: \quad x < 4 \text{ für } x \geq \frac{3}{2}$$

$$\text{II}: \quad x > -1 \text{ für } x < \frac{3}{2}.$$

Als Lösungsmenge erhält man $\mathbb{L} = \{\, x \in \mathbb{R} \mid -1 < x < 4 \}$.

5.3   Zentrale didaktische Handlungsfelder

Im vorangegangenen Abschnitt wurde erörtert, was es heißt, Gleichungen zu verstehen. Jetzt wird konkretisiert, *wie* ein solches Verstehen erreicht werden kann. Es werden zunächst Zugänge zur relationalen Sichtweise des Gleichheitszeichens aufgezeigt, die eine Voraussetzung für den Zugang zu Äquivalenzumformungen von Gleichungen sind. Dann werden Lösungsverfahren bei quadratischen Gleichungen thematisiert, um exemplarisch zu zeigen, wie Lernende Flexibilität im Umgang mit Lösungsverfahren erwerben können. Schließlich geht es um das Aufstellen und Interpretieren von Gleichungen im Zusammenhang mit inner- und außermathematischen Problemstellungen.

5.3.1   Die Identität als eine relationale Sichtweise des Gleichheitszeichens entwickeln

Ein Schritt zur Entwicklung einer relationalen Sichtweise des Gleichheitszeichens ist es, zwei Terme T_1 und T_2 als äquivalent zu erkennen. Hierfür gibt es verschiedene Möglichkeiten (vgl. Prediger, 2009): Zwei Terme sind für alle Belegungen mit denselben Variablen gleichwertig,

- wenn sie denselben Sachzusammenhang auf unterschiedliche Weisen beschreiben (Beschreibungsgleichheit);
- wenn sie für jede Kombination eingesetzter Zahlen denselben Zahlen- oder Termwert ergeben (Einsetzungsgleichheit);
- wenn sie sich durch Termumformungsregeln ineinander überführen lassen (Umformungsgleichheit).

Bei der *Beschreibungsgleichheit* stellen Lernende eine Beziehung zu grafischen Darstellungen oder Sachzusammenhängen her, um Gleichwertigkeit zu erkennen. Die Auf-

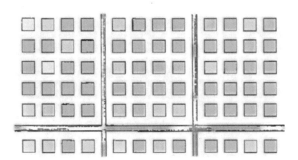

Abb. 5.14 Häuseranordnung (aus Mathewerkstatt 6, Prediger et al., 2013, S. 118): „Die Häuser einer Siedlung sehen von oben betrachtet etwa so aus wie in der Skizze. Maja und Jan zählen die Häuser unterschiedlich: Maja: ‚Es sind 3 Gruppen mit 20 Häusern und 3 Gruppen mit 4 Häusern.' Jan: ‚Es sind 6 Reihen mit 4 Häusern, und das Ganze kommt dreimal vor.'"

gabe „Häuser zählen" (Abb. 5.14) nutzt dazu als Sachzusammenhang die Beschreibung von Häusern einer Siedlung. Es schließt dazu an Aufgabenideen der Primarstufe an, ist aber auf einer höheren Komplexitätsebene angesetzt.

Die beiden unterschiedlichen Zählweisen im Beispiel können als gleichwertig erkannt werden, da sie auf dieselbe grafische Darstellung zurückgeführt werden können. Diese erinnert an Darstellungen der Multiplikation in der Primarstufe.

Ein Beispiel für die Entwicklung der relationalen Sichtweise unter der Perspektive der *Umformungsgleichheit* ist das Beispiel „Zahlterme vergleichen". Im Gegensatz zu Aufgaben zur Beschreibungsgleichheit werden verschiedene Terme auf Gleichheit untersucht, indem sie auf gleiche Zahlenwerte zurückgeführt werden. Die Beispielaufgabe bereitet dies vor, indem unterschiedliche, aber wertgleiche Zahlterme durch „Verstecken" erzeugt werden. Dieses Verstecken nennt Steinweg „wirkungslose Variation" (2013, S. 101 ff.). Kieran (1981, S. 319) spricht von einem „anderen Namen" für den Zahlenwert.

Beispiel: Zahlterme vergleichen

Nimm die Zahl 2000 und „verstecke" sie auf verschiedene Arten

	2000	2000	2000
einfach versteckt	$10.000 : 5$	$1357 + 643$	$8 \cdot 250$
doppelt versteckt	$(4 \cdot 2500) : 5$	$1357 + (1929 : 3)$	...
dreifach versteckt	$(4 \cdot 2500) : (12 - 7)$	...	

◀

Die im Beispiel auftretenden Terme in den jeweiligen Spalten können aufgrund ihrer Wertgleichheit gleichgesetzt werden. Bei diesen Gleichungen entwickelt sich die relationale Sichtweise aus der operationalen Sichtweise des Gleichheitszeichens, da Terme anhand ihres Rechenergebnisses verglichen werden.

Die Methode der „wirkungslosen Variation" lässt sich auch bei Termen mit Variablen in der Sekundarstufe I anwenden, indem äquivalente Terme mit wachsender Komplexität gebildet werden. Ein Beispiel dafür ist die Aufgabe „Zahlen verpacken und auspacken" (Abb. 5.15). Auf das „Einpacken" oder „Verstecken" von Zahlen folgt das „Auspacken", also das Vereinfachen von Gleichungen durch Äquivalenzumformungen.

Beispiel: Gleichungen aufstellen durch „Verpacken und Auspacken" von Zahlen

In der abgebildeten Lernumgebung (Abb. 5.15) werden verschiedene „Verpackungen" dargestellt (Teile 4 und 5). Dann sollen Zahlen ausgepackt werden (5c). Im Anschluss an diese Aufgabe können Lernende aufgefordert werden, selbst Zahlen zu verpacken. In der Aufgabe werden verschiedene Äquivalenzumformungen vorgegeben (linke Seite), die Lernende benutzen können. Die relationale Sichtweise des Gleichheitszeichens wird hier als das gleiche Ändern der zwei Terme auf beiden Seiten des Gleichheitszeichens erfahren. Das wird auch dadurch deutlich, dass die vorgegebenen Umformungsregeln 1–6 explizit das Ändern „beider" Terme betonen. ◄

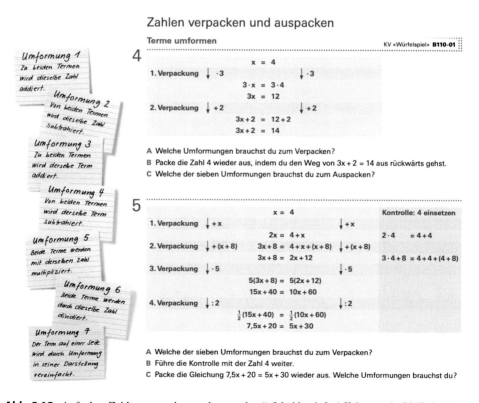

Abb. 5.15 Aufgabe „Zahlen verpacken und auspacken" (Mathbuch 2, Affolter et al., 2017, S. 27)

Abb. 5.16 Fläche als
Ausgangspunkt zum Aufstellen
von Termen

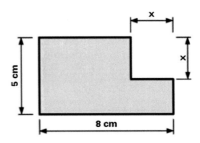

Um ein tieferes Verständnis von Äquivalenz und der relationalen Sichtweise des Gleichheitszeichens aufzubauen, werden im folgenden Beispiel alle drei Möglichkeiten des Nachweises von Äquivalenz miteinander verbunden und explizit in einer Aufgabe angesprochen.

Beispiel

Birek gibt zwei verschiedene Terme an, mit denen man den Flächeninhalt der Figur (Abb. 5.16) berechnen kann:

$$40 - x^2 \text{ und } 8 \cdot (5 - x) + x \cdot (8 - x).$$

Warum ist $40 - x^2 = 8 \cdot (5 - x) + x \cdot (8 - x)$?
Gib drei möglichst verschiedene Begründungen an! ◄

Die drei möglichen Begründungen, die Lernende in der Beispielaufgabe finden können, beziehen sich auf *Einsetzungs-, Umformungs- und Beschreibungsgleichheit*. Im Hinblick auf die *Beschreibungsgleichheit* können Lernende begründen, dass mit beiden Termen der Flächeninhalt der Figur berechnet werden kann, wozu die Figur zerlegt oder ergänzt werden kann. Im Hinblick auf *Einsetzungsgleichheit* kann mithilfe einer Tabelle argumentiert werden, dass beide Terme stets denselben Zahlenwert annehmen, wenn für die Variable x derselbe Wert eingesetzt wird. Schließlich können Lernende im Hinblick auf *Umformungsgleichheit* begründen, dass der eine Term mittels geeigneter Termumformungen in den anderen überführt werden kann.

5.3.2 Äquivalenzumformungen von Gleichungen anbahnen

Dieser Abschnitt befasst sich mit Äquivalenzumformungen als Lösungsverfahren für Gleichungen. Ein erster Zugang für Lernende zu Äquivalenzumformungen greift die operationale Sichtweise des Gleichheitszeichens auf und erweitert diese durch die relationale Sichtweise. Das Gleichungslösen wird dann mit Handlungen am Zahlenstrahl verknüpft. Ein zweiter Zugang repräsentiert Äquivalenzumformungen am Waagemodell. Ein dritter Zugang erfolgt über das Streckenmodell.

5.3.2.1 Operationen am Zahlenstrahl im Kontext von Zahlenrätseln

Der Zahlenstrahl ist ein Modell, welches das Lösen von Gleichungen als Handlungen am Zahlenstrahl darstellt, wobei Handlungen am Zahlenstrahl aus der Grundschule vertraut sind. Der Zahlenstrahl eignet sich etwa zur Darstellung von Zahlenrätseln. Zahlenrätsel fordern zum Finden einer gedachten Zahl auf, d. h., ein Zahlenrätsel ist die sprachliche Umschreibung eines Zahlwerts. Zwei Situationen sind dabei zu unterscheiden. Das Beispiel „Zahlenrätsel I" zeigt den Fall, bei dem die unbekannte Zahl nur auf einer Seite des Gleichheitszeichens erscheint. Herausfordernder ist das Beispiel „Zahlenrätsel II", bei dem die unbekannte Zahl auf beiden Seiten des Gleichheitszeichens vorkommt.

Beispiel: Zahlenrätsel I

„Ich denke mir eine Zahl,
deren Dreifaches um 4 vergrößert 19 ergibt.
Wie lautet die gedachte Zahl?" ◄

Als Gleichung geschrieben lautet das Zahlenrätsel $3 \cdot x + 4 = 19$, die unbekannte Zahl ist Teil einer Rechenaufgabe, deren Ergebnis 19 ist. Das Rätsel kann durch Operationsumkehr gelöst werden. Hierzu reicht die operationale Grundvorstellung einer Gleichung aus. Die folgende Abb. 5.17 veranschaulicht die Lösung am Zahlenstrahl:

Das „Zahlenrätsel II" ist durch einfache Operationsumkehr nicht mehr lösbar:

Beispiel: Zahlenrätsel II

„Ich denke mir eine Zahl,
deren Fünffaches um 4 vergrößert gleich
dem um 8 vergrößerten Dreifachen der Zahl ist.
Wie lautet die Zahl?" ◄

Als Gleichung geschrieben ergibt sich $5 \cdot x + 4 = 3 \cdot x + 8$. Zahlenrätsel dieser Form erfordern die relationale Grundvorstellung einer Gleichung. Auch hier kann die Lösung dieser Gleichung durch Handlungen am Zahlenstrahl dargestellt werden (Abb. 5.18). Anders als der Zahlenstrahl in Abb. 5.17 ist dieser hier nicht skaliert, denn die jeweiligen Zahlenwerte des linken bzw. rechten Terms sind zunächst unbekannt. Der Zahlenstrahl verdeutlicht hier vor allem, dass die Rechenoperationen an beiden Termen – eine oberhalb, eine unterhalb des Zahlenstrahls – so erfolgen, dass beide Terme sich in gleicher

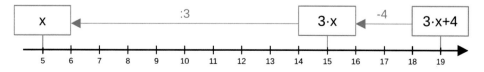

Abb. 5.17 Lösung der Gleichung $3 \cdot x + 4 = 19$ am Zahlenstrahl

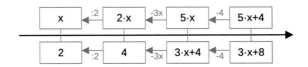

Abb. 5.18 Äquivalenzumformungen am Zahlenstrahl

Weise auf dem Zahlenstrahl bewegen. Dabei bleibt die Wertegleichheit der Terme, dargestellt als vertikale Verbindungslinie, erhalten. Der Zahlenstrahl ist hier also eine qualitative Veranschaulichung der Äquivalenzumformungen, die unmittelbar an die Operationsumkehr anschließt.

Die Grenzen dieses Modells sind erreicht, wenn etwa für negative Lösungswerte die Bewegungsrichtung auf dem Zahlenstrahl in die falsche Richtung geht. Das Zahlenstrahlmodell ist aber insofern interessant, als es für das Lösen durch Operationsumkehr und das Lösen durch elementare Äquivalenzumformungen eine analoge Visualisierungsform anbietet. Außerdem knüpft das Modell an die Aufgabe „Zahlen verpacken und auspacken" (Abb. 5.15) an, denn in beiden Fällen wird das „gleiche Handeln" mit zwei Termen in den Vordergrund gestellt.

5.3.2.2 Das Waagemodell

Ein zentrales Ziel der Arbeit mit Veranschaulichungsmodellen ist es, zur formelsprachlichen Darstellung und zu formalen Äquivalenzumformungen fortzuschreiten. Abb. 5.18 zeigt eine Kombination von Bewegungen auf dem Zahlenstrahl und den zugehörigen Rechenoperationen. In Abb. 5.19 wird die ikonische Darstellung der Handlungen an der Waage im Sinne des *Prinzips der fortschreitenden Schematisierung* (vgl. Abschn. 2.3.3) mit der symbolischen Darstellung vernetzt. Die Handlung des beidseitigen Entnehmens bleibt auch in der formalen Darstellung sichtbar, sodass hier die Kürzungsregeln der Addition und Multiplikation veranschaulicht werden. Zugleich sind die Handlungen als Rechenoperationen durch Pfeile repräsentiert, und zu jedem Waagebild wird die zugehörige Gleichung in symbolischer Form angegeben. Die ikonische Darstellung der Gleichung wird so mit ihrer symbolischen Darstellung verknüpft. Nachdem dann die Ablösung vom Waagemodell erfolgt ist, können Lernende auch mit negativen Zahlen als Lösungen von Gleichungen umgehen, wie der untere Teil der Abbildung illustriert.

Der nächste Schritt der Schematisierung ist es dann, Umformungen auf beiden Seiten bei der jeweiligen Gleichung zu kennzeichnen und die Äquivalenz aufeinanderfolgender Gleichungen explizit durch einen Äquivalenzpfeil auszudrücken[11]:

---

[11] Dessen Verwendung ist zumindest zu Beginn des Lernprozesses zur Verdeutlichung von Äquivalenzumformungen sinnvoll.

Abb. 5.19 Waagemodell
verknüpft mit symbolischer
Darstellung (nach Mathe live
8, Böer et al., 2014, S. 154)

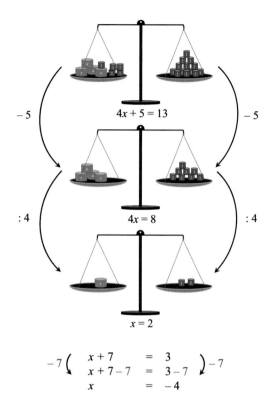

$$-5 \left(\quad 4x + 5 = 13 \quad \right) -5$$

$$:4 \left(\quad 4x = 8 \quad \right) :4$$

$$x = 2$$

$$-7 \left(\begin{array}{rcl} x + 7 & = & 3 \\ x + 7 - 7 & = & 3 - 7 \\ x & = & -4 \end{array} \right) -7$$

$$
\begin{array}{rcll}
5x + 8 & = & 3x - 4 & \mid -8 \\
\Leftrightarrow \quad 5x & = & 3x - 12 & \mid -3x \\
\Leftrightarrow \quad 2x & = & -12 & \mid :2 \\
\Leftrightarrow \quad x & = & -6 &
\end{array}
$$

Der Äquivalenzpfeil kann beim zeilenweisen Aufschreiben der Gleichungen auch weggelassen und durch die „lediglich" gesprochene Form „ist äquivalent zu" ersetzt werden.
Gerade am Beginn des Arbeitens mit Äquivalenzumformungen ist das wichtig, um die
dahinterliegende Bedeutung zu reflektieren.

5.3.2.3 Elementare Äquivalenzumformungen mit einem Computeralgebrasystem üben

Computeralgebrasysteme (CAS) lösen (viele) Gleichungen symbolisch und numerisch. Die
Gleichung in Abb. 5.20 lässt sich durch Anwendung des „Löse-Befehls" in einem Schritt
lösen. Das CAS ist in dieser Funktion ein *Werkzeug* zum Lösen von Gleichungen. Ein CAS
lässt sich aber auch als *Lehr-Lern-System* verwenden, indem Äquivalenzumformungen
schrittweise ausgeführt und für Lernende nachvollziehbar dargestellt werden. Hierzu

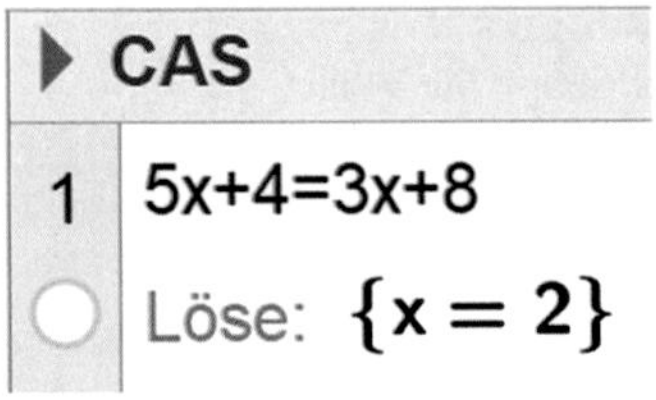

Abb. 5.20 Einschrittlösung einer Gleichung mit einem CAS

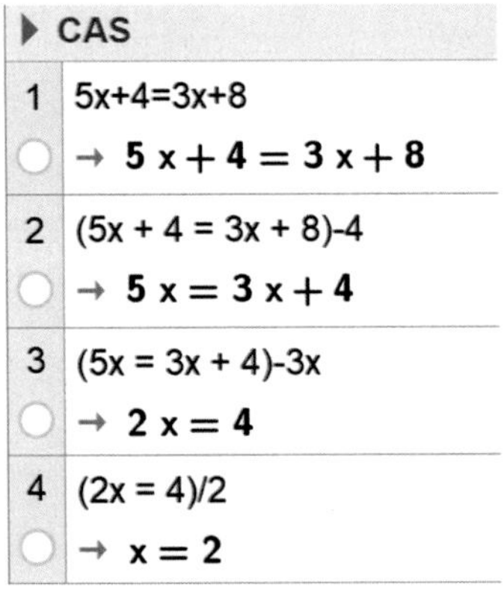

▶ **CAS**

1 | 5x+4=3x+8
○ | Löse: $\{x = 2\}$

Abb. 5.21 Schrittweise durchgeführte Äquivalenzumformungen

▶ CAS

1 | 5x+4=3x+8
○ | → $5x + 4 = 3x + 8$
2 | (5x + 4 = 3x + 8)-4
○ | → $5x = 3x + 4$
3 | (5x = 3x + 4)-3x
○ | → $2x = 4$
4 | (2x = 4)/2
○ | → $x = 2$

werden Rechenoperationen auf eine Gleichung als Ganzes angewendet (Abb. 5.21). Ein Nachteil ist, dass die bei vielen CAS verwendete Befehlsnotation mit der Klammersetzung nicht mit der mathematischen Konvention übereinstimmt.

Die Klammersetzung verdeutlicht, dass sich die Rechenoperationen der Äquivalenzumformung auf die Gleichung als Ganzes beziehen. Insofern schließt diese Darstellung an die Idee des gleichen Handelns mit den beiden Termen an, die schon in der Aufgabe „Zahlen verpacken und auspacken" im Mittelpunkt stand (Abb. 5.15).

Das *digitale Assessmentsystem* STACK (Sangwin, 2013) kann das Üben von Äquivalenzumformungen unterstützen, da es Aufgaben eines spezifischen Typs automatisch erzeugen und auf Fehler bezogene Rückmeldungen geben kann. Zur Auswertung der Lösungen der Lernenden nutzt STACK ein zugrunde liegendes CAS. Lernenden wird vom System eine Rückmeldung zu ihren Lösungen gegeben. Eine solche Rückmeldung kann etwa einzelne Umformungsschritte unmittelbar bei Eingabe bestätigen (Abb. 5.22) oder fehlerhafte Umformungsschritte markieren (Abb. 5.23). Es ist aber auch eine gestufte Rückmeldung über die Aufgabenlösung als Ganzes möglich, wobei Fehler aufgedeckt und Denkanstöße für eine erneute Bearbeitung gegeben werden (Pinkernell et al., 2020).

Digitale Assistenzsysteme wie STACK erlauben Lernenden auch das selbstgesteuerte Üben des Gleichungslösens. Das System kann so lange Aufgaben eines bestimmten Typs erzeugen, bis Lernende diese Aufgaben korrekt umformen können. Allerdings

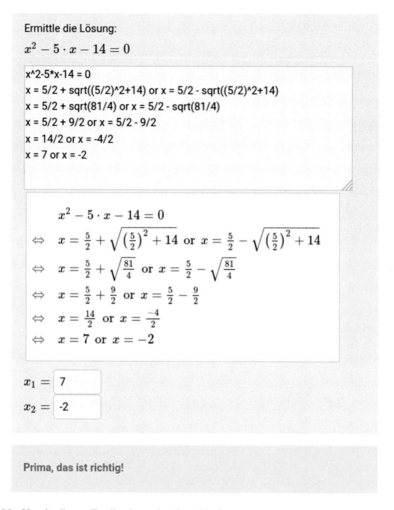

Abb. 5.22 Unmittelbares Feedback zu einzelnen Umformungsschritten mittels STACK

müssen Lernende die Computersprache des Systems beherrschen. Wie die Eingabemaske in Abb. 5.22 zeigt, liegt in der Kommunikation mit dem System eine nicht zu unterschätzende Schwierigkeit, auch wenn wie bei STACK dem Lernenden eine „Übersetzung" in die konventionelle Symbolsprache zur Kontrolle vorgelegt wird.

Inwieweit oder ob Lernende in Zeiten der allgegenwärtigen Verfügbarkeit von CAS noch Gleichungen mit Papier und Bleistift lösen können sollten, muss im Zusammenhang mit den *Zielen* gesehen werden, die mit der geforderten Aktivität einhergehen. Zentral und wichtig bleibt auf jeden Fall die Fähigkeit, Gleichungen aufstellen und in ein CAS eingeben zu können, Umformungsbefehle auswählen sowie von einem CAS angezeigte Lösungen interpretieren und hinterfragen zu können. Zur Entwicklung dieser

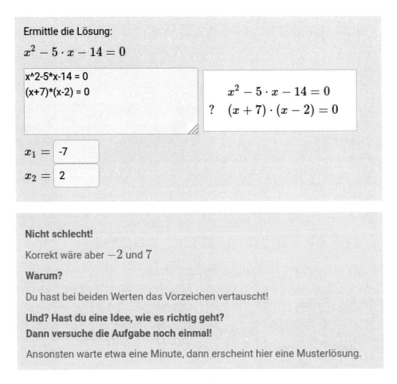

Abb. 5.23 Anzeigen von fehlerhaften Umformungen durch ein gestuftes Feedback mit STACK (Pinkernell et al., 2020)

Fähigkeiten ist es nach dem gegenwärtigen Forschungsstand vor allem zu Beginn der jeweiligen Lernprozesse wichtig, dass Lernende den Lösungsprozess bei linearen und quadratischen Gleichungen an grundlegenden Beispielen händisch durchführen, um gründlich über einzelne Rechenschritte in einer individuell passenden Geschwindigkeit nachdenken zu können (vgl. Arcavi et al., 2017, S. 106 ff.).

5.3.3 Verstehen im Kalkül anbahnen

Eine Gleichung zu lösen heißt Werte zu bestimmen, für die die Gleichung eine wahre Aussage ist. Mit geometrischen, numerischen und algebraischen Verfahren steht eine große Bandbreite an Lösungsverfahren zur Verfügung, die je nach Anforderung exakte Lösungen oder Näherungslösungen liefern können (vgl. Abschn. 5.1.7). Das Verstehen des Gleichungslösens zeigt sich dabei in einem situationsangemessenen und flexiblen Umgang mit dieser Vielfalt an Darstellungsmöglichkeiten und Lösungsstrategien.

In den folgenden Abschnitten werden Gleichungslöseverfahren und -strategien exemplarisch anhand des Lösens von quadratischen Gleichungen konkretisiert. So soll aufgezeigt werden, wie Lernende den flexiblen Umgang mit Lösungsverfahren lernen können.

5.3.3.1 Vielfalt anbahnen als Wissensgrundlage des Verstehens im Kalkül

Quadratische Gleichungen lassen sich durch grafische, numerische und algebraische Verfahren lösen. Welches Verfahren jeweils passend ist, hängt von der Struktur der gegebenen Gleichung, von der erforderlichen Genauigkeit und vom Vorwissen der Lernenden ab. Beispielsweise ist es bezüglich der Beziehung zwischen quadratischen Gleichungen und quadratischen Funktionen wichtig zu wissen, ob den Lernenden Graphen von quadratischen Funktionen bei der Behandlung von quadratischen Gleichungen bekannt sind.

a) *Lösen durch Bestimmen der Nullstellen am Graphen (grafisches Lösungsverfahren)*
Aus der Betrachtung der Graphen quadratischer Funktionen mit $f(x) = x^2 + px + q$, $p, q \in \mathbb{R}$, also der entsprechenden Parabeln, ist unmittelbar ersichtlich, dass es für die Lösungsmenge der Gleichung $x^2 + px + q = 0$ drei Möglichkeiten gibt (Abb. 5.24):

Mithilfe der Graphen von Funktionen lassen sich Nullstellen im Allgemeinen hinreichend genau numerisch bestimmen.

Beispiel

Für die Funktion mit $f(x) = \frac{1}{2}x^2 - 3x + 1$ erhält man den Graphen von Abb. 5.25.

Aus dem Graphen lassen sich die beiden Nullstellen und damit die Lösungen der Gleichung $\frac{1}{2}x^2 - 3x + 1 = 0$ zumindest auf zwei Nachkommastellen genau ablesen: $x = 0{,}35$ und $x = 5{,}65$ (Abb. 5.25 und 5.26). Eine solche Genauigkeit reicht im Allgemeinen für Anwendungsaufgaben aus. ◄

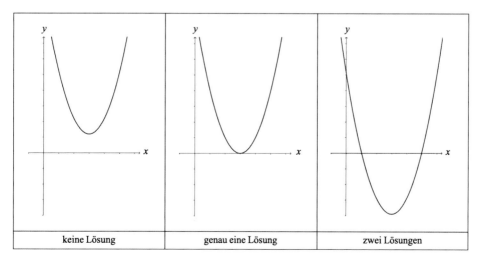

| keine Lösung | genau eine Lösung | zwei Lösungen |

Abb. 5.24 Anzahl der Lösungen der Gleichung $x^2 + px + q = 0$ in Abhängigkeit der Parameter p und q

Abb. 5.25 Graph
der Funktion mit
$f(x) = \frac{1}{2}x^2 - 3x + 1$

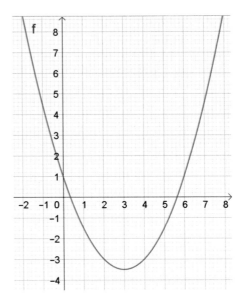

Abb. 5.26 Vergrößerung der
Umgebung um die Nullstelle
im Intervall [5, 6]

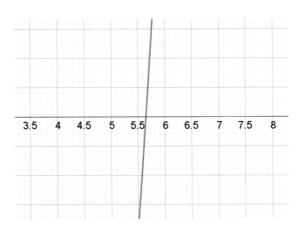

Das grafische Lösen von Gleichungen ist insofern von besonderer Bedeutung, als es
weitgehend auf Graphen beliebiger Funktionen angewendet werden kann und somit insbesondere bei Anwendungsaufgaben Lösungen von Gleichungen liefert.

b) *Numerisches Lösen durch Aufstellen einer sukzessiv kleinschrittigeren Tabelle*

Beispiel:

$\frac{1}{2}x^2 - 3x + 1 = 0$. Ausgehend von einer Wertetabelle etwa mit ganzzahligen x-Werten
(siehe Abb. 5.27) wird bei einem Vorzeichenwechsel der y-Werte die Schrittweite der
x-Werte verkleinert. ◄

Abb. 5.27 Schrittweises numerisches Lösen der Gleichung $\frac{1}{2}x^2 - 3x + 1 = 0$

	A	B	C	D	E	F	G	H	I
1	x	y		x	y		x	y	
2	-3	14.5		0	1		0.3	0.145	
3	-2	9		0.1	0.705		0.31	0.1181	
4	-1	4.5		0.2	0.42		0.32	0.0912	
5	0	1		0.3	0.145		0.33	0.0645	
6	1	-1.5		0.4	-0.12		0.34	0.0378	
7	2	-3		0.5	-0.375		0.35	0.0112	
8	3	-3.5		0.6	-0.62		0.36	-0.0152	
9	4	-3		0.7	-0.855		0.37	-0.0416	
10	5	-1.5		0.8	-1.08		0.38	-0.0678	
11	6	1		0.9	-1.295		0.39	-0.094	
12	7	4.5		1	-1.5		0.4	-0.12	

iii) *Algebraische Lösungsverfahren*

Je nach Struktur der gegebenen Gleichung bieten sich verschiedene Verfahren an:

- Lösen durch Ausklammern
  Beispiel: $x^2 + 3x = 0 \quad \Leftrightarrow \quad x \cdot (x + 3) = 0 \quad \Leftrightarrow \quad x = 0 \quad \vee \quad x = -3$
- Lösen mithilfe der binomischen Formeln
  Beispiel: $x^2 + 8x + 16 = 0 \quad \Leftrightarrow \quad (x + 4)^2 = 0 \quad \Leftrightarrow \quad x = -4$
- Lösen durch Faktorisieren
  Beispiel: $x^2 - 7x + 12 = 0 \quad \Leftrightarrow \quad (x - 3)(x - 4) = 0 \quad \Leftrightarrow \quad x = 3 \quad \vee \quad x = 4$
- Lösen durch quadratische Ergänzung und Anwenden der binomischen Formeln

$$x^2 - 2x - 3 = 0 \quad \Leftrightarrow \quad x^2 - 2x + 1 = 4 \quad \Leftrightarrow \quad (x - 1)^2 = 4$$

$$\Leftrightarrow |x - 1| = 2 \quad \Leftrightarrow \quad x - 1 = 2 \vee x - 1 = -2 \quad \Leftrightarrow \quad x = 3 \quad \vee \quad x = -1$$

- Eine Lösungsformel für quadratische Gleichungen
  Das Lösen von quadratischen Gleichungen durch quadratische Ergänzung lässt sich auf den allgemeinen Fall des Lösens einer quadratischen Gleichung und damit auf eine allgemeine Lösungsformel übertragen:

$$x^2 + px + q = 0,\ p, q \in \mathbb{R} \qquad |-q$$

$$x^2 + px = -q \qquad \qquad \left|+\frac{p^2}{4}\right.$$

$$x^2 + px + \frac{p^2}{4} = \frac{p^2}{4} - q \qquad |\ \text{binomische Formel}$$

$$\left(x + \frac{p}{2}\right)^2 = \frac{p^2}{4} - q.$$

Für $\frac{p^2}{4} - q \geq 0$ gilt

$$\left| x + \frac{p}{2} \right| = \sqrt{\frac{p^2}{4} - q}.$$

Daraus folgt

$$x + \frac{p}{2} = \sqrt{\frac{p^2}{4} - q} \quad \vee \quad x + \frac{p}{2} = -\sqrt{\frac{p^2}{4} - q},$$

also

$$x = -\frac{p}{2} + \sqrt{\frac{p^2}{4} - q} \quad \vee \quad x = -\frac{p}{2} - \sqrt{\frac{p^2}{4} - q} \quad . \; (*)$$

Damit lässt sich etwa die quadratische Gleichung $x^2 - 3x - 1 = 0$ exakt lösen:

$$x_1 = \frac{3 + \sqrt{13}}{2} \quad \text{und} \quad x_2 = \frac{3 - \sqrt{13}}{2}.$$

Die Lösungsformel lässt sich auf die Gleichung $a\,x^2 + b\,x + c = 0$, $a, b, c \in \mathbb{R}$, $a \neq 0$, übertragen. Man erhält die beiden Lösungen:

$$x_1 = \frac{-b + \sqrt{b^2 - 4ac}}{2a} \quad \text{und} \quad x_2 = \frac{-b - \sqrt{b^2 - 4ac}}{2a} \quad . \; (**)$$

Anhand der *Diskriminante* $D = \frac{p^2}{4} - q$ (*) bzw. $D = b^2 - 4ac$ (**) lässt sich die Anzahl der Lösungen der quadratischen Gleichung erkennen, für $D > 0$ existieren zwei Lösungen, für $D = 0$ existiert eine Lösung und für $D < 0$ gibt es keine Lösung.

Für die Lösung einer quadratischen Gleichung steht also eine Vielzahl an Strategien und Verfahren zur Verfügung, die in ihrer Gesamtheit als Werkzeugkasten zu sehen sind, aus denen Lernende situationsangemessen auswählen können. Damit rückt die Problematik in den Blick, was denn unter „situationsangemessen" zu verstehen ist und wie Lernende in der situationsangemessenen Auswahl eines Lösungsverfahrens unterstützt werden können.

5.3.3.2 Flexibilität anbahnen

Verstehen im Kalkül bedeutet auch, aus der Vielfalt der Lösungsverfahren ein passendes Verfahren situationsangemessen und mit Blick auf eine effiziente Lösung auswählen zu können, also *strategische Flexibilität* zu besitzen. Diese kann nach dem Aufbau einer notwendigen Wissensgrundlage gefördert werden, indem der Blick der Lernenden für Situationsangemessenheit und Effizienz entwickelt wird.

Unterrichtliche Ansätze zur Förderung strategischer Flexibilität lassen sich – grob – in zwei Zugänge unterscheiden. Zum einen können Lernende zunächst verschiedene Lösungsverfahren in Form eines darbietenden oder informierenden Unterrichtens kennenlernen und diese dann eigenständig anwenden. Zum anderen können Eigenaktivität der Lernenden und entdeckendes Lernen von Beginn an stärker im Vordergrund stehen.

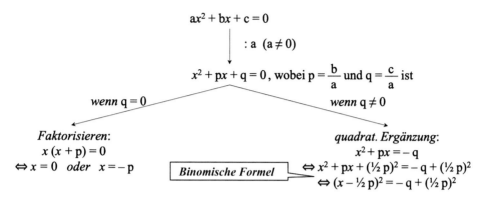

$$ax^2 + bx + c = 0$$

$$\downarrow \quad : a \ (a \neq 0)$$

$$x^2 + px + q = 0, \text{ wobei } p = \frac{b}{a} \text{ und } q = \frac{c}{a} \text{ ist}$$

wenn q = 0   *wenn q ≠ 0*

Faktorisieren:
$$x\,(x + p) = 0$$
$$\Leftrightarrow x = 0 \quad oder \quad x = -p$$

Binomische Formel

quadrat. Ergänzung:
$$x^2 + px = -q$$
$$\Leftrightarrow x^2 + px + (\tfrac{1}{2}p)^2 = -q + (\tfrac{1}{2}p)^2$$
$$\Leftrightarrow (x - \tfrac{1}{2}p)^2 = -q + (\tfrac{1}{2}p)^2$$

Abb. 5.28 Lösung quadratischer Gleichungen (nach Elemente der Mathematik 8, Griesel et al., 2010, S. 195)

Darbietende Einführung von strategischer Flexibilität

In vielen Lehrbüchern wird Lernenden die Auswahl von Lösungsverfahren anhand von Lösungsbeispielen verdeutlicht. Die zugrunde liegende Idee ist es dabei, dass Lernende die Entscheidungsprozesse für oder gegen bestimmte Verfahren nachvollziehen (s. Abb. 5.28).

Dieser Zugang lässt sich auch mit einer Übersicht verbinden, wie Gleichungen unterschiedlicher Form mit verschiedenen Ansätzen gelöst werden können.

	Nullwerden eines Produkts	**Beidseitiges Wurzelziehen**
Gleichungen der Form $x^2 + c = 0, c \in \mathbb{R}, c \neq 0$	$x^2 - 3 = 0$ $\left(x - \sqrt{3}\right)\left(x + \sqrt{3}\right) = 0$ $x - \sqrt{3} = 0 \lor x + \sqrt{3} = 0$ $x = \sqrt{3} \lor x = -\sqrt{3}$	$x^2 - 3 = 0$ $x^2 = 3$ $x = \sqrt{3} \lor x = -\sqrt{3}$
Gleichungen der Form $x^2 + b \cdot x = 0, b \in \mathbb{R}, b \neq 0$	$x^2 + 2x = 0$ $x \cdot (x + 2) = 0$ $x = 0 \lor x + 2 = 0$ $x = 0 \lor x = -2$	$x^2 + 2x = 0$ $x^2 + 2x + 1 = 1$ $(x + 1)^2 = 1$ $x + 1 = 1 \lor x + 1 = -1$ $x = 0 \lor x = -2$
Gleichungen der Form $x^2 + b \cdot x + c = 0, b, c \in \mathbb{R}, c \neq 0$	$x^2 - 2x - 3 = 0$ $x^2 - 2x + 1 = 4$ $(x - 1)^2 = 4$ $(x - 1)^2 - 2^2 = 0$ $((x - 1) + 2)\,((x - 1) - 2) = 0$ $(x + 1)(x - 3) = 0$ $x = -1 \lor x = 3$	$x^2 - 2x - 3 = 0$ $x^2 - 2x + 1 = 4$ $(x - 1)^2 = 4$ $x - 1 = 2 \lor x - 1 = -2$ $x = 3 \lor x = -1$

Eine solche Übersicht kann Lernenden helfen, Verfahren miteinander zu vergleichen. Welches Verfahren im Unterricht bevorzugt wird, hängt von der Einbettung dieser Strategien in den Unterrichtsgang zu quadratischen Gleichungen ab.

Entdeckende Zugänge zur strategischen Flexibilität

Bei einem entdeckenden Zugang zu algebraischen Verfahren des Gleichungslösens kann schon von Beginn an dazu angeregt werden, eigenständig über mögliche Lösungsverfahren nachzudenken und Zusammenhänge zu erkennen. Bei dem folgenden Beispiel sollen Lernende den Satz von Vieta als Lösungsansatz für quadratische Gleichungen entdecken und formulieren.

Beispiel

(nach MatheNetz 8: Kalenberg et al., 2000, S. 150)
1. Löse jede Gleichung grafisch oder durch systematisches Ausprobieren. Kannst du einen Zusammenhang zwischen den Lösungen der Gleichung und ihren Koeffizienten erkennen? Formuliere eine Vermutung!

$x^2 - 7x + 10 = 0$	$x^2 - 11x + 10 = 0$	$x^2 - 3x - 10 = 0$	$x^2 + 9x - 10 = 0$
$x^2 + 7x + 10 = 0$	$x^2 + 11x + 10 = 0$	$x^2 + 3x - 10 = 0$	$x^2 - 9x - 10 = 0$

2. Zeige: $(x - a)(x - b) = x^2 - (a + b)x + ab$. Begründe so deine Vermutung aus 1. ◄

Die Aufgabe initiiert anhand geeigneter Beispiele die Suche nach dem Zusammenhang zwischen den Lösungen a und b und den Koeffizienten p und q quadratischer Gleichungen der Form $x^2 + p \cdot x + q = 0$. Analog zu diesem Zweischritt aus Explorieren und Verifizieren lassen sich entdeckende Zugänge auch zu anderen algebraischen Verfahren formulieren, etwa zu den verschiedenen Sonderfällen des beidseitigen Wurzelziehens oder dem Umformen zu einem Nullprodukt.

Im weiteren Unterrichtsgang zur Entwicklung der strategischen Flexibilität gilt es, dass Lernende eigenständig Situationsangemessenheit und Effizienz in Betracht ziehen. In der folgenden Übungsaufgabe (Abb. 5.29) ist eine Tabelle mit Lösungsverfahren gegeben. Die Lernenden sollen dann Verfahren vergleichen (Teilaufgabe b), um anschließend gezielt passende Verfahren auswählen und weitere Gleichungen lösen zu können (Teilaufgabe c), vgl. Abb. 5.30.

Beispiel

Welches Verfahren ist das günstigste?
In der Tabelle sind verschiedene Verfahren zum Lösen einer quadratischen Gleichung zusammengefasst.

Abb. 5.29 Verschiedene
Möglichkeiten des Lösens
quadratischer Gleichungen
(Mathematik 9, Neue Wege,
Körner et al., 2018, S. 149)

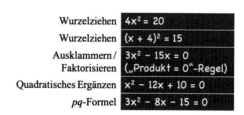

a) Löse die Gleichungen in der Tabelle nach dem jeweiligen Verfahren.
b) Die p-q-Formel kann man immer anwenden. Löse die Gleichung in der ersten
   Zeile der Tabelle mit der p-q-Formel. Was geht schneller: das Lösen durch Wurzelziehen oder mit der p-q-Formel?
c) Löse die quadratischen Gleichungen (1) bis (8). Entscheide zunächst, nach
   welchem Verfahren du rechnen willst.

(1) $3x^2 - 4x - 4 = 0$	(2) $(x + 7)^2 = 5$	(3) $15x^2 = 5x$	(4) $8x^2 - 16 = 0$
(5) $x^2 + 14x + 49 = 0$	(6) $x^2 + 20x = 0$	(7) $(x + 3)^2 = 36$	(8) $(x + 6)(x - 4) = 0$

◀

Die folgende Übungsaufgabe (Abb. 5.30) gibt zwei Lösungswege explizit an und lenkt
so den Blick auf den Vergleich als eigentliches Ziel der Aufgabe (vgl. Rittle-Johnson &
Star, 2009).

Für den weiteren Aufbau strategischer Flexibilität bei der Wahl passender Lösungs-
verfahren kann der systematische Vergleich verschiedener Verfahren an derselben
Gleichung sinnvoll sein, wobei Lernende diese Verfahren gezielt etwa im Hinblick auf
Fragen der Effizienz oder Fehleranfälligkeit vergleichen und reflektieren sollen (Rittle-
Johnson & Star, 2007).

5.3.3.3 Zur Bedeutung exakter Lösungen von Gleichungen

Ein weiterer Aspekt der situationsangemessenen Auswahl von Lösungsverfahren ist die
Frage, ob eine exakte oder eine Näherungslösung angemessen ist. „Theoretisch exakt"

Vergleiche die beiden Lösungswege und bewerte sie!

$(x - 5)^2 = 9$
$x - 5 = 3$ oder $x - 5 = -3$
$x = 8$ oder $x = 2$

$(x - 5)^2 = 9$
$(x - 5)^2 - 9 = 0$
$[(x - 5) + 3] \cdot [(x - 5) + 3] = 0$ (3. bin. F.)
$(x - 2) \cdot (x - 8) = 0$
$x = 2$ oder $x = 8$

Abb. 5.30 Lösungsvergleich (nach Elemente der Mathematik 8, Griesel et al., 2010, S. 196 f.)

ist in der Mathematik etwas anderes als „praktisch genau". Die Lösung $x_1 = \frac{3+\sqrt{13}}{2}$ der Gleichung $x^2 - 3x - 1 = 0$ ist mathematisch exakt, aber im Allgemeinen für Anwendungsprobleme so nicht zu verwenden. Die Lösung $x_1 = 4{,}19$ ist dagegen eine auf zwei Nachkommastellen gerundete Näherungslösung, die sicherlich für Alltagsprobleme im Allgemeinen hinreichend, also praktisch genau ist. Worin besteht also die Bedeutung exakter Lösungen von Gleichungen? Diese Frage lässt sich unterschiedlich beantworten:

- Bei Gleichungen mit numerischen Koeffizienten lässt sich anhand der (exakten) Lösung erkennen, ob es prinzipiell eine – exakte – Lösung gibt, die sich durch eine (endliche) Dezimalzahl ausdrücken lässt, oder nicht. Ist die Lösung eine irrationale Zahl, so gibt es keine exakte Lösung, die als (endliche) Dezimalzahl darstellbar ist.
- Bei Gleichungen mit Parametern ...
  - lassen sich die Lösungen in der Formelsprache darstellen, da sich im Allgemeinen für diese Gleichungen keine numerische Lösung angeben lässt;
  - lässt sich anhand der Diskriminante bestimmen, wann die Gleichung keine, eine oder zwei Lösungen hat.
- Die Auseinandersetzung mit exakten Lösungen bzw. geschlossenen Lösungsformeln lässt erst die historische Dimension verstehen, die der Suche nach Lösungsformeln für Polynomgleichungen in der Geschichte der Mathematik zukommt (vgl. etwa Alten et al., 2014 und Abschn. 5.1.11).
- Die Lösungsformeln für quadratische Gleichungen (Abschn. 5.3.3.1) zeigten allgemeine Eigenschaften der Lösung, wie etwa die symmetrische Lage der Lösungen zum x-Wert $-\frac{p}{2}$ bzw. $-\frac{b}{2a}$.
- In der Formelsprache – und damit auch in der Angabe von Lösungsformeln – drücken sich der allgemeine Charakter der Mathematik, der innermathematische Anspruch nach Genauigkeit und Exaktheit sowie die „Schönheit der Mathematik" aus (vgl. Heitzer & Weigand, 2020). Ein Beispiel sind die Lösungen der Gleichung des Goldenen Schnitts $x^2 - x - 1 = 0$:

$$x_1 = \frac{1}{2} + \frac{1}{2}\sqrt{5} \quad \text{und} \quad x_1 = \frac{1}{2} - \frac{1}{2}\sqrt{5}.$$

In numerischer Form sind die Lösungen näherungsweise

$$x_1 \approx -0{,}618 \quad \text{und} \quad x_2 \approx 1{,}618.$$

Für praktische Zwecke – etwa das Anfertigen eines Bilderrahmens, dessen Seitenlängen im Verhältnis des Goldenen Schnitts stehen sollen – benötigt man die numerischen Lösungen. Dagegen zeigen die symbolischen Lösungen die Irrationalität und die Symmetrie der Lösungen.

5.3.4   Gleichungen zielgerichtet aufstellen und Einsichten gewinnen

Beim Umgang mit symbolischen Darstellungen ist es ein wichtiges Ziel, dass Lernende den symbolischen Darstellungen durch das Herstellen inner- und außermathematischer Bezüge Sinn und Bedeutung geben. Umgekehrt müssen aus symbolischen Darstellungen oft auch Schlussfolgerungen über einen inner- oder außermathematischen Zusammenhang gezogen werden. Solche Denkhandlungen finden sich insbesondere beim Modellieren, beim Argumentieren oder beim Problemlösen.

Im Kontext von Gleichungen lassen sich damit insbesondere folgende Denkhandlungen oder Aktivitäten verbinden:

1. *Gleichungen zielgerichtet aufstellen:* eine Gleichung gezielt so aufzustellen, dass dadurch die in einer Problemstellung vorhandenen zentralen Bezüge und Beziehungen passend ausgedrückt werden. Es geht hier also um das Übersetzen einer Problemsituation in die Formelsprache.
2. *Umformungen antizipieren:* eine Idee entwickeln, welche Umformungen bei einer aufgestellten Gleichung nötig sind, um die Gleichung zu lösen oder problemadäquate Einsichten zu gewinnen.
3. *Interpretieren:* Einsichten über einen Sachverhalt anhand einer Gleichung bzw. entsprechend umgeformter Gleichungen gewinnen.

Bei Modellierungsaufgaben lassen sich die o. g. Denkhandlungen im Modellierungskreislauf verorten. Das zielgerichtete Aufstellen von Gleichungen entspricht bei Modellierungen also dem *Mathematisieren*. Durch das Interpretieren und Validieren werden schließlich Einsichten über den modellierten Sachverhalt gewonnen.

Beispiel: Heißluftballon

Abb. 5.31 zeigt Heißluftballons. Wie groß ist das Volumen eines Ballons? Wie groß ist seine Oberfläche? ◀

Der erste Schritt bei der Modellierungsaufgabe „Heißluftballon" ist es, ein vereinfachtes Modell zu entwickeln. Der Ballon kann näherungsweise als ein Körper angesehen werden, der aus einer Halbkugel und einem Kegel oder Kegelstumpf zusammengesetzt ist. Diese Situation gilt es in die Formelsprache zu übersetzen, also entsprechende Gleichungen aufzustellen (hier bzgl. des Kegels als zweiten Körper):

$$V_{Ballon} = \frac{1}{2} V_{Kugel} + V_{Kegel},$$

$$V_{Ballon} = \frac{1}{2} \cdot \frac{4}{3} \pi r^3 + \frac{1}{3} r^2 \pi \, h, r, h \in \mathbb{R}^+.$$

Abb. 5.31 Heißluftballons[12]

Dabei bezeichnen r den Radius der Kugel, der auch gleich dem Grundkreisradius des Kegels ist, und h die Höhe des Kegels.

Das *Antizipieren von Umformungen* geht mit der Einsicht einher, dass sich näherungsweise $h = 2r$ annehmen lässt und man damit obige Gleichung so umformen kann, dass nur noch r als unabhängige Variable auftritt:

$$V_{Ballon} = 2r^3\pi$$

Das *Interpretieren* führt zum Erkennen der Zuordnung: $V_{Ballon}(r) := 2\pi r^3$. Dies zeigt etwa, dass sich das Volumen des Ballons verachtfacht, wenn der Durchmesser des Ballons bzw. der Radius der Kugel verdoppelt wird.

5.3.5 Schwierigkeiten beim Umgang mit Gleichungen und Ungleichungen

Die Schwierigkeiten beim Lösen von Gleichungen und Ungleichungen stehen in engem Zusammenhang mit dem Erkennen und Erfassen von Termstrukturen (Abschn. 3.3.1).

---

[12] https://de.wikipedia.org/wiki/Heißluftballon.

Wie bei Termen (Kap. 3) lassen sich auch die Fehler bei Gleichungen in Flüchtigkeits-fehler und systematische Fehler unterteilen. Weiterhin lassen sich Fehler nach drei zentralen Arbeitsschritten unterteilen: in das Aufstellen von Gleichungen, das Umformen von Gleichungen und den Umgang mit den Lösungen von Gleichungen.

5.3.5.1 Schwierigkeiten beim Aufstellen von Gleichungen

Beim Aufstellen von Gleichungen gilt es die richtigen Beziehungen zwischen unbekannten und bekannten Größen in der Formelsprache wiederzugeben. Das seit Langem bekannte „Professoren-Studenten-Problem" (Rosnick & Clement, 1980) zeigt diese Problematik in besonders deutlicher Weise.

Es sei S die Anzahl der Studenten
und P die Anzahl der Professoren an einer Universität.
Auf einen Professor kommen 6 Studenten.
Drücke die Beziehung zwischen S und P
durch eine Gleichung aus!

In vielfach wiederholten Tests zeigte sich immer wieder, dass die fehlerhafte Gleichung $6\,S = P$ als Lösung der Aufgabe angegeben wird (ebd.). Es gibt viele Erklärungen für diesen „Umkehrfehler" (vgl. etwa Malle, 1993, S. 93 ff.; Oldenburg & Henz, 2015). Eine Möglichkeit, diesem Fehler entgegenzuwirken, ist das Herausstellen der Bedeutung der auftretenden Variablen als *Anzahl* der Studierenden bzw. Professoren sowie das Verbalisieren der durch die Gleichung ausgedrückten Beziehung, etwa: „Das Sechsfache der Anzahl der Professoren entspricht der Anzahl der Studierenden."

5.3.5.2 Schwierigkeiten beim Umformen von Gleichungen

In Abb. 5.32 sind Beispiele für fehlerhafte Umformungen angegeben.

Beispiele

Die Ursachen für diese Fehler können unterschiedlich und vielfältig sein. Bei (1) mag ein mangelndes grundlegendes Verständnis einer Gleichung zugrunde liegen. Die Ursache bei (2) und (4) könnte ein mangelndes Verständnis des Umgangs mit Bruch-zahlen sein. Bei (3) wird die Notwendigkeit der Anwendung des Distributivgesetzes nicht erkannt. ◄

Abb. 5.32 Typische Fehler beim Umformen von Gleichungen

$$3x = 5 \qquad\qquad x = 2 \text{ oder } x = 15 \qquad (1)$$

$$3x = \frac{7}{3} \qquad\qquad x = 7 \qquad\qquad\qquad (2)$$

$$5 = 3 + \frac{x}{5} \quad \text{wird umgeformt zu} \quad 25 = 3 + x \qquad (3)$$

$$\frac{1}{x} = a + 5 \qquad\qquad x = \frac{1}{a} + \frac{1}{5} \qquad\quad (4)$$

Das (richtige) Gleichungslösen steht hier in engem Zusammenhang mit dem Erkennen von Termstrukturen (Struktursehen, Abschn. 3.3.1 und 5.2.4) und der Fähigkeit, Termumformungen (korrekt) durchführen zu können. Während des Gleichungslösens gilt es dann, aus einem Vorrat an Regeln die richtigen Regeln auszuwählen und die Übersicht über das Ziel und den geplanten Weg zu behalten (vgl. Malle, 1993, S. 202; Abschn. 5.2.4).

Fehler bei Termumformungen führen zum fehlerhaften Lösen von Gleichungen. Hier können alle Fehlertypen aufgeführt werden, die im Rahmen von Termumformungen dargestellt sind, etwa Fehler beim Auflösen von Klammern, Fehler beim Kürzen oder Fehler beim Wurzelziehen (vgl. Abschn. 3.3.2).

5.3.5.3 Schwierigkeiten beim Umgang mit Lösungen von Gleichungen

Zu *Schwierigkeiten beim Umgang mit Lösungen von Gleichungen* zählt zunächst der falsche Umgang mit Lösungsformeln, aber auch der fehlende Überblick über den Lösungsprozess. Die erste Schwierigkeit kann etwa bei der Lösungsformel für quadratische Gleichungen der Form $x^2 + px + q = 0$ auftreten, zum Beispiel wenn die Zuordnung der Parameter und insbesondere auch der Vorzeichen fehlerhaft erfolgt. Ein Beispiel ist die Gleichung

$$x^2 + (a-1)x - a^2 = 0,\ a \in \mathbb{R}$$

mit der „Lösungsformel"

$$x_{1/2} = \frac{a-1}{2} \pm \sqrt{\left(\frac{a-1}{2}\right)^2 - a^2},$$

bei der gleich zwei Vorzeichenfehler auftreten. Im Hinblick auf den Überblick über den Lösungsprozess können beispielsweise bei Gewinn- und Verlustumformungen Lösungen der umgeformten Gleichung hinzukommen oder wegfallen, die nicht bzgl. der ursprünglichen Gleichung überprüft werden. Schließlich sind auch „unübliche Lösungen" Quellen für fehlerhafte Schlussweisen. So muss etwa bei

$$2x(x-2) - x^2 + 5 = x^2 - 4x + a,\ a \in \mathbb{R}, \mathbb{D} = \mathbb{R}$$

$$\Leftrightarrow \quad 5 = a$$

erkannt werden, dass für $a = 5$ die Lösungsmenge $\mathbb{L} = \mathbb{D}$, für $a \neq 5$ die Lösungsmenge leer ist.

Die Ursachen von systematischen Fehlern beim Gleichungslösen lassen sich, wie die Fehler bei Termumformungen, auf der syntaktischen und semantischen Ebene finden. In Malle (1993) sind viele Probleme, Schwierigkeiten und Ursachen von Fehlern beim Gleichungslösen aufgeführt, die eng mit den Fehlern bei Termumformungen zusammenhängen.

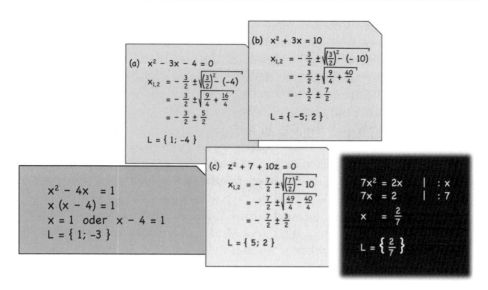

Abb. 5.33 Fehlerhafte Lösungen (nach Elemente der Mathematik 8, Griesel et al., 2010, S. 192 f.)

Ein didaktischer Ansatz zum Umgang mit Fehlern sind Aufgaben, in denen Lernenden typische Fehler vorgelegt werden mit dem Auftrag, diese Fehler zu identifizieren und ggf. zu korrigieren. Eine solche Aufgabe ist im folgenden Beispiel gezeigt (Abb. 5.33). Die Erwartung ist, dass Lernende sich der Fehler und Fehlerursachen bewusst werden und so solche Fehler in Zukunft vermeiden.

Beispiele

Prüfe die Lösungswege. Beschreibe und korrigiere ggf. die Fehler. Erkläre, was die zugrunde liegenden Denkfehler gewesen sein könnten. ◄

Angesichts der Schwierigkeiten und der Fehleranfälligkeit des Themas „Gleichungen" stellt sich die Frage, welche Komplexität beim Umgang mit Gleichungen im Mathematikunterricht notwendig ist. Schließlich darf man nicht übersehen, dass das Lösen aller für den Mathematikunterricht relevanten Gleichungen heute *praktisch* in einfacher Weise durch „Knopfdruck" mit einem CAS möglich ist.

Eine generelle Antwort auf diese Frage gibt es nicht. Wie bei Termumformungen wird sich auch das Gleichungslösen in der Schulalgebra auf grundlegende prototypische Beispiele beschränken. Das Verstehen des Gleichungslösens wird gegenüber dem expliziten Durchführen von Lösungsalgorithmen stärker im Vordergrund stehen. Dabei darf aber nicht außer Acht gelassen werden, dass das Entwickeln von Verständnis fortwährendes konstruktives, produktives oder flexibles Üben erfordert.

5.4   Gleichungen unterrichten

Gleichungen spielen bei allen allgemeinen und inhaltlichen Kompetenzen im Mathematikunterricht eine wichtige Rolle, auch wenn sie nicht als eigene Leitidee in den KMK-Bildungsstandards aufgeführt sind. Sie stehen in enger Beziehung zum Variablen-, Term- und Funktionsbegriff, wobei sich Gleichungstypen im Mathematikunterricht in enger Wechselbeziehung zu Funktionstypen entwickeln. Ausgehend von linearen Gleichungen und Gleichungssystemen werden quadratische Gleichungen, Polynomgleichungen höherer Ordnung und schließlich Wurzel- und Bruchgleichungen sowie exponentielle und trigonometrische Gleichungen behandelt.

Im Folgenden wird auf diese Gleichungstypen eingegangen und es werden unterschiedliche Lösungsverfahren diskutiert. Neben Äquivalenzumformungen und Lösungsalgorithmen spielen numerische und grafische Methoden, gerade im Zusammenhang mit digitalen Werkzeugen, eine zunehmend wichtige Rolle.

5.4.1   Lineare und quadratische Gleichungen

In Form von Äquivalenzumformungen bei linearen Gleichungen und Lösungsformeln für quadratische Gleichungen existieren universelle Lösungsalgorithmen für beide Gleichungstypen. Darauf wurde in Abschn. 5.3 sowohl im Hinblick auf das *Verstehen im Kalkül* als auch unter dem Gesichtspunkt eingegangen, symbolischen Darstellungen Sinn und Bedeutung durch den Bezug zu inner- und außermathematischen Situationen zu geben. Im Folgenden werden zwei Themenbereiche herausgestellt, bei denen Gleichungen eine wichtige Rolle spielen. Das ist zum einen das kalkülorientierte Arbeiten mit einem Computeralgebrasystem (CAS) und zum anderen das stärker inhaltliche Arbeiten mit Gleichungen beim Begründen und Beweisen.

5.4.1.1 Verstehen im Kalkül und das Lösen von Gleichungen mit CAS
CAS ermöglichen das symbolische und numerische Lösen von Gleichungen „auf Knopfdruck". Darüber hinaus stellen sie eine Formelsammlung für die Lösungsformeln für lineare und quadratische Formeln dar (Abb. 5.34 und 5.35).

Ein CAS ist hier ein *Werkzeug* zum schnellen Ermitteln symbolischer und numerischer Lösungen. Dieser pragmatische Aspekt des Gleichungslösens mit digitalen Technologien wird dann – später – auch im Studium naturwissenschaftlicher oder technischer Fächer und in der Berufswelt im Vordergrund stehen. Im Mathematikunterricht kommt es aber darüber hinaus darauf an, mit der symbolischen oder kalkülhaften Ebene Sinn und Bedeutung zu verbinden. Insbesondere ergibt sich mithilfe digitaler Technologien die Möglichkeit, die grafische und symbolische Ebene miteinander in Beziehung zu setzen. Dadurch wird, ganz im Sinne des *Prinzips der Darstellungsvernetzung*, eine Wechselbeziehung zwischen syntaktischen und geometrisch-inhaltlichen Darstellungen hergestellt. Diese lässt sich insbesondere dann nutzen, wenn Gleichungen

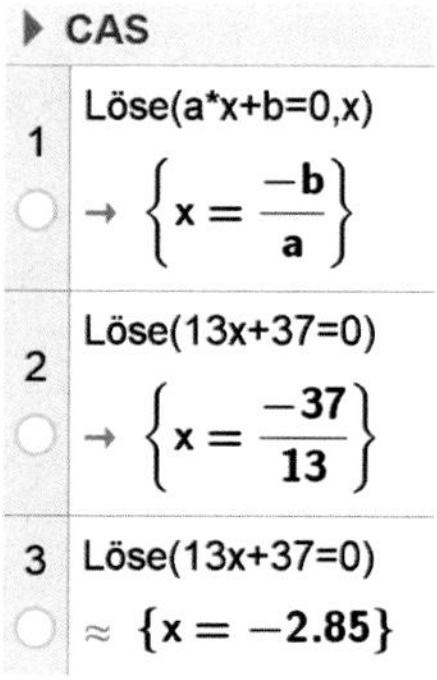

Abb. 5.34 Lösen linearer
Gleichungen mit einem CAS

▶ CAS

1 Löse(a*x+b=0,x)

$\bigcirc \rightarrow \left\{ x = \dfrac{-b}{a} \right\}$

2 Löse(13x+37=0)

$\bigcirc \rightarrow \left\{ x = \dfrac{-37}{13} \right\}$

3 Löse(13x+37=0)

$\bigcirc \approx \{ x = -2.85 \}$

1 Löse(a x² + b x + c = 0,x)

$\bigcirc \rightarrow \left\{ x = \dfrac{\sqrt{-4\,a\,c + b^2} - b}{2\,a}, x = \dfrac{-\sqrt{-4\,a\,c + b^2} - b}{2\,a} \right\}$

2 Löse(x^2+p*x+q=0,x)

$\bigcirc \rightarrow \left\{ x = \dfrac{-p + \sqrt{p^2 - 4\,q}}{2}, x = \dfrac{-p - \sqrt{p^2 - 4\,q}}{2} \right\}$

3 Löse(x^2+x-3=0,x)

$\bigcirc \rightarrow \left\{ x = \dfrac{-\sqrt{13} - 1}{2}, x = \dfrac{\sqrt{13} - 1}{2} \right\}$

4 Löse(x^2+x-3=0,x)

$\bigcirc \approx \{ x = -2.3, x = 1.3 \}$

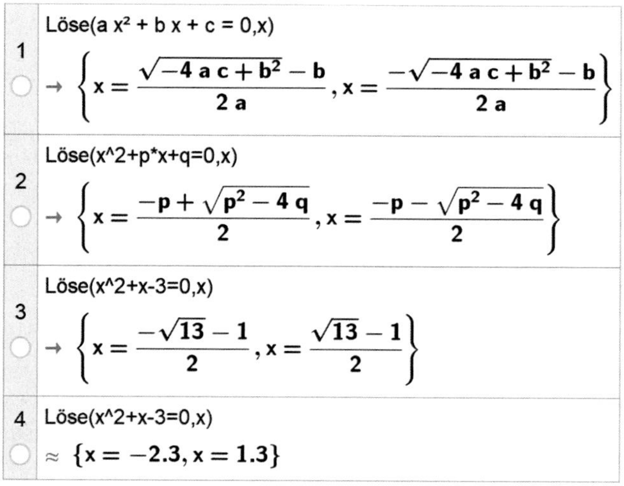

Abb. 5.35 Lösungsformeln für quadratische Gleichungen mit einem CAS

mit Parametern betrachtet werden, deren Einfluss auf die Nullstellen bzw. Lösungen der Gleichungen auch dynamisch dargestellt werden kann (Abb. 5.36).

Diese Darstellungsvernetzung unterstützt das Verständnis des Gleichungslösens nicht nur bei linearen und quadratischen Gleichungen, sondern stellt auch ein Hilfsmittel für den Umgang mit Gleichungen insgesamt dar.

5.4.1.2 Gleichungen für Begründungen und Beweise nutzen

In der Mathematik sind Gleichungen ein Werkzeug, um Beweise mithilfe der Formelsprache zu führen (Godfrey & Thomas, 2008). Im Mathematikunterricht kommen Beweisen vielfältige Funktionen zu (vgl. Jahnke & Ufer, 2015). Dies gilt auch für Gleichungen im Zusammenhang mit Beweisen und Begründungen. Mit ihrer Hilfe lassen sich heuristische Überlegungen ausdrücken, Zusammenhänge sowie Abhängigkeiten

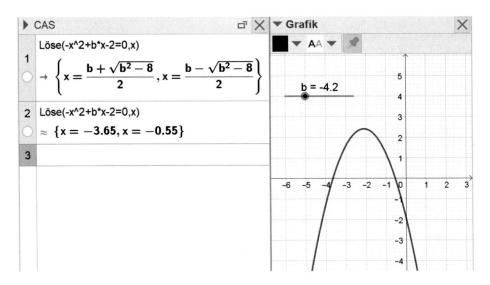

Abb. 5.36 Symbolische und grafische Darstellung einer quadratischen Gleichung mit einem Parameter

gegebener und gesuchter Größen angeben und Beweisschritte formalisiert darstellen. Ihre Lösungen liefern Ergebnisse, Bestätigungen oder Widerlegungen sowie Einblicke in betrachtete Situationen und damit evtl. eine Begründung oder einen Beweis für das Ausgangsproblem.

Im Folgenden soll am Beispiel eines Beweises des Satzes des Pythagoras das wechselseitige Interpretieren von inhaltlichen und formalen Darstellungen im Zusammenhang mit äquivalenten Termen erläutert werden.

Zum Satz des Pythagoras gibt es Hunderte von Beweisen (vgl. etwa Lietzmann, 1953[7]; Baptist, 1997). Ein Beweis stammt vom 20. Präsidenten der Vereinigten Staaten, James Garfield (1831–1881). Im Folgenden wird anhand dieses Beispiels gezeigt, wie Lernende den Beweis von Garfield durch geeignete Hilfen selbst entwickeln können.

Ausgangspunkt ist ein rechtwinkliges Dreieck ABC mit den Seitenlängen a, b und c. An dieses wird ein zum Dreieck ABC kongruentes Dreieck CDE (entsprechend Abb. 5.37) angelegt. Man erhält ein Trapez $ABDE$, dessen Flächeninhalt sich auf zwei verschiedene Arten berechnen lässt. Bei der folgenden Aufgabenstellung wird davon ausgegangen, dass der Satz des Pythagoras bereits bekannt ist und jetzt auf eine weitere Weise begründet werden soll.

Beispiel

Der Beweis des Satzes des Pythagoras nach James Garfield kann für Lernende in Form einer gestuften Aufgabe zugänglich gemacht werden:

Abb. 5.37 Zum Beweis des Satzes des Pythagoras nach James Garfield

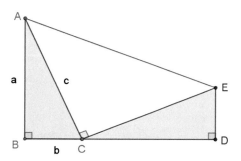

a) Du kennst den Satz des Pythagoras. Formuliere den Satz nochmal für dich selbst.

b) Zwei kongruente rechtwinklige Dreiecke, $\triangle ABC$ und $\triangle CDE$, sind wie in Abb. 5.37 so aneinandergelegt, dass die Strecken $[AB]$ und $[DE]$ parallel zueinander sind. Warum ist das Dreieck $\triangle ACE$ rechtwinklig?

c) Der Flächeninhalt des Trapezes $ABDE$ lässt sich auf zwei verschiedene Arten berechnen. Stelle hierfür zwei Terme auf!

d) Stelle mit diesen Termen eine Gleichung auf und vereinfache sie.

e) Erkläre, warum das Ergebnis den Satz des Pythagoras beweist!

Zum einen lässt sich der Flächeninhalt als Summe der Flächeninhalte der drei rechtwinkligen Dreiecke berechnen:[13]

$$A_{Trapez} = 2 \cdot \left(\frac{1}{2}ab\right) + \frac{1}{2}c^2.$$

Zum anderen kann die Flächeninhaltsformel für Trapeze mit den beiden parallelen Seiten a und b sowie der Höhe h angewandt werden:

$$A_{Trapez} = \frac{1}{2}(a + b) \cdot h.$$

Für die „Garfield-Figur" ergibt sich mit $h = a + b$:

$$A_{Trapez} = \frac{1}{2}(a + b) \cdot (a + b).$$

Beide Berechnungen beziehen sich auf dieselbe Figur, sodass aufgrund der Beschreibungsgleichheit folgt:

$$2 \cdot \left(\frac{1}{2}ab\right) + \frac{1}{2}c^2 = \frac{1}{2}(a + b) \cdot (a + b).$$

---

[13] Der rechte Winkel bei C ergibt sich aufgrund des Winkelsummensatzes für Dreiecke.

Durch Ausmultiplizieren, Anwendung der ersten binomischen Formel und entsprechende Äquivalenzumformungen erhält man:

$$c^2 = a^2 + b^2,$$

die Kernaussage des Satzes des Pythagoras. ◄

Terme und Gleichungen werden bei diesem Beweis mit unterschiedlicher Bedeutung verwendet. Die Beschreibungsgleichheit liefert zunächst die Gleichheit der beiden Flächeninhaltsterme. Mithilfe von Äquivalenzumformungen wird die Ausgangsgleichung umgeformt und als Ergebnis ergibt sich die Grundaussage des Satzes des Pythagoras, wiederum in einer Gleichung formuliert.

Diese Aufgabe ist somit ein Beispiel dafür, wie Lernende durch inhaltliche Überlegungen im Rahmen eines Beweises Gleichungen aufstellen, umformen und im Wechselspiel mit inhaltlichen Überlegungen interpretieren können.

5.4.2   Gleichungssysteme

Eine Gleichung der Form

$$a \cdot x + b \cdot y = c \text{ mit } a, b, c \in \mathbb{R}$$

mit den beiden Variablen x, y $\in$ R heißt *lineare Gleichung mit zwei Variablen*. Diese Gleichung hat als Lösungsmenge die Paare *(x, y)*, die in einem Koordinatensystem als Punkte einer Geraden dargestellt werden können.

Werden zwei derartige Gleichungen mit einem logischen „und" verbunden, so erhält man ein lineares Gleichungssystem

$$a_1 x + b_1 y = c_1 \quad mit \quad a_1, b_1, c_1 \in \mathbb{R}$$

und

$$a_2 x + b_2 y = c_2 \quad mit \quad a_2, b_2, c_2 \in \mathbb{R}.$$

Die Lösungsmenge eines solchen Systems ist die Schnittmenge der Lösungsmengen der beiden einzelnen Gleichungen und kann inhaltlich als Schnitt der beiden Geraden gedeutet werden, die den jeweiligen Lösungsmengen der einzelnen Gleichungen entsprechen. Dabei können folgende Fälle eintreten:

a) Falls die Geraden genau einen Schnittpunkt haben, besteht die Lösungsmenge aus genau einem Paar $(x_0; y_0)$ mit den Koordinaten dieses Schnittpunkts.
b) Falls die Geraden parallel zueinander sind, ist die Lösungsmenge leer.
c) Wenn die beiden Gleichungen dieselbe Gerade darstellen, die beiden Geraden also „zusammenfallen", besteht die Lösungsmenge aus allen Paaren *(x; y)*, deren entsprechende Punkte auf der Geraden liegen.

Als Lösungsverfahren kommen *Gleichsetzungsverfahren, Einsetzungsverfahren* oder *Additionsverfahren* infrage (vgl. etwa Körner et al., 2018, S. 20 ff.). Das Prinzip dieser Lösungsverfahren besteht stets darin, durch geschickte Umformungen aus zwei Gleichungen mit zwei Variablen eine Gleichung mit einer Variablen zu erhalten. (vgl. hierzu auch Barzel et al., 2021, S. 131ff.)

5.4.2.1 Gleichungssysteme mit einem CAS lösen

Mit einem *CAS* lassen sich Gleichungssysteme auf der symbolischen Ebene „auf Knopf-druck" lösen und in einem Koordinatensystem grafisch darstellen. Abb. 5.38 zeigt dies am Beispiel eines linearen Gleichungssystems mit einem Parameter $a \in \mathbb{R}$.

Mit einem CAS lassen sich auch quadratische Gleichungssysteme lösen. Abb. 5.39 zeigt die Lösung in symbolischer und grafischer Darstellung an einem Beispiel mit zwei quadratischen Gleichungen und einem Parameter $a \in$ R.

Die Bedeutung der Behandlung derartiger Gleichungssysteme liegt in der praktischen Anwendung, aber vor allem auch im wiederholenden Umgang mit Wurzeltermen, im Lesen und Interpretieren der mit einem CAS erhaltenen Lösungen, im Erkennen der

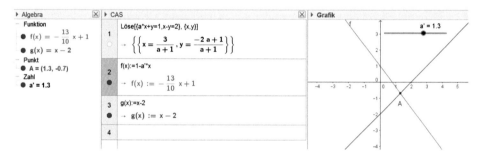

Abb. 5.38 Symbolische und grafische Lösung eines linearen Gleichungssystems mit einem Parameter *a*; Lösung für $a \neq -1$

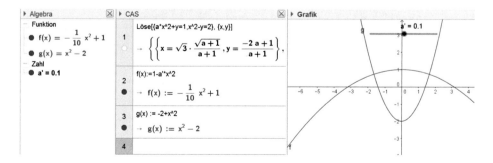

Abb. 5.39 Gleichungssystem mit quadratischen Gleichungen und einem Parameter *a*; Lösung für $a \neq -1$

Parameterabhängigkeit der Lösungen und im Zusammenspiel von symbolischen und grafischen Darstellungen.

5.4.2.2 Lineare Gleichungssysteme in Anwendungs- und Modellierungsaufgaben

Lineare Gleichungssysteme, auch mit mehr als zwei Variablen, haben vielfältige Anwendungsmöglichkeiten im wirtschaftlichen, sozialen und medizinischen Bereich (Henn & Filler, 2015, S. 13 ff.). Im Zusammenhang mit linearen Ungleichungen bilden sie die Grundlage für lineare Optimierungen (Koop & Moock, 2018).

Beispiel

Break-even-Point oder Gewinnschwelle (nach Körner, 2018, S. 29, Vgl. Abb. 5.40)

Wenn die Kosten eines Unternehmens die Einnahmen übersteigen, verliert das Unternehmen Geld und läuft Gefahr, bankrott zu gehen. Wenn Kosten und Einnahmen gleich sind, dann hat das Unternehmen den „Break-even-Point" erreicht.

Ein Break-even-Diagramm ist eines der Standardwerkzeuge von Wirtschaftsfachleuten. Das Diagramm zeigt auf einen Blick, wo die Verlustzone aufhört und die Gewinnzone beginnt (Vgl. Abb. 5.41).

In dieser vorstrukturierten Aufgabe vollziehen Lernende zentrale Aktivitäten des Modellierens nach (vgl. Abschn. 1.4):

- *Mathematisieren* oder Übersetzen der – hier bereits vereinfacht dargestellten – Situation in ein mathematisches Modell: Das intendierte Modell des Break-even-Point ist vorgegeben. Wenn x die Anzahl der verkauften Becher und $K(x)$ bzw. $G(x)$ die Kosten bzw. der Gewinn sind, dann gilt:

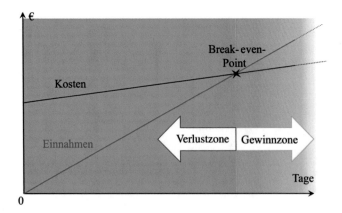

Abb. 5.40 Einführung des Break-even-Point bzw. der Gewinnschwelle (nach Mathematik 9, Neue Wege, Körner, 2018, S. 29)

> Schülerfirma
>
> Eine Schülerfirma möchte Warmhaltebecher vertreiben. Dabei können Firmen auf dem Becher Werbeflächen kaufen. Vor der Gründung der Schülerfirma schätzen die Schülerinnen und Schüler die Kosten und den Preis, den sie erzielen können.
>
> Variable Kosten: Materialkosten (Einkauf Becher) – pro Becher 1,95 €
>
>   Banderole mit Werbeaufdruck – pro Becher 0,45 €
>
> Fixe Kosten: 450 € für Verwaltung, Grafiker, Werbung
>
> Einnahmen: aus dem Verkauf der Werbeflächen 210 €
>
> Verkaufspreis: 3,50 €
>
> Berechnen Sie den „Break-even-Point".

Abb. 5.41 Modellierungsaufgabe zum Break-even-Point (nach Mathematik 9, Neue Wege, Körner, 2018, S. 29)

Kosten:	$K(x) = 2,4x + 450$ bzw.
Gewinn:	$G(x) = 3,5x + 210, x \in \mathbb{N}$

- *Bearbeiten* oder Nutzen mathematischer Verfahren, um zu einer Lösung zu gelangen (Vgl. Abb. 5.42): Die Aufgabe lässt sich zum einen mithilfe einer Bestimmungsgleichung lösen, indem der x-Wert gesucht wird, für den K(x) = G(x) gilt.

$$2,4x + 450 = 3,5x + 210$$
$$\Leftrightarrow 240 = 1,1\,x$$
$$\Leftrightarrow x = 218,18$$

Abb. 5.42 Darstellung des Gewinns und der Kosten in Abhängigkeit von der Anzahl der verkauften Becher

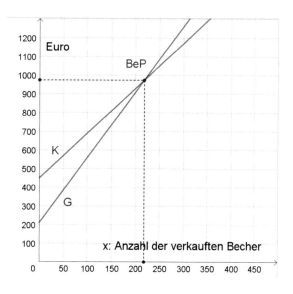

Zum anderen lassen sich Kosten- und Gewinnfunktion in einem x–y-Koordinaten-system darstellen. Dabei geht man von den beiden Gleichungen

$$y = K(x) \text{ mit } K(x) = 2,4x + 450 \quad \text{und}$$

$$y = G(x) \text{ mit } G(x) = 3,5x + 210, x \in \mathbb{N},$$

aus. Diese lassen sich als ein lineares Gleichungssystem auffassen, dessen Lösungs-menge der Break-even-Point ist.

$$y = 2,4x + 450 \quad \text{und}$$

$$y = 3,5x + 210, x \in \mathbb{N}.$$

- *Interpretieren* des Ergebnisses mit Blick auf die Ausgangssituation: Ab 219 ver-kauften Bechern wird die Gewinnzone erreicht.
- *Validieren* oder Beurteilen der Lösung: Die Anzahl der Becher scheint zunächst in einer plausiblen Größenordnung zu liegen. Das Ergebnis kann zum einen durch Einsetzen des erhaltenen Wertes in die Kosten- bzw. Gewinnfunktion oder durch eine grafische Darstellung überprüft werden ◄

Die Aktivitäten des Modellierens sind im Hinblick auf das zu nutzende Modell vor-strukturiert. Lernende wissen, dass sie ein Modell finden sollen, indem sie zwei lineare Funktionen angeben: Eine Funktion beschreibt den Gewinn, die andere Funktion den Verlust. Entsprechend müssen auch „fixe Kosten" und „Einnahmen" zugeordnet werden. Interpretation und Validierung erfolgen mit Blick auf die Situation, etwa im Hinblick darauf, dass x für die Anzahl der verkauften Becher steht und deshalb ganzzahlig sein muss.

Auch bei dem folgenden Beispiel ist die Problemsituation schon so weit vor-strukturiert, dass unmittelbar mit der Mathematisierung der Situation begonnen werden kann.

Beispiel

Ein Krankenhausapotheker soll 1,5 Liter eines 80-prozentigen Isopropanolalkohols bereitstellen. Er hat jeweils 1 Liter einer 90-prozentigen und einer 50-prozentigen Lösung. Wie kann das gelingen?

Im Folgenden werden einige zentrale Aktivitäten des Modellierens im Rahmen dieser Aufgabe geschildert (vgl. Abschn. 1.4):

- *Mathematisieren* oder Übersetzen der Situation in ein mathematisches Modell: Hierbei handelt es sich um zwei Gleichungen, die jeweils eine Bedingung für die Mischung der beiden vorhandenen Lösungen wiedergeben. Dabei steht l_1 für die benötigte Menge der 90-prozentigen Lösung und l_2 für die der 50-prozentigen Lösung, beide in Litern gemessen:
  I: $l_1 + l_2 = 1,5$
  II: $0,9 \cdot l_1 + 0,5 \cdot l_2 = 0,8 \cdot 1,5$

- *Bearbeiten* oder Nutzen mathematischer Verfahren, um zu einer Lösung zu gelangen: Die Aufgabe lässt sich etwa mithilfe des Einsetzungsverfahrens lösen:

Aus I folgt	$l_1 = 1{,}5 - l_2$
In II eingesetzt ergibt sich	$0{,}9 \cdot (1{,}5 - l_2) + 0{,}5 \cdot l_2 = 0{,}8 \cdot 1{,}5$
Also	$l_2 = 0{,}375$
und damit aus I:	$l_1 = 1{,}125$

- *Interpretieren* der mathematischen Lösung: Für die verlangte Menge an 80-pro-zentiger Isopropanollösung werden 1,125 Liter der 90-prozentigen und 0,375 Liter der 50-prozentigen Lösung benötigt.
- *Validieren* oder Beurteilen der Lösung: Im mathematischen Modell wurden die vorhandenen Mengen der beiden Ausgangslösungen nicht berücksichtigt. Für die 90-prozentigen Lösung steht mit 1 Liter zu wenig zur Verfügung. Der Apotheker kann also die verlangte Menge nicht bereitstellen. ◄

Auch hier sind die Aktivitäten des Modellierens vorstrukturiert. Lernende wissen, dass sie zwei Gleichungen aufstellen sollen, die zwei im Aufgabentext genannte Bedingungen algebraisch ausdrücken. Die Validierung setzt die ermittelten Werte als Mengenangaben mit den verfügbaren Mengen in Beziehung.

5.4.3 Bruchgleichungen

Bruchgleichungen erhalten ihre Bedeutung im Zusammenhang mit gebrochen rationalen Funktionen, die allerdings – wenn überhaupt – nur in sehr elementarer Form in der Sekundarstufe I behandelt werden.

Eine Methode des Lösens von Gleichungen mit rationalen Bruchtermen ist es, beid-seitig mit dem Hauptnenner zu multiplizieren, um dadurch eine Polynomgleichung zu erhalten, die – eventuell – mit bekannten Methoden gelöst werden kann. Dies ver-ändert im Allgemeinen den Definitionsbereich der Gleichung im Sinne einer Gewinn-umformung (siehe Abschn. 5.1.9) und damit liegt keine Äquivalenzumformung vor. Die erhaltenen Lösungen der umgeformten Gleichung sind deshalb dahingehend zu über-prüfen, ob sie auch Lösungen der Ausgangsgleichung sind.

$$\frac{3x}{x-2} = \frac{x+1}{x} + 2 \quad \text{mit} \quad \mathbb{D} = \mathbb{R}\backslash\{0,2\}$$

$$\frac{3x}{x-2} = \frac{x+1}{x} + 2 \quad |x\,(x-2)$$

$$3x^2 = (x+1)(x-2) + 2x(x-2)$$

$$3x^2 = \left(x^2 - x - 2\right) + 2x^2 - 4x$$

$$3x^2 = 3x^2 - 5x - 2$$

$$5x = -2$$

$$x = -\frac{2}{5}.$$

Das Einsetzen von $x = -\frac{2}{5}$ in die Ausgangsgleichung zeigt, dass dies eine Lösung der Bruchgleichung ist. Auch hier ist es eine Möglichkeit, die beiden Terme der Gleichung als Funktionsterme aufzufassen und grafisch darzustellen. Man kann dies auch als Kontrolle der errechneten Lösung ansehen. ◀

Das folgende Beispiel ist eine Anwendung für Bruchgleichungen aus dem Bereich der physikalischen Optik.

Bei einer Sammellinse mit der Brennweite f lässt sich die Bildweite b bei bekannter Gegenstandsweite g mithilfe der Linsengleichung berechnen (vgl. Abb. 5.43).

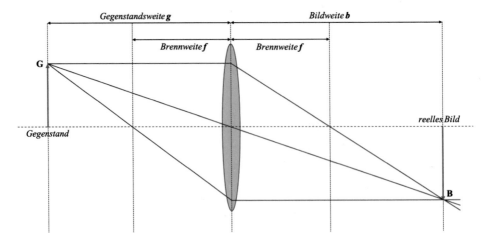

Abb. 5.43 Bruchgleichungen in der Optik

$$\frac{1}{g} + \frac{1}{b} = \frac{1}{f} \tag{5.12}$$

Außerdem gilt für die Beziehung zwischen Gegenstandsgröße G und Bildgröße B:

$$\frac{B}{G} = \frac{b}{g} \tag{5.13}$$

a) Begründe: Man erhält für die Bildweite die Formel $b = \frac{f \cdot g}{g-f}$. Diskutiere die Veränderung der Bildweite bei Veränderung der Gegenstandsweite.

b) Gegeben ist eine Linse mit Brennweite 3 cm. Die Gegenstandsweite beträgt 30 cm. Wo muss ein Schirm stehen, damit das Bild scharf abgebildet wird?

c) Gegeben ist eine Linse mit Brennweite 6 cm. Das Bild soll halb so groß sein wie der Gegenstand. Wie groß sind Gegenstands- und Bildweite?

Aufgabenteil a) ergibt sich direkt durch Umformen der Bruchgleichung (5.12). Eine Diskussion des Zusammenhangs zwischen g und b wird insbesondere auf den Fall $g = f$ und das Verhalten für „sehr kleine g" und „sehr große g" eingehen. Aufgabenteil b) lässt sich durch Einsetzen der jeweiligen Größen in die Formel aus a) ermitteln[14]:

$$b = \frac{30\,\text{cm} \cdot 3\,\text{cm}}{30\,\text{cm} - 3\,\text{cm}} = 3\frac{1}{3}\,\text{cm} \approx 3{,}3\,\text{cm}$$

Aufgabenteil c) erfordert die Nutzung beider Gleichungen. Wenn für die Gleichung (5.13) das Größenverhältnis von Bildgröße B zu Gegenstandsgröße G von 1 zu 2 eingesetzt wird, ergibt sich

$$\frac{b}{g} = \frac{1}{2} \quad \text{oder} \quad b = \frac{g}{2}.$$

In (1) eingesetzt und mit $f = 6\,\text{cm}$ erhalten wir:

$$\frac{1}{g} + \frac{2}{g} = \frac{1}{6\,\text{cm}}$$

$$\frac{3}{g} = \frac{1}{6\,\text{cm}}$$

---

[14] Während im Physikunterricht stets Größen mit entsprechender Benennung verwendet werden, kann im Mathematikunterricht bei der Mathematisierung von Anwendungsbeispielen auf Benennungen verzichtet werden, wenn der Anwendungskontext übersichtlich ist und die Benennungen der erhaltenen Ergebnisse eindeutig sind.

$$g = 3 \cdot 6 \text{ cm} = 18 \text{ cm}$$

Dieses Beispiel zeigt die Wechselbeziehung von (Bruch-)Gleichungen und der Interpretation einer physikalischen Situation. ◄

5.4.4 Ungleichungen

Inner- und außermathematische Problemstellungen, bei denen nach „weniger als", „mehr als", „höchstens" oder „mindestens" gefragt ist, führen häufig auf Ungleichungen. In Abb. 5.44 sind zwei geometrische Beispiele angegeben.

Das lineare Optimieren ist eine Anwendung des Arbeitens mit linearen Ungleichungen und Ungleichungssystemen. Anwendungsbereiche sind vor allem wirtschaftliche Produktionsprozesse und Kostenkalkulationen. Beim linearen Optimieren mit zwei Variablen kommt es darauf an, den Extremwert einer Funktion (Zielfunktion) f mit $z = f(x, y)$ zu ermitteln, deren Definitionsbereich ein konvexes Vieleck in der x–y-Ebene ist (Abb. 5.46).

Beispiel: Lösung für die Aufgabe „Fahrradfabrikant" (Abb. 5.45)

a) x und y bezeichnen die Anzahl der pro Monat produzierten Fahrräder des Typs A bzw. B.

Ungelernte Arbeit pro Monat in h:	I:	$3x + 3y \leq 4200$
Facharbeit pro Monat in h:	II:	$1x + 2y \leq 2000$
Maschinenlaufzeit pro Monat in h:	III:	$2x + 1y \leq 2000$

Das Planungsviereck ABCD erhält man demnach entsprechend Abb. 5.46.

---

18 Geometrische Probleme mit Ungleichungen

a) Finde alle möglichen Längen von x.

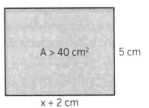

A > 40 cm²   5 cm

x + 2 cm

b) Der Umfang eines Quadrates beträgt höchstens 50 % des Dreieckumfangs. Welche Seitenlängen sind möglich?

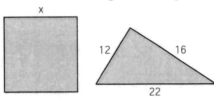

x

12   16

22

Abb. 5.44 Geometrische Beispiele mit Ungleichungen (Mathematik 8, Neue Wege, Körner et al., 2019, S. 45)

---

10 Fahrradfabrikant

Eine Firma produziert zwei verschiedene Fahrradtypen
A und B. Für die Herstellung benötigt man für jeden Typ
Arbeitszeiten gemäß der Tabelle.
Die Arbeitskapazitäten erlauben bis zu 4200 Stunden
„ungelernte Arbeit" und jeweils bis zu 2000 Stunden
Facharbeit und Maschinenlaufzeit pro Monat.

Typ	A	B
ungelernte Arbeit	3 h	3 h
Facharbeit	1 h	2 h
Maschinenlaufzeit	2 h	1 h

a) Übersetze die Nebenbedingungen in ein Ungleichungssystem und zeichne das
   Planungsvieleck. Denke daran, dass die Stückzahlen nicht negativ sein können.
b) Die Planungsabteilung setzt die Anzahl der Fahrräder jeden Typs fest, die produziert
   werden sollen. Welche Punkte des Planungsvielecks werden mit welchen Argumen-
   ten vorgeschlagen?

Abb. 5.45 Lineares Optimieren mit zwei Unbekannten (Mathematik 9, Neue Wege, Körner et al.,
2018, S. 39)

b) Je nach erwarteter Nachfrage zugunsten des Fahrradtyps A bzw. B liegt der
„Planungspunkt" eher rechts bzw. auf den Strecken [BC] oder [CD]. Allerdings
werden bei den Randpunkten die Ressourcen in der einen oder anderen Weise
ausgeschöpft, sodass es ratsam erscheint, Punkt im Innern des Planungsviereck
in Betracht zu ziehen. Diese sollten dann aber nicht allzu weit von genannten
Strecken entfernt sein. ◄

Das Planungsviereck ist, wie das Beispiel zeigt, eine effektive Grundlage für Planungs-
entscheidungen. Es ist eine grafische Repräsentation der Nebenbedingungen, und
zwar als Visualisierung der aus den Nebenbedingungen resultierenden Ungleichungen.
Digitale Technologien helfen bei der Übersetzung und unterstützen so die inhaltliche
Interpretation der involvierten Ungleichungen. (vgl. auch Barzel et al., 2021, S. 136ff.)

5.4.5 Wurzelgleichungen

Wurzelgleichungen lassen sich häufig auf der symbolischen Ebene lösen, indem die
Terme auf beiden Seiten des Gleichheitszeichens durch Quadrieren in eine Polynomgleichung überführt werden. Wir beschränken uns bei diesem Gleichungstyp auf ein
grundsätzliches Problem und stellen es in Form eines Beispiels dar.

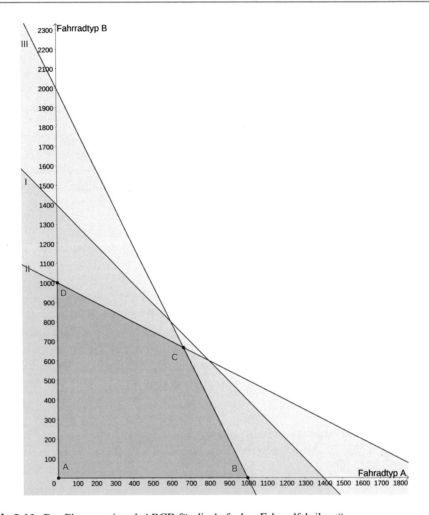

Abb. 5.46 Das Planungsviereck ABCD für die Aufgabe „Fahrradfabrikant"

Beispiel

$$\sqrt{x+7} = x+1 \quad |()^2$$
$$\Rightarrow \quad x+7 = (x+1)^2$$
$$\Leftrightarrow \quad x+7 = x^2 + 2x + 1$$
$$\Leftrightarrow \quad x^2 + x - 6 = 0$$
$$\Leftrightarrow \quad (x-2)(x+3) = 0$$
$$\Leftrightarrow \quad x = 2 \quad \lor \quad x = -3.$$

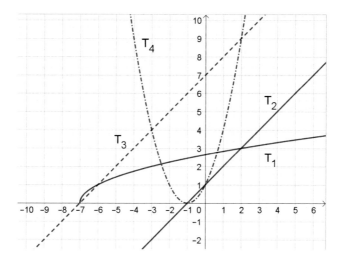

Abb. 5.47 Die Graphen der Funktionen mit $T_1(x) = \sqrt{x+7}$, $T_2(x) = x+1$, $T_3(x) = x+7$, $T_4(x) = (x+1)^2$

Setzt man diese Zahlen in die Ausgangsgleichung ein, dann erhält man:

| $x=2$ | Linke Seite: $\sqrt{2+7} = \sqrt{9} = 3$ | Rechte Seite: 2+1=3. Also ist $x=2$ eine Lösung |
| $x=-3$ | Linke Seite: $\sqrt{-3+7} = \sqrt{4} = 2$ | Rechte Seite: -3+1=-2. Also ist $x=-3$ keine Lösung |

Quadrieren einer Gleichung ist im Allgemeinen keine Äquivalenzumformung. Stellt man die beiden Funktionen mit $T_1(x) = \sqrt{x+7}$ und $T_2(x) = x+1$ grafisch dar, so erkennt man unmittelbar, dass die beiden Graphen nur einen Schnittpunkt haben und es somit nur eine Lösung dieser Gleichung gibt. In Abb. 5.47 sind neben den Graphen der Funktionen mit $y=T_1(x)$ und $y=T_2(x)$ auch die beiden Graphen der Funktionen mit den quadrierten Termen $T_3(x)$ und $T_4(x)$ eingezeichnet. Man sieht daraus den Zusammenhang zwischen den Lösungen der betrachteten Gleichungen. ◀

5.4.6 Algebraische Gleichungen höheren Grades (≥ 3)

Gerolamo Cardano (1501–1576) veröffentlichte 1545 in seinem Buch *Ars magna* erstmals eine Lösungsformel für Polynomgleichungen 3. Grades. Sie wurde bereits vorher von Niccolò Tartaglia (ca. 1500–1557) und Scipione del Ferro (ca. 1465–ca. 1526) entdeckt (siehe Alten et al., 2003, S. 254 ff.). Für den Mathematikunterricht hat diese Lösungsformel keine unmittelbare praktische Bedeutung, da ihre Anwendung kompliziert ist. Im Zusammenhang mit dem Arbeiten mit CAS zeigen die Cardanischen Formeln aber eine Möglichkeit, wie Rechner Gleichungen auch auf der symbolischen Ebene lösen können.

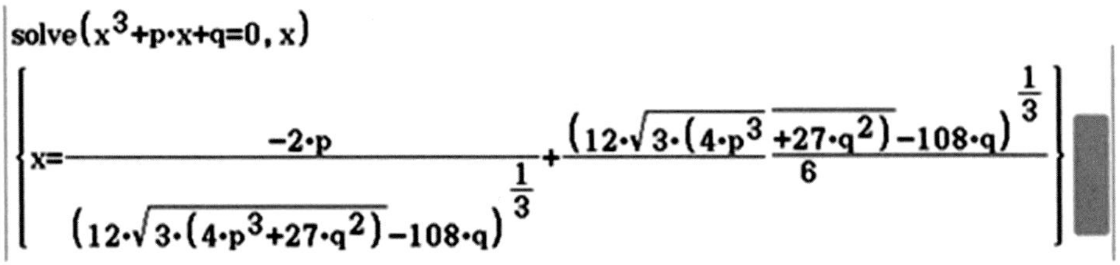

$$\text{solve}\left(x^3 + p \cdot x + q = 0, x\right)$$

$$\left\{ x = \frac{-2 \cdot p}{\left(12 \cdot \sqrt{3 \cdot \left(4 \cdot p^3 + 27 \cdot q^2\right)} - 108 \cdot q\right)^{\frac{1}{3}}} + \frac{\left(12 \cdot \sqrt{3 \cdot \left(4 \cdot p^3 + 27 \cdot q^2\right)} - 108 \cdot q\right)^{\frac{1}{3}}}{6} \right\}$$

Abb. 5.48 Lösung der Gleichung $x^3 + p \cdot x + q = 0$ mit dem Casio ClassPad

Unter historischen Gesichtspunkten können die enormen Bemühungen um das Lösen von (Polynom-)Gleichungen den Ursprung eines Problems aufzeigen, das schließlich zum Satz von Abel geführt hat (vgl. 5.1.11). Damit werden auch Grenzen der Mathematik sichtbar.

Die *Cardanischen Formeln* gehen von der reduzierten Gleichung 3. Grades aus (d. h. von einer Polynomgleichung 3. Grades ohne quadratischem x-Summanden):

$$x^3 + p \cdot x + q = 0^{15}, p, q \in \mathbb{R}.$$

Hierfür gibt Cardano die folgende Lösungsformel an (vgl. Alten et al., 2003, S. 261; Leuders, 2016, S. 219 ff.):

$$x = \sqrt[3]{-\frac{q}{2} + \sqrt{\left(\frac{q}{2}\right)^2 + \left(\frac{p}{3}\right)^3}} + \sqrt[3]{-\frac{q}{2} - \sqrt{\left(\frac{q}{2}\right)^2 + \left(\frac{p}{3}\right)^3}}$$

Die Struktur dieser Lösungen zeigt sich bei einem CAS – hier dem Casio ClassPad (Abb. 5.48).

▶ **Exkurs** In der Sekundarstufe II führen „Kurvendiskussionen" häufig auf das Lösen von Gleichungen 3. oder auch höheren Grades. Eine mathematische Grundlage für das Lösen von Polynomgleichungen stellen u. a. die folgenden Sätze dar:

Satz 1 Für

$$x^n + a_{n-1}x^{n-1} + \ldots + a_1 x + a_0 = 0 \quad \text{mit} \quad a_i \in \mathbb{Z}$$

gilt:
   1) Ist eine Lösung rational, dann ist sie sogar ganz.
   2) Ist eine Lösung ganz, dann ist sie ein Teiler von a_0.

---

[15] Die Gleichung $x^3 + b \cdot x^2 + c \cdot x + d = 0$ lässt sich durch die Substitution $x' = x - \frac{b}{3}$ in die reduzierte Form überführen.

Beweis von 1).
Es sei $\frac{p}{q}$ mit $p, q \in \mathbb{Z}, q \neq 0$, eine Lösung der Gleichung

$$x^n + a_{n-1}x^{n-1} + \ldots + a_1 x + a_0 = 0 \quad \text{mit} \quad a_i \in \mathbb{Z}.$$

Dann gilt:

$$\left(\frac{p}{q}\right)^n + a_{n-1}\left(\frac{p}{q}\right)^{n-1} + \ldots + a_1 \frac{p}{q} + a_o = 0 \qquad | q^n$$

$$p^n + a_{n-1}p^{n-1}q + \ldots + a_1 p q^{n-1} + a_o q^n = 0$$

Nach p^n umgestellt ergibt sich: $p^n = qT$, wobei T ein Term über $\mathbb{Z}$ ist.

q ist also Teiler von p^n und damit auch Teiler von p. $\frac{p}{q}$ kann durch q gekürzt werden, $\frac{p}{q}$ ist also eine ganze Zahl.

Beweis von (2).

Hier sei nur angedeutet, dass sich eine ganzzahlige Lösung p, in die Gleichung eingesetzt, aus jedem Summanden bis auf a_o ausklammern lässt. Es ergibt sich so

$a_o = pT$, wobei T ein Term über $\mathbb{Z}$ ist.

p ist also Teiler von a_o.

Satz 2 Verallgemeinerung des Satzes von Vieta (vgl. Abschn. 5.1.9)
Ist q eine Lösung von

$$a_n x^n + a_{n-1}x^{n-1} + \ldots + a_1 x + a_0 = 0 \quad \text{mit} \quad a_i \in \mathbb{R},$$

dann ist

$$a_n x^n + a_{n-1}x^{n-1} + \ldots + a_1 x + a_0$$

durch $(x - q)$ teilbar.

Beweis
Es sei $P(x) = a_n x^n + a_{n-1}x^{n-1} + \ldots + a_1 x + a_0$.

Weil q eine Lösung von $P(x) = 0$ ist, gilt $P(q) = 0$. Hieraus folgt für alle $x \in \mathbb{R}$:

$$P(x) = P(x) - P(q)$$

$$= a_n(x^n - q^n) + a_{n-1}(x^{n-1} - q^{n-1}) + \ldots + a_1(x - q)$$

$$= (x-q)(a_n\left(x^{n-1} + x^{n-2}q + \ldots + q^{n-1}\right) + a_{n-1}(x^{n-2} + x^{n-3}q + \ldots + q^{n-2}) + \ldots$$
$$+ a_2(x + q) + a_1)$$

$= (x - q) T$, wobei T ein Term über $\mathbb{R}$ ist.

Also ist $(x - q)$ Teiler von $P(x)$.

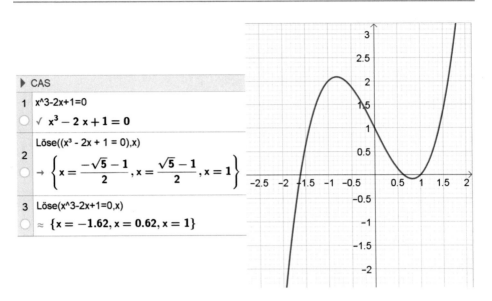

Abb. 5.49 Symbolische, numerische und grafische Lösung der Gleichung $x^3 - 2 \cdot x + 1 = 0$

Die Bedeutung für den Unterricht liegt bei Satz 1 in der Möglichkeit, Lösungen durch Probieren finden zu können, bei Satz 2 in der Reduktion des Grades bei einer bekannten Lösung. Im Mathematikunterricht haben Gleichungen höheren Grades meist so viele ganzzahlige Lösungen, dass man durch Division auf eine quadratische Gleichung kommt, die dann nach der Formel lösbar ist. Diese im Rahmen des händischen Rechnens übliche Strategie verliert allerdings bei der Verwendung von CAS an Bedeutung, da diese Polynomgleichungen höheren Grades zumindest numerisch „auf Knopfdruck" lösen können.

Darüber hinaus ist das theoretische Hintergrundwissen von Satz 1 und 2 hilfreich und notwendig, um von einem CAS gegebene Lösungen insbesondere bei Polynomgleichungen 3. Grades einordnen und verstehen zu können. So gibt beispielsweise GeoGebra die symbolische Lösung der Gleichungen $x^3 - 2x + 1 = 0$ in exakter Weise an, da die ganzzahlige Lösung $x = 1$ auftritt und, nach der Polynomdivision mit $x - 1$, „nur" noch eine quadratische Gleichung zu lösen ist (Abb. 5.49).

Die Komplexität der Lösungsalgorithmen zeigt sich allerdings bereits bei Polynomgleichungen 3. Grades, wenn bei der Gleichung in Abb. 5.49 nur kleine Veränderungen vorgenommen werden. Abb. 5.50 zeigt die symbolischen Lösungen der Gleichung $x^3 - x - 1 = 0$ mit dem Casio ClassPad. GeoGebra gibt hier sogar nur die numerischen Lösungen an.

Die Lösung der Gleichung $x^3 - 3x + 1 = 0$ – ebenfalls mit dem Casio ClassPad – zeigt dagegen, dass hier ein anderer Lösungsalgorithmus verwendet wird (Abb. 5.51).

Abb. 5.50 Symbolische und grafische Lösung der Gleichung $x^3 - x - 1 = 0$ mit dem Casio ClassPad

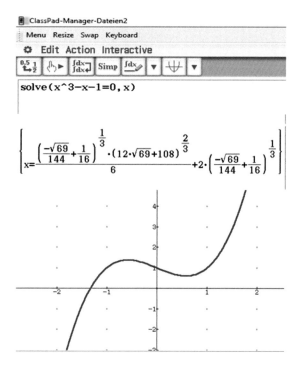

Das symbolische Lösen von Polynomgleichungen bereits 3. Grades mit einem CAS zeigt somit die Grenzen dieses Werkzeugs auf. Im Mathematikunterricht gibt dieser Umstand aber auch einen Einblick in die Komplexität der Problemstellung sowie die bei einem CAS verwendeten Algorithmen.[16]

5.4.7 Exponentielle Gleichungen

5.4.7.1 Exponentielle Gleichungen umformen

Ein Zugang zum Umformen von Exponentialgleichungen kann durch strukturierte Aufgabensequenzen erfolgen. Die Aufgaben dieser Sequenz unterscheiden sich nur im Detail („Nachbaraufgaben") und enthalten solche, die sich unmittelbar im Kopf lösen lassen, etwa (a) oder (f). Die Lösungen der anderen Gleichungen folgen dann unter Bezug auf diese einfachen Aufgaben und sind deshalb ebenfalls im Kopf lösbar. Ziel dieser Sequenz ist die Ausbildung der Flexibilität beim Gleichungslösen bei Exponentialgleichungen.

---

[16] Hintergrundwissen zur Arbeitsweise von Computeralgebrasystemen, siehe etwa Koepf (2006).

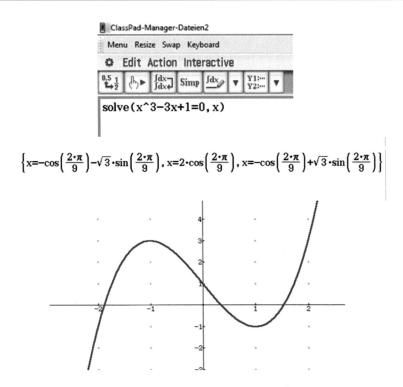

Abb. 5.51 Symbolische und grafische Lösung der Gleichung $x^3 - 3x + 1 = 0$ mit dem Casio ClassPad

---

Beispiel: Strukturierte Aufgabensequenz

Löse folgende Exponentialgleichungen.

(a) $2^x = \frac{1}{2}$	(b) $2^{x+1} = 16$	(c) $2^{x+1} = 1$	(d) $2^x - 8 = 0$	(e) $\frac{2^{x+1}}{16} = 1$
(f) $2^x = 8$	(g) $\left(\frac{1}{2}\right)^x = \frac{1}{8}$	(h) $2^{x+1} = \frac{1}{4}$	(i) $2^x = \frac{1}{8}$	(j) $2 \cdot 2^x = 1$

◄

Weiterhin gibt es bei Exponentialgleichungen, wie etwa bei $3^x = 7$ oder $2^{x+1} - 5 = 0$, algebraische, grafische und numerische Lösungsverfahren. Das algebraische Verfahren des „Logarithmierens" steht im Zusammenhang mit Exponential- und Logarithmusfunktionen. Für positive reelle Werte x und y gilt mit $b \in \mathbb{R}^+$, $b \neq 1$:

$$\log_b x = \log_b y \Leftrightarrow x = y.$$

Unter Berücksichtigung des Definitionsbereichs der Logarithmusfunktionen $(x, y > 0)$ ist folglich „Logarithmieren" eine Äquivalenzumformung.

Wiederum gilt es, die Flexibilität des Gleichungslösens durch strukturierte Aufgabensequenzen, wie im folgenden Beispiel gezeigt, adäquat auszubilden.

Beispiel

Löse die Exponentialgleichungen. Überlege adäquate Lösungsstrategien.

(a) $4^x = 12$	(b) $2 \cdot 3^x - 1 = 9$	(c) $5^x = 5^{-x}$	(d) $a^x = 1$
(e) $2 \cdot 7^{-3x} = 5$	(f) $4^{3x+1} = 4^{2x-5}$	(g) $3^x = 27$	(h) $0,5^x + 1 = 1,25$

◄

Beispielhaft seien verschiedene Lösungen der Gleichung (e) angegeben:

$2 \cdot 7^{-3x} = 5$	|:2
$7^{-3x} = \frac{5}{2}$	| $\log_{10}$
$-3x \log_{10} 7 = \log_{10}\left(\frac{5}{2}\right)$	|: $(3 \cdot \log_{10} 7)$

$$x = -\frac{\log_{10}\left(\frac{5}{2}\right)}{3 \log_{10} 7} \qquad (*)$$

Eine alternative Berechnung wäre:

$2 \cdot 7^{-3x} = 5$	|:2
$7^{-3x} = \frac{5}{2}$	| $\log_7$
$-3x \log_7 7 = \log_7\left(\frac{5}{2}\right)$	| wegen $\log_7 7 = 1$
$-3x = \log_7\left(\frac{5}{2}\right)$	|: (-3)

$$x = -\frac{\log_7\left(\frac{5}{2}\right)}{3}$$

Mit einem Rechner lassen sich die entsprechenden Logarithmuswerte einfach bestimmen. Allerdings lässt sich mit einem CAS die Gleichung auch direkt numerisch lösen (Abb. 5.52).

Als symbolische Lösung erhält man mit einem CAS:

$$x = \frac{\ln 2 - \ln 5}{3 \ln 7}.$$

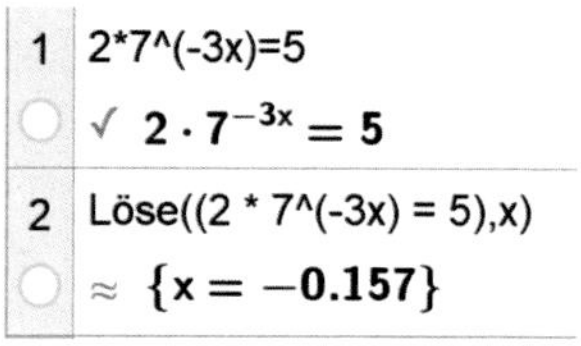

Abb. 5.52 Numerische Lösung der Gleichung $2 \cdot 7^{-3x} = 5$ mit einem CAS

1	2*7^(-3x)=5
○	✓ $2 \cdot 7^{-3x} = 5$
2	Löse((2 * 7^(-3x) = 5),x)
○	$\approx \{x = -0.157\}$

Hier wird der natürliche Logarithmus verwendet, der in der Sekundarstufe I im Allgemeinen noch nicht bekannt ist. Der Nachweis der Gleichwertigkeit zu (*) lässt sich deshalb nur in der Oberstufe führen (vgl. auch Barzel et al., 2021, S. 227ff.).

5.4.7.2 Exponentielle Gleichungen in Anwendungs- und Modellierungsaufgaben

Exponentielle Gleichungen werden vor allem bei Wachstumsprozessen interessant, sind dann aber oft im Kontext von Funktionen zu finden. Dennoch illustriert das folgende Beispiel, dass bei exponentiellen Gleichungen auch das zielgerichtete Aufstellen von Gleichungen und deren Interpretation relevant sind (vgl. Abschn. 5.3.4).

Beispiel: Radioaktiver Zerfall

Bei dieser Aufgabe (Abb. 5.53) gilt es zunächst die *Funktionsgleichung aufzustellen,* die den Zerfall der radioaktiven Substanz entsprechend der Halbwertszeit von *T = 1620* Jahre beschreibt. Sind am Anfang N_0 *[g]* der Substanz vorhanden, dann sind zur Zeit *t [in Jahren]* noch N_t *[g]* vorhanden mit

$$N_t = N_0 \cdot 2^{-\frac{t}{1620}}.$$

◀

Sind N_o und N_t bekannt, dann ergibt das *Auflösen der Gleichung nach t:*

$$t = -1620 \cdot log_2 \frac{N_t}{N_0}.$$

Das Wissen, dass stets $0 < \frac{N_t}{N_0} < 1$ für t>0 und somit $log_2 \frac{N_t}{N_0} < 0$ gilt, zeigt, dass das Ergebnis des Berechnungsterms für *t* stets – wie es natürlich auch sinnvoll ist – größer als 0 ist.

---

7 | Halbwertszeit – Verdopplungszeit

Bei exponentiellem Wachstum und Zerfall werden oft Informationen über die Verdopplungszeit und die Halbwertszeit gegeben. Die betreffende Zeit gibt an, wie lange es dauert, bis sich eine „Menge" verdoppelt bzw. halbiert hat. Radium zerfällt in andere, zum Teil nichtradioaktive Substanzen mit einer Halbwertszeit von 1620 Jahren.

a) Übertrage die Tabelle und ergänze.

Anzahl der „Halbwertszeiten"	0	1	2	3
Anzahl t der Jahre	0	1620	■	■
Menge m(t) des Radiums nach t Jahren	30g	■	■	■

b) Angenommen, zu Beginn sind 30g Radium vorhanden. Mit welcher Funktion kann man die Menge des Radiums berechnen, das nach t Jahren noch vorhanden ist?

c) Wie viel Gramm Radium sind nach 400 Jahren noch übrig?

Abb. 5.53 Eine Aufgabe zur Halbwertszeit beim radioaktiven Zerfall (Mathematik 10, Neue Wege, Körner et al., 2016, S. 63)

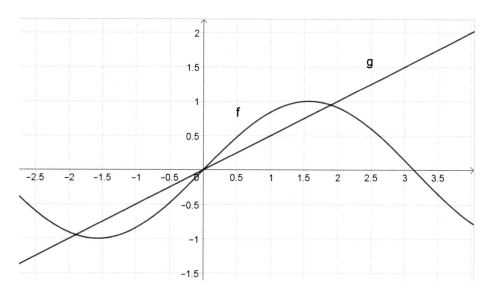

Abb. 5.54 Grafische Lösung der Gleichung $\sin(x) = \frac{1}{2}x$ mithilfe der Graphen der Funktionen mit $f(x) = \sin(x)$ und $g(x) = \frac{1}{2}x$

5.4.8 Trigonometrische Gleichungen

Selbst einfache trigonometrische Gleichungen lassen sich häufig nicht mehr mit einem CAS auf der symbolischen und/oder numerischen Ebene lösen.

> **Beispiel**
>
> $\sin(x) = \frac{1}{2}x, x \in \mathbb{R}$
>
> Diese Gleichung lässt sich grafisch lösen (Abb. 5.54). Man erhält die Näherungslösungen $x_1 \approx -1{,}85$ und $x_3 \approx 1{,}85$ neben der sofort ersichtlichen exakten Lösung $x_2 = 0$. ◄

Allerdings sind auch grafische Lösungen nicht immer unmittelbar abzulesen. Sie können sich zum einen außerhalb des gerade betrachteten Grafikfensters befinden, zum anderen sind bei der Existenz unendlich vieler Lösungen die Grenzen der grafischen oder numerischen Darstellung erreicht.

> **Beispiel**
>
> $$1 + \sin(x) = 2^x.$$
>
> (Vgl. Abb. 5.55)

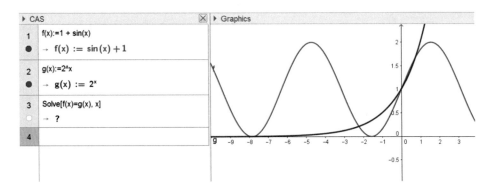

Abb. 5.55 Grafische Darstellung der Gleichung $1 + \sin(x) = 2^x$ mithilfe der Graphen der Funktionen mit $f(x) = 1 + \sin(x)$ und $g(x) = 2^x$

Das Wissen um die Eigenschaft der Periodizität der Sinusfunktion und des Verhaltens der Exponentialfunktion bei der Annäherung gegen das „(Minus-)Unendliche" lässt die Existenz der unendlich vielen Lösungen der Gleichung erkennen. (vgl. auch Barzel et al., 2021, S. 259ff.) ◄

5.4.9 Aufstellen von Kurvengleichungen

Kurven sind geometrische Objekte, die als Punktmengen in der Ebene oder im Raum beschrieben werden können. So ist etwa ein Kreis die Menge aller Punkte, die denselben Abstand zu einem gegebenen Punkt, dem Mittelpunkt, aufweisen. Kurvengleichungen sind Beschreibungen derartiger geometrischer Objekte in der Formelsprache. Auch Graphen von Funktionen sind Kurven und Funktionsgleichungen sind Kurvengleichungen.

Geht man von der geometrischen Kennzeichnung oder Definition einer Kurve aus, dann lässt sich das Aufstellen einer Kurvengleichung als Doppelschritt aus dem *geometrischen Strukturieren* und dem *Formalisieren* der gefundenen Struktur ansehen. Im ersten Schritt werden Eigenschaften von Kurvenpunkten im Rahmen eines Koordinatensystems identifiziert, im zweiten Schritt werden die entsprechenden Gleichungen formuliert.

Beispiel

Die Parabel ist die Menge aller Punkte P, die von einer Geraden g und einem Punkt F, der nicht auf g liegt, denselben Abstand haben. Wie lautet die Gleichung der Parabel? (siehe auch Abschn. 4.4.3.6)

Strukturieren

Das rechtwinklige Koordinatensystem wird so positioniert, dass die x-Achse längs g und F auf der y-Achse mit den Koordinaten $F(0, b)$, $b \in \mathbb{R}^+$, liegt.

Formulieren

Die geometrische Definition der Parabel wird nun in die Formelsprache übersetzt. Mithilfe des Dreiecks (Abb. 5.56) lässt sich der Abstand zwischen $P(x, y)$, $y > 0$, und $F(0, b)$ mittels des Terms $\sqrt{\left(x^2 + (y - b)^2\right)}$ berechnen. y ist der Abstand von P zu g. Als Kurvengleichung ergibt sich

$$y = \sqrt{x^2 + (y - b)^2} \text{ bzw.}$$

$$x^2 - y^2 + (y - b)^2 = 0.$$

Dies lässt sich umformen zu

$$x^2 - 2yb + b^2 = 0,$$

Abb. 5.56 Aufstellen der Parabelgleichung aus der geometrischen Bedingung

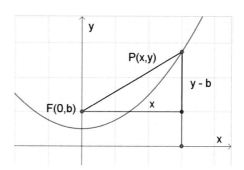

Abb. 5.57 Ellipse mit $|PF_1| + |PF_2| = \text{const} = 2a$

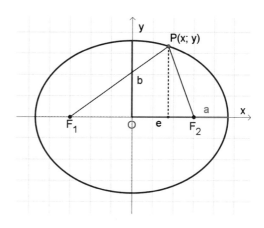

oder

$$y = \frac{1}{2b}x^2 + \frac{b}{2}.$$

Damit erhält man die Gleichung des Graphen einer quadratischen Funktion. ◄

In der Sekundarstufe begegnen Lernende der Parabel zuerst als Graph einer quadratischen Funktion. Die Übersetzung der geometrischen Definition der Parabel in die Formelsprache liefert genau eine solche quadratische Funktionsgleichung.

In analoger Weise erfolgt der Zugang zur Ellipsengleichung.

Beispiel

Gegeben seien zwei Punkte F_1 und F_2. Die Menge aller Punkte P mit der Eigenschaft

$$|PF_1| + |PF_2| = \text{const}$$

heißt *Ellipse* mit den Brennpunkten F_1 und F_2. (Vgl. Abb. 5.57) ◄

Strukturieren

Die x-Achse eines rechtwinkligen Koordinatensystems wird längs der Strecke $[F_1F_2]$ mit dem Ursprung als Mittelpunkt dieser Strecke gelegt. Dann haben die beiden gegebenen Punkte die Koordinaten $F_1(e, 0)$ und $F_2(-e, 0)$, mit einer positiven reellen Zahl e. Weiterhin sei $|PF_1| + |PF_2| = 2a$ und $a^2 - b^2 = e^2$ mit zwei positiven reellen Zahlen a und b, wobei $a \geq b$.

Formulieren

Mit $|PF_1| + |PF_2| = 2a$ erhält man für die Punkte $P(x, y)$ der Ellipse die Gleichung

$$\sqrt{(x-e)^2 + y^2} + \sqrt{(x+e)^2 + y^2} = 2a,$$

also

$$\sqrt{(x-e)^2 + y^2} = 2a - \sqrt{(x+e)^2 + y^2}.$$

Durch Quadrieren erhält man:

$$(x-e)^2 + y^2 = 4a^2 + (x+e)^2 + y^2 - 4a\sqrt{(x+e)^2 + y^2},$$

also

$$-4xe = 4a^2 - 4a\sqrt{(x+e)^2 + y^2},$$

das heißt

$$a^2 + xe = a\sqrt{(x+e)^2 + y^2}.$$

Erneutes Quadrieren liefert:

$$a^4 + 2a^2xe + x^2e^2 = a^2\left(x^2 + e^2 + 2xe + y^2\right).$$

Daraus ergibt sich

$$a^4 - a^2e^2 = a^2y^2 + a^2x^2 - x^2e^2.$$

Indem wir $e^2 = a^2 - b^2$ setzen, ergibt sich

$$a^4 - a^2\left(a^2 - b^2\right) = a^2y^2 + a^2x^2 - x^2\left(a^2 - b^2\right).$$

Also

$$a^2b^2 = a^2y^2 + x^2b^2.$$

Schließlich dividieren wir noch durch a^2b^2 und erhalten

$$\frac{x^2}{a^2} + \frac{y^2}{b^2} = 1.$$

Die Ellipsengleichung wird im Allgemeinen in der Sekundarstufe I nicht mehr behandelt. Sie kann aber durchaus, wie in diesem Beispiel, als Übung und Anwendung für das Aufstellen und Interpretieren von Gleichungen dienen. Sie stellt dann auch ein Kontrastbeispiel zum Funktionsbegriff dar, da im Intervall $]-a; a[$ jedem x-Wert zwei y-Werte zugeordnet sind. Allerdings beschreibt eine Ellipsengleichung durch entsprechende Einschränkungen – etwa $y \geq 0$ – wiederum einen Funktionsgraphen.

Aufgaben Gleichungen

1. Geben Sie Beispiele an, wie Sie von der operationalen Grundvorstellung ausgehend die relationale Grundvorstellung von Gleichungen im Unterricht entwickeln können.
2. Diskutieren Sie Vorzüge und Schwächen des Waagemodells für das Lösen von Gleichungen. Gehen Sie dabei insbesondere auf die Grenzen dieses Modells ein.
3. Vergleichen Sie das Waage- und das Streckenmodell hinsichtlich Gemeinsamkeiten und Unterschieden. Für welches Modell würden Sie sich im Unterricht entscheiden?
4. Erläutern Sie anhand des Prinzips der fortschreitenden Schematisierung, wie Sie mithilfe dieser Modelle das Gleichungslösen einführen können. Welche Herausforderungen müssen Sie dabei beachten?
5. Geben Sie einen Überblick, was unter „Verstehen im Kalkül" verstanden wird. Wie können Sie überprüfen, welches diesbezügliche Verständnis Lernende erlangt haben?
6. Welche Gründe sehen Sie, dass vielen Lernenden das Lösen von Ungleichungen schwerer fällt als das Lösen von Gleichungen?

7. Warum sind Sach- bzw. Anwendungsaufgaben bei Lernenden häufig sehr unbeliebt? Welche Maßnahmen lassen sich ergreifen, um dies zu ändern?

8. Nennen Sie einige typische Fragestellungen, die beim Arbeiten mit Funktionen auf Gleichungen führen (können).

9. Geben Sie eine Problemstellung bei einer Funktion an, die auf ein Gleichungssystem führt. Wie kann man Lernenden klarmachen, dass als Lösungen nur Zahlenpaare infrage kommen?

10. Erläutern Sie, welche Bedeutung die Graphen von Funktionen für das Lösen von Gleichungen haben können.

11. Welche Rolle spielt die Probe beim Lösen von Gleichungen? Betrachten Sie unterschiedliche Situationen und Aufgabentypen.

12. Erläutern Sie drei typische Fehler beim Gleichungslösen und geben Sie Maßnahmen an, wie Sie damit umgehen, wenn diese Fehler im Unterricht auftreten.

13. Beschreiben Sie anhand von Beispielen Schwierigkeiten bzw. Fehler, die beim Lösen von Gleichungen vorkommen. Zeigen Sie Möglichkeiten auf, diesen entgegenzuwirken.

14. Erläutern Sie verschiedene Verfahren zum Lösen linearer Gleichungen!

15. Beschreiben Sie Zusammenhänge zwischen linearen Gleichungen und linearen Funktionen!

16. Erläutern Sie verschiedene Verfahren zur Lösung eines Systems von zwei linearen Gleichungen mit zwei Variablen! Formulieren Sie dazu Lernziele!

17. Entwerfen Sie eine Unterrichtseinheit, in welcher der Einfluss unterschiedlicher Werte der reellen Zahlen a und b, $a, b \in \mathbb{R}$, auf die Anzahl der Lösungen des Gleichungssystems
    I. $(a + 2)x + 4y = 3$
    II. $2x + ay = b + 1$
    untersucht wird!

18. Diskutieren Sie näherungsweise und exakte Verfahren zum Lösen einer quadratischen Gleichung im Mathematikunterricht.

19. Erläutern Sie die Rolle der binomischen Formeln bei der Herleitung der Lösungsformel für quadratische Gleichungen!

20. Beschreiben Sie verschiedene Möglichkeiten zur Lösung quadratischer Gleichungen! Gehen Sie dabei auch auf Näherungsverfahren ein!

21. Erläutern und vergleichen Sie am Beispiel $\sqrt{5x - 1} = -x + 5$, wie Wurzelgleichungen grafisch und algebraisch gelöst werden können. Gehen Sie dabei insbesondere auch auf Vor- und Nachteile der beiden Verfahren ein.

22. Welche Probleme ergeben sich bei der Behandlung von Bruchgleichungen? Welche Kenntnisse und Fähigkeiten benötigen Lernende beim Lösen von Bruchgleichungen? Diskutieren Sie diese Probleme am Beispiel

$$\frac{12}{x + 3} + 9 = \frac{21}{2 - x}.$$

23. Beschreiben Sie Lernschritte zur Erarbeitung des Themas „Bruchterme und Bruchgleichungen"!

24. Welche Bedeutung messen Sie (zukünftig) Computeralgebrasystemen beim Lösen von Gleichungen zu?

25. Beschreiben Sie verschiedene Lösungsstrategien für die Gleichung $2^{x-1} = x^2 - 2$, $x \in \mathbb{R}$.

26. Beschreiben Sie verschiedene Methoden zur näherungsweisen Lösung der Gleichung $x^3 = 2$.

27. Erläutern Sie Sachsituationen, die im Mathematikunterricht auf Systeme von zwei linearen Gleichungen mit zwei Unbekannten führen.

28. Für Polynomgleichungen 3. Grades wird im Mathematikunterricht im Allgemeinen kein Lösungsalgorithmus entwickelt. Erläutern Sie, wie man Gleichungen 3. Grades numerisch und grafisch lösen kann.

29. In Abschn. 5.3.3.2 finden Sie unter der Überschrift „Entdeckende Zugänge" eine Beispielaufgabe dafür, wie Lernende den Satz von Vieta „entdecken" können. Überlegen Sie noch einmal, welche Ziele jede Teilaufgabe verfolgt, und formulieren Sie anschließend eine analoge Aufgabe für einen entdeckenden Zugang zum Satz vom Nullprodukt als Lösungsverfahren für quadratische Gleichungen.

30. In Abschn. 5.4.7 finden Sie als erstes Beispiel eine strukturierte Aufgabensequenz für das Lösen von Exponentialgleichungen mittels Nachbaraufgaben. Formulieren Sie eine analoge Aufgabe für das Lösen quadratischer Gleichungen mittels Nachbaraufgaben.

Bisher erschienene Bände (Auswahl)

Didaktik der Mathematik

T. Bardy/P. Bardy: Mathematisch begabte Kinder und Jugendliche (P)

C. Benz/A. Peter-Koop/M. Grüßing: Frühe mathematische Bildung (P)

M. Franke/S. Reinhold: Didaktik der Geometrie (P)

M. Franke/S. Ruwisch: Didaktik des Sachrechnens in der Grundschule (P)

K. Hasemann/H. Gasteiger: Anfangsunterricht Mathematik (P)

K. Heckmann/F. Padberg: Unterrichtsentwürfe Mathematik Primarstufe, Band 1 (P)

K. Heckmann/F. Padberg: Unterrichtsentwürfe Mathematik Primarstufe, Band 2 (P)

F. Käpnick/R. Benölken: Mathematiklernen in der Grundschule (P)

G. Krauthausen: Digitale Medien im Mathematikunterricht der Grundschule (P)

G. Krauthausen: Einführung in die Mathematikdidaktik (P)

G. Krummheuer/M. Fetzer: Der Alltag im Mathematikunterricht (P)

F. Padberg/C. Benz: Didaktik der Arithmetik (P)

E. Rathgeb-Schnierer/C. Rechtsteiner: Rechnen lernen und Flexibilität entwickeln (P)

P. Scherer/E. Moser Opitz: Fördern im Mathematikunterricht der Primarstufe (P)

H.-D. Sill/G. Kurtzmann: Didaktik der Stochastik in der Primarstufe (P)

A.-S. Steinweg: Algebra in der Grundschule (P)

G. Hinrichs: Modellierung im Mathematikunterricht (P/S)

A. Pallack: Digitale Medien im Mathematikunterricht der Sekundarstufen I + II (P/S)

A. Schulz/S. Wartha: Zahlen und Operationen am Übergang Primar-/Sekundarstufe (P/S)

R. Danckwerts/D. Vogel: Analysis verständlich unterrichten (S)

C. Geldermann/F. Padberg/U. Sprekelmeyer: Unterrichtsentwürfe Mathematik Sekundarstufe II (S)

G. Greefrath: Didaktik des Sachrechnens in der Sekundarstufe (S)

G. Greefrath: Anwendungen und Modellieren im Mathematikunterricht (S)

G. Greefrath/R. Oldenburg/H.-S. Siller/V. Ulm/H.-G. Weigand: Didaktik der Analysis für die Sekundarstufe II (S)

K. Heckmann/F. Padberg: Unterrichtsentwürfe Mathematik Sekundarstufe I (S)

© Springer-Verlag GmbH Deutschland, ein Teil von Springer Nature 2022
H.-G. Weigand et al., *Didaktik der Algebra*, Mathematik Primarstufe und Sekundarstufe
I + II, https://doi.org/10.1007/978-3-662-64660-1

W. Henn/A. Filler: Didaktik der Analytischen Geometrie und Linearen Algebra (S)

K. Krüger/H.-D. Sill/C. Sikora: Didaktik der Stochastik in der Sekundarstufe (S)

F. Padberg/S. Wartha: Didaktik der Bruchrechnung (S)

V. Ulm/M. Zehnder: Mathematische Begabung in der Sekundarstufe (S)

H.-J. Vollrath/J. Roth: Grundlagen des Mathematikunterrichts in der Sekundarstufe (S)

H.-G. Weigand et al.: Didaktik der Geometrie für die Sekundarstufe I (S)

H.-G. Weigand/A. Schüler-Meyer/G. Pinkernell: Didaktik der Algebra (S)

H.-G. Weigand/T. Weth: Computer im Mathematikunterricht (S)

Mathematik

M. Helmerich/K. Lengnink: Einführung Mathematik Primarstufe – Geometrie (P)

K. Appell/J. Appell: Mengen – Zahlen – Zahlbereiche (P/S)

A. Büchter/F. Padberg: Arithmetik und Zahlentheorie (P/S)

A. Büchter/F. Padberg: Einführung in die Arithmetik (P/S)

A. Filler: Elementare Lineare Algebra (P/S)

H. Humenberger/B. Schuppar: Mit Funktionen Zusammenhänge und Veränderungen beschreiben (P/S)

S. Krauter/C. Bescherer: Erlebnis Elementargeometrie (P/S)

H. Kütting/M. Sauer: Elementare Stochastik (P/S)

T. Leuders: Erlebnis Algebra (P/S)

T. Leuders: Erlebnis Arithmetik (P/S)

F. Padberg/A. Büchter: Elementare Zahlentheorie (P/S)

F. Padberg/R. Danckwerts/M. Stein: Zahlbereiche (P/S)

H. Albrecht: Elementare Koordinatengeometrie (S)

B. Barzel/M. Glade/M. Klinger: Algebra und Funktionen – Fachlich und fachdidaktisch (S)

S. Bauer: Mathematisches Modellieren (S)

A. Büchter/H.-W. Henn: Elementare Analysis (S)

B. Schuppar: Geometrie auf der Kugel – Alltägliche Phänomene rund um Erde und Himmel (S)

B. Schuppar/H. Humenberger: Elementare Numerik für die Sekundarstufe (S)

G. Wittmann: Elementare Funktionen und ihre Anwendungen (S)

(P) = Schwerpunkt Primarstufe

(S) = Schwerpunkt Sekundarstufe

Literatur

Aebli, H. (2001). *Denken: Das Ordnen des Tuns* (Bd. 1). Klett-Cotta.

Affolter, W., Beerli, G., Hurschler, H., Jaggi, B., Jundt, W., Krummenacher, R., Nydegger, A., Wälti, B., & Wieland, G. (2010). *Mathbu.ch 8. Mathematik im 8. Schuljahr für die Sekundarstufe 1*. Schulverlag blmv AG. Klett und Balmer.

Affolter, W., Beerli, G., Hurschler, H., Jaggi, B., Jundt, W., Krummenacher, R., Nydegger, A., Wälti, B., & Wieland, G. (2017). Das Mathbuch 1. Mathematik für die Sekundarstufe 1. Ernst Klett.

Affolter, W., Beerli, G., Hurschler, H., Jaggi, B., Jundt, W., Krummenacher, R., Nydegger, A., Wälti, B., & Wieland, G. (2017). *Mathbuch 2. Mathematik für die Sekundarstufe 1* (3. unveränderter Nachdruck). Schulverlag plus AG.

Ainsworth, S. (2006). DeFT: A conceptual framework for considering learning with multiple representations. *Learning and Instruction, 16*(3), 183–198.

Akinwunmi, K. (2012). *Zur Entwicklung von Variablenkonzepten beim Verallgemeinern mathematischer Muster*. Vieweg + Teubner.

Akinwunmi, K. (2015). „Wie viele Plättchen brauchst du für mein Muster?" Plättchenmuster entdecken, beschreiben, erfinden. *Praxis Grundschule, 38*(2), 24–29.

Alten, H.-W., Naini, A. D., Folkerts, M., Schlosser, H., Schlote, K.-H., & Wußing, H. (2003). *4000 Jahre Algebra: Geschichte – Kulturen – Menschen*. Springer.

Andelfinger, B. (1985). *Didaktischer Informationsdienst Mathematik, Arithmetik, Algebra und Funktionen,* Curriculum H. 44, Landesinstitut für Schule und Weiterbildung Soest.

Arcavi, A., Drijvers, P., & Stacey, K. (2017). *The learning and teaching of algebra. Ideas, insights and activities*. Routledge.

Arcavi, A. (1994). Symbol sense: Informal sense-making in formal mathematics. *For the Learning of Mathematics*, 14(3), 24–35.

Banerjee, R., & Subramaniam, K. (2012). Evolution of a teaching approach for beginning algebra. *Educational Studies in Mathematics, 80*(3), 351–367.https://doi.org/10.1007/s10649-011-9353-y

Baptist, P. (1997). *Pythagoras und kein Ende?* Klett.

Barzel, B. (2009). Schreiben in „Rechnersprache". Zum Problem des Aufschreibens beim Rechnereinsatz. In B. Barzel & C. Ehret (Hrsg.), *Mathematische Sprache entwickeln*. mathematik lehren Sonderheft Nr. 156 (S. 58–60). Friedrich.

Barzel, B., & Ebers, P. (2020). Kognitiv aktivieren – Eine wichtige Dimension fürs fachliche Lernen. *mathematik lehren, 223,* 24–28.

Barzel, B., & Holzäpfel, L. (2017). Strukturen als Basis der Algebra. *mathematik lehren, 202,* 2–8.

© Springer-Verlag GmbH Deutschland, ein Teil von Springer Nature 2022
H.-G. Weigand et al., *Didaktik der Algebra,* Mathematik Primarstufe und Sekundarstufe I + II, https://doi.org/10.1007/978-3-662-64660-1

Barzel, B., Glade, M, & Klinger, M. (2021). *Algebra und Funktionen – Fachlich und fach-didaktisch*. Springer Spektrum.

Bauer, A. (2015). *Argumentieren mit multiplen und dynamischen Darstellungen*. Würzburg University Press.

Beckmann, A. (2007). Was verändert sich, wenn …. *mathematik lehren, 141*, 44–51.

Bichler, E. (2010). *Explorative Studie zum langfristigen Taschencomputereinsatz im Mathematikunterricht. Der Modellversuch Medienintegration im Mathematikunterricht (M³) am Gymnasium*. Dr. Kovač.

Blanton M. L. & Kaput J. J. (2011). Functional thinking as a route into algebra in the elementary grades. In J. Cai & E. Knuth (Hrsg.), *Early algebraization. Advances in mathematics education*. Springer. https://doi.org/10.1007/978-3-642-17735-4_2

Block, J. (2016). Strategien und Fehler beim Lösen quadratischer Gleichungen im Kontext flexiblen algebraischen Handelns. In Institut für Mathematik und Informatik Heidelberg (Hrsg.), *Beiträge zum Mathematikunterricht 2016* (S. 157–160). WTM.

Blömeke, S., Kaiser, G., & Lehmann, R. (Hrsg.) (2010). *TEDS-M 2008. Professionelle Kompetenz und Lerngelegenheiten angehender Mathematiklehrkräfte für die Sekundarstufe I im internationalen Vergleich*. Waxmann.

Blum, W., Drüke-Noe, C., Hartung, R., & Köller, O. (2006). *Bildungsstandards Mathematik: Konkret. Sekundarstufe I: Aufgabenbeispiele, Unterrichtsanregungen, Fortbildungsideen*. Cornelsen Scriptor.

Blum, W., & Leiß, D. (2005). Modellieren im Unterricht mit der „Tanken"-Aufgabe. *mathematik lehren, 128*, 18–21.

Boaler, J. (2016). *Mathematical mindsets. Unleashing students' potential through creative math, inspiring messages and innovative teaching*. Jossey-Bass.

Böer, H., Göckel, D., & Hesse, D. (Hrsg.) (2014). *Mathe live: Mathematik für Sekundarstufe I. 8*. Klett.

Booth, L. R. (1984). *Algebra: Children's strategies and errors*. NFER-Nelson.

Borromeo Ferri, R., & Blum, W. (2011). Vorstellungen von Lernenden bei der Verwendung des Gleichheitszeichens an der Schnittstelle von Primar- und Sekundarstufe. In R. Haug & L. Holzäpfel (Hrsg.), *Beiträge zum Mathematikunterricht 2011* (S. 127–130). WTM.

Borromeo Ferri, R. (2018). *Learning how to teach mathematical modeling in school and teacher education*. Springer.

Bruder, R. (2010). Lernaufgaben im Mathematikunterricht. In H. Kiper, W. Meints, S. Peters, S. Schlump & S. Schmit (Hrsg.), *Lernaufgaben und Lernmaterialien im kompetenzorientierten Unterricht* (S. 114–124). Kohlhammer.

Bruner, J. (1960). *The process of education*. Harvard University Press.

Bruner, J. (1966). *Toward a theory of instruction*. Belknap Press of Harvard University Press.

Büchter, A. (2014). Das Spiralprinzip. *mathematik lehren, 182*, 2–9.

Büchter, A., & Henn, H.-W. (2007). *Elementare Stochastik. Eine Einführung in die Mathematik der Daten und des Zufalls* (2. Aufl.). Springer.

Cai, J., & Knuth, E. (2011). *Early algebraization*. Springer.

Cajori, F. (1993). *A history of mathematical notations*. Dover Publications.

Carraher, D. W., Martinez, M. V., & Schliemann, A. D. (2008). Early algebra and mathematical generalization. *ZDM, 40*, 3–22. https://doi.org/10.1007/s11858-007-0067-7

Carraher, D. W., Schliemann, A. D., Brizuela, B. M., & Earnest, D. (2006). Arithmetic and algebra in early mathematics education. *Journal for Research in Mathematics Education, 37*(2), 87–115. https://doi.org/10.2307/30034843

Caspi, S., & Sfard, A. (2012). Spontaneous meta-arithmetic as a first step toward school algebra. *International Journal of Educational Research, 51–52,* 45–65. https://doi.org/10.1016/j.ijer.2011.12.006

Chen, J.-S. (2020). *Textbook for 10th grade.* Nan-I Publisher.

Copei, F. (1930). *Der fruchtbare Moment im Bildungsprozess.* Quelle & Meyer.

Danckwerts, R., & Vogel, D. (2001). Extremwertaufgaben im Unterricht – Wege der Öffnung. *Der Mathematikunterricht, 4,* 9–15.

Digel, S., & Roth, J. (2020). Ein qualitativ-experimenteller Zugang zum funktionalen Denken mit dem Fokus auf Kovariation. In H.-S. Siller, W. Weigel & J. F. Wörler (Hrsg.), *Beiträge zum Mathematikunterricht 2020* (S. 1141–1144.). WTM.

Dirichlet, P. G. L. (1837). Über die Darstellung ganz willkürlicher Funktionen durch Sinus- und Cosinusreihen. *Repetitorium der Physik, 1,* 152–174.

Dörfler, W. (2012). Mathematik: Denken durch Schreiben. In W. Blum, R. Borromeo Ferri & K. Maaß (Hrsg.), *Mathematikunterricht im Kontext von Realität, Kultur und Lehrerprofessionalität* (S. 367–375). Vieweg+Teubner. https://doi.org/10.1007/978-3-8348-2389-2_37

Dreher, A. (2013). Den Wechsel von Darstellungsformen fördern und fordern oder vermeiden? In J. Sprenger, A. Wagner & M. Zimmermann (Hrsg.), *Mathematik lernen, darstellen, deuten, verstehen* (S. 215–255). Springer Spektrum.

Dreher, A., & Kuntze, S. (2015). Teachers' professional knowledge and noticing: The case of multiple representations in the mathematics classroom. *Educational Studies in Mathematics, 88*(1), 89–114. https://doi.org/10.1007/s10649-014-9577-8

Drüke-Noe, C., & Siller, H.-S. (2018). Aufgaben als Aufgabe. Aufgaben auswählen, charakterisieren, variieren. *mathematik lehren, 209,* 2–8.

Duijzer, C., Van den Heuvel-Panhuizen, M., Veldhuis, M., Doorman, M., & Leseman, P. (2019). Embodied learning environments for graphing motion: A systematic literature review. *Educational Psychology Review, 31*(3), 597–629. https://doi.org/10.1007/s10648-019-09471-7

Duval, R. (2006). A cognitive analysis of problems of comprehension in a learning of mathematics. *Educational Studies in Mathematics, 61*(1/2), 103–131. https://doi.org/10.1007/s10649-006-0400-z

Euler, L. (1770). *Vollständige Anleitung zur Algebra. Zweiter Theil. Von Auflösung algebraischer Gleichungen und der unbestimmten Analytic.* Kays. Acad. der Wissenschaften.

Fest, A., & Hoffkamp, A. (2011). Funktionale Zusammenhänge im computerunterstützten Darstellungstransfer erkunden. In J. Sprenger, A. Wagner & M. Zimmermann (Hrsg.), *Mathematik lernen, darstellen, deuten, verstehen* (S. 177–189). Springer.

Fettweis, E. (1929). Versuch einer psychologischen Erklärung von Schülerfehlern in der Algebra. *Zeitschrift Mathematisch-Naturwissenschaftlicher Unterricht, 60,* 214–219.

Filloy, E., & Rojano, T. (1989). Solving equations: The transition from arithmetic to algebra. *For the Learning of Mathematics, 9*(2), 19–25.

Fischer, A. (2009). Zwischen bestimmten und unbestimmten Zahlen – Zahl- und Variablenauffassungen von Fünftklässlern. *Journal für Mathematik-Didaktik, 30*(1), 3–29. https://doi.org/10.1007/BF03339071

Fischer, A., Hefendehl-Hebeker, L., & Prediger, S. (2010). Mehr als Umformen: Reichhaltige algebraische Denkhandlungen im Lernprozess sichtbar machen. *Praxis der Mathematik in der Schule, 52*(33), 1–7.

Forster, O. (2016). *Analysis 1 – Differential- und Integralrechnung einer Veränderlichen* (12. Aufl.). Springer.

Freudenthal, H. (1983). *Didactical phenomenology of mathematical structures.* Reidel.

Friedlander, A., & Arcavi, A. (2012). Practicing algebraic skills: A conceptual approach. *The Mathematics Teacher, 105*(8), 608–614. https://doi.org/10.5951/mathteacher.105.8.0608

Friedlander, A., & Arcavi, A. (2017). *Tasks and competencies in the teaching and learning of algebra*. NCTM.

Führer, L. (1997). *Pädagogik des Mathematikunterrichts. Eine Einführung in die Fachdidaktik für Sekundarstufen*. Vieweg & Sohn.

Führer, L. (2004). Fehler als Orientierungsmittel. Vom respektvollen Umgang mit Fehlleistungen. *mathematik lehren, 125*, 4–8.

GDM (2020). Mitteilungen der Gesellschaft für Didaktik der Mathematik, 109 (Juli). https://ojs.didaktik-der-mathematik.de/index.php/mgdm/issue/viewIssue/43/33

Glade, M., & Prediger, S. (2017). Students' individual schematization pathways – Empirical reconstructions for the case of part-of-part determination for fractions. *Educational Studies in Mathematics, 94*(2), 185–203. https://doi.org/10.1007/s10649-016-9716-5

Glaubitz, J., Rademacher, D., & Sonar, T. (2019). *Analysis 1*. Springer.

Göbel, L., & Barzel, B. (2021). Parameter digital entdecken? – Wirklich so easy? *mathematik lehren, 226*, 20–24.

Godfrey, D., & Thomas, M. O. J. (2008). Student perspectives on equation: The transition from school to university. *Mathematics Education Research Journal, 20*(2), 71–92. https://doi.org/10/cqmfn2

Greefrath, G. (2010). *Didaktik des Sachrechnens in der Sekundarstufe*. Spektrum Akademischer Verlag.

Greefrath, G., Oldenburg, R., Siller, H.-S., Ulm, V., & Weigand, H.-G. (2016). *Didaktik der Analysis*. Springer. https://doi.org/10.1007/978-3-662-48877-5

Griesel, H., Postel, H., & Suhr, F. (Hrsg.). (2010). *Elemente der Mathematik. 8. Schuljahr*. Schroedel.

Günster, S. (2017). Die Bedeutung des operativen Prinzips für die Entwicklung funktionalen Denkens im Tablet-unterstützten Unterricht. In U. Kortenkamp & A. Kuzle (Hrsg.), *Beiträge zum Mathematikunterricht 2017* (S. 345–348). WTM.

Günster, S. M., & Weigand, H.-G. (2020). Designing digital technology tasks for the development of functional thinking. *ZDM – Mathematics Education, 52*(7), 1259–1285. https://doi.org/10.1007/s11858-020-01179-1

Gutzmer, A. (1908). Bericht betreffend den Unterricht in der Mathematik an den neunklassigen höheren Lehranstalten. In A. Gutzmer (Hrsg.), *Die Tätigkeit der Unterrichtskommission der Gesellschaft Deutscher Naturforscher und Ärzte* (S. 104–114). Teubner.

Hattie, J. (2013). *Lernen sichtbar machen*. Schneider.

Hattie, J., Fisher, D., Moore, S. D., & Mellman, W. (2017). *Visible learning for mathematics. What works best to optimize student learning. Grades K–12*. Corwin Mathematics.

Hefendehl-Hebeker, L. (2001). Die Wissensform des Formelwissens. In W. Weiser & B. Wollring (Hrsg.), *Beiträge zur Didaktik der Mathematik für die Primarstufe. Festschrift für Siegbert Schmidt* (S. 83–98). Dr. Kovač.

Hefendehl-Hebeker, L., & Rezat, S. (2015). Algebra: Leitidee Symbol und Formalisierung. In R. Bruder, L. Hefendehl-Hebeker, B. Schmidt-Thieme, & H.-G. Weigand (Hrsg.), *Handbuch der Mathematikdidaktik* (S. 117–148). Springer. https://doi.org/10.1007/978-3-642-35119-8_5

Heinze, A., Star, J. R., & Verschaffel, L. (2009). Flexible and adaptive use of strategies and representations in mathematics education. *ZDM – Mathematics Education, 41*(5), 535–540. https://doi.org/10.1007/s11858-009-0214-4

Heitzer, J., & Weigand, H.-G. (2020). Mathematikdidaktische Prinzipien – (mit)teilbar und handlungsleitend. *mathematik lehren, 223*, 2–7.

Helmke, A. (2010). *Unterrichtsqualität und Lehrerprofessionalität. Diagnose, Evaluation und Verbesserung* (3. Aufl.). Klett.

Henn, H.-W., & Filler, A. (2015). *Didaktik der Analytischen Geometrie und Linearen Algebra.* Springer. https://doi.org/10.1007/978-3-662-43435-2

Herget, W. (2017). Aufgaben formulieren (lassen). Weglassen und Weg lassen – Das ist (k)eine Kunst. *mathematik lehren, 200,* 7–10.

Hermes, H. (1969). *Einführung in die mathematische Logik* (2. Aufl.). Teubner.

Herscovics, N., & Linchevski, L. (1994). A cognitive gap between arithmetic and algebra. *Educational Studies in Mathematics, 27*(1), 59–78.

Heuser, H. (2009). *Lehrbuch der Analysis – Teil 1* (17. Aufl.). Vieweg + Teubner.

Heymann, W. (1996). *Allgemeinbildung und Mathematik.* Beltz.

Hischer, H. (2020). *Studien zum Gleichungsbegriff.* Franzbecker.

Hoch, M., & Dreyfus, T. (2005). Students' difficulties with applying a familiar formula in an unfamiliar context. In H. L. Chich & J. L. Vincent (Hrsg.), *Proceedings of the 29th conference of the international group for the psychology of mathematics education* (Bd. 1, S. 145–152). PME.

Hoch, M., & Dreyfus, T. (2006). Structure sense versus manipulation skills: An unexpected result. In J. Novotná, M. Moraová, M. Krátká, & N. Stehlíková (Hrsg.), *Proceedings of the 30th conference of the international group for the psychology of mathematics education* (Bd. 3, S. 305–312). PME.

Hoch, M., & Dreyfus, T. (2010). Nicht nur umformen, auch Strukturen erkennen und identifizieren. Praxis der Mathematik in der Schule, 33(52), 25–29.

Hodgen, J., Küchemann, D., Brown, M., & Coe, R. (2009). Children's understanding of algebra 30 years on. *Research in Mathematics Education, 11*(2), 193–194. https://doi.org/10.1080/14794800903063653

Hoffkamp, A. (2011). *Entwicklung qualitativ-inhaltlicher Vorstellungen zu Konzepten der Analysis durch den Einsatz interaktiver Visualisierungen – Gestaltungsprinzipien und empirische Ergebnisse.* Dissertation. TU-Berlin. https://tu-dresden.de/mn/math/analysis/didaktik/ressourcen/dateien/dateien/publikationen/hauptfile_veroeffentlicht.pdf?lang=de

Höfler, A. (1910). *Didaktik des mathematischen Unterrichts.* Teubner.

Hofmann, R., & Roth, J. (2021). Lernfortschritte identifizieren. Typische Fehler im Umgang mit Funktionen. *mathematik lehren, 226,* 15–19.

Hogben, L. (1963). *Die Entdeckung der Mathematik.* Belser.

Holzäpfel, L., Loibl, K., & Ufer, S. (2015). Fehler ≠ Fehler. *mathematik lehren, 191,* 2–8.

Hoyles, C., Noss, R., Vahey, P., & Roschelle, J. (2013). Cornerstone mathematics: Designing digital technology for teacher adaptation and scaling. *ZDM – Mathematics Education, 45,* 1057–1070. https://doi.org/10.1007/s11858-013-0540-4

Humenberger, H., & Schuppar, B. (2019). *Mit Funktionen Zusammenhänge und Veränderungen beschreiben.* Springer Spektrum.

Hußmann, S., Leuders, T., Prediger, S., & Barzel, B. (2015). *Mathewerkstatt 8. Schulbuch.* Cornelsen.

Itsios, C. (2020). Schülervorstellungen zu Potenzen. In H.-S. Siller, W. Weigel, & J. F. Wörler (Hrsg.), *Beiträge zum Mathematikunterricht 2020* (S. 457–460). WTM.

Janvier, C. (1987). *Problems of representations in the teaching and learning of mathematics.* Erlbaum.

Jedtke, E. (2018). Der wiki-basierte Lernpfad „Quadratische Funktionen erkunden" aus Sicht von Lehrenden und Lernenden – Eine qualitative Studie. In Fachgruppe Didaktik der Mathematik der Universität Paderborn (Hrsg.), *Beiträge zum Mathematikunterricht 2018* (S. 879–882). WTM.

Jedtke, E., & Greefrath, G. (2019). A computer-based learning environment about quadratic functions with different kinds of feedback: Pilot study and research design. In G. Aldon & J. Trgalová (Hrsg.), *Technology in mathematics teaching* (S. 297–322). Springer Nature. https://doi.org/10.1007/978-3-030-19741-4_13

Kaiser, G., Blum, W., Borromeo Ferri, R., Greefrath, G. (2015). Anwendungen und Modellieren. In R. Bruder, L. Hefendehl-Hebeker, B. Schmidt-Thieme, & H.-G. Weigand. *Handbuch der Mathematikdidaktik* (S. 357–383). Springer.

Kalenberg, H., Knechtel, H., Meyer, J., Cukrowicz, J., & Zimmermann, B. (2000). *MatheNetz. Ausgabe N für Gymnasium, 8. Schuljahr.* Westermann.

Kanigel, R. (1995). *Der das Unendliche kannte – Das Leben des genialen Mathematikers Srinivasa Ramanujan.* Springer-Vieweg.

Kerslake, D. (1981). Graphs. In K. M. Hart & D. Kuchemann (Hrsg.), *Children's Understanding of Mathematics: 11–16* (S. 120–136). Murray.

Kieran, C. (1981). Concepts associated with the equality symbol. *Educational Studies in Mathematics, 12*(3), 317–326.

Kieran, C. (2006). Research on the learning and teaching of algebra. In A. Guiterrez & P. Boero (Hrsg.), *Handbook of research on the psychology of mathematics education: Past, present and future* (S. 11–49). Sense Publishers.

Kieran, C. (2007). Learning and teaching algebra at the middle school through college levels: Building meaning for symbols and their manipulation. In F. K. Lester (Hrsg.), *Second handbook of research on mathematics teaching and learning* (S. 707–762). Information Age Publishing.

Kieran, C. (2011). Overall commentary on early algebraization: Perspectives for research and teaching. In J. Cai & E. Knuth (Hrsg.), *Early algebraization. A global dialogue from multiple perspectives* (S. 579–593). Springer.

Kieran, C. (2020). Algebra teaching and learning. In S. Lerman (Hrsg.), *Encyclopedia of mathematics education* (S. 36–44). Springer. https://doi.org/10.1007/978-3-030-15789-0_6

Kirsch, A. (1969). Eine Analyse der sogenannten Schlußrechnung. *Mathematisch-Physikalische Semesterberichte, 16*, 41–55.

Kirsch, A. (1970). *Elementare Zahlen- und Größenbereiche.* Vandenhoeck & Ruprecht.

Kirsch, A. (2014). *Mathematik wirklich verstehen* (4. Aufl.). Aulis Deubner.

Klein, F. (1933). *Elementarmathematik vom höheren Standpunkte aus* (Bd. 1). Springer.

Klinger, M. (2018). *Funktionales Denken beim Übergang von der Funktionenlehre zur Analysis.* Springer Spektrum.

Klinger, M. (2019). „Besser als der Lehrer!" – Potenziale CAS-basierter Smartphone-Apps aus didaktischer und Lernenden-Perspektive. In G. Pinkernell & F. Schacht (Hrsg.), *Digitalisierung fachbezogen gestalten* (S. 69–85). Franzbecker.

Klinger, M., & Schüler-Meyer, A. (2019). Wenn die App rechnet: Smartphone-basierte Computer-Algebra-Apps brauchen eine geeignete Aufgabenkultur. *mathematik lehren, 215*, 42–43.

KMK (2004). *Bildungsstandards im Fach Mathematik für den Mittleren Schulabschluss. Beschluss vom 4.12.2003* (Sekretariat der Ständigen Konferenz der Kultusminister der Länder der Bundesrepublik Deutschland, Hrsg.). Luchterhand. http://www.kmk.org/fileadmin/veroeffentlichungen_beschluesse/2003/2003_12_04-Bildungsstandards-Mathe-Mittleren-SA.pdf

KMK (2015). *Bildungsstandards im Fach Mathematik für die Allgemeine Hochschulreife (Beschluss der Kultusministerkonferenz vom 18.10.2012).* Sekretariat der Ständigen Konferenz der Kultusminister der Länder in der Bundesrepublik Deutschland (Hrsg.). Wolters Kluwer. http://www.kmk.org/bildung-schule/qualitaetssicherung-in-schulen/bildungsstandards/dokumente.html

KMK (2022). *Bildungsstandards für das Fach Mathematik Erster Schulabschluss (ESA) und Mittlerer Schulabschluss (MSA). (Beschluss vom 03.09.2022).* Sekretariat der Ständigen Konferenz der Kultusminister der Länder in der Bundesrepublik Deutschland (Hrsg.). https://www.kmk.org/fileadmin/Dateien/veroeffentlichungen_beschluesse/2022/2022_06_23-Bista-ESA-MSA-Mathe.pdf

Koepf, W. (2006). *Computeralgebra: Eine algorithmisch orientierte Einführung.* Springer.

Koop, A., & Moock, H. (2018). *Lineare Optimierung – Eine anwendungsorientierte Einführung in Operations Research* (2. Aufl.). Springer Spektrum.

Körner, H. (2008). *Der Schulversuch CALiMERO. Computeralgebra Rundbrief, 43,* 26–30.

Körner, H., Lergenmüller, A., Schmidt, G., & Zacharias, M. (2016). *Mathematik 10, Neue Wege, Rheinland-Pfalz.* Westermann Schroedel Diesterweg Schöningh.

Körner, H., Lergenmüller, A., Schmidt, G., & Zacharias, M. (2018). *Mathematik 9, Neue Wege, Rheinland-Pfalz.* Westermann Schroedel Diesterweg Schöningh.

Körner, H., Lergenmüller, A., Schmidt, G., & Zacharias, M. (2019). *Mathematik 8, Neue Wege, Rheinland-Pfalz.* Westermann Schroedel Diesterweg Schöningh.

Körner, H., Lergenmüller, A., Schmidt, G., & Zacharias, M. (2020). *Mathematik 7, Neue Wege.* Westermann Schroedel Diesterweg Schöningh.

Kortenkamp, U. (2005). Klammergebirge als Strukturierungshilfe in der Algebra. In G. Graumann (Hrsg.), *Beiträge zum Mathematikunterricht* 2005 (S. 319–322). Franzbecker.

Krägeloh, N., & Prediger, S. (2015). Der Textaufgabenknacker – Ein Beispiel zur Spezifizierung und Förderung fachspezifischer Lese- und Verstehensstrategien. *Der mathematische und naturwissenschaftliche Unterricht, 68*(3), 138–144.

Krohn, T., & Schöneburg-Lehnert, S. (2020). Vorstellungen zum Thema „Proportionalität" aufbauen bzw. diagnostizieren – Implikationen für den Unterricht. In H.-S. Siller, W. Weigel & J. F. Wörler (Hrsg.), *Beiträge zum Mathematikunterricht 2020* (S. 561–564). WTM.

Krüger, K. (2000). *Erziehung zum funktionalen Denken.* Logos.

Küchemann, D. E. (1980). *The understanding of generalised arithmetic (Algebra) by secondary school children.* University of London.

Küchemann, D. E. (2010). Using patterns generically to see structure. *Pedagogies: An International Journal, 5*(3), 233–250. https://doi.org/10.1080/1554480X.2010.486147

Lakoff, G., & Núñez, R. (2000). *Where mathematics comes from: How the embodied mind brings mathematics into being.* Basic Books.

Lambert, A. (2012). Enaktiv – Ikonisch – Symbolisch: Was soll das bedeuten? In A. Filler & M. Ludwig (Hrsg.), *Vernetzungen und Anwendungen im Geometrieunterricht* (S. 5–32). Franzbecker.

Lauter, J. (1964). Aufbau der elementaren Gleichungslehre nach logischen und mengentheoretischen Gesichtspunkten. *Der Mathematikunterricht, 10*(5), 59–119.

Leneke, B. (2000). Der Hund im Koordinatensystem. *mathematik lehren, 102,* 9–11.

Lenz, D. (2015). Wie viel steckt in der Box? Variablen im Mathematikunterricht der Grundschule. *Praxis Grundschule, 38*(2), 8–15.

Lesh, R., Post, T., & Behr, M. (1987). Representations and translations among representations in mathematics learning and problem solving. In C. Janvier (Hrsg.), *Problems of representation in the teaching and learning of mathematics* (S. 33–40). Lawrence Erlbaum Associates.

Leuders, T. (2009). Intelligent üben und Mathematik erleben. In T. Leuders, L. Hefendehl-Hebeker, & H.-G. Weigand (Hrsg.), *Mathematische Momente* (S. 130–143). Cornelsen.

Leuders, T. (2016). *Erlebnis Algebra.* Springer.

Leuders, T., Prediger, S., Barzel, B., & Hußmann, S. (2014). *Mathewerkstatt 7.* Cornelsen.

Leuders, T., & Rülander, N. L. (2010). Binomische Formeln intelligent üben. *Praxis der Mathematik, 33*(52), 37–38.

Lichti, M. (2019). Der Zusammenhang von Funktionalem Denken und sprachlichen Fähigkeiten. In A. Frank, S. Krauss & K. Binder (Hrsg.), *Beiträge zum Mathematikunterricht 2019* (S. 485–488). WTM.

Lichti, M., & Roth, J. (2019). Functional thinking – A three-dimensional construct? *Journal für Mathematikdidaktik, 40*, 169–195. https://doi.org/10.1007/s13138-019-00141-3

Lichti, M., & Roth, J. (2020). Wie Experimente mit gegenständlichen Materialien und Simulationen das funktionale Denken fördern. *Zeitschrift für Mathematikdidaktik in Forschung und Praxis, 1*, 1–35. https://zmfp.de/

Liedl, R., & Kuhnert K. (1992). *Analysis in einer Variablen.* Bibliographisches Institut.

Lietzmann, W. (1953). *Der pythagoreische Lehrsatz* (7. Aufl.). Teubner.

Lietzmann, W. (1922). *Methodik des mathematischen Unterrichts, 2. Teil.* Quelle & Meyer.

Lindenbauer, E., & Lavicza, Z. (2017). Using dynamic worksheets to support functional thinking in lower secondary school. In T. Dooley & G. Gueudet (Hrsg.), *Proceedings of the tenth congress of the European society for research in mathematics education* (S. 2587–2594). DCU Institute of Education, ERME.

Lotz, J. (2020). Enaktiv, ikonisch, symbolisch. *mathematik lehren, 223*, 17–21.

Ludwig, M., & Oldenburg, R. (2007). Lernen durch Experimentieren. *mathematik lehren, 141*, 4–11.

MacGregor, M., & Stacey, K. (1997). Students' understanding of algebraic notation: 11–15. *Educational Studies in mathematics, 33*(1), 1–19. https://doi.org/10.1023/A:1002970913563

Mach, E. (1905). *Erkenntnis und Irrtum.* Barth.

Maier, H., & Schweiger, F. (1999). *Mathematik und Sprache.* Österreichischer Bundesverlag.

Malle, G. (1993). *Didaktische Probleme der elementaren Algebra.* Vieweg.

Malle, G. (2000a). Funktionen untersuchen – Ein durchgängiges Thema. *mathematik lehren, 103*, 62–65.

Malle, G. (2000b). Zwei Aspekte von Funktionen: Zuordnung und Kovariation. *mathematik lehren, 103*, 8–11.

Marxer, M. (2015). Funktionale Zusammenhänge auf den Punkt gebracht. Oder: Warum sich Funktionen nicht gerne „verschieben" lassen. In F. Caluori, H. Linneweber-Lammerskitten & C. Streit (Hrsg.), *Beiträge zum Mathematikunterricht 2015* (S. 616–619). WTM.

Mason, J., Graham, A., Pimm, D., & Gowar, N. (1985). *Routes to/roots of algebra.* The Open University Press.

Mason, J., Graham, A., & Johnston-Wilder, S. (2005). *Developing thinking in algebra.* The Open University.

Matz, M. (1982). Towards a process model for high school algebra errors. In D. Sleeman & J. S. Brown (Hrsg.), *Intelligent tutoring systems* (S. 25–50). Academic Press.

Melzig, D. (2013). *Die Box als Stellvertreter: Ursprüngliche Erfahrungen zum Variablenbegriff.* DuEPublico 2.

Meyer, A., & Fischer, A. (2013). Wie algebraische Symbolsprache die Möglichkeiten für algebraisches Denken erweitert – Eine Theorie symbolsprachlichen algebraischen Denkens. *Journal für Mathematik-Didaktik, 34*(2), 177–208. https://doi.org/10.1007/s13138-013-0054-1

Möller, R. (1997). Zur Entwicklung von Preisvorstellungen bei Kindern. *Journal für Mathematik-Didaktik, 18*, 285–316.

Müller-Philipp, S. (1994). *Der Funktionsbegriff im Mathematikunterricht.* Waxmann.

NCTM (2000). National Council of Teachers of Mathematics: *NCTM Principles and Standards for School Mathematics.* http://standards.nctm.org

Niss, M. A. (2014). Functions learning and teaching. In S. Lerman (Hrsg.), *Encyclopedia of mathematics education* (S. 238–241). Springer.

Nitsch, R. (2015). *Diagnose von Lernschwierigkeiten im Bereich funktionaler Zusammenhänge: Eine Studie zu typischen Fehlermustern bei Darstellungswechseln.* Springer Spektrum.

Noster, N., & Weigand, H.-G. (2019). Mathematische Erkundungen. https://mathematik-lehr-netzwerk.de/blog-post/

Noster, N., & Weigand, H.-G. (2020). Wachstumsprozesse dynamisch. https://mathematik-lehr-netzwerk.de/wachstumsprozesse-dynamisch/

Nydegger, A. (2011). Wo wohnen wie viele Personen? – Terme und Gleichungen aus Sachsituationen gewinnen. *mathematik lehren, 169,* 13–15.

Oldenburg, R. (2016). Stoffdidaktik konkret: Äquivalenz von Gleichungen. *GDM-Mitteilungen, 101,* 10–12.

Oldenburg, R., & Henz, D. (2015). Neues zum Umkehrfehler in der elementaren Algebra. In F. Caluori, H. Linneweber-Lammerskitten & C. Streit (Hrsg.), *Beiträge zum Mathematikunterricht 2015* (S. 680–683). WTM.

Oser, F., & Hascher, T. S. M. (1999). Lernen aus Fehlern. Zur Psychologie des „negativen" Wissens. In W. Althof (Hrsg.), *Fehlerwelten. Vom Fehlermachen und Lernen aus Fehlern* (S. 11–41). Leske und Budrich.

Padberg, F., & Benz, C. (2021). *Didaktik der Arithmetik.* Springer Spektrum.

Padberg, F., Danckwerts, R., & Stein, M. (1995). *Zahlbereiche.* Spektrum Akademischer Verlag.

Padberg, F., & Wartha, S. (2017). *Didaktik der Bruchrechnung.* Springer Spektrum.

Piaget, J. (1972). *Die Entwicklung des Erkennens I: Das mathematische Denken.* Klett-Cotta.

Pickert, G. (1969). Wissenschaftliche Grundlagen des Funktionsbegriffs. *Der Mathematikunterricht, 15*(3), 40–98.

Pickert, G. (1980). Bemerkungen zur Gleichungslehre. *Der Mathematikunterricht, 26*(1), 20–33.

Pinkernell, G. (2015). Wo Mathe draufsteht, ist auch Mathe drin. Die Fachausbildung im Lehramt als Rekonstruktion des Faches aus der Schulmathematik. *mathematica didactica, 38,* 256–273.

Pinkernell, G. (2021). Was passt da jetzt nicht: das Modell oder die Wirklichkeit? Funktionsmodelle zur Klärung der Sachlage nutzen. *mathematik lehren, 226,* 33–35.

Pinkernell, G., Gulden, L., & Kalz, M. (2020). Automated feedback at task level: Error analysis or worked out examples – Which type is more effective? In B. Barzel, R. Bebernik, L. Göbel, M. Pohl, H. Ruchniewicz, F. Schacht & D. Thurm (Hrsg.), *Proceedings of the 14th International Conference on Technology in Mathematics Teaching – ICTMT 14* (S. 221–229). DuEPublico 2. https://doi.org/10/ggw55s

Pinkernell, G., & Vogel, M. (2017). „Das sieht aber anders aus" – zu Wahrnehmungsfallen beim Unterricht mit computergestützten Funktionsdarstellungen. *Der Mathematikunterricht, 63*(6), 38–46.

Prediger, S. (2008). „.... Nee, so darf man das Gleich doch nicht denken!" Lehramtsstudierende auf dem Weg zur fachdidaktisch fundierten diagnostischen Kompetenz. In B. Barzel, T. Berlin, D. Bertalan & A. Fischer (Hrsg.), *Algebraisches Denken. Festschrift für Lisa Hefendehl-Hebeker* (S. 89–99). Franzbecker.

Prediger, S., & Wittmann, G. (2009). Aus Fehlern lernen – (wie) ist das möglich? *Praxis der Mathematik in der Schule, 27*(51), 1–8.

Prediger, S. (2009). Inhaltliches Denken vor Kalkül – ein didaktisches Prinzip zur Vorbeugung und Förderung bei Rechenschwierigkeiten. In A. Fritz & S. Schmidt (Hrsg.), *Fördernder Mathematikunterricht in der Sekundarstufe I* (S. 213–234). Beltz.

Prediger, S., Barzel, B., Hußmann, S., & Leuders, T. (2013). *Mathewerkstatt 6. Schulbuch.* Cornelsen.

Prediger, S., Barzel, B., Hußmann, S., & Leuders, T. (2017). *Mathewerkstatt 10. Schulbuch.* Cornelsen.

Prediger, S., & Marxer, M. (2014). Bahn oder Auto? – Berechnungen beschreiben und durchdenken. In T. Leuders, S. Prediger, B. Barzel, & S. Hußmann (Hrsg.), *Handreichungen zur Mathewerkstatt 7*. Kosima. www.ko-si-ma.de

Prediger, S., & Zindel, C. (2017). School academic language demands for understanding functional relationships – A design research project on the role of language in reading and learning. *Eurasia Journal of Mathematics, Science & Technology Education, 13*(7b), 4157–4188. https://doi.org/10.12973/eurasia.2017.00804a

Radford, L. (2008). Iconicity and contraction: A semiotic investigation of forms of algebraic generalizations of patterns in different contexts. *Zentralblatt für Didaktik der Mathematik, 40*(1), 83–96. https://doi.org/10.1007/s11858-007-0061-0

Radford, L. (2010). Algebraic thinking from a cultural semiotic perspective. *Research in Mathematics Education, 12*(1), 1–19. https://doi.org/10.1080/14794800903569741

Radford, L. (2012). Education and the illusions of emancipation. *Educational Studies in Mathematics, 80*(1–2), 101–118. https://doi.org/10.1007/s10649-011-9380-8

Radford, L. (2014). The progressive development of early embodied algebraic thinking. *Mathematics Education Research Journal, 26*(2), 257–277. https://doi.org/10.1007/s13394-013-0087-2

Radford, L. (2018). The emergence of symbolic algebraic thinking in primary school. In C. Kieran (Hrsg.), *Teaching and learning algebraic thinking with 5- to 12-year-olds: The global evolution of an emerging field of research and practice* (S. 3–25). Springer.

Reich, K., & Gericke H. (Hrsg.) (1973). *Francois Viète: Einführung in die Neue Algebra*. Fritsch.

Rittle-Johnson, B., & Star, J. R. (2007). Does comparing solution methods facilitate conceptual and procedural knowledge? An experimental study on learning to solve equations. *Journal of Educational Psychology, 99*(3), 561–574. https://doi.org/10.1037/0022-0663.99.3.561

Rolfes, T. (2017). *Funktionales Denken – Empirische Ergebnisse zum Einfluss von statischen und dynamischen Repräsentationen*. Springer Spektrum.

Rolfes, T., Roth, J., & Schnotz, W. (2016a). Der Einfluss von Repräsentationsformen auf die Lösung von Aufgaben zu funktionalen Zusammenhängen. In Institut für Mathematik und Informatik Heidelberg (Hrsg.), *Beiträge zum Mathematikunterricht 2016* (S. 799–802). WTM.

Rolfes, T., Roth, J., & Schnotz, W. (2016b). Dynamische Visualisierungen beim Lernen mathematischer Konzepte. In Institut für Mathematik und Informatik Heidelberg (Hrsg.), *Beiträge zum Mathematikunterricht 2016* (S. 1481–1484). WTM.

Roos, K. (2020). *Mathematisches Begriffsverständnis im Übergang von Schule zu Universität – Verständnisschwierigkeiten von Mathematik an der Hochschule am Beispiel des Extrempunktbegriffs*. Springer.

Rosnick, P. C., & Clement, J. (1980). Learning without understanding: The effect of tutoring strategies on algebra misconceptions. *Journal of Mathematical Behavior, 3*(1), 2–27.

Roth, J. (2005). *Bewegliches Denken im Mathematikunterricht*. Franzbecker.

Roth, J., Lichti, M. (2021). Funktionales Denken entwickeln und fördern. *Mathematik lehren, 226*, 2–8.

Ruchniewicz, H. (2020). Fehlertypen und mögliche Ursachen beim situativ-graphischen Darstellungswechsel von Funktionen. In H.-S. Siller, W. Weigel & J. F. Wörler (Hrsg.), *Beiträge zum Mathematikunterricht 2020* (S. 781–784). WTM.

Rüede, C. (2012). Strukturieren eines algebraischen Ausdrucks als Herstellen von Bezügen. *Journal für Mathematik-Didaktik, 33*(1), 113–141. https://doi.org/10.1007/s13138-012-0034-x

Rüede, C. (2016). Gleichungen flexibel lösen – und zwar von Anfang an. In Institut für Mathematik und Informatik Heidelberg (Hrsg.), *Beiträge zum Mathematikunterricht 2016* (S. 815–818). WTM.

Rüthing, D. (1986). Einige historische Stationen zum Funktionsbegriff. *Der Mathematikunterricht, 32*(6), 4–25.

Salle, A., & Frohn, D. (2017). Grundvorstellungen zu Sinus und Kosinus. *mathematik lehren, 204,* 8–12.

Sangwin, C. J. (2013). *Computer aided assessment of mathematics.* Oxford University Press.

Schacht, F. (2015). Student documentations in mathematics classroom using CAS: Theoretical considerations and empirical findings. *The Electronic Journal of Mathematics and Technology, 9*(5), 320–339.

Scherer, P., & Weigand, H.-G. (2017). Mathematikdidaktische Prinzipien. In M. Abshagen, B. Barzel, J. Kramer, T. Riecke-Baulecke, B. Rösken-Winter, & Selter, C. (Hrsg.), *Basiswissen Lehrerbildung: Mathematik unterrichten* (S. 28–42). Klett & Kallmeyer.

Schimmack, R. (1911). Über die Verschmelzung verschiedener Zweige des mathematischen Unterrichts. *Zeitschrift für mathematischen und naturwissenschaftlichen Unterricht, 42,* 569–581.

Schmidt-Thieme, B. (2003). Die Funktion der Sprache als Lehr- und Lernmedium im Mathematikunterricht. *Sache, Wort, Zahl, 53,* 41–45.

Schnotz, W., & Bannert, M. (2003). Construction and interference in learning from multiple representation. *Learning and Instruction, 13,* 141–156.

Scholz, E. (Hrsg.) (1990). *Geschichte der Algebra.* BI-Wissenschaftsverlag.

Schreiter, S., & Vogel, M. (2021). Funktionale Zusammenhänge in „(Kon-)Texten" erschließen. *mathematik lehren, 226,* 25–31.

Schupp H., (1992). *Optimieren – Extremwertbestimmung im Mathematikunterricht.* BI-Verlag.

Schuppar, B., & Humenberger, H. (2015). *Elementare Numerik für die Sekundarstufe.* Springer Spektrum.

Sfard, A. (1991). On the dual nature of mathematical conceptions: Reflections on processes and objects as different sides of the same coin. *Educational Studies in mathematics, 22*(1), 1–36. https://doi.org/10.1007/BF00302715.pdf

Sfard, A. (2008). *Thinking as communicating: Human development, the growth of discourses, and mathematizing.* Cambridge University Press.

Siebel, F. (2010). Wie verändert sich das, wenn …? – Wirkungen analysieren in Rechendreiecken und Zahlenketten. *Praxis der Mathematik, 52*(33), 17–20.

Skemp, R. R. (1978). Relational understanding and instrumental understanding. *The Arithmetic Teacher, 26*(3), 9–15.

Specht, B., & Plöger, H. (2011). Das Kreuz mit dem x-Beliebigen. *Der Mathematikunterricht, 57*(2), 4–15.

Sprösser, U., Vogel, M., Dörfler, T., & Eichler, K. (2018). Begriffswissen zu linearen Funktionen und algebraisch-graphischer Darstellungswechsel: Schülerfehler vs. Lehrereinschätzung. In Fachgruppe Didaktik der Mathematik der Universität Paderborn (Hrsg.), *Beiträge zum Mathematikunterricht 2018* (S. 1723–1726). WTM.

Steiner, H.-G. (1969). Aus der Geschichte des Funktionsbegriffs. *Der Mathematikunterricht, 15*(3), 13–39.

Steinweg, S. (2013). *Algebra in der Grundschule. Muster und Strukturen – Gleichungen – Funktionale Beziehungen.* Springer Spektrum.

Tall, D., & Vinner, S. (1981). Concept image and concept definition in mathematics with particular reference to limits and continuity. *Educational Studies in Mathematics, 12*(2), 151–169.

Tarski, A. (1937). *Einführung in die mathematische Logik und die Methodologie der Mathematik.* Julius Springer.

Tarski, A. (1977). *Einführung in die mathematische Logik* (5. Aufl.). Vandenhoeck & Ruprecht.

Thaer, C. (1991). *Die Elemente* (8. Aufl.). Wiss. Buchgesellschaft.

Tietze, U.-P. (1988). Schülerfehler und Lernschwierigkeiten in Algebra und Arithmetik. Theoriebildung und empirische Ergebnisse aus einer Untersuchung. *Journal für Mathematik-Didaktik, 9*(2–3), 163–204.

Tourniaire, F., & Pulos S. (1985) Proportional reasoning: A review of literature. *Educational Studies in Mathematics,* 16(2), 181–204.

Treffers, A. (1983). Fortschreitende Schematisierung. Ein natürlicher Weg zur schriftlichen Multiplikation und Division im 3. und 4 Schuljahr. *mathematik lehren, 1,* 16–20.

Treffers, A. (1987). Integrated column arithmetic according to progressive schematisation. *Educational Studies in Mathematics, 18*(2), 125–145.

Treutlein, P. (1911). *Der geometrische Anschauungsunterricht.* Teubner.

Tropfke, J. (1902). *Geschichte der Elementar-Mathematik in systematischer Darstellung. Erster Band: Rechnen und Algebra.* Verlag von Veit & Comp.

Ullrich, D. (2019). Wissen und Können im Bereich Funktionaler Zusammenhänge der Sekundarstufe. Ein summatives Referenzmodell für Diagnose- und Fördermaßnahmen am Übergang Schule-Hochschule. In A. Frank, S. Krauss & K. Binder (Hrsg.), *Beiträge zum Mathematikunterricht 2019* (S. 833–836). WTM.

van den Heuvel-Panhuizen, M. (2003). The didactical use of models in realistic mathematics education: An example from a longitudinal trajectory on percentage. *Educational Studies in Mathematics, 54*(1), 9–35. https://doi.org/10.1023/B:EDUC.0000005212.03219.dc

van den Heuvel-Panhuizen, M., & Drijvers, P. (2014). Realistic mathematics education. In S. Lerman (Hrsg.), *Encyclopedia of mathematics education* (S. 521–525). Springer.

vom Hofe, R. (1995). *Grundvorstellungen mathematischer Inhalte.* Spektrum Akademischer Verlag.

vom Hofe, R. (1996). Grundvorstellungen – Basis für inhaltliches Denken. *mathematik lehren, 78,* 4–8.

vom Hofe, R., & Blum, W. (2016). „Grundvorstellungen" as a category of subject-matter didactics. *Journal für Mathematik-Didaktik, 37*(1), 225–254. https://doi.org/10.1007/s13138-016-0107-3

von Mangold, H., & Knopp, K. (1971). *Einführung in die höhere Mathematik* (14. Aufl., Bd. 1). S. Hirzel.

Vinner, S.(1992). The function concept as a prototype for problems in mathematics learning. In E. Dubinsky & G. Harel (Hrsg.), *The concept of function. MAA notes 25* (S. 195–213). MAA.

Vlassis, J. (2002). The balance model: Hindrance or support for the solving of linear equations with one unknown. *Educational Studies in Mathematics, 49* (3), 341–359.

Vollrath, H.-J. (1978). Schülerversuche zum Funktionsbegriff. *Der Mathematikunterricht, 24*(4), 90–101.

Vollrath, H.-J. (1984). *Methodik des Begriffslehrens im Mathematikunterricht.* Klett.

Vollrath, H.-J. (1989). Funktionales Denken. *Journal für Mathematikdidaktik, 10,* 3–37.

Vollrath, H.-J. (2001). *Grundlagen des Mathematikunterrichts in der Sekundarstufe.* Spektrum Akademischer Verlag.

Wagenschein, M. (1970). *Ursprüngliches Verstehen und exaktes Denken* (2. Aufl., Bd. 1). Klett.

Wäsche, H. (1961). Logische Probleme der Lehre von den Gleichungen und Ungleichungen. *Der Mathematikunterricht, 7*(1), 7–37.

Wäsche, H. (1964). Logische Begründung der Lehre von den Gleichungen und Ungleichungen. *Der Mathematikunterricht, 10*(5), 7–58.

Weber, C. (2013). Grundvorstellungen zum Logarithmus – Bausteine für einen verständlichen Unterricht. In H. Allmendinger, K. Lengnink, A. Vohns & G. Wickel (Hrsg.), *Mathematik verständlich unterrichten* (S. 79–98). Springer Fachmedien. https://doi.org/10.1007/978-3-658-00992-2

Weigand, H.-G. (1988). Zur Bedeutung der Darstellungsform für das Entdecken von Funktionseigenschaften. *Journal für Mathematikdidaktik, 9,* 287–325.

Weigand, H.-G. (1999a). Wie fliegt eigentlich der Ball durch die Luft? – Die Flugkurven von Basketball und Federball. *mathematik lehren, 1999* (95), 53–57.

Weigand, H.-G. (1999b). Mathematikunterricht … und die Folgen. *mathematik lehren, 96*, 4–8.

Weigand, H.-G. (2017). Irrationale Zahlen – Rational betrachtet. *mathematik lehren, 208*, 2–8.

Weigand, H.-G., Filler, A., Hölzl, R., Kuntze, S., Ludwig, M., Roth, J., Schmidt-Thieme, B., & Wittmann, G. (2018). *Didaktik der Geometrie für die Sekundarstufe I* (3., erweiterte und überarbeitete Aufl.). Springer Spektrum.

Weigand, H.-G., & Flachsmeyer, J. (1997). Ein computerunterstützter Zugang zu Funktionen von zwei Veränderlichen. *mathematica didactica, 20*(2), 3–23.

Weigand, H.-G., McCallum, B., Menghini, M., Neubrand, M., Schubring, G. (2019) (Hrsg.). *The Legacy of Felix Klein*. Cham, Switzerland: Springer

Weinert, F. E. (2001). Vergleichende Leistungsmessungen in Schulen – Eine umstrittene Selbständigkeit. In F. E. Weinert (Hrsg.), *Leistungsmessungen in der Schule* (S. 17–31). Beltz.

Winter, H. (1982). Das Gleichheitszeichen im Mathematikunterricht der Primarstufe. *mathematica didactica, 5*(4), 185–211.

Winter, H. (1995). Mathematikunterricht und Allgemeinbildung. *Mitteilungen der Gesellschaft für Didaktik der Mathematik, 61*, 37–46.

Wittmann, E. C. (1981). *Grundfragen des Mathematikunterrichts*. Vieweg & Teubner.

Wittmann, E. C. (1985). Objekte – Operationen – Wirkungen: Das operative Prinzip in der Mathematikdidaktik. *mathematik lehren, 11*, 7–11.

Wittmann, G. (2019). *Elementare Funktionen und ihre Anwendungen* (2. Aufl.). Springer.

Wolff, C. v. (1797). *Neuer Auszug aus den Anfangsgründen aller mathematischen Wissenschaften*. Akademische Buchhandlung.

Zech, F. (1998). *Grundkurs Mathematikdidaktik. Theoretische und praktische Anleitungen für das Lehren und Lernen von Mathematik* (9. Aufl.). Beltz.

Ziegenbalg, J. (2010). *Algorithmen – Von Hammurapi bis Gödel* (3. Aufl.). Wissenschaftlicher Verlag Harri Deutsch.

Ziegenbalg, J. (2015). Algorithmik. In R. Bruder, L. Hefendehl-Hebeker, B. Schmidt-Thieme & H.-G. Weigand (Hrsg.), *Handbuch der Mathematikdidaktik* (S. 302–329). Springer.

Zindel, C. (2017). Den Funktionsbegriff im Kern verstehen – Ein Förderansatz. In U. Kortenkamp & A. Kuzle (Hrsg.), *Beiträge zum Mathematikunterricht 2017* (S. 1077–1080). WTM.

Zwetzschler, L., & Schüler-Meyer, A. (2017). Flexibles Umdeuten von algebraischen Gleichungen. *mathematik lehren, 202*, 20–22.

Stichwortverzeichnis

© Springer-Verlag GmbH Deutschland, ein Teil von Springer Nature 2022
H.-G. Weigand et al., *Didaktik der Algebra,* Mathematik Primarstufe und Sekundarstufe
I + II, https://doi.org/10.1007/978-3-662-64660-1

Printed in the United States
by Baker & Taylor Publisher Services